黄河水文水资源综合管理实践研究

陈卫芳　张雨　张冬　丁慧敏　毕博　著

天津出版传媒集团
TJKJ 天津科学技术出版社

图书在版编目（CIP）数据

黄河水文水资源综合管理实践研究 / 陈卫芳等著
. -- 天津 ：天津科学技术出版社，2021.10
ISBN 978 - 7 - 5576 - 9720 - 4

Ⅰ. ①黄… Ⅱ. ①陈… Ⅲ. ①黄河流域 - 水资源管理
- 研究 Ⅳ. ①TV213.4

中国版本图书馆 CIP 数据核字（2021）第 207066 号

黄河水文水资源综合管理实践研究
HUANGHE SHUIWEN SHUIZIYUAN ZONGHE GUANLI SHIJIAN YANJIU
责任编辑：房　芳
责任印制：兰　毅
出　　版：天津出版传媒集团 / 天津科学技术出版社
地　　址：天津市西康路 35 号
邮　　编：300051
电　　话：(022)23332397
网　　址：www.tjkjcbs.com.cn
发　　行：新华书店经销
印　　刷：北京时尚印佳彩色印刷有限公司

开本 787 × 1092　1/16　印张 19.25　字数 450 000
2021 年 10 月第 1 版第 1 次印刷
定　　价：88.00 元

前言

水是生命之源、生产之要、生态之基。随着经济发展和社会进步，水已逐步从农业的命脉发展成为整个国民经济建设与生态建设的命脉，深刻影响着经济社会生活的各个方面，直接关系到国家经济安全、粮食安全、生态安全、社会稳定和可持续发展。

黄河水少沙多，水沙关系不协调，黄河流域及其下游流域外引黄地区经济社会的迅速发展和生态环境的良性维持均对水资源提出了较高要求，黄河流域水资源供需矛盾日益突出，用水竞争日益激烈。一方面，严峻的缺水形势导致部分地区大量工业项目由于缺水而无法立项，并导致流域内近 1 000 万亩农田无法灌溉，严重制约经济社会的可持续发展；另一方面，很多地区又不顾水资源的禀赋条件，竭泽而渔，过度利用水资源，大量挤占生态环境水量，导致河流生态环境和水沙关系不断恶化；同时，多种矛盾错综复杂，使黄河水资源管理与调度的任务十分艰巨。因此，亟须针对黄河流域水资源利用与保护中存在的诸多问题进行深入研究，针对黄河水资源特点，提出合理的配置和保护管理方案。

书中把水文站网分站网规划与研究和站网建设与管理。清朝虽然在沿黄的一些地点设立水尺观测水位，尚形不成站网。民国时期曾做过粗略的站网规划，初步建设了站网。新中国成立后才作系统的站网规划，逐步建成完善的站网。水文测验是水文工作的基础，历史悠久，内容丰富。对各种测验的记述均包括测验手段、工具、仪器和方法，有的还简述了测验成果。在水文调查中，洪水调查只记述了各次调查情况。洪水调查成果的分析计算列在水文分析中。随着测验工作的开展，测验质量不断提高，本书中均以实际资料作了注明。

面对黄河水文水资源综合管理这样一个问题极其复杂的研究课题，本书尽管进行了系统地概括和总结，但仍有许多问题有待进一步研究，加之作者水平有限，书中谬误难免，敬请广大读者给予批评指正。

目　录

第一章　黄河水文站网

第一节　站网规划与研究

水文测站，按设站的目的和作用，分基本站（满足综合需要的公用目的，站址保持相对稳定，在规定的时期内连续进行观测，收集的资料刊入水文年鉴或存入数据库）、实验站（是为研究某些专门问题而设立的一个或一组水文测站）和专用站（为特定目的而设立的水文测站）、辅助站（是基本站的补充，弥补基本站观测资料的不足）。水文站网是在一定地区（流域）按一定原则，有一定数量组成的各类水文测站的资料收集系统。水文站网有流量、水位、泥沙、雨量、水面蒸发、水质、地下水观测井（站）等站组成。

一、站网规划

新中国成立初期，随着人民治黄事业和国民经济建设的迅速发展，黄委会、各省（区）和燃料工业部兰州水力发电工程筹备处等单位，根据各自的需要，从1950年起陆续恢复和新建了一批水文测站。到1955年底，全河已建水文站208处（包括渠道站35处），水位站130处，雨量站523处，蒸发站178处。全河水文站网初具规模。

这种各自根据需要而设的站，存在一定问题。第一，设站只从局部需要出发，对全流域的需要性缺乏全面的科学论证，同时造成设站不久又撤销的现象。第二，从已建站的分布来看，存在着干流多、支流少，下游多、上游少，测站控制面积大的站多、控制面积小的站少等不协调的现象。如黄河干流河口镇以上流域面积和水量都超过全流域的50%，但河口镇以上已设的水文测站数，仅占全河总测站数的20%，尤其是唐乃亥以上，流域面积为122 000 km^2，占全流域的16.2%，仅有黄河沿和唐乃亥两处水文站，占流域总测站数的1%。特别是干流的部分河段上测站分布不合理现象比较突出，如在上游小川至安宁渡区间，先后曾设立小川、上诠、兰州、什川、金沟口、乌金峡、安宁渡等站；在中游的河曲与义门站之间的距离仅有10～30 km，两站之间又无较大的支流汇入，水文因素相差甚小，由于重复建站造成人力物力的浪费。支流测站的分布也存在疏密悬殊的不合理现象。如无定河流域面积是洛河的1.6倍，无定河只有水文站4处，而洛河有水文站8处。全流域集水面积小于200 km^2的小河水文站，却只有12处，占总测站数的6.9%。另外在测站观测项目的设置上也不够合理，如在1955年以前没有考虑气象和蒸发的地区规律，认为水文站普遍开展气象和蒸发观测没有必要。第三，根据需要而设站，存在水文资料的搜集落后于工程的规划设计工作，使工程建设产生被动。

（一）1956 年全河站网规划

1956 年中共中央政治局提出《全国农业发展纲要（草案）》，其中提出要求“从 1956 年开始，按照各地情况，在 7 年或 12 年内基本建成水文的和气象的站台网。”为贯彻中共中央要求，1956 年 2 月，水利部在北京召开全国水文工作会议，结合中国国情，制订出《水文基本站网布设原则》，并布置各流域、省、市、区全面开展基本站网规划工作。傅作义部长要求 1958 年（边疆地区 1960 年）前，建成水文基本站网，以改变目前布站的被动现象。随后黄委会和流域各省（区），根据水利部关于水文基本站网规划的原则和要求，分别开展站网规划工作。

1. 规划原则

1956 年的黄河水文站网规划，分基本站、专用站和实验站。在基本和专用站规划中，又分基本（专用）流量、水位、泥沙、雨量、水面蒸发等站；在实验站规划时，考虑建立三门峡等干支流大型水库实验站，进行水库淤积规律和水沙平衡等研究；在下游根据河道河口冲淤演变特性，研究建立河道、河口实验站；为对小面积暴雨径流规律和水利水土保持措施对径流泥沙形成规律影响等的研究而建立径流和水土保持试验站等；为包头钢铁稀土公司（简称包钢）供水服务而设专用水文站，如昭君坟水文站等。

（1）基本流量站

基本流量站根据测站为黄河防汛提供实时水情资料，可解决水利、水电等工程规划、设计和管理运用需要与插补延长站网内短系列资料，以及解决无资料地区水文资料的内插和移用综合需要等要求进行基本流量站的规划。布站时，学习苏联经验，结合黄河的情况，采用直线原则、面的原则和站群原则。

黄河干流和支流流域控制面积在 5 000 km^2 以上所设的站称控制站，用直线原则布站，以满足对径流特征值进行内插和沿河水文情报与预报的要求。由于水文站流量测验的误差一般在 10% ~15%，因此两相邻站的区间正常月、年径流及多年平均值，洪峰流量和总量的递变率要大于 10% ~15%。在确定具体站址时，还应考虑到满足重要城镇和重要经济区的防洪与开发，水利工程规划、设计、施工的需要，以及测验、通信、交通和生活等条件。

流域控制面积在 200（20 世纪 70 年代改为 500）~5 000 km^2 之间的流量站，称区域代表站，用面的原则布站。区域代表站主要是控制流量特征值的空间分布。水文分区是规划区域代表站的依据，将流域内水文因素变化一致的区域，划为一个水文分区。在水文分区内将中等河流面积分为若干级，从每个面积级的河流中，在有代表性的支流上设立区域代表站。在站址具体选择时，还要考虑有较好的测验条件：能控制径流等值线的明显转折和走向；测站控制面积内的水利工程措施要少，能代表流域的自然情况；要综合考虑防汛、水利工程规划、设计、管理运用等需要；还要尽量照顾交通和生活条件。

流域控制面积在 200 km^2 以下的河流上设立的流量站称小河站，用站群原则布站。小河站的主要任务，是收集小面积暴雨洪水资料，探索径流的产、汇流参数在地区上和随下垫面变化的规律。因小流域的下垫面特征比较单一，可采用分区、分类、分级布站。

黄河上游西部边远地区，由于地广人稀，生活和交通条件都比较困难，在规划中，只考虑较大河流。

（2）基本水位站

基本水位站布设，主要根据黄河干支流的防汛、抗旱、分洪、滞洪、蓄水、引水、排水、潮位观测，以及水电工程和航运工程的管理运用等方面的需要，确定站点的数量及位置。在具体规划时，又分河道基本水位站、水库（湖泊）基本水位站、黄河口潮水位站等。

河道基本水位站的布设主要是为黄河干、支流防洪和水文情报预报，以及研究洪水组成、洪水比降变化和进行洪水演进计算等需要提供水位资料。

水库（湖泊）基本水位站，是为计算水库（湖泊）滞洪、蓄水量和水库（湖泊）的管理运用与研究洪水在水库（湖泊）中的演进变化，以及水库的回水变化等提供水位资料。

潮水位站，为计算黄河口潮水量，掌握潮水位的变化规律和为潮汛水文预报提供水位资料。

（3）基本悬移质泥沙站

基本悬移质泥沙站，是掌握不同侵蚀地区，不同河流含沙量与输沙量的变化，以满足绘制流域侵蚀模数（现称输沙模数）和内插流域任何地点的含沙量和输沙量。泥沙站分类和流量站的分类相一致，分大河控制站、区域代表站、小河站。规划原则上，控制站用直线原则，区域代表站用面的原则。在具体布站时，除了考虑不同侵蚀区有一定数量的基本站和在面上分布均匀外，河流含沙量大的地区布站应密；含沙量小的地区布站可稀。根据黄河多泥沙的特点，确定基本流量站一般都兼作为基本悬移质泥沙站。

（4）基本雨量站

基本雨量站的布设，应能满足绘制各种降水量等值线图和内插任何地点的降水量，满足水文情报和预报的要求。雨量站分布在面上除要均匀外，在山区要考虑高度和地形对雨量的影响，以满足研究雨量沿垂直高度变化的规律。

（5）基本水面蒸发站

基本水面蒸发站布设，应能满足绘制流域年蒸发量等值线图和计算面上蒸发量，以及研究水面蒸发的地区规律等条件。在山区和地面高度变化较大的地区，布站应密，平坦地区可稀。基本水面蒸发站应尽量避免受山口、峡谷等局部地形的影响，并尽可能和基本流量站、径流实验站等结合。

2. 规划方法

本次全流域水文站网规划，按 1956 年 2 月在全国水文工作会议上，黄委会和省（区）共同协商的黄河流域水文站网规划和实施的分工意见分别进行。

第一，成立水文站网规划小组；第二，搜集流域内有关资料，如全河历年各项水文气象资料以及流域地形、地质、植被、森林、土壤等自然地理资料，流域地形图、自然地理分区图、流域土壤侵蚀分布图、流域各种查勘报告和综合利用规划的有关资料、图、表及流域自然资源等资料；第三，对水文资料进行分析计算，并绘制降水量、蒸发量、径流深、径流系数、悬移质含沙量和侵蚀模数（现称输沙模数）等分布图；第四，根据水文气象资料和分析计算成果，以及流域自然地理分布特征，划分水文分区。这次水文分区的划分以水量平衡为原则，考虑降水、蒸发、径流等因素，将全流域划分为河源湖泊区、甘青高原丰水区、河套灌溉区、鄂尔多斯沙漠区、干旱区、半干旱区、湿润区、大青山南坡水区、晋陕暴雨侵蚀区、渭汾河丰雨少流区、大汶河东平湖区等 11 个水文分区。其中半干旱区、湿润区、晋陕暴雨侵蚀区、大汶河东平湖区又分若干水文副区。规划的具体方法，根据划分 11 个水文分区和站网规划的原则，采用审查老站与规划新站相结合的方法进行。考虑到水文资料系列的连续性，对资料系列较长的老站，尽量采取保留或可以起代替作用的基本站。

省（区）管辖的支流站网规划，基本上也按上述方法提出本省（区）站网规划初步意见。然后在流域站网规划协调会议上进行统一平衡和审查，协商同意后分别上报水利部审批。

3. 规划成果

（1）基本流量站

在黄河干流基本流量站规划中，经审查老站，发现径流量的沿河变化，自贵德站向下逐渐递增，至安宁渡站附近由递增转为递减，至河口镇附近平缓地递减为最低值，河口镇至义门间有一个小转折，再向下又以均匀递增至龙门为另一个转折点。因此，从控制径流量的变化考虑，安宁渡、河口镇、龙门三站应作为基本站保留。

河口镇至孟津区间，是黄河流域的暴雨洪水区。经分析计算，河口镇至义门、义门至吴堡、吴堡至龙门、三门峡至小浪底等区间的洪峰流量和洪水总量的增值均在 10% ~15% 以上。因此，为满足研究黄河洪水和水文情报与预报的要求，义门、吴堡、三门峡、小浪底等站亦作为基本流量站保留。

黄河在贵德以上河段年输沙量甚微，贵德向下渐增，过青铜峡后输沙量呈渐减；从河口镇以下到龙门间输沙量又大量增加；到三门峡和小浪底间输沙量达到最大值。因此，从控制黄河干流沙量出发除保留安宁渡、河口镇、义门、吴堡、龙门、三门峡、小浪底等站外，还应将贵德、青铜峡两站作为基本站保留。

在黄河下游，河道行于两大堤之间，集水面积很小，水量变化也不大，基本站的布设主要根据下游防洪的需要和满足水文情报与预报，以及进行洪水演进计算与研究河床冲淤变化等要求。从下游洪峰变化来看基本上分为三段：高村或苏泗庄以上，高村或苏泗庄到孙口或艾山，艾山以下至河口。艾山以下河床比较稳定，洪峰变化不大，艾山以上洪峰变化相当复杂。为满足下游防洪实际需要，原有秦厂、夹河滩、高村、孙口、艾山、泺口、利津等站均保留作为基本站。河口的观测由前左实验站进行。

黄河上游，由于资料较少，站网按区间集水面积增长百分比均匀布设，并结合居民点和交通等情况进行规划。除原有的黄河沿、唐乃亥保留作为基本站外，为了控制扎陵、鄂陵两湖的出水量应在两湖的出口处分别设扎陵湖和鄂陵湖两站，在黄河沿和唐乃亥间再设果洛和欧拉两站。

在宁蒙河段，由于灌区渠道引退水情况复杂，为满足该河段水量平衡计算需要，弥补渠道引退水量测验的不足，除保留青铜峡站外，还保留了渡口堂和三湖河口（从内蒙古河段防凌需要，三湖河口必须保留）两站。石嘴山站因测验条件比渡口堂好，同时，该站资料系列较长，又是宁夏和内蒙古控制用水量（即分水）的依据点，因此，暂予保留。下河沿站冬季经常不封冻，在其他站冰期测验困难和资料质量不高的情况下，暂时将该站保留为冰期站。

兰州站资料系列较长，但因受河段测量条件的限制和在冬季封冻期受铁桥的影响，有时产生近一倍的测验误差，为此，将该站的流量等测验上迁到 20 km 的西柳沟处作为基本站，并将兰州水文站改为基本水位站，以保持系列的连续。

在支流上，基本流量站的布设，除了较大入黄支流的汇口处必须设站，流域面积大于 5 000 km^2 河流的干流上，按“直线原则”，面积在 5 000 ~ 20 000 km^2 间按“面的原则”分别布设。

由黄委会负责规划的支流，计划布设基本流量站 149 处。已建站保留作基本流量站有 81 处，拟新建基本流量站 68 处。

黄河上游支流墨曲、噶曲（现名为黑河、白河）流经四川省境内部分，由四川省规划设站 4 处，经黄河流域水文站网规划会议确定列为基本流量站。黄河其他支流由各省（区）负责规划的基本流量站：青海 15 处、甘肃（含宁夏）31 处、内蒙古 23 处、山西 20 处、陕西 33 处、河南 3 处、山东 7 处。

（2）基本水位站

根据黄河防汛、水文情报预报和研究黄河下游河道冲淤与水面比降变化规律等需要，由黄委会负责规划的基本水位站 100 处。其中黄河干流（河道部分）有 46 处，如兰州、刘二圪坦、红柳圪坦、沙窝铺、延水关、后刘、八里胡同、花园口、牛刘庄、西杜屋、辛庄、黑岗口、柳园口、曹岗、东坝头、石头庄、杨小寨、东沙窝、霍寨、刘庄、苏泗庄、安乐庄、旧城、朱庄、梁山、苏阁、孙口南岸、陶城铺、伟那里、杨集、陶邵、南桥、豆腐窝、北店子、阴河、傅家庄、王家梨行、梯子坝、马扎子、官庄、刘家园、杨房、刘春家、张肖堂、道旭、麻湾；为研究东平湖蓄水量的湖泊基本水位站有范岗、北仓站、鹅山庄、安山等 4 处，支流有清水河的清水堡、县川河的旧县镇、孤山川的孤山堡、秃尾河的高家堡、岚漪河的石家会、延河的延安、小理河的张家沟、槐理河的田庄、淀水的薛峰镇、洛河的卢氏、涧河的新安、柿庄河的苏庄、沁河的木栾店、小汶河的城乡等 14 处；三门峡等干支水库水位站 36 处。

（3）基本泥沙站

黄河流域年平均含沙量变化很大、贵德至河口镇间为 0.4 ~ 6.0 kg/m^3；河口镇至陕县间为 6 ~ 140 kg/m^3；陕县以下干支流含沙量一般在 0.3 ~ 50 kg/m^3。由于黄河流域暴雨分布不均匀，地区土壤、植被种类以及耕作方法不同，使各河流之间的含沙量缺乏相关性。同一地区，相邻两站的相应月平均含沙量可以相差数倍至数十倍之多。因此，规划时确定，所有的基本流量站均须兼测含沙量并为基本泥沙站。这次规划由黄委会管辖的基本泥沙站干流 25 处，支流 149 处，共 174 处。

省（区）规划的基本泥沙站，青海 10 处、甘肃 31 处、内蒙古 19 处、陕西 23 处、山西 20 处、河南 1 处、山东 7 处。

（4）基本雨量站

根据已有雨量资料分析，六盘山以东，秦岭以北，太行山以西，阴山以南是黄河流域的主要暴雨区，因此在这个区域内雨量站布设的密度要适当地密些，以满足控制暴雨分布为原则。在黄河上游区因资料缺乏，人烟稀少，布站密度暂按每4 000～5 000 km^2 平均设一个基本雨量站。其他地区，以满足控制年雨量等值线50 mm或最大月雨量10 mm（非汛期最低月份）到50 mm（汛期7、8月）为准。据此，在半干旱区约1 000 km^2 左右设一个基本雨量站，干旱地区约1 500～2 500 km^2 设一个雨量站。在具体规划站点时，除了考虑雨量站在面上分布均匀外，在山区还考虑不同高度对雨量的影响，以及山区迎风面和背风面的差异等问题。在暴雨区还应考虑暴雨频度。水文站、水位站应尽量兼测雨量。这次规划全流域共需设雨量站619处，其中已设雨量站共349处，由黄委会规划新设的水文站、水位站应承担雨量观测的有39处，余下231处由流域各省（区）负责设站。

（5）基本水面蒸发站

通过对已建水面蒸发站的审查，发现原有的站点分布很不均匀，这次规划时做了全面的调整，以满足绘制流域蒸发量等值线图为原则。布站密度除上游地区外，其他地区按平均每6 000 km^2 设一个蒸发站。全流域规划基本水面蒸发站147处，其中已建站98处，需新建站49处。

（6）实验站规划

考虑三门峡水库建成后，研究水库泥沙淤积、水量平衡和库区塌岸等变化规律，建立三门峡水库水文实验站，在支流上拟建支流水库实验站2处。研究黄河暴雨径流形成规律，结合水土保持试验等工作，规划在无定河绥德和泾河庆阳建立两处径流实验站。研究三门峡水库建成后对下游河道冲淤变化规律和为河道整治提供科学依据，规划在京汉铁路桥至高村段、高村至陶城铺段、泺口至济阳段以及其他河南、山东等河段，设立河道观测队。为研究河口地区泥沙运行，拦门沙的形成和海岸的延伸，以及河口尾闾的摆动等演变规律，保留前左河口水文实验站。为探求水库对水面蒸发的影响拟在三门峡、刘家峡水库附近；以及研究干旱地区的水面蒸发拟在泾河区和晋陕区间分别规划建立大型水面蒸发实验场（池）4处。

（7）专用站

根据生产部门需要，确定黄河干流的循化（为刘家峡水库搜集资料）、金沟口（为白银有色金属公司搜集资料）、包头（为包钢搜集资料）为专用水文站3处；支流有宛川河的高崖，清水河的寺口子，唐徕渠的银川，洛河的宜阳、故县，涧河的兴隆寨，伊河的庙张7处。共10处为专用水文站。专用水位站，黄河干流有积石关、东岗镇、黑山峡、龙口、安昌、王家滩、老永济、夹马口、页阳、阌乡、灵宝、狂口、裴峪、沈庄、刁城集、南小堤、邢庙、毕庄等18处；支流有无定河的薛家崭，渭河的船北、皂张王、布袋张、塘党家、三河口，北洛河的赵渡镇，伊河的陆浑，洛河的洛阳，漭河的后进村，洪河的岷县等11处。

4. 成果的初步审查

为了使站网规划符合实际，并为以后设站做好准备，1956年汛期，黄委会水文处抽调有关人员共64人，组成两个水文勘测队，分赴洛、沁河和干流三门峡至秦厂及晋陕区间，对规划的站点是否有设站条件进行了现场查勘。查勘结束后，根据查勘结果对规划又作了部分修改。

（二）站网调整规划

1. 1961 年站网调整

50 年代后期，在黄河干支流上陆续兴建三门峡和巴家嘴等大中型水库，并在支流上兴修许多小型水库和引水渠道；在丘陵山区和水土流失区兴修了大量梯田、水平沟、谷坊等治坡和治沟的水土保持工程。这些水库和水保工程，有效地增加了地表的蓄水和保土能力，从而使地表径流和河流来水来沙条件发生一定的改变。因此，1956 年的水文站网规划实施后所取得的水文资料，已不能准确地反映水利、水保工程修建地区的水文规律。同时，已建大、中型水利工程的管理运用也需要有水文资料提供依据，原有的水文站网已不能适应需要。另外，在进行中小型水利工程的水文计算中，发现现有雨量站密度稀、小河水文站少，造成局部暴雨控制不住和缺少小汇水面积的洪水资料。上述新的情况和存在的问题，需要对 1960 年的水文站网进行调整和补充。

2. 1963—1965 年站网分析与调整

1956 年全河所规划的水文测站，到 50 年代末绝大部分已建立，使黄河流域水文站形成比较完整的站网。到 1963 年，这些新增站也已积累 5 ~ 7 年的实测水文资料，在客观上已具备进行流域水文特征分析和计算的基础。另外，三门峡和巴家嘴等干支流水库建成后，由于水库严重淤积，以及由淤积而产生的水库管理和运用上新问题，更显得黄河泥沙问题的严重，要求黄河水文测验要准确及时地提供正确的水沙资料。为此，需要对 60 年代初的水文站网布局的合理性和水文资料的代表性进行全面地分析。

这次水文站网的分析和调整工作，从 1963 年下半年开始，计划分三个阶段进行。第一阶段为 1963 年下半年至 1965 年上半年，任务是探求站网分析方法。第二和第三阶段计划分析各水文参数在地区分布上的规律性，论证 1956 年全河水文站网规划的合理性。

1963 年下半年，黄委会以晋、陕区间为试点，进行暴雨、洪水、流域产流、汇流和悬移质泥沙分布以及暴雨径流关系等分析，摸索站网分析的方法。1964 年 4 月 6 日—5 月 15 日，参加水电部水文局在北京举办的“水文基本站网分析研习班”学习与交流站网分析方法。同年水电部颁发《关于调整充实水文站网的意见》，正式部署开展对站网的分析验证和修订站网调整充实规划。

1964 年 7 月，黄委会全面开展水文站网的分析和调整工作，其内容：第一，以雨量站和水文站为重点，通过对现有站实测资料（包括撤销站）的分析，审查现有站网的分布是否合理，并根据“在上中游拦泥蓄水，下游防洪排沙”的治黄总方针，提出站网调整意见；第二，通过资料分析探求站网分析的方法；第三，通过分析发现测验中存在的问题并提出改进措施，提高测验质量。

站网分析和调整的范围：黄委会的范围为黄河干流，晋、陕区间各支流，泾河张家山以上，渭河太寅以上，洛、沁河流域以及青海境内的部分支流和三门峡库区等区域。其他区域由流域各省（区）分别进行，最后由黄委会会同各省（区）进行综合汇总，提出全流域的站网调整意见。

站网分析和调整的步骤：首先审查 1956 年全河水文分区和 1956 年以后黄委会辖区撤

销的流量站是否合理；其次是审查1963年站网的分布情况及存在问题。

经全河水文分区审查，分析认为：黄委会水文处研究室1962年在《黄河流域降水、径流、泥沙情况的分析报告》中对黄河流域的各水文分区的命名和区界的划分，概念明确。这和1956年的水文分区相比，分区的原则基本一致，考虑分区数目不宜太多，因此确定采用1962年黄委会水文处研究室提出的分区成果，将1956年所分的11个区，合并为6个大区。

撤销站的审查：据水文年鉴1961—1963年统计，全流域共撤销流量站114处，经审查认为：黄委会管辖区撤销不合理需恢复的流量站，晋、陕区间有新窑台、城弗、乡宁、呼家窑子、折家沙、董家坪等6处；泾渭河流域有亭口（黑河）、雷家河、耿湾、静宁等4处；三门峡以下区域有五福涧河的高堰、沁河的白洋泉、刘村等3处；共计13处。

1963年站网分布现状审查说明：因1961、1962年水文经费严重短缺而大量裁撤水文站，使水文站分布密度变小。例如晋、陕区间和渭河上游的区域代表站（集水面积在5 000 ~ 20 000 km^2之间），平均布站密度为2 600 ~ 2 900 km^2每站；洛河和沁河流域平均布站密度为6 600 ~ 13 500 km^2每站。另外，从河流数目的设站分布密度来看，晋、陕暴雨侵蚀区其流域面积9 281 km^2，河长在20 ~ 50 km的河流有131条，已设有流量站的有14处，按河流数目的布站密度为11%（站数/河流数）。泾、渭河上游和陕北情况相似。洛河流域面积19 000 km^2内，河长在20 ~ 50 km的河流有73条，只有3个区域代表站，布站密度为4%（站数/河流数）。显然，黄委会管辖区内区域代表站的数量需要增加。

在审查站网分布的同时，黄委会水文处还进行了黄河流域1951—1960年的年平均降水量等值线图、黄河流域长历时暴雨参数和雨量站网分布密度的分析；在径流方面进行了年径流深和径流量年内分配、暴雨、洪水、汇流和地下水等分析；在泥沙方面，对黄河干支流各主要站1919—1960年的沙量进行计算，确定了陕县多年平均输沙量为16.0亿t，多年平均含沙量37.7 kg/m^3。并对泥沙分布作了较详细分析，河口镇以上年输沙量为1.42亿t（占陕县的8.9%）；河口镇至龙门区间为9.08亿t（占陕县的57.0%）；泾渭河为4.2亿t（占陕县的26.2%）；北洛河为0.83亿t（占陕县的5.2%）；汾河为0.52亿t（占陕县站的3.0%）。并用1951—1960年的资料，绘制了黄河中游地区的侵蚀模数和含沙量分布图。黄河流域产沙量最高地区是窟野河中下游的神木至温家川之间，年侵蚀模数为35 000 t/km^2（最高年达128 000 t/km^2）；其次，是无定河的中、下游，丁家沟至绥德、川口之间，侵蚀模数达20 000 t/km^2；再次是渭河上游散渡河和葫芦河的左岸部分，侵蚀模数达10 000 t/km^2。从侵蚀模数的分布看，晋、陕区间侵蚀模数全部在10 000 t/km^2以上，泾、渭河流域大部分地区在6 000 t/km^2。

通过以上分析认为：1956年规划的基本水文站网，集水面积大于5 000 km^2的控制站，基本上控制了全河水量和沙量的变化，基本满足了黄河防洪与水文情报预报的需要。集水面积在5 000 ~ 20 000 km^2的区域代表站虽然搜集了一定的资料，但还存在站网密度不够，有的区域还缺乏区域代表站，在跨越两个以上自然地理类型区的河流上，在分区的交界处也缺乏区域代表站。在雨量站分布方面，除暴雨多发地区的雨量站密度不够外，有些地区还存在雨量站与流量站不配套，雨量观测段次较少等问题。在泥沙站网方面，多泥沙地区中小河流上的测站不够。针对上述存在问题，黄委会对所管辖区的站网提出调整计划。

（1）雨量站调整计划

晋、陕区间，即河口镇至龙门间包括直接入黄的各支流，区间面积 11 万多 km^2。根据本区雨量资料分析认为，在暴雨集中地区布站密度宜为 400 km^2 设一站，其他地区可放宽到 500 km^2 设一站，鄂尔多斯沙漠边缘因人口稀少，设站困难，可放宽到 1 500 km^2 设一站。本区需设雨量站 226 处，现已有 137 处，需新设 89 处。

泾、渭河流域，本区华县站以上流域面积 10 万多 km^2，由资料分析认为，渭南地区（西安附近）需 300 km^2 设一站，其他地区可在 400 ~ 450 km^2 设一站。本区需设雨量站 319 处，现已有 236 处，需新设 83 处。

三门峡至花园口区间：包括洛、沁河流域面积 4 万多 km^2，经资料分析，在暴雨中心区需 250 km^2 设一站，其他地区可 300 km^2 设一站。本区需雨量站 184 处，现已有 160 处，需新设 24 处。

上述三个区合计需新设雨量站 196 处。

（2）流量、泥沙站调整计划

黄河贵德以上干支流：黄河干流吉迈至玛曲间，拟在干流阿万仓和支流黑河各设流量站 1 处，共 2 处。

晋陕区间：从控制风沙区与黄土区的来水、来沙情况，经分析暴雨—径流—泥沙等关系认为，除了恢复新窑台等 6 个流量站外，还需新设特牛川、杨家川、高家堡、魏家第、黄土、燎原沟、辛庄上等 7 处流量站。

泾、渭河流域：在分析 1956 年所编制的站网规划时，发现泾、渭河缺少不同类型区的区域代表站和小支流站。为此，需新设合道川、小河口、镇原、大龙河、马兰、太峪沟、周家峡口、碧玉镇、下各老等 9 处流量站，同时亭口（黑河）等 4 站应恢复观测。

三门峡至花园口应恢复高堰和沁河上应恢复白洋泉、刘村等 3 处。

综上所述，黄委会管辖区共需新设流量站 18 处，同时恢复已撤销的流量站 13 处，两项合计 31 处。以上各站要求在第三个五年计划期间完成。

为了交流经验，统一方法，并为站网分析的第二、第三阶段做好技术准备，于 1964 年 11 月开始，由黄委会和甘肃、陕西两省水文总站共同主持，在兰州进行西北地区站网分析试点协作。参加单位除黄委会、甘肃、陕西外，还有青海、宁夏、内蒙古等省、区水文总站共 11 人。以泾河流域为试点，通过试点不仅交流了经验，统一了站网分析的方法，同时还取得了以下成果：泾河流域特征值的量算，暴雨径流关系和瞬时单位线分析成果，以及对雨量、流量、泥沙站网分布合理性的审查等，并对泾河流域站网提出了调整意见。这次试点工作历时 67 天，于 1965 年元月结束。

（3）1977—1979 年站网调整

黄委会 1965 年的站网调整规划不仅没有实施，而且黄河沿等一批重要控制站以及部分站的输沙率等测验项目被迫停测，使站网上存在的问题进一步加剧。1975 年 8 月淮河发生特大洪水，造成巨大的损失，为了吸取淮河的教训，结合黄河流域水文站网普遍存在的雨量站、小河站和西部水文站少，受水利工程影响地区水量和沙量算不清等问题，需要进行站网的调整和充实。

为了做好这次水文站网调整和充实工作，1976年水电部部署流域和各省（区）统一进行站网现状及存在问题的调查，并征求有关部门对站网调整充实的意见和要求。1977年9月，水电部举办全国水文站网研习班，研讨水文站网调整充实的原则、站网建设的指导思想与发展方向、站网分类、站网布设的标准密度以及探索站网研究的新技术途径等。

为了搞好站网调整技术准备，由黄委会水文处牵头，马秀峰主持，成立干旱区水文站网研究协作组。1978年3月在郑州召开协作组第一次碰头会，会议着重讨论研究小河站网的分析和《小河站测验整编技术规定》的编写要点与计划。同年7月，在郑州召开协作组第二次碰头会，会议交流了雨量站网与小河站网的分析成果，小河站的增设情况等。青海已设小河站11处，配套雨量站40多处；内蒙古已设小河站2处，配套雨量站10处，山西设小河站4处，配套雨量站10多处；黄委会已设小河站11处，配套雨量站54处。同年12月，黄委会受水电部水管司的委托，在郑州召开干旱区水文站网规划技术经验交流会。会议总结交流和研讨了以下问题。

讨论雨量站网密度分析的各种方法，及其优缺点和改进的办法。介绍了运用瞬时单位线法和改进后的推理公式的经验，采用按地类和河网粗糙度布站的方案；黄委会根据黄河流域降雨不均匀和局部产流的特点，引进点源汇流曲线的理论，优选汇流参数，进行地区综合，提高了站网分析成果的精度；交流了水库洪水还原计算的经验；研讨了受水利工程影响下的站网布设问题和探讨受水利工程影响下水文工作的途径等。

黄委会这次站网调整规划的指导思想是："搞清黄河水沙资源，适应下游防洪和中游治理以及上游地区能源开发的需要，经济合理的调整和发展站网。"具体要求是：雨量站网，除了满足控制年降水量和暴雨分布外，属小河站和区域代表站布设的配套雨量站还要满足进行暴雨洪水分析的需要；水文站网方面，小河站的布设重点是黄河中游水土流失严重地区和三门峡至花园口区间暴雨地区；受水利工程影响地区的站网调整的原则，当水库控制面积超过测站集水面积的80%以上时，该站应撤销或迁移，当水库控制面积为测站集水面积的15%～80%时，可设立补充观测点；黄河上游河源地区，为适应近期上游地区能源建设的需要，开发水电和已建大型水利工程管理运用的要求，在交通和生活允许的条件下尽快增加水文站。

（4）1983年站网整顿和发展规划

1983年，水电部水文局部署进行站网整顿，具体的任务是：对现有测站逐站审查其设站目的是否达到，站址是否合适，观测项目是否配套，水沙账能否算清等。通过整顿使现有站网做到结构合理，设站目的明确，受水利工程影响的得到处理，水沙账要算清，流量、雨量、蒸发等观测项目基本配套，使测站的代表性和资料的使用价值获得提高。

黄委会这次整顿工作于1984年5月开始，由黄委会水文局水资源保护科学研究所龚庆胜主持进行，根据整顿要求对所辖的水位、流量、泥沙、雨量、蒸发及水化学等项进行了全面调查，逐站分析和验证。通过整顿认为：岚漪河裴家川站因站址测验条件恶劣，汛期洪水无法施测，同意撤销；蔚汾河碧村站因基本断面受下游挡水坝抬高水位的影响，使断面水流失去代表性，确定将基本断面上迁至兴县，设立兴县站；涧河海池水位站因生产上不需要应撤销；龙门镇等16个水文站，按照设站目的和观测项目配套原则，分别增设了雨量站和有关的测验项目。全部整顿工作历时半年，于1984年底全部结束。

这次站网发展规划的指导思想是：树立全局观点，全面考虑流域的开发利用，水资源评价、水利水电建设，以适应黄河下游防洪、中游治理和上游地区能源基地建设的需要。

近期规划：一是设立水文站 31 处，其分布：上游地区设控制站 1 处，区域代表站 7 处，下游地区设控制站 1 处，区域代表站 3 处，小河站 19 处；二是为下游防洪和滩区水情服务设水位站 120 处；三是搜集黄河下游引黄用水量，估算黄河水资源，设涵闸观测站 26 处；四是设雨量站 182 处，其中上游河源地区 20 处，中下游区域代表站和小河站的配套雨量站 162 处；五是设蒸发站 14 处，为三门峡至花园口区间作洪水预报服务；六是探索陕北地区高含沙河流的产流、汇流和产沙、输沙以及泥沙颗粒级配等规律，需在窟野河永兴沟建径流实验站 1 处。远期规划：一是拟设水文站 11 处，其分布：上游地区设控制站 2 处，下游地区设控制站 1 处、区域代表站 2 处、小河站 6 处；二是为探索窟野河洪水泥沙入黄后产生倒比降的规律，需设水位站 2 处；三是设雨量站 59 处，其中上游河源区 14 处，中游区域代表站的配套雨量站 45 处；四是为研究和率定三门峡至花园口区间洪水预报模型参数，在亳清河的垣曲建径流实验站 1 处；为研究北方亚湿润、亚干旱地区的雨量站分布密度，需在洛河的宜阳建雨量密度实验站 1 处；为研究适应下游游荡河道的测验方法和仪器设备，将花园口水文站改建为测验方法实验站；为研究下游防洪和河道整治服务，拟建黄河下游河床演变观测队 1 处。

二、站网研究

1955 年，学习苏联水文站网规划的理论和经验，结合中国的实际情况，按流域面积大小，制定了水文站网布设的“直线”“面”和“站群”的原则，编制了全流域第一个科学的水文站网规划。通过各测站搜集和积累的水文资料，该规划基本满足了黄河治理和流域国民经济建设的需要。

国民经济建设的发展和治黄工作的深化对水文资料提出了更高的要求。为提高水文资料的代表性和可靠性，开展了水文站网的研究。1963—1965 年，一方面为了论证 1956 年水文站网规划的合理性和水文资料的代表性；另一方面针对流域内已兴建的水利水电工程和水土保持措施对径流泥沙形成规律的影响，探讨水文站网的调整原则。黄委会首先以黄河中游暴雨较多的晋、陕区间为试点，以后和青海、甘肃、宁夏、内蒙古、陕西等省（区）协作，又以泾河流域为试点共同进行站网分析研究。1977—1979 年，根据当时站网中存在的小河站少，雨量站不足，受水利工程影响后水沙账计算不清等问题，又开展了站网分析研究。为使水文站网的研究工作有计划有步骤地进行，发挥群体的作用和相互交流，于 1978 年 3 月，由青海、甘肃、宁夏、内蒙古、陕西、山西等省（区）水文总站和黄委会以及流域外的辽宁、新疆两省（区）的水文总站等单位成立干旱地区中小河流水文站网布设原则协作组，黄委会水文处为组长（1982 年增选新疆水文总站为副组长）。同年 12 月，河南、山东、黑龙江、吉林、河北、北京和天津等省市水文总站和南京水文研究所也参加协作组。协作组的任务：根据本地区的水文特点和技术经济发展的实际情况，研究布设水文站网（主要是雨量站和水文站）的技术标准，指导站网规划、建设和管理，并围绕着水文分区、布站密度、站址选择、观测年限和受水利工程影响等问题拟定了研究协作计划。

水文站网研究取得的主要成果有如下。

流量站网规划原则的研究。1956 年站网规划时，流域面积大于 5 000 km^2，采用“直线原则”，经数十年的实践检验认为该原则是正确的。但也存在一些不足，第一，只能用图解或试算的办法确定布站数目的上限；第二，不能直接估计布站的总数目；第三，缺乏保证率的概念；第四，允许递变率的确定含有主观任意性。针对上述存在的问题，黄委会水文局马秀峰在 1987 年“布设流量站网的直线原则与区域原则”的研究中按照直线原则的基本概念和沿河长方向内插水文特征值精度要求，推导出大河干流布设控制站数的上、下限计算公式，并给出递变率和内插允许误差标准。

流域面积在 5 000 ~ 20 000 km^2 间布站时，采用“面的原则”。1956 年在具体做规划时，先按水文特性分区，在同水文分区内再把河流的面积分级，在相同的面积级中，选择有代表性的支流进行布站。

流域面积小于 200 km^2 小河上的布站，1956 年水文站网规划时用“站群原则”，即在同一个地区内不是布设一个站，而是布设一群站。1959 年黄委会在制订子洲径流实验站的站网规划时，把“站群原则”具体化为：按自然地理景观分大区，按下垫面综合特性分小区，按单项影响因子选择代表性小流域，在代表不同单项因子的小流域上布站，组成站群，以解决观测资料的推广移用问题。上述布站方法后来概括为一句话：“大区套小区，综合套单项。”子洲径流实验站按这一布站方法所取得的实验资料，广泛被国内各生产单位和科学研究部门采用。

在站网分析研究中，青海省提出按地类布站方案。山东省水文总站杜屿等应用推理公式、瞬时单位线和峰量关系公式等三种方法，对已建 30 多处小河站资料，进行洪水参数分析和综合，探讨小河站布站方案。并认为瞬时单位线法和峰量关系公式两种方法分析的布站成果一致、可靠，而推理公式法所得的布站数比前两种方法要多 2 倍，同时推理公式存在较多缺陷。

20 世纪 80 年代，经分析认为：小流域的产流与汇流特性往往取决于下垫面的某一单项因子的作用。因此小河站的布站原则可按气候分区、下垫面分类、面积分级，并考虑流域形状、坡度等因素，决定布站数量，选定布站位置。

小河站水文资料移用方法的研究，是站网规划工作的组成部分。在移用小河站资料的分析中认为：在黄河流域干旱、半干旱地区，在相同的下垫面条件下，雨强是产流大小的决定因素，产流计算用入渗曲线。在汇流方面，采用瞬时单位线或推理公式，作为分析的工具。在推理参数的地理综合方面，山西省水文总站提出流域糙度是影响汇流速度的主要因素，以此考虑选择汇流参数的取值问题。黄委会水文局考虑雨量的不均匀和局部产流等情况，引进点源汇流曲线理论，优选汇流参数，进行地区综合，取得一定成果。

在地质条件复杂地区进行站网规划时，应注意考虑地质条件，如汾河的支流仁义河、洪安涧河等，由于流域内存在石灰岩，容易发生漏水，使地表水转入地下，造成地表水不平衡。因此，提出在站网规划时要考虑地表水和地下水的转化问题，把地表水和地下水的观测结合起来。另外，从水资源的开发利用出发，还应把观测水量的站网和水质监测站网结合起来。

雨量站布设密度的研究。20 世纪 50 年代初期，因雨量站太少，曾粗略地规定，在山区和经常出现暴雨中心的地区，约 300 ~ 500 km^2 布设一站；平原区和不经常出现暴雨中心的地区，约 600 ~ 1 000 km^2 布设一站。到 60 年代初期，随着雨量站资料的逐渐增多，已有条件采用多种方法进行雨量站布设密度的研究。

泥沙站网的研究。1956 年泥沙站网规划时，规定除了根据悬移质泥沙站规划原则外，考虑黄河多泥沙的特点，确定基本流量站都兼作为基本悬移质泥沙站。按此规划的泥沙站，能否满足以内插法求出任何地点，和符合实用精度要求的各种泥沙特征值，以及为河道整治、变动河床洪水预报和水库、渠道等水工建筑物的管理运用提供可靠资料。1986 年，马秀峰和黄河水资源保护科学研究所支俊峰对上述问题进行了研究，并在《泥沙站网布设原则和资料移用方法》一文中，对黄河的悬移质泥沙站网的设站数量，仿照流量站布设原则中的“直线”和“分区”原则，分别求出悬移质泥沙站网的布站数的公式。并用公式验算了黄河干流河口镇至龙门区间的泥沙站网，认为该河段 1956 年规划的河口镇、府谷（原为义门）、吴堡、龙门 4 站满足不了泥沙站网观测的要求，至少应布设 6 个泥沙站，但不必超过 7 个站。通过泥沙资料的地理内插方法的分析研究，认为内插泥沙资料的精度和泥沙站网数呈正比，即泥沙站网的布设密度由使用资料的精度来确定。

水文站观测年限的探讨。对已满足生产需要的水文测站或观测项目，及时地撤销或停止测验，就可以腾出一批人力、物力，转移到其他需要设站的地点，这样有利于发展水文站网，扩大资料收集范围。20 世纪 80 年代中期，马秀峰在《水文站观测年限的确定办法》一文中认为：确定水文测站的观测年限，需要综合考虑设站目的，单站对站网整体功能的影响，样本单站的代表性和对样本统计量的精度要求，以及观测资料的经济效益和受水利工程影响的程度等因素。提出了水文站观测年限的计算公式。

水文分区的研究。1956 年水文站网规划时，因缺乏水文资料，只能假定水文分区和自然地理分区是等同的，即在自然地理景观相似的地区，同一面积级别的河流，具有相似的水文规律。用气温作为太阳辐射的能量条件，划分气候带，用水分条件，划分大区；并参照影响水文现象变化的下垫面因素，划分子区。高大的山脊，山地到平原的转折，湖泊、荒漠的边缘以及地质、土壤、植被、地貌形态的明显变化处，作为水文分区的界线。分区的大小，直接影响布站的数量。分区的可靠性，决定着进行资料内插和移用的精度。这种分区方法，思路直观，在建设站网的初期阶段曾发挥很大的作用。但在确定分区指标范围时，凭个人判断，分区成果往往因人而异，带有一定的任意性。随着水文资料的不断积累和对水文分区问题的多次研究和探索，发现反映水文规律的水文分区和按自然地理景观划分的分区并不完全一致。随后提出以水量平衡条件大致相同为原则，划分水文一致区，再参照下垫面因素的相似性划分子区。这种分区方法，虽较 1956 年的水文分区方法有明显的进步，但在定量指标的确定方面却存在很大的任意性，而且只能做出单因子的分区。

1963 ~ 1965 年，对 1956 年规划站网进行合理性分析和验证时，曾采用年降水和径流的关系，以及暴雨径流的产汇流参数，多年平均径流模数与流域平均河网密度等单项因素进行分区。这种用众多的单项因素来分区，存在着较难进行综合考虑的缺点。

第二节 站网建设与管理

水文站网是水文测验的战略部署。新中国成立前黄河流域的水文站网有一定发展，但十分缓慢，甚至有时停顿，徘徊不前。

新中国成立后，在20世纪50年代，国家处于经济建设发展时期，治黄工作迫切需要水文资料，全河基本水文站1949年39处，1955年就增加到173处，1960年又上升到362处。全流域站网平均密度1960年已达到2 079 km^2/站。

20世纪60年代初期，因国民经济困难，将一批新建巩固有困难的水文站撤销和停测。1963—1965年随着国民经济的恢复和发展，黄河水文测站也开始恢复和发展。

20世纪70年代初，随着国家国民经济恢复和增长，水文测站又开始逐步恢复，特别是接受1975年8月淮河发生特大暴雨洪水，造成巨大损失的教训，水文测站按照水文站网调整和充实规划，又恢复和新建了一批小河水文站。

20世纪80年代，在进一步巩固和提高老站的同时，为解决黄河上游地区进行能源基地建设的需要，水电部拨发专款有计划有步骤地在黄河上游干支流上增设一批水文测站。

一、新中国成立后

在实践中通过不断总结，制订了有关业务管理制度和办法，促进了站网巩固和提高。80年代站网改革促使水文站网向深度和广度发展，扩大水文服务范围，提高水文服务质量，更好地发挥水文站网效益。

（一）新中国成立初期

黄委会和沿黄各省（区）以及燃料工业部兰州水力发电工程筹备处等单位，根据治黄和发展当地工农业生产的需要陆续恢复老站，加速发展新站。

1950—1955年，黄委会（包括河南省转交黄委会的水文站）先后在黄河干、支流全部恢复测验的水文站有包头、吴堡、龙门、孟津、秦厂、柳园口、夹河滩、利津、河津、黑石关、龙门镇等11处。在干流上新建的水文站有黄河沿、唐乃亥、贵德、西柳沟、金沟口、安宁渡、下河沿、三湖河口、河口镇、河曲、义门、沙窝铺、延水关、安昌、三门峡、宝山、八里胡同、小浪底、苏泗庄、孙口、艾山、杨房、前左、四号桩等24处；支流上新建和恢复的有周家村、靖远、郭家桥、都思兔河口、河口镇（大黑河）、放牛沟、黄甫、高石崖、温家川、高家川、林家坪、贺水、宋家峰、义合镇、延川、大宁、甘谷驿、枣园、嵩县、故县、长水、宜阳、洛阳、白马寺、磁涧、谷水、润城、五龙口、小董、山路平、丘家峡、秦安、宋家坡（二个断面）、杨家坪、巴家嘴、毛家河、庆阳（二个断面）、雨落坪、政平、团山等42处。合计77处。

到1955年底，全河共有基本水文站173处；渠道站35处；水位站130处；雨量站623处；蒸发站178处。分别为1949年水文站的4.4倍，渠道站的7.0倍，水位站的2.7倍，雨量站的13.8倍，蒸发站的7.1倍。

从1955年底基本水文站类别来看，控制站103处占59.5%，区域代表站58处占33.5%，小河站12处占7.0%。自黄河沿等一批水文站建立后，改变了民国时期在循化以上河源地区水文站空白的状况，同时沿黄各省（区）在支流上建立一大批水文站后，使水文站网较好地控制了黄河干支流水沙量变化，为黄河下游防洪和水文情报、预报以及流域治理和开发提供了可靠的资料。内蒙古的昭君坟和黄委会设的金沟口等专用水文站，为包钢和白银有色金属公司等单位提供工业用水服务。

1954年，经河南省和黄委会协商，河南省将嵩县、龙门镇、长水、宜阳、洛阳、五龙口、山路平7处水文站和潭头、卢氏、新安3处水位站移交黄委会领导。

（二）1956年规划实施

1956年，黄委会和各省（区）水文部门的站网规划虽尚未编制完成，因生产和治黄的需要，按规划要求，提前部署新建水文站68处（其中黄委会32处，青海2处，甘肃16处，内蒙古4处，山西5处，陕西5处，河南3处，山东1处），黄委会增设水位站11处，雨量站78处，蒸发站33处。1957年，黄委会按站网规划对老站进行调整，如将兰州、沙窝铺、延水关、潼关、秦厂、杨房、前左等水文站改为水位站；花园口站由水位站恢复为水文站；同时撤销河曲站等。同年省（区）新建水文站：青海有同仁、大峡（由水位站改为水文站）、揽隆口、桥头、西纳川、百户寺；内蒙古有二哈公；山西有宁化堡、王公、崖底、石沙庄、湾里、南山底、常旗营；陕西有招安、头道河、口镇、翟家坡、道佐埠等站。1957年底全河基本水文站已发展到246处，其中黄委会117处、青海15处、甘肃22处、内蒙古19处、山西28处、陕西35处、河南5处、山东2处，部属单位3处，另有渠道站49处，水位站131处，雨量站721处，蒸发站183处。

1958年，是全河大搞水利、水电、农田基本建设和水土保持的一年，大干的形势促使水文站网迅速发展，同时又是黄河流域基本水文站网规划获得水利部正式批准后的第一年。1958年全河增加基本水文站68处（黄委会26处，青海12处，甘肃3处，宁夏4处，内蒙古1处，山西6处，陕西6处，山东9处，部属单位1处），到1958年底全河基本水文站数达到314处，另有渠道站48处。水位站113处，雨量站752处，蒸发站154处。1959—1960年，除水位站有减少外，水文站和雨量站又有新的发展。

黄河流域1956年基本水文站网规划，经黄委会和各省（区）水利部门的共同努力，于1960年基本完成。如黄委会，经水利部批准拟建基本流量站（现称基本水文站）66处，实际建站68处，超额完成规划任务。陕西省批准新建流量站48处，水位站7处，到1959年已新建流量站44处，水位站7处。山西省到1958年已建基本流量站32处，水位站4处，雨量站201处，蒸发站32处，汾河流域径流实验站3处。内蒙古自治区到1965年除雨量站完成规划数（146处）的51%外，其他站均如数完成了规划任务。

到1960年，全河共有基本水文站362处，其中测站集水面积大于5 000 km^2以上的控制站有104处，面积在5 000 ~ 20 000 km^2之间的区域代表站有190处，面积小于200 km^2的小河站68处，另外掌握渠道引水量的渠道站72处。全河基本水文站布设平均密度为2 079 km^2/站。

从黄河上、中、下游各河段和主要支流水系的水文站网密度看，黄河托克托以上河段的站网密度小于全河站网平均密度，特别是在青海巴沟入黄口以上地区，站网密度最小为13 375 km^2/站，其次是黑山峡至托克托间为3297km^2/站，北洛河的站网密度为2515km^2/站也小于全河平均站网密度。其他各河段均大于全河平均站网密度，其中站网密度较大的有三门峡、黑石关、武陟至花园口区间，洛河和大汶河三处，接近芬兰和德国等国。

（三）20世纪70～80年代站网恢复发展

进入20世纪70年代，在黄河干流因天桥水电站水沙量测验的需要，1971年新设府谷水文站，1972年，渡口堂站上迁至三盛公拦河闸下改名为巴彦高勒水文站，1976年新建河曲、旧县、清水3个天桥水库进库水文站。1971—1975年间新建的基本水文站甘肃有银川、尧甸、平凉、窑蜂头、安口、华亭、百里；宁夏有贺堡、韦州、苏峪口、大武口、夏寨、隆德、彭阳、清水沟；内蒙古有古城、古人湾；山西有张峰、泗交、堡园、店头；陕西有魏家堡（恢复）、灵口、风阁岭、张河、朱园、鹦鸽、好畤河、枣园、柳村镇、苏家店、柴家嘴；河南有聂店、窄口水库；山东有雪野水库、黄前水库共计36处。此期间还进行部分站调减。

1975年8月5—8日，淮河流域发生特大暴雨洪水，造成人民生命和财产的严重损失。从暴露的问题来看，水文站网不足和测报设备与手段落后是比较突出的问题。为此由水电部召开的全国防汛和水库安全会议上提出对现有水文站网的布局进行充实和调整，对水文测报工作除了加强领导外，还要充实人力和设备，增加经费，改善测报条件，使水文站网建设恢复和发展到新中国成立以来的最好水平。黄委会根据上述精神，将1976年水文经费增加到499.99万元，主要用于站网调整和更新与充实设备。

1978年以后，由于流域内地方工农业生产飞速发展和各地急需水文资料，1956年确定的流域和省（区）的站网建设分工意见，已不符合客观发展的需要，甘肃、陕西、宁夏等省（区）水利部门，打破1956年站网建设的分工界限，纷纷在泾河流域、陕北地区（属黄委会设站的区域内）设立水文站，形成了站网管理的交叉局面。

到20世纪80年代，水文站网稳步发展。1980年四川省在支流黑河上设若尔盖水文站1处，1984年黄委会又在黑河下游设大水水文站1处。1986年黄委会在黄河干流河源地区，恢复鄂陵湖水文站（该站于1960年设立，当时称扎陵湖水文站），同时在鄂陵湖区，又新建鄂陵湖水位站1处。1987年在吉迈、玛曲之间设门堂水文站。80年代各省（区）新建的水文站：青海有朝阳、南川河口、清水（磨沟）和黑村（磨沟）4处；甘肃有饱藏、冶力关、康乐、康禾、马槽、石滑岔、定西、兔里坪、蔡家庙、宁县、王家川、罗川12处；宁夏有鸣沙洲（恢复）、红井子2处；内蒙古有海流图、二牛湾（两个断面）、广生隆、大余太水库、图格日格、红塔沟、瓦窑、二十家、阿腾席热、石培台11处；山西有为洞沟、乡宁（恢复）、汾河三坝、大交、孙家涧5处；陕西有安塞、杏河、壕里、吴旗4处；山东有下港、楼德、瑞谷庄3处。到1987年底全河有基本水文站361处（接近1960年底全河第一次站网规划的实施数362处），其中黄委会134处，占37.1%；青海27处，占7.5%；四川1处，占0.3%；甘肃46处，占12.7%；宁夏18处，占5.0%；内蒙古35处，占9.7%；山西42处，占11.6%；陕西43处，占11.9%；河南6处，占1.7%；山东9处，占2.5%。全河另有渠道站134处，引黄涵闸85处。雨量站2482处。蒸发站164处。

二、站网管理

新中国成立前，全流域水文站网管理没有一个统一的完整的测站管理办法和制度。各测站直属流域和各省水利局或水文总站领导，并各自根据需要进行布设、裁撤测站和制订观测项目、测验方法等。如1930年山东河务局自行编制了《山东河务局水文站观测办法》，到1945年国民政府黄委会水文总站才颁发了《水文测验施测方法》，供黄委会系统水文测站使用，以统一水文测验方法和技术标准。

新中国成立初期，随着水文测站的日益增多和水文测站单位小、人员少、测站分散、交通不便、远离领导等特点，按测站的重要性，将水文站分为一、二、三等站。如1950年确定陕县为一等水文站，青铜峡、龙门、潼关、花园口、泺口等为二等水文站，循化、兰州、新墩、石嘴山、三盛公（渡口堂）、乌加河口、镜口（包头）、吴堡、高村、姜沟、利津、享堂、河津、太寅、咸阳、华县、杨村、小董等为三等站。并确定一、二等水文站领导三等水文站和水位站、雨量站的业务工作。1952年8月黄委会又将兰州、磴口、吴堡、潼关、柳园口、泺口等扩建为一等站，并实行分区领导其他水文测站。1953年，水利部在印发《加强水文管理工作的指示》中指出："在行政上分层分区管理，在政治思想上交地区领导"的原则。黄委会随即将6个一等水文站改建为水文分站，变为专门管理水文测站业务的一级机构，政治思想和党团组织及人事等分别由就近的山东、河南、平原黄河河务局和西北黄河工程局领导。1956年2月，在水利部召开的全国水文工作会议上，对水文站管理进一步明确提出：第一在行政业务上必须集中统一管理，地方监督业务，以解决测站分布的分散性和业务统一性的矛盾；第二在政治思想上必须实行双重领导（上级机关和地方），以解决测站分散与距领导机关远的矛盾。1956年黄委会将水文分站扩建为水文总站，黄委会成立水文处。同期省（区）在水利厅（局）内成立水文总站，领导本省（区）各水文测站。

从1956年开始，黄委会系统在业务管理上实行检查员制度，按总站分片配备检查员1~2人，检查员的任务：一是检查测站贯彻执行上级指示、技术规定的情况；二是检查测验任务完成情况和存在问题；三是指导和协助测站改进测验中存在的问题；四是上情下达、下情上报，测站上各方面的情况及时向总站报告。到20世纪60年代，各水文总站分片建立水文中心站后，质量检查员的任务由水文中心站代替。

三、站网改革

黄河河源地区（巴沟入黄口以上）海拔高度一般都在3 000 m以上，高寒缺氧，气候恶劣，人烟稀少，封山时间长，交通和生活条件都十分困难，致使河源地区水文测站稀少，不能满足该地区水资源开发利用的需要。在黄河中游地区虽有一定数量的水文测站，但该地区暴雨多，强度大，特别是对局部暴雨控制不住，往往发生洪水已出现，暴雨降在何处还不十分清楚。另据中游地区46个区域代表站的调查，测站断面以上已建水库其控制面积大于测站集水面积15%以上的站占41.3%，其中河曲、龙门区间水库控制面积占测站集水面积50%~80%的站有15处，占该河段区域代表站的58%。在这些地区存在着严重的水量和沙量计算不清的问题。对上述存在的问题如仍采用固守断面的测验方式上述存在问题很难解决。

1978年水电部水文局提出对现行水文测站管理体制进行改革，实行"水文勘测站队结合"的方法，以解决水文工作中存在的问题。同年，为解决黄河河源地区水文资料不足的问题，黄委会确定在河源地区试行水文巡测。该年汛期黄委会兰州水文总站由黄彦英等5人（包括汽车司机一人）组成水文巡测队，携带仪器和工具赴河源地区进行巡测。这次巡测从兰州出发经西宁、果洛、若尔盖、玛曲后返回兰州，历时77天，行程4 600多km。巡测河流12条，每条河流测流1~2次。设委托水位站4处。1979年，继续在河源地区进行巡测。在总结两年巡测经验的基础上，确定以军功和久治两站为基地，实行分片以点带面的巡测，并扩大巡测范围。

1983年5月，黄委会水文局派朱信等3人前往湖南省实地考察和学习“水文勘测站队结合”经验。同年，黄委会水文局拟定了实行“水文勘测站队结合”规划设想。

1984年黄委会批准成立黄河水利委员会西峰水文勘测队和榆次水文勘测队（后改名为水文水资源勘测队）。

1985年8月，水电部颁发《水文勘测站队结合试行办法》，并指出“水文勘测站队结合是对水文基层测站的管理体制和测验方式的改革。它是在现有水文站网的基础上，做适当的分片组合，把原来主要分散到站上搞定位测报的方法，改变为统一调度使用人力，以专业队伍与委托勘测相结合；定位观测与巡测、调查相结合；以及水文勘测与资料分析、科研、培训相结合的原则来完成某个区域或流域的水文勘测及科研服务任务。目的是提高工效、发展站网、促进应用新技术、扩大资料收集范围，以及加强管理与改善基层职工的工作和生活条件，促进水文勘测工作向广度和深度发展。总的目标是：充分发挥人力物力的作用，以较少的人力办更多的事，提高工作效率和经济效益，以适应四个现代化建设对水文工作的更高要求”。“站队结合”是解决黄河水文站网存在问题的一个较好的办法。1986年黄委会水文局对黄委会水文系统实行“站队结合”的必要性和可行性进行了全面的分析和论证，并编写出了《水文水资源勘测站队结合规划报告》，规划确定建立西宁、府谷、榆林、延安、榆次、天水、西峰、洛阳等8个水文水资源勘测队，包括90个水文站，占黄委会所管基本水文站总数127站的74.4%。同年，确定在西峰水文水资源勘测队按“站队结合”的要求进行试点，通过试点摸索了“站队结合”的经验。1987年11月19~23日，黄委会水文局在甘肃省庆阳市西峰区召开了首次全河水文水资源勘测站队结合工作会议，肯定了西峰水文水资源勘测队通过试点取得的成果和经验。会议认为：通过简化测验方法和改变测验方式等手段，腾出时间和人力，开展泾河和马莲河流域的水利工程设施的普查，泾河灌区渠道引水工程的勘查，并在45个渠道断面和45处地下水观测井上观测水位和进行流量巡测。并初步查清了泾河区灌溉耗水量占泾川站天然年径流的43.5%，通过调查和巡测扩大资料的搜集范围，充分发挥了人力物力的作用，使水文更好地为社会服务。

沿河各省（区）已开展站队结合建立水文水资源勘测队的有：青海西宁和上游区2个队；甘肃定西、庆阳、临洮3个队；宁夏银北、固原2个队；陕西宝鸡、延安、西安3个队；内蒙古伊盟、包头、呼和浩特、集宁和巴盟5个队。

实行站队结合已取得初步效益：一是据黄委会所属的西宁、府谷、榆次、榆林、延安、天水、西峰、洛阳8个水文水资源勘测队的统计，在实施站队结合前，90个基本水文站的在站职工人数为561人，实施站队结合后，在站职工人数减为355人，减少职工206人，平均减少36.7%，其中减少在站职工最多的是榆林和延安2个队，减少均为47.6%，西峰队次之为46.5%，天水队为41.0%；二是加强了水文资料的分析和研究工作，过去测站职工经常忙于日常的测、报、整工作，没有足够的人力和时间进行水文资料分析，实行站队结合后，就有条件集中一定的人力和时间搞资料分析和研究，并已取得一定的成果。如黄委会对所属水文水资源勘测队的水文资料分析，已确定有64个水文站（占实行站队结合测站总数的71.1%）可以改变测验方式，其中可实行全年巡测的有2个站，全年间测的有1个站，全年校测的有1个站，汛期驻站测验、枯季巡测的有51个站，汛期间测、枯季巡测的有4个站，汛期校测、枯季巡测的有5个站，改变测验方式后可以集中精力抓好汛期测洪和提高单次测验质量；三是通过站网改革后的富余职工，一部分搞资料分析和计算加工，开展水文调查或辅助点的观测，扩大水文资料的搜集；另一部分可开展水文科技咨询或多种经营活动，增加经济收入。

水文站队结合正处于摸索经验，完善办法的发展时期，同时，由于站队结合中队部基地建设投资大，因受经费的限制向深度和广度发展还有一定的难度。

第二章　黄河河口观测工作

第一节　黄河河口河流水文观测

河流水文观测包括利津水文站入海水沙过程监测及沿河各水位站观测。

一、利津水文站基本水文观测

利津水文站为黄河入海的水沙控制站。该站系全国大江大河重要水文站，是黄河最下游一个水文站，主要任务是：控制黄河入海水、沙量，为黄河下游特别是河口地区防洪、防凌、水资源统一调度测报服务；研究和探索水文要素变化规律，为黄河下游河道治理、水沙资源利用以及黄河三角洲开发等收集水文资料。该站在黄河河口地区的治理开发及山东的经济发展中发挥着重要作用。

20 世纪 90 年代以来，黄河水资源短缺，随着黄委会对黄河水资源实行统一调度和黄河调水调沙的相继开展，利津水文站的作用和功能更加显著。黄河口生态用水调度进入实施阶段后，该站在黄河防汛、抗旱、防凌、调水调沙、水资源统一调度、黄河三角洲治理等方面的功能和作用日益凸现。

（一）测站沿革

利津站现设在山东省东营市利津县利津镇刘家夹河村，距河口 104 km。1950 年 1 月，经黄委会批准，复在左岸刘家夹河险工设站，属黄委会设立的流域性水文测验基本测站。测站断面位于险工 9 号坝，王旺庄枢纽工程截流后，于 1960 年 6 月站址迁至罗家屋子（当时称罗家屋子水文站）。1963 年 1 月迁回刘家夹河险工设立利津水文站至今。现归黄河水利委员会山东水文水资源局领导，下辖清河镇、张肖堂、麻湾 3 个水位站（原道旭水位站 1992 年经黄委会批准撤销）。

利津站常年测验项目有水位、流量、含沙量。1969 年起，该站又被定为冰凌观测试验站，为全国重点站之一。1972 年以来，该站先后利自记水位和同位素泥沙测验技术，提高了测验效率和精度。1972—1981 年兼负责道旭至河口段河道淤积断面测验项目。

1999 年，黄委会开始实施黄河下游水量统一调度，该站作为黄河最下游水文站，处于黄河三角洲腹地，其测报精度和质量对调水的成功实施起着举足轻重的作用，被确定为省界断面。2002 年 12 月 1 日正式开始低水测验，在山东水文水资源局的指导下，积极开展低水测报精度研究，为水资源统一调度提供了准确的水文情报。

2002 年 7 月开始，根据上级要求，进行调水调沙专项测报。截至 2007 年，已连续完成了 7 次调水调沙专项测报任务，为黄河调水调沙效果评价提供了高质量的监测资料。

（二）主要测验设施

1. 测船

自建站初期至1965年，应用木质测船，采用一锚一点法和一锚多点法进行流量、含沙量测验。1982年，建站历史上第一艘长14 m、宽4 m的钢板测船建成投入使用；1984年再次配备长10 m、宽3.5 m钢板船。20世纪90年代末，由于黄河来水量较小，为配合吊箱低水测验，提高黄河水资源统一调度测报精度，配备了长度分别为6 m和4 m冲锋舟各1艘。

2. 缆道测流设备

1965年8月，前左实验站在利津水文站架设成功跨度为650 m、高度为25.6 m双层拉线式铰接钢管简易支架吊船过河缆道。1991年，改造过河缆道支架为自立式钢塔支架，新的吊船缆道投入运行。1992年6月，增加吊箱测流功能。经过几年的运行实践证明，吊船缆道系统运行正常，而吊箱缆道系统却存在着诸多不足，如吊箱由人工手摇升降，不但测验时间长，贻误测验时机，而且劳动强度大；支架循环轮安装位置不合理，行车、吊箱笨重，加大了其水平运行阻力，行车受力条件不好；平时使用该吊箱施测一次单沙需1～2 h，施测一次流量需3～4 h，既费时又费力，使得在凌汛期和枯水期测验非常困难，尤其在开、封河期水位变幅大和流速变化快的情况下，很难抓住测验时机，测验质量无法保证。为此，1999年山东水文水资源局对该站水文测验吊箱缆道进行了改造。改造方案为：缆道系统运动采用水平运行和垂直升降分开操作，水平运行采用闭口式循环，在岸上用变频调速系统控制；吊箱升降在吊箱内完成，用蓄电池及直流电机作动力，其重点是将手摇升降吊箱改为电动、手摇两用吊箱。循环系统控制部分的改造是将原来的可控硅控制改进为变频调速系统控制；循环系统滑轮等进行重新设计。改造成功的吊船、吊箱测流缆道，其吊箱测流功能实现了质的飞跃，在山东测区得到推广。其特点有：起点距计数精度高，可达0.1 m以内；因为实现了变频调速运行和利用计数器测距，使吊箱在断面上某一位置的定位非常准确；采用直流电机作动力，高能电池作电源，故解决了采用输电线形式时因跨度太大而引起的电压降等问题；改造后的吊箱缆道系统故障率低，方便快捷，提高了测量精度和工作效率。

3. 船用测流设备

新中国成立前，测站流量测验设备缺乏，最大测流能力只能测到3 000 m^3/s，高水曲线延长达到300%以上。

新中国成立初期，断面起点距采用岸上经纬仪交会法测定，1956年贯彻《水文测站暂行规范》后，基本水尺断面、浮标断面埋设了断面标志杆。1963年，将木质标志杆更换为钢筋混凝土杆。

夜间测验照明设备是黄河下游测站普遍存在的棘手问题，20世纪50年代初～70年代，使用点篝火或捆马灯、电筒作为断面（基线）标志，船上照明使用马灯或煤油灯。20世纪70年代后，该站安装了夜间测照明设备，船上采用蓄电池供电直流灯泡照明。20世纪90年代，为了避免断面（基线）照明线路被盗现象的屡次发生，山东水文水资源局研制的太阳能直流、光控灯在该站成功使用，实现了高效、节能、安全的目标。

流量测验主要仪器为流速仪，新中国成立前后使用的旋杯式流速仪缺少防沙设备，不适宜黄河使用。1955 年改用 55 型旋杯式流速仪，防沙性能有所提高，配发数量增加。20 世纪 60 年代应用 25－1 型旋桨式流速仪，替代了 55 型旋杯式流速仪。20 世纪 90 年代引进 25－3 型旋桨式流速仪，其性能有所提高。

测深设备浅水区一直沿用竹竿或木质测深杆，20 世纪 80 年代曾应用玻璃钢测杆，因加工困难、造价高而未能普及；深水部分 80 年代以前用测深锤，以后采用电动重铅鱼测深。

流速仪悬吊方式及铅鱼质量直接影响测验质量。新中国成立前后，无流速仪悬吊设备，测流时人工扶着悬杆，大流速时不易控制，且测验精度低。1953 年后，试制了木质水文绞车，但其悬吊能力低，致使悬索偏角大，影响了测速精度。1957 年后配发了仿苏涅瓦式水文绞车，可悬吊重达 100 kg 铅鱼，但与木质测船不配套，使用较少。1976 年配备钢质测船，使用手摇、电动两用重型水文绞车，其悬吊重量可达 300 kg，操作灵活，定位准确。1976 年以后的多次大洪水测验中，悬索偏角均未超过 10°。20 世纪 90 年代中期，山东水文水资源局研制成功了船用变频调速测流绞车，实现了水面、河底、测点信号自动传输，测速位置自动控制，并且与微机测流系统有串口连接，实现了半自动化测流。

4. 水位观测设施

建站以来，水位观测以直立式水尺为主，20 世纪 50 年代为木质水尺桩、木质水尺板，后改为木质喷漆水尺板；1962 年以后改为钢管或型钢水尺、搪瓷水尺板，并设立了永久性水尺一组 6 支，观测范围（水位）为 9. 88～16. 40 m。1967 年，该站在测区内率先建成虹吸式水位计，观测范围（水位）为 9. 50～14. 00 m。20 世纪 80 年代中期，改建为斜坡式（活动岛式）水位计，设计观测范围为 9. 50～16. 00 m。

（三）高程控制

1953 年以前利津水文站采用“青岛零点”高程系统，经黄委会同意，随山东测区一起统一为“大沽零点”系统。

1962 年山东黄河河务局测量队于 1963—1965 年测设了鲁黄Ⅰ（右岸）和鲁黄Ⅱ（左岸）二等水准路线（黄海高程系）。利津水文站以上述二等水准点作为该站的引据水准点，并应用 1974 年河道资料整编时核定的断面大沽黄海差值改算为“大沽高程系统”，高程系统趋于正规。1978 年后，该站对基本水准点、校核水准点、参证点进行了全面整顿，以石桩和钢管混凝土桩为主；2000 年 11 月，山东水文水资源局统一制作了基本水准点混凝土标石，该站共埋设其标石 6 座，高程控制更加规范。

（四）水情拍报和通信设备

利津水文站 1934 年设站后，开始用电报拍发流量、水位等洪水警信，报汛时间为自夏至日起至霜降日止。新中国成立后，该站于 1951 年恢复测报，利用山东黄河报汛网，拍报水位、流量、雨量等水雨情信息，采用水情电报与电话并用。1984 年起向收报单位分别用电报或电话发报，同时向滨州修防处和东营修防处报汛。2004 年，新的水情编码拍报办法在黄河水文推广，山东水文水资源局配备了报汛接收转发系统，至此该站应用新水情编码通过水情信息专用电话向山东水文水资源局水情室报汛，再转发国家防汛总指挥部和黄河防汛总指挥部。

（五）测验项目及测验方式

1. 测验项目

利津水文站开展的测验项目有：水位及附属项目观测，流量测验，悬移质输沙率测验，悬移质含沙量测验，冰情观测，气温、水温观测等。

2. 测报方式

（1）水位

基本水位和比降水位观测采用非接触式遥测水位计与人工观测（标准化水尺）相结合的方式。

（2）流量

低水应用吊箱测流，中高水应用测船测验，当达到一定流量，测船不能应用时，采用浮标法测流。吊箱及测船测流，均应用“流量、输沙率测验程序”记载、计算，测验完毕即可提交资料。

（3）输沙率

输沙率测验与流量测验相同，横式采样器取样，置换法处理沙样。

（4）含沙量

含沙量测验，使用横式采样器取样，置换法处理沙样。

（六）测站水文特征

1. 水沙运行基本特征

利津水文站测验河段属窄深型河道，水流一般在主槽内运行，当水位达到 14.50 m（流量 4 000 m^3/s 左右）时，右岸滩地开始进水，滩地过流较小，一般不超过总流量的 5%。当前河道边界条件下，泺口至利津河段洪峰削减率在 8% 左右。含沙量的横向变化程度小于流速，一般水、沙峰分布较为均匀。沙峰运行一般滞后于洪峰，洪水漫滩后沙峰有时超前或同行于洪峰。

利津河段系平原河流洪峰历时一般较长，涨落过程比较缓慢。小洪峰历时一般 4 ~ 6 d，中等洪峰历时一般 7 ~ 10 d，较大洪峰历时一般 10 ~ 20 d，如遇洪峰重叠历时更长。在整个洪峰过程中，峰前历时较峰后历时短，一般峰前历时约为峰后历时的 1/2。水位—流量关系变化的基本特性：水位—流量关系曲线低水时期由于受假潮、引水、冲淤、冰凌等因素的影响，水位流量相关点左右摆动、分布散乱；中、高水主要受洪水涨落和断面冲淤因素的综合影响，一般呈绳套曲线或单一线型。

2. 高、中、低水各级水位时岔流、串沟、回流及死水情况

在较大洪水时，洪水偎在右岸大堤后，靠近右岸出现回流或死水，但回流区（或死水区）很小。在低水水位测流时，出现串沟，随水位上涨主流右移。2 000 m^3/s 左右时，以河槽分，主槽在左岸；以流速分，主流在右岸。

3. 洪水测报标准

在现有测报设施设备正常运行情况下，按照规范和任务书要求，确保10 000 m^3/s 以下各级洪水测次布置合理、水沙过程控制严密、测验质量高、水情拍报及时准确，尽最大努力测报好超标和异常洪水，确保各级各类洪水水位测报准确及时。

二、水位站观测

利津水文站以下至河口河段，黄河干流的重点报汛站有两个，即一号坝（二）和西河口（三）水位站，两站均为黄河下游的重要干流水位站，常年担负着为黄河河口治理和防汛、防凌、水资源调度提供情报及收集水位资料的任务。主要观测项目有水位、冰情、气温及附属项目。

（一）一号坝水位观测

1. 水位观测河段的基本特性

（1）本站以上流域（区间）的地形、土壤、植被情况

断面附近两岸均系滩地，左岸滩地宽约1 500 m，种植小麦、大豆、高粱、玉米、棉花等作物。右岸水尺附近为险工，滩地较少。右岸断面以上滩地宽度为0.5～1.5 km，多为农田，作物与左岸同。

左岸工家庄以下至本断面为滩地，滩地宽度一般为2～2.5 km，红黏土较多，土地肥沃，适于种植农作物，右岸土地多为沙土、黑土，适于种植蔬菜等作物。

（2）测验河段内河床组成及水流特性

高水时洪水漫滩、淤滩刷槽，左岸滩唇淤积较快。高水时右岸险工着流，河床冲刷剧烈，形成深槽；中水时不出槽，左淤右冲，右岸险工着流，河床冲深，左岸为浅滩；低水时，右岸险工不着流，两岸均出现浅滩。滩槽均为沙质土，主槽内时有红淤泥。

（3）测验河段上下游河道特性

测验河段上下游各1 km左岸均为坡滩，右岸为深槽，并为一弯道凹岸。自水尺断面以上1 km往上至王庄闸河道比较顺直（河段长约8 km），再往上河道向南转弯。由于一号坝险工的挑流作用，水尺断面以下水流左摆，至西河口段略呈东北向。自水尺断面向上450 m及向下1 400 m为险工段，河紧靠坝头行流，流速较急。由于水尺设在坝间，因此经常有回流出现，对水位观测精度有所影响。

（4）水、流、沙变化主要特性

本河段属典型的宽浅河道。中水时洪峰从起涨到峰顶一般为12～16 h，涨率平均为0.01 m/h；落水时间较长，一般为78～180 h，落率为0.004～0.007 m/h。峰型矮胖。中、低水时假潮现象出现比较频繁，当假潮出现时，起涨很快，有时每小时达1 m以上。大水时，若上游不漫滩，本站峰型比较明显，若上游漫滩，则本站基本看不出峰型。

2. 测验设施

（1）测验变革

一号坝水位站建站以来，水位观测以直立式水尺为主。20世纪60年代以后改为钢管

或型钢水尺、搪瓷水尺板，最初在油田泵房栈桥桥墩（灌注桩）上设立了永久性水尺2支，观测范围（水位）为5~15 m。1997年，建成钢筋混凝土灌注桩水尺一组5支，观测范围为7.3~16 m。

该站在1977年建成岛式水位计，观测范围（水位）为6~11.88m；1978年2月改为电传水位计。1997年7月，国家重点站建设项目的实施再次对水文测报设施进行了改造，该站建成了HW-1000型非接触式超声波水位计，经1998—2000年比测试验，于2000年5月正式使用。后经改造升级，该水位计增加了水位资料整理功能，旬、月报表制作，水位过程线绘制等；增加RTU集成模块，利用移动通讯的GPRS网络实现了远距离无线传输。从此，该站水位测报进入了一个新时代。

2004年，新的水情编码拍报方法在黄河水文测验中得到推广，山东水文水资源局配备了报汛接收转发系统，至此该站应用新水情编码通过水情信息专用电话向山东水文水资源局水情室报汛，再转发给中央防汛总指挥部和黄河防汛总指挥部。

（2）水位观测的高程控制

水位观测的高程引据点为三等水准点，首级控制点是二等水准点。

（二）西河口水位观测

西河口水位站始建于1953年，当时称罗家屋子水文站，黄河由神仙沟和刁口河入海，该站是最下游的水位控制站，为河口地区防汛及冰凌变化规律研究提供水文资料。由于河口段控导工程少，因此西河口附近河段河势极不稳定。

1976年，黄河入海改道清水沟，改道点在原观测断面的上游，原断面不再过水，无法继续使用。经上级批准，于1976年5月16日将观测断面上移5 km，并改名为西河口水位站，观测断面是西河口。1978年1月河势发生变化，河道左滚，右岸出了比较大的嫩滩并有串沟，断面上水尺设置有困难，而且危及观测人员安全，经上级批准，将观测断面上移1 100 m至护滩处，为西河口断面，当时该处是险工，河势比较稳定，高、中、低水都能观测。1993年7月，河道CS6-CS7断面间的弯道自然裁弯，断面附近的河势又发生很大变化，原来的险工脱溜，河道右岸淤出2 000 m的嫩滩，并有多条串沟，低水时断面上已无法设水尺观测，观测断面只能随河势下移。由于河道不断左移，右岸滩地越来越大，低水水尺也只能随之下移，因此现在低水水尺已移到距原观测断面1 000 m的地方，尤其在2002年黄河首次调水调沙试验后主槽北移，低水观测危险大，精度非常低。因此，该断面因河势不稳定，中低水已无法在原断面观测，高水水尺极易被冲走，观测难度也非常大，该站观测的水位资料代表性已不高。

1. 本站以上流域（区间）的地形、土壤、植被情况

西河口至一号坝区间，两岸筑有坚固的堤防，堤距上窄下宽呈喇叭状。行水河道偏右，左滩宽一般为1.4~4 km，右滩宽为0.5~2 km。因建有生产堤，致使滩唇部位抬高，而靠近大堤的部位最洼，形成二级悬河。其土壤状况：临近大堤的部位为红黏土壤，临河部位为沙质土壤，总的来说红黏土居多。两岸土质较肥沃，可种植农作物及蔬菜。

2. 测验河段内河床组成及水流特性

本测验河段属沙质河床，红黏土很少见。低水时水流归槽，两岸均出滩，无塌岸现象；中水时近乎平槽，左淤右冲，右岸着流，出现塌岸，河床冲深，左岸为浅滩，多为淤积；高水时，水位达 8.8m 以上，两岸均开始漫滩，主槽冲深，左岸滩地淤积。

3. 测验河段上下游河道特性

西河口水尺断面以上到 CS6 河道断面（苇改闸）河道较顺直，靠右岸行流，CS6 以上至渔洼断面有一小弯道，其弯道曲率很小，基本不对水流产生影响。自水尺断面向下至清加 2 断面为一反 S 弯道，此段自水尺断面开始主流摆向左岸，及至东大堤以下开始右摆，至清 1（二）断面主流紧靠大堤行水。由于护林险工的挑流作用，使得清 1（二）断面以下水流被挑回右岸。

4. 水、流、沙变化主要特性

本河段属典型的宽浅河道，一个洪峰过程历时一般为 72 ~ 270 h，从起涨到峰顶历时一般为 18 ~ 78 h，涨率平均为 0.07 ~ 0.039 m/h，落水时间较长，一般为 30 ~ 210 h，落率为 0.004 ~ 0.008 m/h，峰型矮胖，如遇上游洪峰为复式洪峰或洪峰间隔很短，极易出现并峰现象。中、低水时假潮现象出现比较频繁，当假潮出现时，起涨很快，每小时可达 0.3 ~ 0.7 m。因本河段宽浅，河槽蓄水量小，故一般水位超过 8.80 m（相当于流量 4 000 m^3/s）就开始漫滩。由于西河口下首有一弯道易于卡冰，因此凌汛期很容易封河。

第二节　黄河河口常规测验

黄河河口常规测验主要是黄河河口附近海区 36 个固定断面测量、河口段河道测验及河口段河势图测绘等。

一、固定断面测量

为了监测黄河入海泥沙淤积分布和滨海区水下地形演变状况，每年汛后要进行固定断面水深测量工作。

断面分布：黄河附近海区基本断面布设因各个时期观测任务、采用的观测技术不同，其要求也不同。由于在工作中缺乏经验，所以边实践、边改进，经过了一段摸索研究的过程。基本断面布设由简到繁，1959 年在黄河河口附近海区大致垂直海岸方向测 7 个断面，了解水深和坡度。1960 年开始测量水下地形，定位采用高寻常标及寻常标。同时，在黄河河口海区设立自制验潮仪 3 处。1964 年基本断面布设进行整顿，沿海岸每 2 km 布设 1 个断面，测区范围以当时入海口为中心，南至神仙沟口，北至挑河口附近，长约 40 km、宽 10 ~ 20 km，测区外缘水深可达 15 m。在新河口以东建造 3 座木质三角高标，测区东西各建潮位计 1 座，配合原有控制标志，基本可以控制测区的平面变化及潮位变化。1973 年 8 月起，浅海区测量定位开始使用无线电定位仪施测，除测船上设有船台外，分别在无棣县堤口、寿光县（今寿光市）羊口、黄县龙口各设 1 处设岸台，无线电定位仪的使用大大地提高了测量精度，同时使测线的距离不为传统六分仪视距的限制。

测验项目及测次：固定测深断面测验项目主要是测定测深点位置、测量水深及观测潮水位。潮水位观测是为了测量的水深进行潮汐改正。2001 年以前，整个测区设置 6 个潮水位站，其分布为湾湾沟口、一零六沟、桩西海港、河口北烂泥、河口南烂泥、小清河口。2001 年开始，潮水位站改为 13 个，其分布为湾湾沟口、二河、一零六沟、十八井、桩西海港、五号桩坝头、孤东验潮站、三号排涝站、新河口北烂泥、截流沟、清水沟老河口、永丰河口、广利河口（该站代替小清河口站，黄河口水文水资源勘测局经过两处潮汐观测资料对比分析，从潮汐类型、潮时变化看，两站相同，后经山东水文水资源局同意，从 2001 年起，小清河口不再设站，改在广利河口设站观测）。

固定测深断面测量，每年汛后测量 1 次。

（一）测区概况

测区北起湾湾沟口，南至小清河口，共布设固定断面 36 条，其中 1～8 线为南北方向布设，9～13 线为神仙沟故道尖岬处放射状布设，14～36 线为东西方向布设，施测海域面积近 6 000 km^2。在测验期间共设置潮位站 13 处，动用测船 5 条，出动测验人员 20 余人。

（二）外业测验情况

1. 测验前准备工作

（1）按规范要求

测量开始前对信标机进行了固定偏差改正数的测定，确定了不同测区的固定偏差改正数。

（2）测深仪比测

声速值由经验公式计算，与实际水深进行比测后确定，同时在汛前准备期间，对各种型号测深仪进行了对比观测工作。

（3）仪器、设备

仪器：天宝 Agl22GPS 信标机 2 台，SDH－13D 数字化测深仪 2 台，BATHY－500MF 多频测深仪 1 台，Haida5. 0 导航测量软件 2 套，NA2 水准仪 1 套，计算机 2 套。设备：深水测量船黄河 86 轮，浅滩双挂机船 1 艘，潮位观测船双挂机 3 艘。

2. 人员组织

根据作业的需要，合理安排测验小组。测验小组主要是深水测验组、浅滩测验组、潮水位观测组、后勤保障组。所有小组应统一指挥、统一协调。

3. 潮位站设置

测验中设置临时潮位站 13 处，即湾湾沟口、二河、一零六沟、十八井、桩西海港、五号桩坝头、孤东验潮站、三号排涝站、新河口北烂泥、截流沟、清水沟老河口、永丰河口、广利河口。其中，二河、新河口北烂泥潮位站的水尺零点高程分别由湾湾沟口和三号排涝站的潮面水准推求，其余潮位站的水尺零点高程由水准直测测定。十八井、桩西海港、孤东验潮站、三号排涝站为陆地观测站。潮位站位置由浅滩测线船定位。

4. 测验组织实施

潮位观测自湾湾沟口—桩西海港应有连续 3 d 对比观测资料，孤东验潮站—三号排涝站—新河口北烂泥—截流沟—清水沟老河口应有 3 d 对比观测资料，老河口—永丰河口—

广利河口应有3 d连续对比资料，这样安排潮位观测，基本上满足了用潮面水准校核水准直测测站的水尺零点高程的要求；各潮位站在其他时间只在水深测量时间同步观测。

测线情况。黄河86轮定位天线安装在主桅杆中央，测深仪用角铁支架悬挂于左舷中央部位，入水深度大约1.2 m，工作室在驾驶台左侧工作间内，一人值班，测验时采用相应海区的固定偏差和适时声速值，测点间距按照3 min采集一个点位；大小船相互告知线头，做好测线对接，浅滩测至0.8 m水深，深水测至测线终点。

水尺零点高程测量。由浅滩测量船负责施测，一般根据测量进度就近施测，同时在测量时间上，一般安排在有风的天气进行；共对11个潮位站进行了水尺零点高程测量。

5. 沿岸四等水准点校测

在滨海区水深测验完成以后，要对沿岸所有四等水准点进行新测、校测工作。水准测量按四等测量规范执行，采用NA2水准仪、双面水准尺。

（三）内业资料整理情况

1. 资料整理方案

按照传统方法完成了资料在站整理整编工作，即摘录水深、计算潮位、用分带法进行潮汐改正与水深计算，最后编制出断面实测成果表、绘制出断面比较图、计算出冲淤量以及对相关合理性检查资料进行统计计算。

（1）水尺零点高程的确定

对于使用几何水准测定的水尺零点高程，按水准测量的有关要求进行水尺零点高程的推算；对于使用潮面水准推求的水尺零点高程，根据两个或多个潮位站观测的观测资料进行潮面观测平均值的计算，根据计算的结果推求待确定潮位站的水尺零点高程。

（2）成果图、表的编制及冲淤计算

该阶段属于资料整理的最后一个步骤，断面实测成果表、水深断面比较图、冲淤量计算等成果资料以及测验工作报告和资料整理说明均由该阶段产生。

2. 初步审查

资料整理计算完成后实施单位要组织一次初步审查。审查的方式是对所有的资料进行抽查。抽查后应达到如下标准：项目齐全、图表完整、考证清楚、方法正确、规格统一、资料合理、表面整洁、资料无大错、所有资料错误率小于1/2 000。

3. 上交资料

（1）原始资料

①测深仪比测记载表；②潮水位记载簿；③测深仪记录纸；④测深定位原始资料（深水）；⑤测深定位原始资料（浅水）；⑥四等水准点观测手簿。

（2）计算资料

①滨海区深水计算资料（深水）；②滨海区浅水计算资料（浅水）；③四等水准点高程和高差表；④水深测量潮汐改正曲线图。

（3）成果资料

①断面实测成果表；②实测断面比较图；③固定断面冲淤体积计算表；④潮位站考证簿。

二、黄河河口段河道测验

利津水文站是黄河下游距河口最近的一个水文站，因此一直以来黄河入海的水量和泥沙均以该站的观测资料为依据，亦把该站作为黄河入海水沙的控制站，因此利津以后的河道成为河口监测的一部分。河道监测的方法就是在利津以后的河道中布设一定数量的河道横断面，每年的汛前和汛后对这些断面进行测量，以收集该段河道的冲淤情况，为入海水量和泥沙的计算、河口的治理等提供基础数据。

河道断面测验的主要设施是用于河道断面测量，因此不同的测量方式将会决定河道断面设施的布设。

以前河道断面采用传统的测验方式，当时的主要断面设施是断面标志杆、基线杆、滩地桩、滩唇桩等。断面标志杆表示断面方向，滩地部分使用水准仪测量，因此需要滩地桩，水上定位使用六分仪后方交会法，基线杆就是用来后方交会用的。

（一）断面布设

1. 断面布设的原则

在任一河段内布设断面时，应收集该河段以往的河势资料，深刻了解其演变情况及规律，尽可能避免由于河势流向的变化而很快地使该断面失去代表性。断面既经设置，不应轻易变动。

断面线原则上与平均流向垂直，但由于河道迂回曲折，高、中、低水位下又有所不同，因此确定断面线可按以下办法设置。

（1）断面线大致垂直于主流流向，设立时先在岸上目测流向，初定断面方位。然后在船上用细线系浮标或流向仪测出流向偏角，加以调整，从而认为大致与主流流向成正交时打入断面桩。

（2）如为相当长的顺直河段，其地形等高线走向对于平均流向具有代表性时，可以根据地形测量所测出的等高线来决定断面的方向，使断面线垂直于等高线的平均走向。

（3）如为游荡型河段，可使断面线垂直于主流经常游荡范围的总走向。

（4）两股叉河的流向不平行时，可根据较大一股的流向确定断面方向。

2. 断面出现异常情况的处理

断面设置以后，如由于河势流向的变迁，以致断面线不与通常的（指绝大部分的测次而言）平均流向垂直时，可以按以下情况处理。

（1）断面线虽不与平均流向垂直，但流向偏角不超过45°时，一般不予变动。

（2）流向偏角虽超过45°，但河势流向摆动频繁；目前流向偏角虽大，但还有恢复原河势的可能者，也不宜变动。

（3）流向偏角超过45°，并估计今后河势能稳定者或能肯定在一段较长的时间内稳定者，若由于流向偏角较大，施测断面困难时，可由站队提出意见，报请黄河水利委员会水文局批准后处理。

流向偏角超过45°而断面线方向仍不变更者，应于断面测量记载簿备注栏内和断面实测成果表内注明流向偏角。流向偏角超过45°时按黄河水利委员会水文局批准后的处理办法，可以一岸不动（不动的一岸最好为设有断面标志和基线标志的一岸），将断面旋转一个角度，使断面线与平均流向垂直，并重新设置断面桩及断面标志，但原断面的永久性断面桩及编号等均应保留不变。变更断面方向的工作，应在一个年度的开始进行。

变更方向的断面在第一次测验时，应对变更方向的新断面与原断面同时施测，以使前后资料衔接。从第二次测验起便可只测新断面。

3. 断面桩的设置

（1）断面设置以后，应分别于每一断面两岸大堤断面端点及老滩沿或生产堤等处埋设三个以上的水准桩，作为固定断面方向之用。

（2）断面桩可根据测验河段的具体情况分别埋设石桩、混凝土钢筋桩和圆木桩，其各桩之规格按规范规定执行，这里就不再赘述。

（3）在埋设断面桩时，应使桩上的编号或刻字一律面向河流。

（4）各断面两端点桩必须埋设参证标志，其余断面桩可根据实际需要埋设参证标志。

（5）当断面桩遗失或损坏时，应按原来位置埋设、若不得已而变更原桩位置时，则应将变更时间、原因、变更后位置、附近地貌地物特征、与原桩关系以及其他有关情况，详细填写在考证簿修正报告书中。

（6）断面桩埋设完毕后，需办理托管手续。

4. 断面桩的编号

（1）断面桩编号应从全面和长远考虑，原则上须做到“一桩无两名，两桩不同名，时间能区分，关系应分明”，从而使所有断面桩清楚不乱，使用方便。

（2）断面桩编号应包括时间、岸别、序号等。如93L5：93表示设置时间为1993年，L表示左岸（R为右岸），5表示该桩为本次设置的从河边算第5个桩。

（3）当原桩损坏，在原位重新埋设者，其编号为在原名后加“－n”。如93L5－1则表示93L5变动或被破坏而在原位重新埋设的新桩，如该桩又遭破坏，则又在原位重新埋设的桩为93L5－2。

5. 断面标志杆的设置

断面标志杆是在断面上进行观测工作时定位的标志，在每一断面上应视河面宽窄和操作情况，在一岸或两岸各设置两个断面标志杆。另根据漫滩、分流后的测量条件，酌情在滩地设置若干个辅助标志杆。

同一岸的相邻两个断面标志杆的间距，应为由近岸标志杆到最远测点距离的5%～10%，但不能小于5 m。

标志杆的大小以在最远测点上看得清楚为准，不宜过大。

（二）传统断面测量

1. 一般规定

滩地较宽的断面，为了今后进行滩地测量的便利，可每隔500～1 000 m打一直径0.1 m、长1～1.5 m的木桩，桩顶钉一圆帽钉。此项木桩亦可作为其他项目测量之图根点。

每一断面布设完毕后，应往返量距求出两端点间的总距离以及滩地各断面桩之间的距离，并与用坐标所计算得到的断面总宽度进行比较，正确地确定该断面两端点桩之间的总长度。在已具备此项设置的断面进行大断面测量时，即可以此总长度及各断面桩之间的长度作为检查量距是否闭合的依据。此后，每次大断面测量，不论用何种方法所测的成果，陆上部分与水下部分的距离总和与断面总长度相差不超过1/1 000时，即可不必往返测量。此时，断面总距离及各木桩之间的距离不必改变，仍采用原值，否则应逐段检查找出原因重测。

各断面桩（包括端点桩）及校核水准点，均须用三等水准测出其高程；各滩地木桩用四等水准施测其高程。在已具备此项设置的断面，进行大断面测量时，高程测量可以逐段闭合，其闭合差在允许范围以内时，不必往返施测，否则须重测。

每一断面上须有两个以上的断面桩（每岸端点各一个，其间视需要设置数个），并与三角点或导线点进行联测，按北京坐标系算出其纵横坐标。

断面起点距一律以左岸端点为零，按从左至右的顺序计算。凡已经设置的以右岸端点为零点的断面，最好在点绘断面图时换算为自左岸量起的起点距。如果在点绘断面图时确实不便于换算者，须在大断面比较图上注明左、右岸，但新设断面时必须以左岸端点为零点。

水道断面两岸两固定桩，如已与三角点或导线点进行了联测，可用坐标计算两固定桩之间的距离。如只一岸有控制时，可用两个单三角形测量并计算其间距。

每一断面在各项基本布设（断面桩、基线桩、断面及基线标志、滩地木桩、校核水准点和固定桩等）完毕后，均须填写断面情况表。以后遇有变动要随时填写考证簿修正补充报告书。

为了尽可能掌握河道的瞬时情况，水道断面测量要求按照统一规定的时间尽快地施测完毕，不允许断续施测，以减少断面冲淤变形的影响。

每个断面两岸应分别力求有一组牢固可靠、使用方便的四等水准点。一般每5年与高级点联测一次，此期间若发现水准点有问题应随时与高级点联测。

历年河道测验高程系统采用冻结大沽高程，因此经与沿黄两岸二等黄海线联测后，断面两岸黄海大沽差值不同。经历年资料整编后，现确定均采用一岸黄海大沽差。

施测大断面时，固定桩的起点距如在限差1/500以内的，均填写原实测数值。若超限，应检查原因并进行改正。

滩地人工开挖渠道和生产堤一律不测。

一般主槽、滩地宽度起点距不再变动。如果滩槽界塌进河里必须变动位置时，不能平移，可固定一岸，另一岸延长。由于大堤增高加厚，使得断面的起、终点被埋在大堤内，应增设指示桩，以指示原起、终点的位置。

2. 断面测量仪器

断面测量使用的仪器主要有水准仪、六分仪等，水深测量使用测深杆和测深锤。

水准仪主要用于断面滩地测量，测量滩地地形点的高程及起点距。

六分仪主要用于水道测量时平面定位，通过测量架设在岸边的断面杆和基线杆的角度来计算测量点的起点距。

3. **传统方法断面测量**

（1）量距

断面方向瞄定时，应将经纬仪整置于终点桩或起点桩上，或其他位置适合的断面桩上，然后以起点桩或终点桩或较远的断面桩作为前视点，用经纬仪瞄线，用钢尺、竹尺或校正好的铅丝尺量距。

滩地平缓处每 50～150 m 应有一测点，地形转折变化复杂处另外增加测点。测点分布应能控制地形的转折变化，准确测绘出断面的实际情况。所有测点均打入直径 3 cm、长 25 cm 的小木桩作为标志，并按顺序编号或填写起点距，以便于固定测点位置和水准测量时检查对照。

小木桩的距离只在初设时和每年第一次的测量时用钢尺或竹尺量距，平时在施测两断面桩间的地形点时可用经纬仪视距法测定。

如遇串沟阻隔或稀泥滩滩面不能直接量距时，可布设临时基线，以经纬仪或六分仪测角求其间距，再累加以求其起点距。

为了及时检查并纠正错误，在量距过程中，记录者应经常与拉尺者核对测钎数；每量完两个桩之间的距离应与原间距进行比较，发现错误，及时纠正，必要时返工重测。

在断面设置后最初量距时，或断面桩、滩地木桩之间的距离尚未准确地测定前，不能进行距离闭合检查时，量距均应往返双向进行，其差数在不超过 1/1 000 时，可用往返距离的平均值作为其间的距离（各地形点的距离亦如此），否则应重新丈量。

（2）滩地高程的测量

滩地高程可用五等水准施测。高程引据点可采用断面线上的三等或四等水准点（断面桩、校核水准点为三等水准，滩地木桩为四等水准）及其他临时水准点。测量时可由一个水准点起，闭合于另一个水准点，逐段闭合，逐段平差（按测站数），逐段推求各地形点的高程，以缩小误差数值的影响范围。

如果由一个水准点起测不能闭合于另一个水准点上时，则应往返施测进行闭合，或用单镜双转法施测，不允许单程施测。

如滩面沉陷而又甚宽，不能架设水准仪且又无法由前视测站间视时，允许用手持水准仪施测沉陷部分的滩地高程，但应在备注栏内说明。

各小木桩只需间视其地面高程。各断面桩和滩地木桩均应按前视点测定其桩顶高程。不得以间视点测定。

比较固定的河心沙洲可用跨河水准法在沙洲上事先设置高程桩。在高水淹没低水裸露的心滩上，根据测量时的水面高程引测心滩上各点的高程，或用三角高程法测定其高程。

上次测量后至本次测量期间，凡滩地未上水部分不必重测。在绘制大断面图时可以借用上次的施测成果。但施测时的水边至前后两次测验之间曾经漫过水的部分必须施测，并须测至曾经达到过的最高水位以上。一般应当往返测量，将高程及距离闭合在一个最近的滩地木桩上，以便前后资料衔接。

如遇稀泥滩通行困难时，可用视距法测距，三角高程法测定高程，但同一测站必须变动一次仪器，观测两次，以为校核。

各地形点距离以视距法测定，最大视距不得大于 500 m，距离误差不得超过 1/500。

为了在洪水漫滩后，减少施测滩地高程的困难和及时了解滩地淤积情况，可在各个断面线上滩地部分每隔 100～300 m 打一直径 0.1 m 以上、长 1～1.5 m 的木桩作为淤积桩，用四等水准测出桩顶高程。当漫滩洪水归槽、滩地难以施测时，可采取量读桩顶距地面高度的方法，将桩顶高程减去桩顶至滩面的距离，即得该测点新淤滩面高程。

（3）水道测量

测深垂线起点距的测定：测深垂线在断面内的位置应是测点至断面端点的水平距离——以起点距表示。测深垂线平面位置的确定，在船上用六分仪交会法或在岸上用经纬仪交会法测定。用六分仪交会时，仪器应与垂线尽量接近，两者必须均在断面线上。在特殊情况下，两者有一定距离（如测深在船左，六分仪测角在船右）时，起点距应进行必要的改正。

用六分仪交会法测量时，一般情况下在全部垂线上后视和前视应分别对准设在一岸基线两端的两个标志杆。当河面甚宽，两岸均设有基线和六分仪标志时，应在部分垂线上利用一岸的标志进行测量；而在另一部分垂线上利用另一岸的标志进行测量，以保持视线接近水平和交会角度均大于30°而小于120°。当换用基线时，应在 2～3 个测点上同时读取左右岸基线的交角以作校核。

（三）GPS－RTK 断面测量

GPS－RTK 定位技术是基于载波相位观测值的实时动态定位技术，是利用 GPS 进行河道断面测量的主要方式，通过手簿可以直接看到天线位置的断面偏移量，并能够实时地提供测站点在指定坐标系中的三维定位结果。在 RTK 作业模式下，基准站通过数据链将其观测值和测站坐标信息一起传送给流动站。流动站不仅通过数据链接收来自基准站的数据，还要采集 GPS 观测数据，并在系统内组成差分观测值进行实时处理。

1. 准备工作

GPS－RTK 断面测量的准备工作包括图上分析设计、参数求算、已知数据的输入以及流动站仪器设备的准备等工作。

（1）图上分析设计

图上分析设计包括参数求算区域划分设计和参考站控制点设计。

①参数求算区域划分设计：主要根据断面的布设情况和高级点的分布情况，按照一个断面不能用两套参数和每一参考站控制范围内不能有两套参数的原则，并尽量兼顾同一作业组一个作业时段内不进行变更参数的要求来划分。

②参考站控制点设计：该设计要在分析 RTK 数据链的覆盖范围和作业组合的基础上进行。首先，要保证断面每一个测点均在 RTK 数据链的范围内，如果某处距控制点过远，应加测高等级控制点，不留空白；其次，要保证同一个断面用一个参考站，当断面较长该参考站不能控制时，要保证一岸使用同一个参考站；再次，要根据具体的作业情况，适当调整优化参考站设计，使参考站搬迁对测验影响最小。

（2）参数求算

转换参数求解一般利用随机软件进行，按照均匀分布的原则在规定范围内选择控制点作为参数求算的已知点，最少不得少于 3 个点，然后求得该区域的坐标转换参数。

（3）已知数据的输入

外业工作开始前，需将有关已知点的坐标和高程成果以及投影和坐标转换参数输入到测量手簿内。这些数据和参数可以手工键入，也可以通过计算机导入。输入内容及要求如下。

①新建测量任务：键入易于识别的测量任务名称，为避免重名、满足存档要求，可用断面代码作为测量任务名称。为了便于数据的内业加工处理，一般要求每断面每测次建立一个测量任务。

键入“投影”和“基准转换”参数，必要时键入“水平平差”和“垂直平差”参数。

为了获得精确的起点距数值，应将任务属性中的“坐标几何设定”项设为“网格”模式。

②输入已知点：键入 GPS 基点及断面端点的点名称、北坐标、东坐标、高程；根据输入的断面起点和终点，建立断面放样直线。

③测量手簿的配置：测前应先配置 GPS 测量手簿中基准站、流动站的天线类型及高度等，为便于以后发现问题，基准站天线的高度在配置中最好设为 0。

④校对：输入的数据、参数等必须经其他人严格校对无误后方可用于测量。

（4）流动站仪器的准备

在 RTK 作业前，应首先检查仪器内存容量能否满足工作需要，同时由于 RTK 作业耗电量大，因此工作前应备足电源。

为了检验当前站 RTK 作业的正确性，必须在一个以上的已知控制点上校测，当校测的结果在设计限差范围内时，方可开始 RTK 测量。

2. GPS－RTK 测量的流程

（1）基准站和流动站的设置

在使用 GPS 进行 RTK 作业时，需要进行基准站和流动站设置。设置基准站的目的有两个：其一是给基准站位置信息，以供 RTK 的计算使用；其二是给基准站接收机和基准站电台发出实时转发载波相位观测量的指令。设置流动站的目的是给流动站接收机及内置的电台发出接收基准站电台信息的指令。

（2）校桩

所谓校桩就是在基准站和流动站设置完成以后，流动站到附近的已知点上进行校测。当接收机初始化完成以后，即可进行校桩。在测定坐标和已知坐标相差符合要求后，流动站就可以进行测量了。一般要求在开始和结束时均进行桩点校测工作，当测量时间较长或测量断面较多时，根据测量情况适当进行校桩。

校桩资料作为正式提交数据记录在测量文件内。

（3）断面测量

①滩地测量：滩地测量为流动站在陆上部分的采点工作，其测点密度按照河道规范的有关规定执行，作业人员在仪器初始化并校桩正确后，方可进行测点的观测。

②水位观测：在水边打一木桩或临时观测桩，用 GPS－RTK 连续观测 3 次，以测定其桩顶高程。当观测桩顶高程互差小于 0.03 m 时，采用中间观测值作为桩顶高程。桩顶高程减去桩高，求得水位，两岸水位差小于 0.1 m 时，取平均值作为计算水位。

③水道测量：水道测量采用测船作为水上运载工具，GPS－RTK 测定其测点起点距，利用测深杆或测深锤进行水深测量。

在水深较小能涉水测量时，便可直接进行水道的 GPS 数据采集，但必须进行水边测量和水位测量。

④资料检查导出：每天外业观测工作结束后，应及时通过控制器（测量手簿）对测取的数据进行检查，删除不需要的地形点等，修改不正确的要素代码，然后在对实测数据检查无误的基础上，将所测断面的数据导入到 TGO 软件中。导入前需先创建项目，每断面创建一个项目。一个断面由几台仪器施测时，可一并导入到一个项目中。

3. 数据后处理

（1）数据检查、分析

根据精度要求和实际情况以及 GPS 的功能和精度，在测量手簿中分析数据，查看是否满足技术规定的要求，检查点属性等是否齐全、正确。

（2）重测与补测

当一个点或一组点成果经检查达不到设计或规范要求时，必须进行重测或补测。重、补测应按原设计方法和精度要求进行。

（3）数据下载

RTK 数据下载一般使用接收机随机配备的商用软件（如 TGO），将测量手簿记录的有关测量任务（Job）按断面分别下载至软件新建立的不同项目（Project）中。

（4）编辑与输出

数据文件下载后，可根据不同的需要编辑输出格式，或制成 GIS 数据源产品，提供 GIS 数据库使用；或按河道数据库管理系统的入库要求输出所需的数据格式和文件类型。输出数据应包括点名、北坐标、东坐标、要素代码等信息。

（四）全站仪断面测量

1. 仪器设置

全站仪在首次使用前，应进行必要的设置。除用来完成不同的测量任务外，一般不需要改变设置。

（1）系统日期和时间

设置日期格式（日－月－年或月－日－年）、时间的显示方式（12 h 制或 24 h 制），调整日期和时间。

（2）用户模板

设置不同的用户模板是为了适应不同的测量需要。可定义多种用户模板以备随时调用，如无特殊要求也可选择不同的标准模板进行相应的测量。用户模板包括记录模板、显示模板以及单位、数字位数等其他设置。

①设置记录模板：在用户记录模板中，最多可以定义记录 12 项数据。

②设置显示模板：在用户显示模板中，最多可以定义显示 11 项数据。主要显示在测量过程中需要经常参考的项目（如水平角、水平距、垂直角、测点高程、高差）、需要经

常变动的项目（如棱镜高、各种注记）及其他需要现场使用的项目等。

2. 外业测量

断面测量可以用全站仪按照三角高程测量，其仪器站点应为滩唇桩、滩地桩或经过特殊测定的 GPS－RTK 测点（测点打木桩，连续测定 3 次，距离互差不超过 0.1 m，高程互差不超过 0.03 m，取中间观测值），同时用钢尺量测仪器高；当仪器站点不是已知点时，可以用已知点反算仪器站点的起点距和高程，但必须校桩且连续非控制点设站不得超过 3 站，最后必须闭合于已知点。在测量过程中，通过已知点时，应当进行校测。

可以用全站仪进行水位引测，当仪器架设在已知点上时，可以直接进行水位观测，水边桩测量 3 次，互差在限差之内时，取中间观测值作为本岸水位。当仪器架设在非已知点上时，应进行校桩，校桩符合要求后再进行水位观读，观测要求同已知仪器站点相同。

在水深较小时，允许棱镜直接涉水测量，但应按照规定施测左右岸水边起点距和水位，同时按照规范要求控制好水道的测深垂线数量。

地形测量时应使用底端为平底形的棱镜杆。

基线可以用全站仪观测，基线长度可以直接用全站仪测距 2 次，分别作为往返数据填在基线设置表中，角度观测和检查角观测以及其他项目仍按照规范规定的要求进行。

3. 全站仪测量数据处理

测量结束后，要及时进行数据处理并及时备份，同时检查各项限差是否符合要求。原始资料提供数据盘和纸质原始记载表各一份。

（五）GPS－RTK 与测深仪联机模式水道断面测量试验

目前，黄河下游河道测验仍然采用人工打深，测深工具主要是测深杆和测深锤。测深杆一般由木、竹、玻璃钢等材质加工，杆上标有分划刻度。根据不同需要测深杆可有多种长度规格，最长可达 8 m。选用何种规格的测深杆一般根据水深情况而定，有时也会因人而异。测深锤为铅制，铅锤上固定有伸缩性较小的测绳，分别每隔 0.5 m 和 1.0 m 固定一彩色布条，但间隔 0.5 m 和 1 m 所用布条的颜色不同。一般水深超过 5 m 或者无法使用测深杆测量时即采用测深锤测深。比较而言，测深杆的测量精度要优于测深锤，因此凡是能使用测深杆测量的情况就要尽量避免使用测深锤。

水道测量的船上定位方法主要有六分仪交会法、GPS－RTK 定位法和全站仪测距法 3 种。六分仪交会法是采用航海六分仪交会断面线与基线的夹角，通过固定公式计算测点起点距；GPS－RTK 定位法是直接人工读记 GPS 测量手簿实时显示的断面起点距；全站仪测距法是在岸上已知点上架设全站仪，在测船上放置反射棱镜，通过测量已知点至测船的距离计算测点起点距。

传统测深方法存在很多弊端：

（1）测深杆和测深锤在工程过程中受风浪、水深、流速等客观条件影响较大，故测深精度难以保证。

（2）测深杆或测深锤所测水下地形不连续，转折变化处很难准确施测到，因此影响冲淤计算的准确性。

(3) 人工测深存在诸多随意性和不确定性因素，人为因素对水深精度影响很大。测深是一种集力量、技巧和经验于一体的技术工种，即使从事该项工作多年的技术人员有时也难免会出现打深不垂直或读数错误，特别是在深水区一个测点要连续施测几次才能成功，长时间的抛铅锤打深既影响工作效率又迅速消耗体力，从而会对测量精度造成不良影响。另外，数据的手工记录有时也难免会出现错误。

(4) 测点的测深与定位两者协调性差，难以人为控制，在时间和空间上不容易同步，因而会造成定位点与测深点间的偏差。

(5) 现行测深方法与目前快速发展的科技水平、“三条黄河”的建设要求以及数字化和信息化的发展趋势极不适应。

为此，黄河水利委员会山东水文水资源局于2006年8月向黄河水利委员会水文局提出了“黄河下游河道测深技术应用研究”申请，经黄河水利委员会水文局审查过后正式立项，开展该项目的比测试验。

1. 本项目研究采用的方法

应用数字测深仪，在黄河下游选定的有代表性的河道断面上与传统测深方法进行对比测量。通过连接水上导航软件，数字测深仪和GPS－RTK联合作业，由软件实时、准确、自动记录测点点号、坐标、水面高程和水深等数据，并同步生成数据文件。数据记录间隔可按时间（最小0.5 s）也可按距离（最小1 m）控制，既可设置为自动记录，也可设置为手动打标。每一测点的水深使用测深仪和测深杆同时进行测量，并记录两种测深方法的同步结果。测深仪数据自动记录，计算机实时显示测点号、位置及水深；测深杆数据由手工记录，同时读取、记录相应的测深仪定位点号，以便于事后进行对比。

比测的条件选择在不同流量级、不同含沙量级、不同水深区域等条件下进行。比测的含沙量环境一般分四级进行，即<5 kg/m^{3}含沙量级，5～10 kg/m^{3}含沙量级、10～20 kg/m^{3}含沙量级和>20 kg/m^{3}含沙量级。各含沙量级均安排一定测次。通过对比测量数据的分析，得出数字测深仪在黄河下游河道测量上的应用条件、环境和精度指标，尤其是确定测深仪的适用含沙量范围。

2. 测深仪与传统测深方法对比测量

(1) 选定断面

比测位置选择了黄河下游泺口河道断面。该断面宽度适中，水深变化幅度大，代表性较好，且与泺口水文测验断面为同一断面，比较容易收集水沙资料，便于根据水沙变化情况及时、合理地安排比测时机。同时，比测可以使用泺口水文站测船，该测船为缆道吊船，稳定性较好，便于同一测点的水深对比。

(2) 使用仪器

比测使用的测深仪主要是无锡海鹰SDH－13D数字测深仪，部分测次采用了中海达HD－2s全数字单频测深仪；使用的GPS是美国天宝5700RTK型GPS；比测使用的软件是南方“水上工程软自由行”和中海达“海洋测量导航软件v5.95”。

(3) 比测时机与测次安排

由于项目开展期间，黄河来水来沙量较小，大多数时间的含沙量均小于10 kg/m^3，给比测工作造成很大困难。因此，本项目组经常关注黄河下游水情沙情，抓住了小浪底水库的几次适于水深比测的排沙时机，共实施比测 32 次，完成了各含沙量级的对比测量计划。

为了保证比测成果的准确性，尽可能排除不利客观因素的影响，在以下情况下不进行比测：流速、流量过大，不利于比测的实施时；水深较大，很多测点即使使用 8 m 测深杆也无法施测时；风浪较大，测船不好稳定，影响测深杆人工准确读数时。

（4）比测过程

①仪器设置

启动 GPS 基准站。在已知点上架设基准站，按一般 GPS－RTK 测量要求，配置好仪器，在当地坐标系下正常启动基准站。由于 GPS 断面测量文件（ *. job）已实行模板管理，因此只需复制一个相应断面的模板文件即可，文件中已包含已知点的坐标、高程，椭球、投影和基准转换参数等数据，无需手工键入。

配置 GPS 流动站。按一般 GPS－RTK 测量要求配置船用流动站，流动站的测量文件同基准站。

设置水上导航软件。导航软件的设置主要包括：在水上导航软件中新建任务或工程，选择北京 1954 坐标系及相应椭球参数，键入投影参数及与 GPS 基站和流动站相同的基准转换 7 参数。连接好测深仪和 GPS，在仪器配置里选择所连接的仪器型号和相应端口，并按要求正确设置端口参数和 GPS 数据格式。坐标记录类型选直角坐标，测深仪声速、数据记录格式、探头吃水及其他设置按实际情况和需要设置。GPS 卫星天线安装在测深仪换能器（探头）安装杆顶端，由于 GPS 与测深点位于同一垂直线上，因此只需进行天线高度改正，不作位置偏移改正。

测深导航任务或工程，可制作成模板文件，每断面一个，使用时复制即可，以节省时间、减少出错率。

②换能器安装

换能器固定在测船的一侧，尖头逆向流向；尽可能保持换能器安装杆处于垂直、稳定状态，防止出现松动摇晃现象。吃水一般定在 0.5 m，以方便测深仪在不搁浅船只的情况下最大限度地发挥作用。但换能器要求不得高于船底，以免产生气泡影响测深的准确性。

③仪器校测及水深校准

岸上已知点校测。为了防止仪器设置的人为错误，水深开始测量前，必须对已知点进行校测。基准站启动后，流动站首先要对岸上的已知点进行校测，校测符合规定限差后方可进行船上的测量项目。

船上两种测量结果的对比。在 GPS 卫星天线安装在换能器安装杆上，且 GPS 和测深仪均与导航软件相连接的情况下，使用 GPS 流动站的手簿测量程序施测当前换能器所在位置的水面高程，同时启用测深软件施测当前换能器所在位置的水面高程，然后将两种测量结果相比较，如互差符合规定要求，便可进行下一步的水深测量。

水深校准。将测船锚定在流速较小、水深最好不超过 3 m 且河底较平坦的岸边或其附近，以保持测船稳定。启动导航测深软件进行测深，同时使用测深杆进行人工打深。人工打深力求准确，可反复几次，位置尽可能接近换能器，读数要求尽可能精确到 1 cm。然后，将两种测深结果相比较，互差控制在 5 cm 或仪器标定精度限差以内，如果超出，则检查测深仪的吃水、声速和 GPS 天线高度等数值设置。

④船上人员分工

为使比测工作有条不紊地进行，对测船上的比测人员进行了严格分工，具体如下：

测深导航软件操作 1 人。负责软件的设置；开始测量时启动软件记录数据，结束测量时关闭记录操作；观察测量过程中测量数据的变化有无异常；每测点人工打深时读报软件中数据文件的相应点号，以便事后进行水深对比分析。

人工打深 1 人。负责人工测深，尽可能地保证测深的准确性。

记录 1 人。负责记录水温、声速以及人工打深者报出的水深数据和软件操作者读报的相应测深仪同步测量点号。

测船操作 2 人。负责测船安全、平稳、匀速行驶。

其他 1 人。负责换能器安全，保持观察，保证换能器不受异物撞击、水草缠绕；测量水温；协助人工测深。

⑤水深比测

使用数字测深仪，通过水上导航软件连接具有 RTK 功能的 GPS，可以直接得到测深数据文件。数据文件包括日期、时间、点号、坐标、水面高程、水深、卫星数量及状况等数据。数据记录间隔可按时间也可按距离，为了详细了解水深的变化过程，便于分析情况，本项目的大部分对比测量测次按时间间隔记录数据。

在对比测量的同时，还记录了当时的流量、含沙量、水温以及测深仪声速等数据。当对比测量与法口水文站测沙时间相差较大时，单独采取沙样进行处理，以准确掌握相应测次含沙量情况。

比测过程中，当测深杆施测水深数据与测深仪施测结果相差较大（一般超过 0.1 m）时，应重新测量，以便消除人工测量和读数错误。

每比测完一个断面测次，要及时对比测数据进行处理分析，计算测量的各项误差。比测全部完成后，对全部数据进行分析，对测深精度进行评定，分析含沙量对测深仪应用的影响，得出测深仪的适用环境以及在黄河河道测量中的应用条件等结论。

由于比测期间，黄河下游大多数时间的来沙量较小，因此给比测带来很多困难。即使小浪底一度排沙，不是因为流量和水深过大而不适宜比测，就是因为含沙量日变化过大和较大含沙水流来去匆匆而不好安排比测时机。尽管如此，测验人员还是充分利用小浪底水库的几次排沙过程，合理安排测次，完成了 4 个含沙量级的对比测量计划。

三、黄河河口段河势图测绘

（一）河势图测绘的目的

河势图测绘的目的主要是了解水流在平面上的变化与河床边界条件的相互影响和相互制约的关系，并预估其变化趋势，为下游防洪及河道整治工作提供资料。

（二）河势图测绘的内容

河势图分为实测河势图和目测河势图两种，二者的内容均应包括：

第一，本测验河段的老滩沿、主流线、水边线、分流、串沟、塌岸范围、支流汇入口、引水口等的位置。

第二，测验河段内的沙洲（指四面临水，中高水位始能浸没的河心滩地，下同）、心滩（随水位涨落，时出时没的滩地，下同）、边滩、潜滩等的位置及河流入海处的潮线、河口沙嘴、入海岔道的位置。河心沙洲和边滩除测绘其平面位置外，还应在其上分布适当数量的高程点，以了解滩面高程和漫滩水位。滩面植被情况也应在图上显示出来。

第四，各种水面现象，如回流、旋涡等的位置。

第五，施测时分流串沟过水流量的估计，占过河流量的百分数等。

（三）实测河势图

实测河势图一般有经纬仪测绘法、经纬仪测记法、六分仪测记法以及平板仪测绘法，有条件的还可以利用无线电定位仪或 GPS 卫星定位系统进行测绘。

除 GPS 外，其他方法均须进行平面控制，其设置办法见第二章。

实测河势图的绘制方法如下。

（1）河势图宜在事先晒制好的控制底图上进行测绘（控制底图的比例尺可根据河段长度确定，一般用 1∶10 000，1∶25 000，1∶50 000 三种），图上应包括各三角点，导线点，水准点，断面线，水尺位置，断面标志桩，基线标志杆，历年较固定的老滩，还应有险工坝头、堤防系统及有定位意义的固定地物，如高烟囱、独立大树、防汛屋、滩地上的生产房屋等。图上还应注明各高程控制点的高程，以备使用。

（2）按地形测量的方法施测各测点，用经纬仪测绘地物平面位置时，一般情况下最大视距不准超过 1 000 m，如遇串沟或软泥滩，出入极为困难时，亦可酌情放宽，但不得超过 1 200 m。如用无线电定位仪或 GPS 卫星定位系统进行测绘，则按该仪器的测量方法进行施测。

（3）河势图上水道平面外形测点的数目，应以能控制水道转折变化为原则。

在水道轮廓比较复杂的河段，应比照上述规定适当加密测点；在水道轮廓十分平顺的河段，亦可酌情放宽。但在图上的最大测点间距不得超过 5 cm，以保证水道平面外形的正确和完整。

滩地上一般地物平面位置的测点，亦可比照上述规定并根据需要适当加密。

沙洲、心滩测点数目以能控制滩地的平面外形为准。如滩地跨过数个断面，除断面上的测点为当然测点外，另在两断面之间、滩的两侧，沿滩边各分布 4 ~ 8 个测点。

（4）施测河心滩沙洲高程时，如地形平坦，可将经纬仪望远镜定平，用中丝直接测读高程；对于地形变化比较复杂者，可用三角高程法测量。

滩地和滩坎高程点的分布要求为：①沿沙洲和心滩四周分布 4 ~ 8 个高程点，滩的中间按其大小分布 1 ~ 3 个高程点（测断面时的高程点不包括在内），但滩地最高点必须测出。②边滩和滩坎上适当分布高程点，以便大体上了解滩、坎高程及其与水位变化的关系。

（5）河势图中的主流线可利用断面测量时所记载的主流位置并参照断面上最深点的位置绘制。

（6）在测验河段内如进行塌岸观测所设置的标志桩（如各修防段所设立的）应尽量予以利用，来加密大溜顶冲、坐弯急剧之处的测点。

（7）经纬仪法、平板仪法、六分仪法施测河势图按河道地形测量中的有关规定办理；无线电定位仪和 GPS 卫星定位系统施测河势图按它们自己方法中的有关规定执行。

（四）目测河势图

目测河势图的平面控制与实测河势图的相同，测绘工作宜在事先晒制好的底图上进行，最好与实测河势图采用同样的比例尺。

目测河势图的绘制方法如下。

（1）目测河势图最好分两组在两岸自上而下同时进行测绘（必要时亦可自下而上）；也可以一组单独进行，先勾绘一岸，返回时勾绘另一岸。

（2）在进行勾绘之前，最好是登高瞭望，纵观全面河势。

（3）图中的水边线应用断面测量时的实测水边点连接绘出或在没有作断面测量时以专门测定的水边点连接绘出。图中的主流线可利用断面测量时所记载的主流位置参照断面上的最深点的位置点绘，在没有作断面测量时，则目测勾绘。

（4）图中的沙洲、心滩、边滩、分流、串沟、河口沙嘴、入海波沟及海岸潮线等地物的轮廓转折点，可根据沿河两岸的控制点及有定位意义的固定地物的位置用罗盘仪或六分仪测定，再结合目估其形状、大小，将地物在现场勾绘出来。罗盘仪或六分仪测定地物轮廓点的方法一般采用后方交会法。定位时可用六分仪沿断面线交会定位；也可用罗盘仪测定三个方向线，以三线的示误三角形的中心定位；在开阔地区还可用六分仪以三标两角法测定，以三臂分度仪在图上展绘；在认为后方交会不便的地区，也可使用前方交会法或侧方交会法。

（5）在无法使用上述各种方法定位时，亦可完全用目测方法勾绘地物轮廓线，目测时应在各平面控制点上进行，先瞄定方向线，并相应在图板上确定方向，然后沿各瞄定的方向估测其距离，同时在图上勾绘。当转换于另一测站后，为了避免在单方向上估测的错误，应将两测站间相邻近的几个测点加以校测。

（五）河势图测绘中的注意事项

河势图的测绘应注意如下事项。

（1）河势图是反映河道在某级水力泥沙情况下的平面变化资料，由于黄河水情沙情变化迅速，因此河势图的测绘时机最好在水流平稳时，施测历时应力求缩短，并尽可能结合断面测量同时进行，一般在 1 ~ 3 d 完成，只有在工作安排有很大矛盾时，才可提前或错后进行。

（2）全河段的河势如分别由数个测站分工施测时，各相邻上下两测站所测河势图之间应有适当的重叠部分，以便正确拼图。具体方法可在两测站交界处设立最少两个公共桩，两测站均须测定其位置和高程，作为校对拼图的依据。

（3）主流线的测绘是一项十分重要的项目，在断面测量时可充分运用沿河群众的实际经验进行观察，如“顺河风，发亮处溜大”，“逆河风，浪大处溜大”。

（4）每结束一测站的工作时，应检查一下测绘的内容是否有遗漏。

（六）河势图测绘的资料整理

河势图测绘的资料整理工作步骤如下。

（1）在晒制好的平面控制图上，根据对各水边线、主流线、分流、串沟、塌岸段、支流汇入口、引渠口、沙洲、心滩、边滩、河口沙嘴及潮线等所测绘或测记的内容进行点绘并校核。

（2）主流线应套绘本次与前次的综合测验成果。本次的用实线、前次的用虚线，线条粗 0.6 mm，线段长 5 mm，间隔 0.2 mm。

（3）测验河段中各流量站及水位站在施测时的水位应注明在水尺符号处。

（4）施测时，各分流串沟过水量占全河流量的分数值应注明在各分流串沟上。

（5）进行合理性检查。内容包括：①所测绘水面宽与断面测量的水面宽相比较是否合理；②与上次所测河势图相比较，是否有遗漏未测之处；③河槽平面形态与断面形态对照是否合理（如沙洲、心滩、潜水滩、边滩等）；④检查所用图例符号是否符合要求。

（6）编写河势图文字说明。内容包括：①施测起止时间。测绘期间距测验河段最近的流量站的流量、含沙量、输沙率、水情及沙情的变化；②本次测绘与上次测绘期间平面河势的主要变化，如主流、深泓点的摆动，主流顶冲位置及心滩的运移，河湾的上提下挫，河口岔流及出口位置的变化，回流、旋涡等水面现象的变化等；③对近期河势变化的预估；④资料中存在的问题及经验体会和其他必要记录的事项。

第三节　黄河三角洲附近海区水下地形测验

黄河每年以巨量泥沙输送入海，泥沙一部分淤积填海造陆，一部分被潮流、余流等海洋动力因素带往较深海域。黄河入海泥沙究竟如何分布，陆地淤积了多少，浅海区淤积了多少，输往深海区多少，输往深海区的泥沙输移方向如何，这些都是在河口流路规划中要弄清的基本问题。根据多年的观察和分析，入海泥沙的淤积分布规律不仅因入海流路地理位置的不同而有所差别，而且即使同一条流路在不同的水沙系列影响下也会产生不同淤积分布规律。利用三角洲附近海区水下地形资料进行比较分析、计算是研究泥沙淤积分布规律最为直接和准确的方法。

三角洲附近海区当处于行河位置，由陆源泥沙补给时淤积延伸；当不行河没有陆源泥沙补给时，就会发生侵蚀，岸线后退，浅海海底冲刷。为了计算岸线侵蚀后退的速率和海底冲刷量，需要以三角洲附近海区水下地形资料为依据。

在进行流路规划及研究一个流路行水年限时，需要计算海域的容沙体积，从目前计算方法来看，也是以水下地形资料为计算依据。

小浪底水库运用调水调沙措施后，进入河口地区的泥沙不仅从数量上发生变化，泥沙组成也会发生较大变化，三角洲附近海区泥沙淤积分布规律随之发生较大变化是不言而喻的。因此，进行三角洲附近海区水下地形测绘更是十分需要。

一、基本任务

（一）控制测量

平面坐标系统采用1954年北京坐标系，高程系统采用1956年黄海高程基面。

（1）根据测区已有高等级控制点情况，布设平面和高程控制点，以保证高潮线测量及水尺零点高程测量的需要，并保证所有潮位站的高程基准统一。

测区首级高程控制采用三等水准施测，校核水准点以四等水准测定。

平面首级控制点以E级GPS施测，加密控制采用快速静态测定。1992年以前使用无线电定位仪观测，定位时有3个岸台。

（2）测定GPS信标机固定偏差参数，以保证水深测量过程的定位精度。

信标机的固定偏差测定从已知的高等级的GPS控制点测定，且GPS控制点分布应该均匀，不同测区使用不同的偏差参数。

（二）水深测量

1. 测线的布设

一般情况下测线应垂直海岸布设，在岬角区（神仙沟口附近）布设成放射状。

测线间距：神仙沟以西海区每2 km布设一条测深线；神仙沟沙嘴区为放射状测线；神仙沟沙嘴以南至广利河以北海区每1 km布设一条测线；广利河以南至小清河口海区每2 km布设一条测线。总测线130条，历年测线尽量重合。

2. 测深点间距

深水区测深点间距一般控制在800 m左右测一点，在河口附近和水下地形前缘急坡、地形变化急剧的区域测深点间距控制在300～500 m。

3. 测深点定位及水深测量方法

测深点位置由GPS信标机测定。

水深测量：使用测深仪测深，测量时要根据实际情况进行水深比测，并做好记录。记录纸上的水深要随时与计算机打印水深进行比较，以减小读数误差。在浅水区当水深小至测深仪不能施测时，使用测深杆测深，记录至cm。

（三）潮汐观测

为将所测水深换算至同一基面下的水深，需对实测水深进行潮汐改正。为此，在测区内需布设足够的潮位站，与水深测量进行同步潮位观测。

根据测验海区的潮汐变化规律和测深线的布设情况，原则上每一潮位站的观测成果只用于潮位站附近水深线的改正，其中：神仙沟以西海域每站改正垂直于海岸方向8 km左右范围，神仙沟至清水沟老河口海域每站改正范围为垂直于海岸方向6 km左右，清水沟老河口以南海域每站改正范围为垂直于海岸方向10～14 km。

1. **潮位站的布设**

潮位站的布设原则：由于本测区潮汐类型复杂，因此测量期间采用实测潮汐曲线来改正水深的方法。潮位站布设应满足下列条件。

（1）潮位站应布设在能够代表附近海域潮汐变化的位置，水尺应在潮水沟口外较为宽阔的海域设立，使其不受潮水沟拦门沙的影响，或直接设立于条件较好的岸边。

（2）尽量满足水尺零点高程适合用几何水准测量的条件。

（3）测站之间的距离视潮汐变化情况而定，以便用实测潮位进行水深改正。

根据测验海域的潮汐变化和本项目测线的布设情况，共设置 18 处潮水位站。其所在的位置如下：杨克君沟口、湾湾沟口、二河口、四河口、一零六河口、十八井、桩西海港、五号桩坝头、贝类样板园、孤东验潮站、3 号排涝站、新河口北烂泥、截流沟口、清水沟老河口、永丰河口、广利河口、小清河口、三山岛港。

2. **潮水位站的命名**

潮水位站的名称由年份和编号组成，并注记地名或河口名称，编号的顺序自西向东、自北向南，例如最西边一站为 200701 站，该站位于杨克君沟口，该潮水位站命名为 200701（杨克君沟口）站。

3. **水尺零点高程测定**

水尺零点高程尽量采用几何水准测定，也可以采用 GPS－RTK 测定或潮面水准推求。

4. **潮水位观测**

除港口码头处在岸边进行观测外，其余测站均在所需要的位置上抛一观测船，在船周围打 3 根水尺桩，以便船随潮流变化方向时便于观测，潮位观测人员住在船上。水尺读数记至 cm，同时目测并记录风向、风力及海况，观测与水深测量同步进行。

为了进一步了解海区潮汐变化规律，在五号桩附近及易于停船、受风浪影响小的地方（如新河口北烂泥）设立短期潮水位站，在开始测量至测验结束整个测量期间进行连续观测。观测时间最长的是 1992 年桩西潮水位站及南烂泥潮水位站，连续观测 120 余 d。

（四）高潮岸线测定

按照水深图的编绘要求，需要准确的高潮岸线，因此应专门进行高潮岸线的测定。测定时使用 GPS 沿高潮痕迹测定高潮岸线。一般顺直高潮岸线可每 1 km 测一点，当岸线发生转折或遇到潮沟时，应加密测点，以便测出转折变化和潮沟的形状。

在测定高潮岸线的同时，应将设防标准较高的防潮堤以及沿岸以路代堤的防潮堤测出。

（五）底质取样

为了解该海区泥沙输移及沉积情况，在水深测量的同时，在部分水深测线上采集底质泥沙样品进行颗粒分析。取样测线每 10 km 布设一条。每个取样断面上采集 7 ~ 9 个泥沙样品，其分布为浅滩区 2 ~ 3 个、前缘急坡区 3 个、缓坡区 3 个。

（六）资料整理

资料整理总的要求：外业测量结束后，即进行资料整理，整理过程中严格执行有关规范及技术细则，完成初作、校核、复核三遍校算手续。经过整理的资料达到：方法正确、数字无误、说明完备、字迹清晰、表面整洁，一般错误率小于1/2 000。

（1）对所有外业测量取得的原始资料经过3遍校算手续，经初审确认无误后，方可进入成果编制阶段。

（2）在上述校算的基础上编制下列成果：平高控制测量成果表、潮水位站考证簿、水深测量潮汐改正曲线、断面实测成果表及高潮岸线实测成果表。

（3）基本资料审查：基本资料完成上述整理后，由上级单位组织对上述资料进行审查。审查时，原始资料抽取30%审查、成果表全部审查，着重合理性检查，对成果有关键性影响的资料进行全部审查。

（七）彩色水深图编绘

1. 水深图编绘

测验资料审查合格后，即开始进行水深图的编绘工作，编绘比例尺为1∶100 000。水深图编绘的主要内容为高潮线至零米等深线的潮间带部分和断面测线部分，陆地部分采用最新的陆地测量成果。

2. 编绘泥沙沉积类型图

根据泥沙颗粒分析成果表编绘泥沙沉积类型图。该图比例尺按1∶200 000绘制。

（八）分析研究

项目的水深图编绘完成后，组织进行专题分析研究。根据河口治理的需要设定研究主题。以当次测验成果、相期各次水下地形测绘成果以及河口水沙的变化情况为研究依据。

（九）时间安排

作业前要完成各种仪器的检校、设备的检修、控制点的埋设、信标机固定偏差的求解以及潮位站的设置等工作；确定所有外业测验工作完成的时间；确定所有测验资料的整理计算和审查的时间；确定水深图编绘完成的时间；拟定上级验收的时间；拟定完成彩色中间图的编绘及印刷工作。

（十）提交资料

提交资料主要包括原始资料、计算资料、成果资料及工作总结、技术总结等资料。

二、技术要求

外业实施单位完成的项目为桩点造埋、高程控制测量、水深测量、潮位观测、高潮线测绘、海底质取样、底质沙样颗粒分析、中间图编绘、泥沙沉积类型图绘制及彩色水深图的编制，并负责各种测验仪器的鉴定，所有测验资料的整理计算，成果图表的编绘，并配合上级单位进行该项目的检查、初步审查验收、复审以及最终验收，同时还需配合上级有关部门进行该项目的相关分析研究。

（一）作业范围及方式

作业范围就是基本任务上所提及的。

作业方法采取断面法，在测区布设 130 条测线进行水深测量，要求每条测线浅水部分趁高潮时测至 0. 8 m 水深以下，高潮水边采用目估距离测定。

现行黄河口顺河道上测至汉 1 处，其余潮沟测至高潮线以上 1 km 处。

（二）仪器的法定鉴定

本次使用的所有测绘仪器必须经过具有资质的鉴定单位进行法定鉴定，包括 GPS、GPS 信标机、全站仪、水准仪、测深仪等，以鉴定单位出具的鉴定证书为准。

（三）高程控制

测区首级高程控制为三等水准，主要作为潮水位站的高程基准，高程基面采用 1956 年黄海基面，引据点采用黄委会 2002 年新布设的国家二等水准点高程。

由于以往采用的引据点的高程多年来没有进行校测，因此为了消除高程点突变给测区冲淤变化带来的影响，要求往年测验的引据点必须有新测高程，没有新测高程的，本次采用三等水准联测新测高程。

1. 水准线路布设

测区的首级控制网为三等水准，加密控制为四等水准，根据黄委会新测二等水准点的分布，本着就近的原则布设支线或附合线路，当水准线路经过原有高程控制点时，要测定该点高程。

2. 标石埋设

三等水准点应当选择在距潮位站水尺较近的地质稳定、不易破坏的地方，四等水准点应当埋设在水尺附近的固定位置。

（1）基坑开挖及基座浇筑

在选定位置开挖标点基坑，坑底整平和夯实处理后，浇筑 0. 8 m×0. 8 m×0. 1 m 的混凝土底盘，内置五横五竖钢筋算，继续浇筑底盘至 0. 2 m，将标石浇入底盘 0. 1 m 深。

（2）桩点埋设

①三等水准点埋设：将预制标石垂直放入坑中央，将标石插入基座 0. 1 m，使标石上部露出地面 0. 2 m 左右。标石竖直后回填土逐层夯实并灌水 20 kg。

②四等水准点埋设：将预制标石垂直放入坑中央，回填土，逐层夯实并灌水 20 kg。

4. 绘制点之记

水准点埋设时现场绘制点之记，用钢尺实地丈量标石中心与至少 3 个不同方向的固定参照物之间的距离，测定点位概略坐标。

各种桩点按相应的规范制作和埋设。三等水准支线长度在15 km以内的可不埋标石，否则每隔10 km左右埋设普通水准标石一座。

5. 作业前水准仪要进行相关检查并提供检查成果

（1）仪器的检视。

（2）概略水准器置平检校。

（3）十字丝的检校。

（4）测定 i 角，作业开始后一周内每天校测一次，若 i 角保持在10" 以内，以后每隔15 d校测一次。

6. 作业要求

三等水准测量采用中丝法进行往返测，每站的观测顺序为“后前前后”；四等支线采用往返测或单程双转点观测，观测顺序为“后后前前”，若水准路线上土质较软时，观测顺序亦采取“后前前后”。

作业时应注意以下几点：

（1）水准观测时，必须用测伞遮挡阳光。

（2）连续在各测站安置水准仪的三脚架时，应使其中两脚与水准路线方向平行，而另一脚应轮流置于路线方向的左侧与右侧。

（3）除路线拐弯处外，每一测站上仪器和前后标尺的三个位置尽量接近于一条直线。

（4）在同一测站观测时，不得有两次调焦。

（5）每一测段往、返测的测站数均应为偶数。

（6）扶尺员应牢记所扶尺的号码，标尺应小心地置于尺桩（尺台）上，两手自然地抓住标尺的耳环，并注意标尺水准气泡的居中，使标尺垂直于尺台（尺桩）上。工作中不得碰动尺台，如尺台被碰动，应立即报告测站。

（7）每一测站观测完毕向前迁站时，后视标尺扶尺员只有在得到记簿员的允许后，方能移站。

（8）四等水准测量可以采用单程双转点法测量，扶尺员应集中精力，以防左、右路线弄错造成返工。

（四）GPS固定偏差测定

水深测量的定位、高潮线的测定都应用GPS。由于信标信号与当地控制点关系的不确定性，信标机所测点的位置和实际位置存在一定的偏差，为了保证测点位置的准确，在测量之前需要对测区分区进行GPS固定偏差测定。

偏差改正的测定方法为将信标机天线放置于已知控制点上，信标机所测该点位置和该控制点的已知位置之间的差就是GPS信标机的固定偏差。

为了保证定位精度，固定偏差分区范围在沿海岸方向不得大于50 km。已知控制点应在偏差改正区的中央，当已知点不能满足要求时，要布设相应等级的控制网，补设平面控制点。进行平面测量时，要按照规范要求做好记录，并把记录作为原始数据在作业后提交。

使用手持 GPS 测定高潮岸线时，要对手持 GPS 的偏差进行改正。改正后经过重新测定，符合要求后方可进行测量。

GPS 偏差校测应当有完整的记录。

（五）水深测量

第一，水深测量使用数字测深仪进行，水深记录采用模拟记录纸和数字测深两套方法，以数字测深为主，记录纸水深作为校核。

第二，测点位置以 GPS 信标机测定，其测点采用距离法控制，测点间距不得大于任务书要求。

第三，作业期间，测验人员应当坚守工作岗位，密切注意仪器的运行状况，发现异常或出现问题及时处理。

第四，在每天作业前和作业结束时，作业人员应当检查换能器的入水深度，并在测深仪记录纸上的开始和结束处记录其吃水深度。

第五，当一条测线上异常测点超过该线测点总数或缺测线长超过总线长的 5% 时，该测线应重测。

第六，测船应当按照设计测线航行，其测点点位偏线距不得超过 100 m。

第七，在进行船测水边线和水边附近测点的测量时，浅滩船应当经常和潮位站联系，掌握潮汐变化情况，测验时间安排在高潮前 0.5 h 和高潮后 1.5 h 之间进行，保证每一测线上应用一个水边点，水边采用测点加估读水边距离确定。

第八，在进行现黄河口测量时，采用左右及中泓 3 条测线施测。若采用 GPS 信标机测量，应当布设水位站。水位站的设置位置以测验时的流量大小确定。当利津水文站流量大于 500 m^3/s 时，在汉 1、汉 3 和汉 3 以下 6 km 处设置水位站；否则，在汉 1、汉 3 设置水位站。若采用 GPS－RTK 测量，应当进行校桩。

在进行跨河嘴部分测线的测量时，由于这些测线被河嘴部分断开，水位较浅，测船不容易通过，因此跨河嘴部分除在高潮时施测外，不能行船的位置处要进行人工补点，测点间距不得大于 300 m，在变化转折处增加测点，补测测点在内业参加整理计算。

第九，潮沟测量：在水面宽度大于 100 m 时采用双线测量，即测量潮沟的两个水边，当水面宽度小于 100 m 或水位较浅时，可采用中泓一线法测量。

第十，检查线测量应当在该区测量完成后进行。为了消除潮汐变化带来的误差，在进行平行检查线的测量时，其检测时机应尽量安排在和原测线测量时相同的潮汐变化时段。

（六）高潮线测量

高潮线测量是本任务的重要工作之一。高潮岸线测量时，测量人员使用 GPS 手持机或 GPS 信标机沿比较明显的潮痕（即大体相当于平均高潮线）逐点测量，测点距离不得大于 1 km，高潮线转折处加密测点，以能控制高潮线的转折变化为原则。

为了保证高潮线测量顺利进行，测量人员必须现场勾画草图，草图应注明测量日期和地点，晚上收工后在计算机上对照草图用绘图软件将当日的数据处理完毕，草图随同原始数据一块作为资料上交，亦作为高潮线审校的主要依据之一。

（七）潮汐观测

1. 潮位站水尺设置

潮位观测采用木桩直立式水尺观读，需要进行水尺设置和水尺零点高程的引测。

潮位站水尺设置原则。

（1）水尺前方应无沙滩阻隔，海水可自由流通，且能充分反映当地海区潮汐情况的地方；同时水尺应设在能牢固设立，受风浪、急流冲击和船只碰撞等影响较小的地方。

（2）每个潮位站设置的水尺不得少于3个，木桩采用直径不低于0.1 m的木桩，入泥深度以保证水尺稳固为原则。

（3）设立的水尺，要求牢固，垂直于水面，高潮不淹没、低潮保证读数不低于0.3 m，两根水尺的衔接部分至少有0.3 m的重叠。

（4）为了校测水尺方便，当四等水准点距水尺较远时，应在水尺附近岸边设置工作水准点，工作水准点可用木桩代替。

（5）水尺的设置要考虑潮位站人员的安全、生活和交通方便。

（6）潮位站设置后用GPS测定其平面位置并记录在潮位站考证中。

2. 高程引测

（1）在18个潮位站中，除新河口北烂泥、刁龙嘴两个潮位站用潮面水准推求高程外，其余均为几何水准推求水尺零点高程。

（2）凡用几何水准引测的验潮站，其水尺至少有一根水尺零点是用水准引测高程的。各水尺零点之间的相互高差，可在海面平静时，用潮面水准或等外水准的方法测定。水面水准法要求两根水尺高潮平潮时每隔10 min同时进行1次读数，连续读数3次，其高差互差不得超过3 cm，取中数使用，超限者应重测。

（3）几何水准引测的潮位站水尺零点高程以四等水准引测，引据点可以是四等水准点，也可以是工作水准点，工作水准点从四等水准点引测四等水准高程。

（4）潮位观测时间超过一个月的潮位站应当每月至少校测一次水尺零点高程。当水尺发生碰撞或遭遇较大风暴后怀疑水尺变动时，应及时校测水尺零点高程。

（5）当水尺的瞬时水深读数小于（含）0.3 m时，应更换水尺。更换水尺时，应同时读取两根水尺的读数，其差值不得大于2 cm，并记入手簿相应栏内，原水尺读数供校核。

（6）当水尺将要晰出或将被淹没时，必须立即增设新水尺，可先观测，然后用水面水准或等外水准得出水尺零点高程。

（7）在进行水尺设置时，一般要求先测定水尺零点高程，然后再进行潮位观测。由于特殊原因来不及测定水尺零点高程时，可以先设置水尺并进行潮位观测，在条件允许后立即进行水尺零点高程的引测或将水尺零点高程关系引测至附近的固定点，然后进行高程引测。无零点高程的水尺潮位观测时间不得超过2 d。

3. 潮位观测

（1）使用直立式水尺直接观读水尺读数，记至cm，应在1时、7时、13时、19时观测风向、风力、并记载天气状况，如阴、雨、晴、雪等。

（2）一般潮位站每0.5 h观读一次，桩西海港、五号桩坝头等潮汐变化复杂的潮位站，高、低平潮及其前后1 h和潮位变化异常时，每隔10 min观测一次，以能准确测出高低潮为原则。

（3）在大风浪、海面波动不稳定时，可取波峰和波谷的平均值作为水尺读数。

（4）当风向风力等发生变化时，应随时观测潮位，并做好记录；当风力超过6级时要记录大风开始及结束时刻。

（5）为了进一步了解海区大的潮汐变化规律，在桩西和截流沟口设立短期潮位站，观测时间自测验开始至结束。其余潮位观测应与该站控制区域的水深测量同步。为了保证潮位改正的连续，满足潮位站之间测线水深改正的需要，相邻潮位站同步观测时间应大于两潮位站之间的测深时间，并有24 h以上的同步观测数据。

（6）使用潮面水准推求高程的潮位站应当至少有7 d以上的同步观测数据。

（7）使用潮面水准推求水尺零点高程的潮位站，其水位观测时间应当较水深测量提前1 h开始，水深测量结束后2 h结束。

（8）验潮站所用的钟表，每天必须与北京时间校对一次，并记在手簿的备注栏内，其表差应不大于1 min。

（9）因故漏测时，应按实际观测时间的数据记载，不得擅自插入水位读数。

（八）潮汐改正

潮汐改正是海域测量的重要内容，它直接关系到测验成果的质量，因此应当重视。由于该海区没有条件设置深水潮位站，因此本项目采用岸边潮位站潮位直接改正水深。

在本站控制范围内的测深线水深，按照潮位站实测曲线改正，当相邻潮位站最大潮差超过规范规定时，应当进行分带。

（九）底质取样

为了解测验海区泥沙运移及沉积情况，在水深测量的同时，在部分水深测线上采集底质泥沙样品，根据任务书要求和测区的实际情况，整个测区每10 km布设一条底质取样断面，岬角区布设两条取样断面，开始和最终断面采取海底质样品，全测区共布设18条底质取样断面，分别是测线1、6、11、16、21、26、31、36、46、56、66、76、86、96、106、116、125、130。

在每个取样断面采取海底质表层0.5 m以内沙样7～9个，其分布为浅滩2～3个、前缘急坡区2个、深水区3～5个，每个海底质样品不得少于15 g。

（十）资料整理

工作内容包括基本资料整理与资料改算和冲淤计算。

外业测量结束后，即进行资料整理，整理过程中严格执行有关规范及技术细则，完成初作、校核、复核三遍校算手续。经过整理的资料要求达到：方法正确，数字无误，说明完备，字迹清晰，表面整洁，小错错误率小于1/2 000。

1. 基本资料整理

(1) 对所有外业测量取得的原始资料经过3遍校算手续，经初审确认无误后，方可进入成果编制阶段。

(2) 水深数据以数字记录为主，记录纸水深作为校核。

(3) 在上述校算的基础上编制下列成果：潮水位站考证簿，水深测量潮汐改正曲线图。

(4) 潮汐改正，计算黄海基面下水深，最后编制断面实测成果表及高潮岸线实测成果表。

(5) 泥沙颗粒分析工作完成后，编制底质泥沙颗粒级配成果表。

(6) 基本资料审查：基本资料完成上述整理后，由山东水文水资源局组织对上述资料进行审查。审查时，原始资料抽取30%审查，成果表全部审查，着重合理性检查，对成果有关键性影响的资料全部进行审查。

2. 资料改算和冲淤计算

利用换算后的断面施测成果对以往测次进行断面冲淤计算和冲淤体积计算。

(十一) 水深图的编绘

1. 编绘中间图

由于彩色图编绘印刷周期较长，因此为不影响有关单位使用，完成上述资料整理后，编绘黑白中间图一套。中间图比例尺：1∶100 000，采用新高程系统数据绘制。

2. 编绘泥沙沉积类型图

根据泥沙颗粒分析成果表编绘泥沙沉积类型图。

3. 项目复验结束后，编绘彩色水深图

该水深图为测绘最终成果，陆地部分应尽量采用最新的三角洲陆地地形图。

第四节　水文泥沙因子测验

黄河口水文泥沙因子测验工作是研究黄河口区域流场情况，特别是拦门沙区水文泥沙的变化规律，为研究拦门沙的消长过程和河口治理规划提供科学依据而进行的一项基础工作。水文泥沙因子测验的要素主要有流速、流向、水深、含沙量、表层底质、含盐度、潮汐、水温、气象等。

一、测验方案的制订

水文泥沙因子测验的方式是多船同步观测，一般情况下沿河流主流线布设5~9个站，但拦门沙坎顶及内、外需各布设一个测站。根据服务对象的需要，在河口区布设测站。测站布设一般沿河流入海的方向，每次布设5~9个测站。以测验河口及河道水文泥沙因子为重点的工作，布设9个测站，河道内布设3个断面，其中上游2断面只布设1个测点，河口断面布设3个测点，主要计算纳潮量，剩余4个沿入海流方向布设；以测验河口潮流水文泥沙因子为重点的工作，可布设5个测站，测站的布设沿涨潮流和落潮流方向布设，同时覆盖河口口门，站点分布均匀。

（一）测站的布设

收集最新的测区水深图，然后在图上布设测站。

（二）测点的布设

不同的测站，根据水深的不同采用不同的方法。大于 5 m 水深的采用五点法，小于 5 m 水深的采用三点法。

（三）验潮站的布设

水文泥沙因子测验期间，在岸边设立两处潮位站同时观测。

（四）测验时机及测验历时

为了解不同河水流量级下河口区水文泥沙因子的变化情况，选择不同流量级下安排测验。截至目前，曾在 1 000 m^3/s 及 3 000 m^3/s 流量级下进行过观测。

水文泥沙因子测验历时少于 25 h。

（五）观测项目

各站观测项目为：逐时观测水深、流速及流向，双时取样检测含沙量、含盐度，2 时、8 时、14 时、20 时观测表层底质，双时观测表层水温，双时观测风向和气温。

（六）人员分工

由于水文泥沙因子是多船同步观测，因此外出作业应该根据人员的技术情况，制定人员分工。测验人员严格按照分工展开工作，不能因为分工不明确造成工作的失误。一旦有一项工作失误或者延误，所有的工作都会受到影响，可能造成所有测站返工重测的情况。

（七）安全规定

海上作业，安全第一。因此，作业前要制定详细的安全规定，以保证参加测验人员的生命安全及仪器设备的安全。

（1）所有参加测验的人员都必须牢固树立“安全第一”的思想，切实做好安全工作。

（2）成立测验工作安全领导小组，全面负责测验的安全生产工作。

（3）凡水上工作人员均应穿戴救生衣，船体外作业要有一人保护或有防范措施，夜间值班必须同时有两人以上共同值班，以便相互照应，严防人员落水。

（4）外业工作期间，不论何人均严禁饮酒，对因饮酒而影响工作者要从严处理。

（5）外业工作期间，要注意饮食卫生，防止中毒事故的发生，确保人身健康。

（6）各测船所用仪器、物品要有专人严加管理，妥善放置，以防丢失或因船舶颠簸而掉入水中。

（7）所有测验资料要有专人负责保管，严禁丢失和缺损。

(8) 出工、收工途中，押车人员主要由各测站负责人负责，要注意看管好车上的物品、严禁丢失或损坏。

(9) 各样品在装卸中，要轻搬轻放，严禁损坏。

(八) 工作纪律

(1) 设立指挥船，负责各测站的定位及测验指挥。

(2) 测验期间，任何人不得请假，随时听从安排，做到招之即来、来之能战。

(3) 值班人员要安排好电台值班，昼夜保持与外业联系，以保证外业测验物品随需随送，供应及时。

(4) 水文泥沙因子测验是一项完整的工作，必须同步进行。为保证统一行动，所有参加测验人员都必须无条件服从指挥，工作人员必须按规定项目和操作规程进行，不得擅自行动，如需变更有关事项需报指挥船批准后方可实施。

(5) 参加外业测验人员要树立同风浪做斗争的思想，要努力克服各种困难，把这项测验工作保质保量地完成好。如遇天气变化需中断测验，由指挥船统一安排避风，大风过后要立即复位观测；无特殊情况严禁中断观测，如遇意外情况需中断观测者须报请指挥船批准。

(6) 各测船均要配备通信设备，所配备单边带的测船使用统一频率，各站呼号按测站号呼叫（如 HK01 站号为 01），指挥船直接呼叫指挥船。

(7) 严禁使用电台取闹、嬉戏，影响工作正常进行。

二、测验技术要求

(一) 基本要求

观测项目原始记录，一律用3H（或4H）黑色铅笔书写，可随观测随填入规定的记载表内，不得转抄，严禁伪造资料，填写时字迹要端正、清楚。

原始数据不得涂改或用橡皮擦拭、若记错需要改正时，应在原始记录上画一横线，在其上方填写正确的数字；若数据中某一数码写错，应将整个数据划去重写。

观测时间一律按北京标准时间计，所用钟表每天至少与北京标准时间对时一次，若对时误差超过 2 min 时应将钟表进行校正。观测中若因故延迟观测时间，应填写实际观测时间，并在备注栏内说明原因。

建立值班制度，严格交接班手续，交接班时要将观测记录及存在的问题交接清楚。

观测中所有计算数据，一律执行“四舍五入”法，凡有两数以上加减或乘除者，均按先计算、后进舍的原则处理。

(二) 测验项目要求

1. 流速流向观测

(1) 观测仪器

流速流向使用直读流速流向仪逐时进行观测，流速测至 0.01 m/s，流向测至度（°）。

（2）流速流向测量的要求

①流速流向仪悬吊方式

可以使用悬杆悬吊，也可以使用绞车缆绳悬吊；流速较大的测站要使用绞车缆绳悬吊，并配 30～50 kg 的铅鱼。

为了保证测量精度，使用铁壳船时，仪器离开船体要大于 1.15 m。

②流速流向测点分布

水深小于等于 5 m 为三点法，水深大于 5 m 为五点法。

③流速测点定位

在测点上测流速时，应使仪器呈水平并平行于测点当时的流向。

应使仪器在每一测点上的入水深度等于预定的测点深度。

在水面附近测点测速时应使仪器至船边的距离大于 0.5 m，且入水深度应漫过旋桨。

测速过程中，测船不宜摆动。

④测点流速测量

测速历时。每个测点的测速历时为 100 s。

测速方法。当流速 >0.20 m/s 时，可将旋钮置于直读挡，直接读取流速，当流速≤0.2 m/s 时，使用记数挡，记录总历时和总转数，然后再根据公式计算出流速。

测验顺序为自水面向海底。

测定憩流。候测憩流时将仪器放至 0.4 m 水深。当历时 180 s 无讯号时，又确认仪器无故障，则视为憩流。

流向测量。使用直读流速流向仪测定流向的磁方向，然后进行磁差改正换算为真流向。黄河口区域磁偏差为偏西 7°，故测得磁流向减去 7°得真流向，流向记至（°）。

（3）流速、流向仪使用方法

流速、流向仪的使用要严格按照仪器说明书的说明安装和使用仪器。

2. 悬移质泥沙测验

（1）取样频率

悬移质泥沙取样每双时进行一次，开始及终了必须取样。

（2）悬移质泥沙测验仪器

使用横式采样器（1 000 mL）或锤击式采样器（2 000 mL）取样。

所采取水样容积与采样器本身的容积相差不得超过 ±10%，否则应重取。

（3）水样容积

规定每个悬移质水样为 2 000 mL。

（4）量积的要求

水样容积使用量杯应在取样后立即量积后再装入水样桶内，量积的读数误差不得大于水样容积的 1%。

（5）含沙量

含沙量用置换法测定。泥沙颗粒分级根据已有的设备而定。

3. **海底质取样**

（1）取样频次

海底质取样要求每天在 2 时、8 时、14 时、20 时取样，测验开始及终了必须取样。

（2）取样仪器

水深小于 5 m 的测站使用杆式采样器取样，大于 5 m 的使用锚式或抓斗式采样器取样。

（3）取样要求

海底质沙样为采取海底表层 0.1 ~ 0.2 m 以内的沙样，每个沙样重量一般不少于 1 000 g。

4. **含盐度测验**

（1）含盐度水样的采取与悬移质取样同时进行。

（2）含盐度水样取样器同悬移质取样一样。

（3）所取水样注入 500 mL 瓶内，用蜡密封好，以免蒸发。

（4）样器容积以接近满瓶为宜。

5. **水深测量**

（1）测深工具

可以使用测深杆、测深锤或测深仪。可根据测站的水深情况或测验装备情况确定使用的测深工具。

（2）测深精度

测深允许误差为 0.1 m。为了保证测深的精度，使用测深杆或测深锤测深时，要重复测量 3 次，互差小于 0.1 m 才能满足要求。使用测深仪测深时，测深前要进行比测，比测满足要求后方可使用。

6. **水温观测**

水温观测分为表层水温观测与测点水温观测，观测时间为与含盐度取样同步进行。

（1）表层水温观测

表层水温观测使用表层水温表观测：表层水温是指海面以下 0.5 m 层内的水温，水温读至 0.1 ℃。

（2）测点水温观测

观测层次与含盐度取样层次一致；使用 HM－2 型电测海水温度计进行观测。

7. **气象观测**

（1）风速风向观测

观测时间。双时进行一次观测，风向按 16 方位计，风速记至 0.1 m/s，无风时风速记“0”、风向记“c”。使用手持风速风向仪观测，使用方法见说明书。

（2）气温观测

气温为每双时观测一次，气温记至 0.1 ℃；使用手摇温度表及最低气温表观测。

8. **潮水位观测**

（1）潮水位观测要求

水位观测采用直立式水尺人工观读潮位，自设站即开始观测，撤站终止，观测方法为每0.5 h观读一次潮位。高低潮附近前后1 h每10 min观读一次潮位。

（2）水尺零点高程确定

尽可能使用几何水准测定，没有条件的采用潮面水准推求，但潮面水准不能少于3 d的同步观测资料。

第五节　海流观测

海水运动是乱流、波动、周期性潮流与稳定的“常流”综合作用的结果。这些流动具有不同尺度、速度与周期，并且随风、季节和年份而变，其强度一般由海表面向深层递减。

海流观测是海水运动空间尺度较大（大于5 km）、时间尺度较长（周期超过12 h）的运动，其中包括潮流和常流（余流）两部分。因此，乱流与波动排除在外。潮流是伴随着潮汐涨落现象所作的周期性变化的海水流动。它是由月亮与太阳的引潮力引起的，其变化周期主要有半日和全日两种。因此，又有半日潮与全日潮之称。

海洋中除了由引潮力引起的周期性潮流运动外，海水还有沿一定路径、方向且基本朝向一个方向的大规模运动，这种准定常运动称为常流（余流）。它是由各种原因，如风的作用、海洋受热不均匀、地形的影响等产生的。常流有点像陆地上的江河，它可以把一个区域的海水输送到另一个区域，但是它比江河的能量大得多，强大者其宽度有时可达200 km，深度可达2 000 m左右。它所能输送的水量，要比陆地上所有大小江河输送水量的总和还要大几十倍。

进行海流观测时，要按一定时间间隔持续观测一昼夜或多昼夜，所得到的结果是常流和潮流运动的合成。对一昼夜或多昼夜获得的资料，经过计算，可将这两部分分离开来。水平方向周期性的流动称为潮流，水平方向其他部分称为常流，也称余流或统称海流。

掌握海水流动的规律非常重要，它可以直接为国防、生产、海运交通、渔业、建港等服务。海流与渔业的关系很密切，在寒流和暖流交汇的地方往往形成良好的渔场；在建港中要计算海流对泥沙的搬运，在海上交通中要考虑顺流节约时间等。另外，了解海水的运动规律，对海洋科学其他领域研究有密切的关系。例如，水团的形成，海水内部及海气界面之间热量的交换等均与海流研究有关。除了这些功能，黄河三角洲附近区域的海水流动还有着输移泥沙的作用。因此，掌握这一区域的海水流动规律，对于河口治理、选择入海流路有着非同一般的意义。

一、海流观测方法

海流的观测包括流向和流速两项。单位时间内海水流动的距离称为流速，单位为m/s或cm/s，流向指海水流去的方向，单位为度（°），正北为0°，顺时针旋转，正东为90°、正南为180°、正西为270°。海流观测层次参照温度观测层次，或根据需要选定，但海流观测的表层，规定为0～3 m以内的水层，由于船体的影响（流线改变或船磁影响），往往使得流速、流向测量不准。

海流连续观测的时间长度不少于25 h，至少每1 h观测一次。预报潮流的测站，一般应不少于3次符合良好天文条件的周日连续观测。在测量海流的同时，还要同时进行风速、风向等气象要素的观测，以便对海流变化提供客观分析依据。

伴随着科学技术和海洋学科本身的不断发展，观测海流的方式也在不断地改善和提高。按所采用的方式和手段，观测海流的方法大体分为随流动进行观测的拉格朗日方法和定点的欧拉方法。

（一）浮标漂移测流法

浮标漂移测流法是根据自由漂移物随海水流动的情况来确定海水流速、流向，主要适用于表层流的观测。最早的漂移物就是船体本身或偶然遇到的漂浮物，以后逐渐发展成使用人工特制的浮标。浮标漂移测流法虽然是一种比较古老的方法，但在表层观测中具有方便实用的优点，而且随着科学技术的发展，已开始应用雷达定位、航空摄影、无线电定位等工具来测定浮标的移动情况，这样可以取得较为精确的海流资料。

浮标法测流是使用浮子随海流运动，再记录浮子的空间、时间位置。为此，使用表面浮标、中性浮标、带水下帆的浮标、浮游冰块等。这些方法具有主动和被动性质，因此可以借助于岸边、船上、飞机或者卫星上的无线电测向和定位系统跟踪浮标的运动。测较大深度的流速或流向则采用声学追踪中性浮标方法。

1. 漂流瓶测表层流

漂流瓶（又称邮漂）通常被用来研究海流的大致情况。根据漂流瓶的漂移路径及所用时间，就可以大致地确定流速和流向。

2. 双联浮筒测表层流

双联浮筒是浮标测流中常用的一种工具，船只锚定后或在海上平台等相对稳定的载体上，在船尾放出双联浮筒，根据它的移动情况测定表层流的平均流速和流向。

3. 跟踪浮标法

（1）船体跟踪

将一个浮体（或双联浮筒）施放于一选定的海面上，使之自由地随海水流动，观测者乘小船始终尾随浮体移动并按特定的时间间隔从船上定位。这样连续观测，一般要延续一个半日潮周期，并画出浮体在此时间段内的运行轨迹，进而得出该海区相应时间内的海水运动的基本状态。这种方式必须在良好的天气状况下才能进行。

（2）仪器跟踪

随着高科技技术的发展和应用，新的更准确、更方便的仪器跟踪浮标及相应的观测方式相继产生，并开始应用于海流实测之中。有的使用人工特制的随海水自由流动的浮标，在岸上用雷达跟踪定位；有的浮标本身载有GPS卫星定位系统，通过无线电台把测定的位置实时发送到接收岸台；还有的使用航空摄影的方式来测定浮标的移动情况，从而观测相应海区海水的流动状况等。

（二）定点观测海流

目前，海洋水文观测中，通常采用定点方法测流，以锚定的船只或浮标、海上平台或特制固定架等为承载工具，悬挂海流计进行海流观测。

1. 定点台架方式测流

在浅海海流观测中，若能用固定台架悬挂仪器，使海流计处于稳定状态，则可测得比较准确的海流资料并能进行长时间的连续观测。

（1）水面台架

若能观测海区已有与测流点比较吻合的海上平台或其他可借用的固定台架，用以悬挂海流计，将是既节省又有效的测流方式。实测时，要尽可能地避免台架等对流场产生的影响，否则测得的海流资料误差过大，甚至不能使用。

（2）海底台架

按一定尺寸制作棱锥形台架放置于海底，将海流计固定于柜架中部的适当位置就能长时间连续观测浅海海底层流。这种方式必须能够保证仪器安全并能确保台架不会在风浪作用下翻倒或出现其他意外事件。

2. 锚定浮标

以锚定浮标或潜标为承载工具，悬挂自记式海流计进行海流观测，称为锚定浮标测流。有的仅用于观测表层海流，有的则用于同时观测多层海流。前者通常布设在进行周日连续观测的调查船附近，以取得海流周日连续观测资料，观测结束时将浮标收回。后者一般是单独或多个联合使用，以取得长时间海流资料，观测结束后将浮标收回。

3. 黄河三角洲附近海区海流观测

（1）观测仪器

开始时使用双绳双向流向仪、25－1 型流速仪测速；后来使用厄克曼海流计；至 20 世纪 80 年代初期，开始使用印刷式海流计。印刷式海流计具有自动记录功能，且可连续记录 57 个昼夜资料。

为了采集风浪条件下的资料，曾自行设计制造了测流浮艇，将其锚定在所施测的点上，仪器悬吊在浮艇上，印刷海流计将自动采集并记录连续观测资料。

实际上测流浮艇就是一个铁质密封的小船，上面安装有用于悬吊仪器的吊杆。根据测量的需要在不同的水深处布设海流计，这样用一根钢丝绳串起来可进行多层布设。在该海域最多时可挂 3 层（即表层、5 m 层、底层）海流计，同时取得 3 层海流资料。为了安全起见，浮艇上安装有醒目的测量标志和航标。

（2）海流观测站位的布设

每次观测时分别在套尔河口、黄河口、神仙沟口、小清河口等较大的河口设立 3 个观测站进行同步观测，一个测点完毕随即移向下一个测点。

（3）海流观测层次

当水深小于 5 m 时，观测 1 或 2 层（即表层及底层）；水深大于 5 m 小于 10 m 时，设置 3 层（即表层、5 m 层、底层）；水深大于 15 m 时，增加 10 m 层。

（4）海流观测历时

测船施测时，一般进行连续一周日观测（即 25 h），测流浮艇一般自记 30 d 左右，一年内每个河口观测 1 次。

(5) 海流观测资料整理

基本资料整理计算流速及流向。印刷海流计自记资料整理：按照打印出的自记资料选取连续观测一昼夜的资料进行整理。

基本资料整理完成后，进行流速分解表计算，从而分离出潮流和余流。

(6) 海流观测存在的问题

受经费和时间的限制（只能在春夏季节观测），不能每年进行观测，只能在不进行水下地形测量的年份观测。另外，由于风流的影响，有时只能观测半个潮周期。

浮艇观测海流存在的问题：由于该海区为水产捕捞的重点海区，有时浮艇会被渔船拖离测点，甚至将仪器拖走，因此不能取得完整、全面的资料。

由于经费的原因，此项观测自20世纪80年代后期全部停止。

二、海流观测的持续时间选择

现有的海流计主要测量潮流和常流（余流）。对这两种流动要准确地测量，就必须抑制干扰这两种运用的“噪声”，即海水湍流（乱流）与海浪的影响。观测的持续时间长短选择，实际上就是用何种“时间滤波器”将“噪声”滤掉。

（一）流速场的描述

海水中各种可能运动的尺度谱很宽，实际上不可能用流体动力学方程同时独立地描述所有这些运动。海洋中的运动可以分成三类：规律的大尺度运动，可以独立描述；极其无规则的小尺度涡旋运动（湍流），必须予以统计描述；各类波动（波浪、潮流）。它们都具有某些周期性，这类运动也可以用独立的理论描述。

海流观测结果，要求其脉动“累加”平均值等于零。这就要求对一定时间间隔求平均值（函数时间平滑）。在海洋条件下，函数时间平滑所得值与所取得的时间尺度有关。由于海洋可表征为各种尺度运动都包括的宽频谱，因此很难说什么样的平滑尺度能满足。如果平均周期取得不够大，则平均值是不稳定的，每次测量的平均值会有显著的不同。

（二）海洋湍流

在流体（液体和气体）的各种流动中，都能观察到湍流现象。这种现象的实质在于流体的热力学和流体动力学特征（诸如速度、温度、压力、密度等）具有杂乱无章的起伏性质。这是由于流动中具有众多的、各种大小不等的涡旋而导致的。

大洋中湍流能量的来源有以下6种可能机制。

(1) 大尺度准水平运动的流体动力学不稳定性，是湍流能量的强大来源。在大多数海区，存在着明显的中尺度运动。密度水平梯度的斜压不稳定性，有惯性热振动的潮汐力和风力，都能向准水平运动补充能量。

(2) 湍流能量的第二个来源是大型地转流的不稳定性，这种大型地转流具有显著的垂直梯度。

(3) 漂流的不稳定性是产生湍流能量积聚的另一机制。漂流速度的垂直梯度可达 10^{-2} cm/s。

(4) 表面波浪的翻卷，是在海洋最上层生成湍流的重要机制。在每个波浪周期内，可以将波能的 10^{-4} 转变成湍流能量的来源。

(5) 在海面冷却或由于强烈蒸发或结冰使表层水增盐时所产生的对流运动，是海洋许多区域湍流能量的来源。

(6) 湍流的水尺度起伏是由重力内波和涡流决定的。内波在海洋分层界面广泛传播，它的形成可能与气压的变化、表面波浪、流经不平海底时产生的作用以及大尺度流的不均匀性等有关。

大洋湍流发生的多种机制和这些机制作用的各种概率，导致大洋各层湍流状态差异很大。为简便起见，将大洋分成下列 3 层。

(1) 厚约 10 cm 的上边界层，由于表面波的翻卷、漂流的不稳定性和对流运动，这一层的湍流十分强烈。

(2) 主体层，此层没有受到表层和近底效应的直接影响，因内波和地转流的不稳定性而引起的湍流比较弱。

(3) 近底边界层，厚约 10 cm，这一层具有因近层流的速度垂直梯度的非稳定性引起的傍壁型湍流。

(三) 观测持续时间长短的选择

1. 厄克曼海流计（机械式）

20 世纪 50 年代，中国使用最多的厄克曼海流计是机械传动计数、旋桨海流计，旋桨周围有圆环式防护罩，从理论上讲，可以将波浪影响全部去掉。

由于厄克曼是机械传动式的，因此其速度以下落小球和旋转计数器上指针读数联合计算，其方向是以小球落入流向盒 36 个小格子所在角度计算，方向计算不应少于 3 个小球，即转速不小于 100 r/min。

2. 印刷式海流计（机械自容式）

印刷式海流计的流速记录延续时间一律规定 3 min，即用 3 min 内流速积分平均值来代替中间时刻流速，这是由齿轮的结构决定的。由于印刷海流计是全机械式，因此变换持续时间使时间控制轮设计变得异常复杂。少于 3 min，时间控制轮转动误差无法克服；大于 3 min 又难以测到高流速；在 3 min 内，测量流速为 0～148 cm/s。由于我国从 1960 年起就开始应用印刷式海流计，因此 3 min 的概念深入人心，以至海洋规范也明确其为 3 min。这样规定有一个好处，就是其他仪器测得的资料可以与印刷式海流计的记录相比，资料有连续性。但是 3 min 的硬性规定，既缺乏理论根据，又会延缓电子式海流计的观测速度。

3. 直读式海流计（电子式）

直读式海流计是目前国内最常用的海流计之一，是电子式结构，主要由人工实施观测（也可自容）。它的优点是一台海流计可以观测多层海流，直接显示，易于检验仪器工作与否，适合我国国情。其流速观测延续时间有 0. 5、3、10、15 min 四种时段；其流向记录是瞬时的。直读海流计是在船上由观测员直接读取的，时间缩短，减轻了观测人员的工作强度，在短时间内取得近似同步的观测资料，有助于资料分析。

4. 安德拉海流计（电子自容式）

安德拉海流计是自20世纪80年代以来应用最广泛的一种自容式海流计。它以稳定、可靠、记录时段较长而为用户所喜欢。它的流速感应时间有不同档次，最低感应时间为30 s，通常使用时段为3 min或5 min。

根据以上所述的海流计流速感应时间可以看出，流速感应时间以30 s为最少，通常使用3 min。对于大洋中潮流速度较小、常流速度较强的海区来说，记录时间可以加长，其原因在于：从噪声产生来看，近海区短频噪声主要来自热噪声和波浪噪声。热噪声就是由于热量分布不均匀而导致密度分布不均匀，从而产生局部对流和湍流扩散，其时间尺度一般在10 s左右；波浪噪声周期在大洋中不超过30 s，在浅海中很少超过10 s。在直读海流计问世的20世纪60年代，曾有一挡是测量“瞬时”的流速。

三、影响海流观测误差分析

（一）平台无动时出现的误差

海流计悬吊在船上或浮标上所产生的误差多半是由于平台的运动而产生的，即使平台没有运动亦有四种误差产生，现在对此作较详细的介绍。

1. 接近海面的流动由于平台的影响而改变

这一个误差可以用同时比较的办法验证出来。当流速较小（小于50 cm/s）、有风或者船身的偏航使船体与海流成相当大的角度时，这一误差更为严重。在抛锚的木船的船首上悬吊近水面的海流计曾显示12°的流向误差。

2. 平台的钢铁装置导致仪器上的磁罗针的偏移

船上的钢铁装置对磁罗针的影响是显著的事实，但是人们往往靠近船只使用海流计测流却不去测定其误差。海流计感应流向的罗经系统，它本身有一块永久磁铁，在地磁中能感应当地磁力的方向。铁壳船本身在磁场中受到磁化，已变成一块磁铁，它必然对海流计罗经产生影响。这个影响有多大，是个非常复杂的问题。根据科研人员进行的铁壳与木船对比观测结果，可以在一定程度上说明问题。

实验时用一条吃水为1 m的铁壳船与系在船尾20 m远的木船上同时放印刷海流计进行对比观测。为了防止仪器本身的误差而造成这种对比失误，经过24 h后，再将两台仪器互换位置继续对比，同时用大船上罗经校正涨流、落流方向，以此核实印刷海流计的记录。经过这种反复对比，证实了放在木船上印刷海流计记录可靠，而在铁壳船边垂下的海流计记录中流向有很大的误差。

3. 长吊缆的弹性使仪器的反应失真

在流速转变时长吊缆常使流速的反应落后，并使峰值减弱。

4. 仪器无指示深度的元件，由钢丝倾斜导致深度失真

深度误差的问题是不加解释而容易理解的。它的重要程度与速度的垂直梯度的大小有关，特别是在激烈的变速情况下非常重要，如在克伦威尔流所在的区域。

（二）平面缓慢移动产生的误差

首先讨论测量平台的缓慢移动的作用。包含围绕以台首为中心的摆动，谓之偏摆；以锚为中心的摆动，谓之回转。两者又叠加在锚缆上表现为一张一弛地漂荡。因此，悬在下边的海流计也随着这些运动摆来摆去。一般来说，约 100 m 或更浅层的深度，在 50 cm/s 流速下，一个小船的偏摆、回转、漂荡等作用，可以忽略不计。

假定偏摆的速度变化为正弦的摆动，周期为 2 min，这样求得的结果是偏摆的振幅为 ±3 m，在偏摆的中心位置附加的流速为 8 cm/s。用浮标作平台可以大量地减低偏摆的程度，然而回转与漂荡仍然存在，两者结合起来的作用至少可以和上面所计算的结果相比。

虽然长吊缆可以缓冲因平台短暂而急速的运动对仪器的影响，但降低了仪器在深处记录短周期流动的能力。

1. 平台的快速运动——波浪场的影响

在海洋上的上层，波浪具有特别重要的作用。波浪起伏的海面可认为是随机运动的表面，表面波激起表层海水的运动，与湍流是有区别的，可以用统计方法分离波动随机场和湍流场。

呈现在仪器上的短暂的快速水平运动都是直接由波浪或间接由波浪使平台动荡以及海水的乱流所导致的。

在风浪的作用下，由于流速传感器和浮体之间采用“柔性”连接，浮体运用的影响近似认为对传感器附加上下往复运动。萨沃纽斯转子的特点是对各个方向的流速都是同样灵敏的。试验表明，萨沃纽斯转子在水平流速内垂直上下附加运动作用下，实测速度 RP 与真实流速相差较大。

复合运动对机械记录的印刷海流计的流速测量值有较显著的影响。这种海流计采用垂直安装的旋杯作为流速敏感元件，而用机械印刷方式记录流速流向测量值。从试验数据看，在低流速时，当摇摆频率为 0.4 hz、横摇半幅角为 30°～150°时，误差相对显著，而当流速较高时，影响就相对降低。

2. 铅鱼和吊链的影响

通常人们并不注意这一因素的影响，然而试验表明这一因素的影响是不可忽视的，尤其对小尾舵海流计，这一影响更为显著。小尾舵的直读海流计在不同的条件下误差是不同的：吊链＋铅鱼，误差为 100～130；吊链悬挂，误差为 100～400；拉力电缆吊挂，误差为 50～100。实际上，在小流速时（如海流开始转向时），铅鱼在仪器对流向变化的响应中起阻尼作用。从试验结果看，拉力电缆吊挂比链条吊挂要好。

此外，观测人员的素质、责任心等同样会引起海流读数的误差。

3. 海洋生物的影响

海洋生物附着构成了对锚定浮标系统水下传感器，包括各种流速传感器寿命的直接威胁。

海洋附着生物分植物和动物两大类，品种有上千种，其中附着在船体和海洋建筑物上的植物约有 600 种，动物约有 1 300 种，常见的有 50～100 种。这些附着生物的幼虫或孢子能够游动或漂浮，发育到一定阶段后，就在水下建筑物和仪器上定居。附着的植物主要是藻类，如海藻、浒苔等；附着的动物主要是藤壶、牡蛎、石灰虫、苔藓虫、海葵、寄生蟹等。沿中国海岸线，从南到北有着不同种类、不同数量的各种海洋附着生物。有关试验表明，就中国沿海来说，近海比外海严重，浅海比深海严重，夏天比冬天严重，南方海域比北方海域严重。水下建筑物和仪器本身也存在影响生物附着的因素，粗糙表面较光滑表面容易附着生物。例如，藤壶的幼虫最喜欢附着在清洁而又粗糙的表面上。海水对仪器的相对运动，即流动的海水可能将附着在仪器上的生物冲刷掉。此外，光线和颜色对生物的附着也有影响，较多附着生物喜欢黑暗，这使得幼虫容易附着在海流计的底部。藻类喜欢阳光，以便进行光合作用，因此多附着在海流计的上部。颜色较深的仪器比颜色较浅的仪器容易附着生物。

海洋生物附着对浮标系统的水下传感器影响很大，严重时可使它们完全丧失功能；对于机械旋桨或转子式流速传感器来说，在旋桨或转子上附着一层微生物，随着时间的推移，附着生物的厚度会逐渐加大，使旋桨或转子的重量增加，传感器的动态特性发生变化，最终使其丧失功能；对声学海流计来说，由于生物附着在换能器上，使得仪器的固有频率发生变化。

现有的防生物附着涂料的效果主要由漆膜中毒料渗出量决定。防生物附着涂料的作用原理是：毒料溶解后向海水渗出，在漆膜表面形成有毒溶液薄层，用以抵抗或杀死企图停留在漆膜上的海洋生物孢子或幼虫。防附着涂料中的毒料是从漆膜表面“薄层”通过扩散或涡流向外消耗的，若防附涂料要维持长时间有效，贮存在漆膜内的毒料必须以一定的方式逐渐渗出，以维持与漆膜接触的水层有足够的毒料浓度，涂料才能起到防腐作用。

四、黄河三角洲附近海区潮流

黄河三角洲附近海区潮流场比较复杂，不同的区域有着不同的特征。

（一）潮流

黄河三角洲海区无潮点及其周围不大的范围内为正规日潮区，由此向南、向西逐渐向半日潮过渡，在近岸形成复杂的潮汐现象。与此相应，出现了南、北两个大流速区。

对同一区域或同一河口来说，沿垂直海岸，水深由小变大，流速也由小变大，当水深增大到一定数值时（一般为 10 m），流速又减小，底层流速最小。

三角洲附近海区流速分布不均，变化较大，其中以神仙沟至刁口河之间和现黄河口附近的流速最大，并由此向南、北方向递减，黄河口以南区域的流速比北部小，支脉沟至小清河口一带流速最小。

现黄河口和神仙沟附近分别存在一个流速高值区。黄河口附近流速高值区的特点是：流速大小及高值区的范围随季节变化而变化，这主要是黄河径流的影响所致，春季黄河径流小时，流速高值区范围小，此时流速高值中心的最大实测流速为 1.4 cm/s；当夏季径流大时，流速高值区的范围较春季大，流速增大许多，其中心实测最大流速可达 1.8 cm/s。神仙沟口附近的流速高值区与黄河口附近的不同，它所处的部位水深较大，流速高值区的范围也大，同时该处无径流加入，流速高值区受季节影响小，无论流速高值区的范围和流速大小，春季、夏季变化都不大，该处流速高值中心的实测最大流速均为1.2 cm/s。

黄河三角洲附近海区的潮流类型基本属于半日潮流型，在套尔河口、神仙沟及小清河附近属于规则半日潮流，其他区域为不规则半日潮流。

（二）余流

从海流观测资料中除去周期性运行的潮流外，海水还有一定的剩余流动部分，该部分称为余流。

余流的形成机制在浅海中是比较复杂的。由风的切应力导致的海水流动称为风海流，入海径流与海水交汇后造成海水密度非均匀分布所引起的为密度流，这些统称为余流。

经过实测资料分析，黄河口附近海区存在三个环流系统：

1. 黄河口以南顺时针环流系统

这个环流系统从黄河口南缘一直到小清河口附近，最大余流流速为0.25 m/s。在这一环流系统中，底层与表层特征基本相似，都是顺时针的涡旋运动，只是底层流速略小一点。它的表层余流流速一般为0.17～0.25 m/s，而底层余流流速为0.07～0.1 m/s。

2. 黄河口以北逆时针环流系统

这一环流系统的范围比黄河口以南环流系统小得多，也不像黄河口以南顺时针环流系统那样有规律。资料表明，春季表层余流流速最大，可以达到0.1～0.29 m/s，流向西南；而底层流速仅0.10 m/s左右，流向与表层相反，流向指向东北。这里还存在着强烈的上升流区，这一环流系统的另一特点是环流系统表层不明显，到底层才清晰。

3. 五号桩海域顺时针环流系统

这是一个范围比较大的环流系统，它的特点是在距岸边15 km范围内，余流流向指向北北西（西北偏北），与海岸平行，余流流速0.1 m/s，但到了水深20 m处，余流流向又转向东北。这个环流系统季节比较稳定。

第六节　潮汐观测

海水的涨落现象是以一定的时间周而复始地出现，这种现象称为潮汐，它是在天体的作用下海水的一种垂直运动。在一天内，海面上涨到最高的位置称为高潮；海面下落到最低的位置为低潮。从低潮到高潮这段时间内，海面的上涨过程称为涨潮，海水的上涨一直到高潮时刻为止。这时海面在一个短时间内处于不涨不落的平衡状态，称为平潮。平潮的中间时刻取为高潮时，则把平潮状态时的海面水位作为高潮水位。从高潮到低潮这段时间内海面的下落过程称为落潮。当海面下落到最低位置时，海面也有一短暂的时间处于平衡状态，叫停潮。停潮的中间时刻取为低潮时，则把停潮状态时的海面水位作为低潮水位。

从测站基面到自由水面的垂直距离称为潮高。在一日两次高潮中，较高的高潮潮高叫做高高潮高，较低的高潮潮高为低高潮高。在一日两次低潮中，较低的低潮潮高为低低潮高，较高的低潮潮高为高低潮高。

从低潮时到高潮时的时间间隔，称为涨潮历时；高潮时到低潮时的时间间隔，称为落潮历时。两者之和为潮周期。从低潮到高潮的潮位差叫涨潮潮差。从高潮到低潮的潮位差叫落潮潮差。两者的平均值便是这个潮周期内的潮差。

黄河三角洲附近海区大部分为不正规半日潮，仅神仙沟口附近表现为不正规日潮。神仙沟老黄河口处于渤海湾的湾口，接近潮波节点处，神仙沟口附近出现一个无潮点。三角洲附近海区高潮发生的时间顺序是自西向东随时间先后依次出现的。神仙沟以北潮波节点附近潮差最小，仅为0.4 m，由此三角洲北部岸线向西和沿三角洲东部岸线向南，潮差均逐渐增大，徒骇河口、小清河口潮差达1.6～2 m。潮差变化随着潮汐类型的变化而变化。

一、验潮站的设置

潮汐的变化规律与地球、月球的视运动有着密切的关系。然而，地—月的视运动所引起的潮汐变化又因地而异（即不同的地点因地形、地貌等因素的影响其潮汐的变化是不同的）。所以，在进行潮位测量前，首先对验潮站的地形进行选择。

（一）验潮站的分类

验潮站分为长期验潮站、短期验潮站、临时验潮站和海上定点验潮站。

1. 长期验潮站

长期验潮站是测区水位控制的基础，主要用于计算平均海面，一般应有2年以上连续观测的水位资料。

2. 短期验潮站

短期验潮站用于补充长期验潮站的不足，与长期验潮站共同推算确定测区的深度基准面，一般应有30 d以上连续观测的水位资料。

3. 临时验潮站

临时验潮站是由于某种测量或勘测需要而设置的，至少与长期站或短期站同步观测水位3 d，主要用于深度测量时进行水位改正。

4. 海上定点验潮站

海上定点验潮站，至少应在大潮期间（良好日期）与相关长期站或短期站同步观测1次或3次24 h或连续观测15 d水位资料，用于推算平均海平面、深度基准面以及预报瞬时水位，进行深度测量时水位改正。

（二）验潮站的选择条件

验潮站布设的密度应能控制全测区的潮汐变化。相邻验潮站之间的距离应满足最大潮高差不大于1 m，最大潮时差不大于1 h，且潮汐性质应基本相同。对于潮时差和潮高差变化较大的海区，除布设长期站或短期站外，也在湾项、河口外、水道口和无潮点处增设临时验潮站。

验潮站站址的选择原则如下。

（1）水尺前方应无阻隔，海水可自由流通，低潮不断出，能充分反映当地海区潮汐情况的地方。

验潮站的潮汐情况在观测海区必须有代表性，这是选择验潮站的主要条件。例如，有的港湾湾内的面积比较大，但与湾外连通的口子很小，海水不能自由流通，因此湾内外的潮汐特性相差很大：湾内的潮差小，而湾外的潮差大（如海南岛的一些泻湖海湾，曾出现湾外潮差3 m多，湾内潮差却只有0.3 m左右的情况）。在这种情况下，为了掌握湾外的潮汐规律，就不能在湾内设站；反之，为了掌握湾内的潮汐涨落，也不能在湾外设站。此外，湾内和湾外涨、落潮时也有很大差别。又如，在河口地区，通常有拦门沙，甚至低潮时能露出水面。如果在设站时不很好地了解当地的潮汐情况，只图方便将验潮站选择在河口里面，结果低潮时没有水；实际海面在一个位置上停止很长一段时间，看起来好像已经发生了低潮，而此时外海海面却继续下降，经过一段时间后才真正发生低潮。这样，把验潮站选在河口里面就不具有代表性。

（2）水尺能牢固设立，受风浪、急流冲击和船只碰撞等影响较小的地方，如有可能尽量在固定码头壁上安装水尺。

选择风浪较小、过往船只较少的地方，有利于提高观测准确度，也能避免水尺被风浪刮倒，被船只撞倒，给工作带来不便，若海区内有岛屿，一般选择岛屿的背面避风处。

（3）选择在海滩坡度大的地方，使水尺位置便于由岸上进行观测。如果海滩坡度很小，海水在滩涂涨落距离很远，为了观测潮位升降，就需要设立十几根水尺，甚至数十根水尺才能进行潮汐观测。这样很不方便，若必须在这样的地点设站时，可以另想办法。

（4）能牢固埋设工作水准点，并便于与主要水准点以及国家水准点、控制点进行联测的地方。

（5）适当考虑验潮人员的安全、生活和交通方便，在保证水位观测精度的前提下，尽可能把验潮站选在居民点附近。

（6）海上定点验潮站的站址，要求海底平坦、泥沙底质、风浪和海流较小的地方。

（7）对水准点已破坏的旧验潮站，需要重新设站时尽量与旧站址重合。

（三）验潮站的设置

在验潮站站址确定以后，就要考虑验潮站的设置问题。验潮站的设置主要涉及水尺、水准点的设置。

水尺是验潮站观测的基本设备，因此不管采用任何观测方式观测潮位，均要设立水尺。

1. 直立式水尺的安装

水尺采用坚硬的木材制成，其厚度为5～10 cm，宽度为10～15 cm，尺面涂有白色油漆，其上划有m、dm和cm等黑色分划。因木质水尺容易脱落且不易铲除附着的海洋生物，故常在木质水尺桩上安装搪瓷水尺板。

（1）开敞式水域安装方法

对于海底质是泥沙等较软物质的地区，先将水尺钉在木桩上，再打入海底，并在四周拉上铅丝加以固定。木桩打入海底的深度一般为1 m左右，这样才会牢固。对于海底质坚硬的地区，可在大石块中间打一孔插入水尺，或用水泥、沙、石浇成水泥沉石，将木桩浇在中间，再将水尺固定在木桩上，然后放入海中，同时用铅丝加固。

黄河三角洲附近海区大部分的验潮站属于开敞式水域，海底质为泥沙，因此一直以来采用木桩打入海底的方式安装水尺。为了保证水尺的稳定性和船在不同潮时便于观测，在安装水尺时一般安装3根，在观测过程中注意比测3根水尺的观测水位。

(2) 有依托物的水尺设置方法

若设站地点有码头、堤坝、栈桥、平台、灯塔等海上建筑物，水尺安装则可依照具体地形、地势，将水尺固定在这些人造的边壁上。无论采用何种方法安装，都要使水尺达到稳定、牢固和垂直的要求，且需注意不要安装在容易被船只撞坏的地方。

对于海滩坡度小且潮差大的地方，3根水尺要沿滩坡的方向安装，每2根水尺之间需要重合0.5 m左右，这样可以保证潮汐的连续观测。靠岸的这根水尺的顶端要高于大潮潮面0.5~1.0 m，最外边的那根水尺的零点要低于大潮低潮面0.5~1.0 m。

2. 水准点的设置

水尺设置之后，即可从水尺上读取海水面的高度。这个高度是从水尺零点起算的，一旦水尺被损坏，那么所观测的潮位资料以及由此计算的平均海面、深度基准便没有了依据。为了解决这个问题，需要在岸上设立固定水准点，并求出水尺零点和岸上水准点之间的相对高度。水准点是长期保存的，即使撤销了水尺，也能够知道水尺零点、平均海面和深度基准面的位置，而且在验潮期间，也可以用来经常检查各水尺零点是否变动，即使另设水尺也可以保证前后资料的统一性。

设置固定水准点后，应与国家水准网的水准点进行联测，求出水尺零点在国家水准网中的绝对高程，而且需要长期保存。固定水准点应设在测站附近，设置地点要求坚实稳定，潮水不能淹没，不要设置在离铁路、公路太近或土质松软的地方以及不坚固的建筑物上，以免损坏。固定水准标石按国家水准测量规范的要求制作。

验潮站附近的水准点包括工作水准点和主要水准点各一个。

工作水准点应设在水尺附近，以便经常检查水尺零点的变动情况。工作水准点可在岩石、固定码头、混凝土面、石壁上凿标志再以油漆做记号，不具备上述条件时，亦可埋设牢固的木桩。

主要水准点应设在高潮线以上、地质比较坚固稳定、能长期保存、易于进行水准点联测的地方，在验潮站附近的水准点和三角点，经检查合格，可作为主要水准点。

二、潮位站高程控制

(一) 基准面

由于潮位是以海面与固定基面的高程表示的，所以在选定观测站之后，就要确定该测站潮位观测的起算面（简称测站基面）。水文资料中提到的测站基面有绝对基面、假定基面、冻结基面、海图深度基准面等。

1. 绝对基面

绝对基面一般是以某一测站的多年平均海平面作为高程的零点，因此海平面又叫绝对基面，如青岛零点（基面）、大沽零点（基面）、废黄河零点（基面）等，若以这类零点作为测站基面，则该测站的水位值就是相对绝对基面的高程。

2. 假定基面

某测站附近没有国家水准点，测站的高程无法与国家某一水准点连接时，可自行假定一个测站基面，这种基面称为假定基面。

3. 冻结基面

由于原测站基面的变动，此后使用的基面与原测站基面不相同，因此原测站基面需要冻结下来，不再使用，即为冻结基面。冻结下来的基面可保持历史资料的连续性。

4. 海图深度基准面

验潮零点（水尺零点）是记录潮高的起算面，其上为正值、其下为负值。一般来讲，验潮零点所在的面称为“潮高基准面”，该面通常相当于当地的最低低潮面。

海图深度基准面是海图水深的起算面，一般确定在最低低潮面附近，它与每天低潮面是不同的。若深度基准面定得过高，那么将有许多天的低潮面在深度基准面的下面，这样会出现实际水深小于海图上所标出的水深，会造成船只航行、停泊时发生触礁或搁浅等事故。若深度基准面定得过低，则海图上的水深小于实际水深，使本来可以航行的海区也不敢航行。因此，深度基准面要定得合理，不宜过高或过低。目前，我国采用的是“理论深度基准面”作为海图深度基准面，即以本站多年潮位资料算出理论上可能的最低水深作为深度基准面，这样便于利用海图计算实际水深。

在确定某测站的平均海平面之后，以它作为起算面，然后通过测量求出平均海平面与永久水准点的关系，再确定理论最高潮面和实际最高潮面、理论最低潮面和实际最低潮面与平均海平面的关系，最后找出该站本身的水位零点、深度基准面与黄海平均平面的关系

（二）水准测量

要进行验潮，首先要解决水尺零点的高程问题。如果水尺零点不与国家水准网（基面）联测，不求出水尺零点相对国家的标准高程网（国家的标准基面）中的高度，那么这个零点就没有什么意义。所以，在潮位观测过程中，水准联测是不可缺少的工作。在联测后，才能够把水尺零点、水尺旁边工作水准点、主要水准点与国家标准基面之间的高度关系求出。这样就能保证水位观测获得统一的观测资料。

所谓水准联测，就是用水准测量的方法，测出水尺零点相对国家标准基面中的高程，从而固定了水位零点、平均海面及深度基准面的相互关系，也就保证了潮位资料的统一性。

主要水准点一般为三等水准点，从国家水准点联测时按三等水准进行；工作水准点为四等水准点，从工作水准点引测时按四等水准进行；工作水准点与水尺联测时按四等水准进行。

几种特殊情况下的联测方法如下。

（1）利用潮面水准联测时，测出一根水尺零点与另一根水尺零点之间的高差。其方法为选择风平浪静的日子，当两根水尺都处于水中时，此时读取海面在两根水尺上的读数，

其差值就是两根水尺的高差。为了提高联测的准确度，需要测 3 次，其高差互差不得超过 3 cm，取中数使用，超限者应重测。

（2）当水尺设立在浅滩较大的地区，无法用水准仪测量工作水准点对验潮水尺零点的高差时，可以在靠近岸边的地方设立一根“联测水尺”，用水准仪测量出工程水准点与

“联测水尺”零点的高差，再通过潮面水准联测的方法测出“联测水尺”的零点与验潮水尺读数的差值，两者相减即得出验潮站水尺的零点高程。

三、潮位的观测方法

（一）人工观测

临时观测站一般是利用水尺观测潮位，没有自记水位仪的观测站，也采用水尺进行观测。目前，利用水尺观测潮位还是普遍可取的一种方法。

水位观测一般于整点每 1 h 观测一次，在高、低潮前后 0.5 h 内，每隔 10 min 观测一次。在水位变化不正常的情况下，要继续按 10 min 间隔观测直至正常为止。观测水尺读数时，所有水尺的编号应当随时记录在验潮手簿内，切不可心记或记在零碎纸头上再填入手簿，这样容易造成差错。如遇下雨，可记在临时手簿上，事后立即记入正式手簿。

在读取水尺读数时，应尽可能使视线接近水面。有波浪时，应抓紧时机进行观测。在小浪时，连续读取 3 个小峰和 3 个波谷通过水尺时的读数，并取其平均值作为水尺读数。

进行水尺组观测时，必须掌握时机，选择两支相仿水尺同时进行观测。若发现两支水尺的观测结果不符，应及时检查原因，进行复读或校测水尺零点高程并根据复读或校测结果订正记录。每次观测的水位，应为两支水尺观测结果的平均值。如果确认某支水尺观测不准时，可选用一支水尺的读数作为正式记录。

如果水面偶尔落在水尺零点以下时，应读取水尺零点到水面距离的数值，并在前加一负号。为了保证水位观测的准确度，工作用的钟表应每天校对，校对的结果记载于验潮手簿的备注栏内。

潮位观测是认识海区的潮汐变化规律所必不可少的。从事潮位观测的人员，必须实事求是地对待水位观测工作，保证记录的真实性和观测的连续性，禁止将猜想或推测的数据记入手簿，以免给工作造成损失。

在水尺设立后对水尺进行编号，如果观测水尺由于船只碰撞或被大风刮倒需另设水尺时，在水尺零点的位置有变动的情况下也需要重新编号。观测水位时，按观测时间与记录手簿的要求，以水尺编号的顺序进行观测，而后进行水位计算工作。

水位观测时，当水尺的瞬时水深小于（含）0.3 m 时应更换水尺，更换水尺时应同时读取两支水尺的读数（差值不得大于 2 cm），并记入手簿相应栏内，原水尺读数供校核。

（二）仪器自动观测

自计验潮仪的类型很多，按其工作原理可分为浮筒式水位计、压力式水位计和声学水位计。这里以压力式水位计（挪威安德拉公司生产的水位记录仪）进行介绍。

水位记录仪是为记录海洋潮位而特别设计的，通常放置于海底，在规定的时间间隔

内，测量并记录压力、温度和盐度，然后根据这些数据计算出水位的变化。

仪器由一个高准确度的压力传感器、电子线路板、数据存储单元、电源、圆柱形压力桶组成。仪器测量是由一精密的时钟控制的。它一开始是对压力测量进行时长 40 s 的积分，这样可以滤除波浪产生的水面起伏，积分完成后将数据记录下来。第一组数据是仪器电子线路板内元件对水位记录仪的检测指示，紧跟着的是温度值，而后的两个十进制值是压力，再后面的十进制值是电导率。

仪器的安装：先把仪器固定在一个焊接的锥形支架上，为了保证支架在海底不翻转、漂移，支架的底面要求使用较厚的钢板，同时再配铅块沉压。支架上系留缆绳至水面，缆绳的长度大于仪器布放点高潮时的水深，水面部分的缆绳系一浮标。

水位计布放海底前应当在岸边设立水尺，用水准测量的方式测定水尺的零点高程。水位计布放海底后，岸边水尺按潮位观测的要求，人工同步观测潮位，同步观测的时间由水尺至水位计的距离远近确定。这样做的目的是用潮面水准的方式推求水位计的高程，以便把其测量的数据换算至统一基准面。

由于水位计的电池容量和数据存储空间有限，因此一般每月要更换电池并读取数据。仪器每次布放后均要用岸边的水尺据潮面水准推求水位计的高程，并认真做好记录。

20 世纪 60 年代，黄河三角洲海区曾应用浮子式周记水位计进行该区的潮水位观测。具体使用方法是在测区内搭建一个四脚木质复合标架，设有仪器台，同时将一铁质浮筒固定在复合标架上，浮筒周围留有若干进水孔，水位计浮子置于筒内。浮子在筒内受涨、落潮的作用上下浮动，从而带动水位计滚筒转动，水位计的记录笔在记录纸上划出潮水位过程线。在滚筒上装记录纸前做好水位及时间坐标的标记，装上纸后按当时水尺桩读取的水位及时间将记录笔放置在相应的位置，此时仪器开始运转，当运行一周更换记录纸时把当时的水位与时间记录下来，以便资料整理时对时间及水位进行订正（订正时按平均分配的方法进行订正）。

这种观测方式具有不需要人工值守，可取得连续观测资料等优点，但还存在一定的缺点，即遇到大风时容易将静水筒打扁而终止记录，其次静水筒有时淤堵而形成中断观测。

直立式水尺观测方式在水深测量中已介绍，不再赘述。

四、潮汐观测资料分析

（一）潮汐观测与各基面之间的关系

介绍观测海区的高程控制情况。如已知高等级水准点，水准点与水尺间的联测情况，测量过程中使用的仪器等。

各基准面包括：验潮站工作水准点面、水尺零点高程面、平均海平面、国家 85 高程基准面、理论深度基准面等，通过观测整理的资料可以推算以上 5 个基准面间的位置关系。

（二）观测资料的处理

自记验潮仪的水位测量时间间隔为 10 min，每次连续观测 30 s，数据采集间隔为 1 s。

由于仪器获取的数据为海量数据，且每次换取电池时的位置未必严格一致，因此为实现海区潮位的准确定量观测，所有数据必须经过前处理，并校正到国家85高程基准面上。数据的处理校正过程如下。

1. 海量数据平均处理

海量的原始观测数据下载后，按照潮位观测的要求，对数据实行平均处理，以10 min为间隔，取平均值。处理过程在仪器软件上进行。

2. 数据的基准面校正

利用岸边水尺与自记验潮仪的同步观测资料进行推算。在选定的一个周期内，水尺观测的记录和验潮仪的观测记录分别平均，平均值的差即为水尺与验潮仪的高差。通过对仪器观测数据减去所得的高差，即可将仪器的观测数据校正到统一基面上。

仪器放到水下后，可能因为自身重力沉降和浪、流作用等原因，位置偶尔会发生变动，以上问题均通过调和分析、剔除异常值、沉降趋势拟合、分段平均等方法进行了处理，以保证观测结果的准确性。

3. 不同时段数据的接口问题

受验潮仪的电源供应时间限制，需定时对仪器进行更换电池维护。更换电池期间，潮位观测改由人工补充加密观测，每10 min记录一次，以保证数据观测的连续性。

（三）潮汐状况及特征值

对观测的潮汐数据进行处理后，接着进行基准面校正。然后进行观测成果表的编制，成果表以整时的潮位为记录要素。

根据观测成果表，绘制整时的潮位过程线。在绘制过程时，以月为单位，每月的观测成果绘制在一张图上，这样可以直观地反映出潮位在一个月中的变化过程。

第七节 波浪观测

海浪在海洋中存有多种形式，在此所指海浪是人们凭直觉可感知的一种海洋表面波动，即风产生的风浪、涌浪及近岸波。

波浪具有惊人的破坏力，从而对海洋工程及海上作业的安全构成巨大威胁，这早已引起人们的重视，并进行了大量观测和研究。但是黄河三角洲附近海域的波浪状况，在1984年以前了解很少，在1985年完成的全国海岸带调查报告中属于空白区。这种状况的产生主要是因黄河尾闾自由摆动造成漫长广阔的不安全荒滩，无法设站观测所致。随着胜利油田发展的需要，最早是因建设东营港的要求，于1984年8月正式开始了对黄河三角洲海域的波浪观测和研究。先后有中国科学院海洋研究所、国家海洋局北海分局及第一海洋研究所、中国海洋大学等单位分别进行了波浪观测。

一、观测方法

波浪观测方法分人工观测和仪器自动观测。人工观测就是使用光学测波仪，仪器自动观测就是使用仪器进行波浪的自动观测和记录及数据传输。

（一）人工观测

人工观测的原理就是在岸边设置光学测波仪，在指定的海区布设浮筒，然后确定仪器与浮筒的位置、俯视角及平均海面高度，看浮筒位置的变化推算波高（三角原理）。波浪周期使用秒表测定。

人工观测的具体方法：在距岸边500～1 000 m的地方选一平潮水深约7 m的区域，投置一观测浮标。浮标系留的长度最少为平潮水深加最大波高的一半。为了保证如测浮标在大浪天气里能自由浮动，系留绳的长度设计为12 m，下面用一个小型的水泥鸵系住就可以。然后把浮标向岸边方向拉紧，此时用激光测距仪测量浮标到岸边参照物的距离，多次测量取平均数 L 。波浪观测时把经纬仪架设在岸边的参照点上，观测波高与该点的垂直角，通过 L 计算两点高差 h ，两次高差相减即可得出波高值 H 。

由于人工观测受天气因素较大，而且工作量也大，因此该观测方法逐渐被自动观测仪器取代。

（二）仪器自动观测

目前，可以自动观测波浪的仪器主要有两种：一种是浮标型的，一种是沉入水下型的。浮标型的波浪仪是利用重力加速度传感器测量浮标随波浪上升和下降所用的时间确定波高，利用磁罗盘确定浮标的倾斜方向从而确定波浪方向。沉入水下型的波浪仪利用多波束的原理测定波浪方向，利用压感器测定波峰和波谷的不同压差从而确定波高。

二、浮标型遥测波浪仪

浮标型遥测波浪仪主要由波浪浮标体、数传电台、接收机等部件组成。

（一）测量过程中仪器的参数设置

仪器采用3 h定时工作方式，采样间隔为0. 5 s。当波浪变化超过设定的门限值时，浮标自动进行加密观测。加密观测时每1 h观测一次，生产中波浪浮标的加密观测门限值一般设置为2 m。

（二）浮标系留

浮标型遥测波浪仪采用单点锚泊方式系留浮标。

根据不同的海底质采用不同重量的霍尔锚，一般采用70 kg的锚就能满足要求。用25 m直径0. 016 m的锚链连接霍尔锚作为拖地链，然后通过一转环再连接直径0. 014 m的锚链，最后再通过转环连接浮标。

三、项目实施方案的制订

波浪观测实施前，必须制订项目实施方案，方案主要包括观测内容、观测依据、观测仪器、观测人员组成、项目实施、安全措施等。

（一）观测内容

波浪观测的内容主要是对波浪周期、波高、波向等，海洋波浪要素连续观测确定观测周期。

（二）观测仪器

观测过程中对主要使用的仪器进行编列。同时介绍仪器的性能指标等参数，以表示使用的仪器满足观测要求。

（三）观测人员

由于波浪观测的周期较长，一般为一周年，因此要考虑观测人员的轮换。要求观测人员熟悉仪器的操作，能独立完成接收机端观测数据的下载、保存，能完成浮标体内电池的更换及数据的复制拷贝。在人员安排时，考虑到浮标体的电池电量能持续供电 3 个月，为了保证仪器的用电，安排 2 个月更换电池，同时观测人员轮换较为合理。

（四）项目实施

项目实施过程包括以下几点。

1. 测点与观测场地的选择

观测点海面应开阔，无岛屿、暗礁、沙洲和水产养殖、捕捞区等障碍物影响，并尽量避开陡岸。平潮水深不低于 8 m，同时满足设计要求的海域。

2. 仪器的布放和安装

仪器的布放和安装应按各仪器的要求进行。测波浮标布放后必须立即测定布放点的水深，布放时潮高，布放点相对于岸上观测场地（或接收点）的方位、水平距离。

3. 项目观测

仪器观测要素：时间、波高、波向及波周期。

人工观测要素：时间、海况、风力。仪器出现异常时人工目测波浪要素。观测人员每天定时观察仪器的安全情况，记录观测日志。

（五）仪器的各项安全措施

由于每次的波浪过程没有重复性，不可预演，因此要保证观测期内的每次波浪过程都能测得到、测得准。采取措施如下。

1. 浮标体安全措施

（1）防止台风的破坏

只有保证了浮标体的安全，才能保证观测数据的安全。因此，必须严格按照浮标要求的技术参数进行安装。

联系当地的船只，一旦发现仪器走失及时出动船只找寻。

（2）防止人为因素的破坏

为了防止人为因素的破坏，密切联系当地群众、水产养殖户，加大对他们的宣传力度，告诉他们仪器起什么作用及仪器遭到破坏的后果。同时我们在浮标体上喷绘了警方标语及联系电话，以便过往的船只知道仪器是什么设施。

（3）观测人员定时察看

项目实施前，制定严格的工作制度，其中一项内容就是要求观测人员定时察看仪器的安全情况，一旦出现异常情况紧急启动预案并及时向上级报告。

2. 浮标电池系统的安全

该波浪浮标内安装的可充电、免维护的铅电池，每块电池的电压为 12 V。按照浮标体内各设施的要求功率计算，该电池组能持续供电 3 个月。为了保证浮标安全，杜绝出现由于电池不供电而导致的观测异常情况，注意接收机的打印记录中也显示浮标体内电池组的电压，一旦出现电压不够的情况，随时更换电池组。

3. 观测数据的安全及质量监控

该型号仪器接收机部分有三种数据存储方式。第一种是把数据存储在接收机内部的存储器中，然后再与计算机连接，把数据回放到计算机里；第二种是通过微型打印机把观测的统计数据实时打印出来；第三种是浮标体内配置了一套存储器，把所有的观测数据全部存储起来，每次更换电池组期间把观测数据也取出来，从而提高了观测数据的安全性。

仪器正常观测期间，观测人员应定时对仪器的观测数据质量进行监控，发现观测数据与实际海况不符的情况时立即启动人工观测预案并及时分析解决仪器存在的问题。

4. 人工观测

正常情况下，人工观测的要素为海况、天气及风力情况。一旦出现如下两种情况，立即启动人工观测：一是仪器不能工作，二是仪器丢失。

四、质量保证文件的编制

（一）实施单位的资质保证

介绍实施单位在海洋调查、水资源评价、工程测绘等方面具有的资质和资格，在波浪观测任务开展实施全过程中，承担单位能严格按照专题任务的质量保证所要求的，制定相关管理程序和质量控制程序，对任务实施过程中的所有质量活动进行了全过程控制，满足安全法规和质保大纲的相关要求。

（二）实现途径

质量保障是对观测项目进行“有效管理”的一个实质性步骤，通过有效地组织管理和控制保证了观测项目所提出的质量要求。质量保障的实现途径主要包括如下几个方面。

（1）为实现观测项目的全过程质量控制，专门成立了项目管理组织机构和质量保障组织机构。

（2）对要完成的任务作认真分析，明确质量目标或标准。

（3）确定所要求的技能，选择合适的人员。

（4）使用适当的设备和程序，创造良好的工作环境。

（5）明确承担任务者的个人责任，对所有对质量有影响的工作提出要求及措施，以及规定提供可证明已达到质量要求的文件等。即对所有影响质量的活动提出相关要求及措施，包括验证需每一种活动是否已正确地进行，是否采取了必要的纠正措施等。

（三）具体措施

为实现观测项目的质量控制目标，观测项目组在观测工作中采取一系列的质量保障措施，具体包括以下几点。

1. 人员资质保障

本项目的主要参加人员均曾多次从事该类观测，经验丰富，掌握有关专业技术知识、野外调查方法和规范化仪器设备使用等技能。

2. 仪器设备与标准物质

所有海洋调查工作计量器具均应通过相应的计量鉴定与校准。此外，对国家未制定鉴定规程、校准规范和/或授权单位的仪器设备，承担单位要进行自校与现场比测（互校）。

3. 数据、文件资料的管理

根据观测《质保大纲》要求，及时对数据和其他文件资料进行整理和归档，创建该观测项目的管理文件夹，确保数据备份安全。制定质量文件借阅记录表和主要质量保证记录的清单。

4. 成果数据的管理

组织评审专家对中间成果及最终成果数据进行评审，根据评审意见修改完善后，及时归档备案，确保按时提交给业主。

5. 不合格产品预防

对操作人员进行质量教育，提高其责任心；操作人员能够按照说明书熟练地调试仪器，能判断资料质量优劣；操作期间保持精力集中，并避免各岗位人员的相互干扰；出海作业前，各有关人员对所用设备认真检查调试；及时更新因使用过久而老化的设备部件；作业结束后对各设备严格按照仪器说明书的要求进行维修保养。

6. 不合格产品判定

不符合观测《工作大纲》《质保大纲》和其他国家最新颁布的规范、规程和标准要求的产品均定为不合格产品。

7. 对不合格产品的纠正措施

对及时发现的野外操作过程中的一般性事故，要按照具体操作规范及时改正操作方法，确保调查结果的准确可靠性。

对于仪器设备老化问题应该严格按照有关规定和要求尽快组织对仪器进行修理和鉴定以确保专题任务的顺利实施。必要时要对已调查内容重新调查，以确保资料的合格化。

成果数据若经审核被视为不合格产品，则要进行重新处理达到合格。

五、资料统计分析

资料统计分析即项目报告编写。波浪观测的项目分析报告主要包括以下几个部分。

（一）工程概况

1. 编制依据

编制依据是项目执行过程中，切实遵循的相关法规、标准、技术要求和工作内容等有关文件。

2. 工作主要任务和目的

本专题的主要任务：掌握观测海区水文状况及海洋水文要素变化规律，分析工程海区波浪特性，设立波浪观测点进行定点观测。项目主要目的是为满足工程设计对水文气象资料的要求，提供原始观测资料和数据。

3. 工作内容

本专题工作内容主要包括：对海洋水文专用站进行选址和观测点布设；建造海洋水文专用站，对波浪进行定点观测；进行观测资料整编和数据分析，并最终提交。

（二）调查概况

1. 观测方案

根据测区情况，结合技术要求确定观测方案。

2. 观测仪器

介绍观测点布放仪器的位置（用经纬度表示）、布放点的水深及海底质情况。观测仪器采用的观测方式为定时观测，每 3 h 观测一次，即在每天的 2 时、5 时、8 时、11 时、14 时、17 时、20 时、23 时进行观测。仪器的加密门限为 1/10 大波波高 2 m，当超过该数值时，进行加密观测，每 1 h 观测一次。仪器采样间隔为 0.5 s。所有初始结果经汇总分析后算出各种波浪参数，如 1/10 波高、平均波高、最大波高、有效波高、平均周期等，留作进一步分析用。

最后编列仪器的指标参数。

3. 观测实施过程

介绍从测区勘察、项目准备、仪器布放、开始观测至结束的过程情况。

4. 数据采集率

数据采集率就是对定时观测波浪数据检查的一种指标。正常情况下，该采集率应当是 100%。由于仪器更换电池、仪器出现故障等因素的影响，可能在规定的时间内仪器不能投放入海，因此耽误了数据的采集。

该指标就是对观测期内的所有测次进行统计，把漏测及缺测的测次统计出来，即得数据采集率。

5. **观测大事记**

记录项目实施过程中对项目影响较大的事情，如项目勘察、仪器布设、仪器更换电池、海浪较大的天气过程、上级领导检查及慰问等事情。最后根据发生的时间先后顺序进行编列。

第三章 水文测验

第一节 水位、比降、地下水观测

水位观测直接关系着人们的生活和生产。因此历代劳动人民都重视水位观测。随着生产的发展和社会的进步，黄河的水位观测由专门为防御洪水侵袭、指导防洪和灌溉，发展为水文情报预报、城市、工矿、铁路、公路、水运以及科学研究等多项生产建设综合服务。新中国成立后，由于黄河水文职工不怕风寒、日晒和雨淋，夜以继日地在水尺旁观测着每一个水位数据，有的甚至牺牲了自己的生命，为黄河的防洪防凌、开发治理、水利水电建设等发挥了重要作用。20 世纪 70 年代以来，通过引进先进的科学技术使水位观测设备由水志桩、木板水尺、钢质水尺、发展到自记水位计、远传自记水位以及水位遥测。

比降法估算流量，在新中国成立前是水文站实测（估算）大洪水的主要方法，因此各水文站均有比降观测项目。新中国成立前，各测站的比降间距很不统一。新中国成立后，随着研究河道冲淤变化和泥沙运行规律等需要，比降观测引起水利部门的重视。

黄河流域地下水是农田灌溉和城市、工矿企业供水的重要来源之一。在 20 世纪 50 年代，一般利用民用井以观测研究自然条件下地下水动态规律和水质状况。到 20 世纪 60 ~ 70 年代，随着工农业生产发展，为了解决农业灌溉和城市、工矿企业的供水而大量地（或盲目）开采地下水，破坏了地下水的自然平衡，从而引起地面下沉、土壤盐碱化等一系列严重问题。为此又进行开采条件下地下水动态规律的观测和研究，以达到经济有效地开发和保护地下水资源的目的。进入 20 世纪 80 年代，为了对流域水资源做出准确的评价，对地下水进行了全面的、综合性的观测和研究。

一、水位观测

（一）设备

水位观测设备，在过去有两种，一为在河边石崖上刻观读刻画，称水志，如宁夏青铜峡破口处水志；二为立木桩，在木桩上刻观读刻画，称水志桩。

水尺：多数测站以直立式水尺为主，冬季发生流凌和封冻的河段改用矮桩水尺。在行船频繁的河段和水库大坝的上下游，设有倾斜式或悬锤式水尺。新中国成立初期到 20 世纪 50 年代末，水尺以木板为主，由测站职工自己动手刻画，河床冲淤变化剧烈的测站，每年要划几十块到上百块。到 20 世纪 60 年代木质水尺板逐渐被搪瓷水尺板所代替。水尺板的靠桩，20 世纪 50 年代都为木桩，到 20 世纪 60 年代逐步更换为钢管、钢轨、槽钢或水泥柱。钢质水尺靠桩具有坚固耐用、阻水小、稳定等优点。

泾、渭河和陕北地区的河流，在涨洪水时，经常发生漂浮物撞击和水草缠绕水尺的现象，影响观读。马莲河雨落坪水文站，因岩石河床，安设水尺困难，为了解决洪水期间水尺被撞击后能及时恢复水位观测，1962 年该站在岩石河床上凿小坑，将两块钢板用混凝土浇灌于小坑内，然后用螺丝将钢板水尺和浇灌的钢板连接，组成活动式水尺。该水尺一旦被漂浮物撞击或水草缠绕而向下游倾倒，当洪水消退后即将钢板水尺板扶直，可供继续观测水位。

黄河支流站除上游区外，多数测站因河流含沙量较大，河床冲淤变化剧烈和河岸不稳定以及水位暴涨暴落变幅大使自记水位计的推广存在很多问题。1966 年，杨家坪水文站，研制成杠杆式自记水位台，其特点是：该自记台不需设立静水筒（井）等设备，结构简单，造价低廉。因无静水筒，浮子不受含沙量大和冲淤变化以及水位暴涨暴落的影响，只要有比较固定的河岸，浮子处的水深大于 0. 2 m 即可正常运转。

无定河白家川水文站利用石质河岸的有利条件，于 1977 年建成两级传动（岛）式自记水位计台，有两个静水井分别用两个传感器，共用一个接收器，成功地解决了暴涨暴落和高含沙量引起的静水井内外水位差（水位最大涨率每分钟 1. 0 m，水位最大变幅为 7. 7 m，最大含沙量达 1 290 kg/m^3）问题。

沁河润城水文站于 1979 年汛前建成静水筒为漂浮式的自记水位台（简称漂浮自记水位计台），该自记台由浮筒、轨道和栈桥三部分组成。浮筒为两个同心圆筒，外径为 80 cm，内径为 40 cm，高 106 cm，两个圆筒之间焊接成密封状，内筒底部有孔，浮筒两侧分别安有两个带弹簧的滑轮，固定在轨道上，轨道为两根竖立的槽钢，用混凝土浇筑在河床上，轨道由栈桥和岸边连接。自记仪器安装在栈桥上，浮筒随水位的涨落自由地在轨道上升降，浮筒的升降变幅为 10 m。漂浮式自记水位计台也较好地解决了多泥沙淤塞和水位暴涨暴落等问题。

在黄河干流，推广使用自记水位计的关键问题是解决泥沙淤积的影响。在黄河上游区，因河流含沙量相对较小，如兰州站因地制宜地采用岛式，将静水筒直接安装在兰州中山桥上。上诠水文站采用岸式（又称连通管式），在岸上距河岸 20 m 左右处建静水井和仪器室，河水由连通管通过沉沙池再进入静水井。还有岛岸结合式如循化站，在岸边建静水井，河水由连通管直接进入静水井。乌金峡站将一个直径为 0. 5 m，长 15 m 的钢管，安置在倾角为 42°的斜坡上，组成倾斜式静水筒水位计台，投资少，施工简单，到 20 世纪 80 年代末仍在使用，效果良好。

在黄河下游，因河水含沙量大，严重淤积以及运输船只的碰撞常使水位计不能正常运转。1966 年，泺口水文站，利用黄河大堤块石护坡河岸稳定的条件，创造了活动岛式（斜坡式）自记水位计台，其活动架可以随时进行调整。该台由斜坡轨道（坡度为 20° ~ 30°，两根轨距为 1 ~ 1. 2 m），活动架（装静水筒和仪器）和绞车（设在岸上，牵引活动架）三部分组成。其优点：可及时避开过往船只的碰撞，便于静水筒清淤（静水筒高 2. 5 m，直径 0. 6 m，筒底为活动的漏斗形，可以取下清洗），设备简单，投资少。投产后不久，先后在孙口、艾山水文站和杨集、北店子和刘家园等水位站推广使用。

利津水文站利用黄河大堤高出地面的地形条件，于 1967 年创造虹吸式自记水位计台。静水井建在大堤的背水坡，河水通过虹吸管引入静水井。因黄河大堤迎水坡较长，有利于浑水在迎水坡被虹吸上升时使泥沙不断地沉降，并随时排入河道。虹吸管引水口是由胶管组成，可随水位的涨落而移动，因此，也不存在被淤塞的问题。

观测三门峡水库坝前水位的史家滩水位站，因在坝前受闸门启闭的影响大，水位涨落快，变幅大，变化频繁，同时又受水库泥沙淤积、水草缠绕和冬季冰凌碰击与封冻等影响，采用一般接触式自记水位计台很难解决上述问题。三门峡库区水文实验总站学习浙江省新安江水库的经验，引进现代先进技术声波液位计，利用声波在空气中传播，遇到不同介质水面发生反射的特性，测得声波发射器至水面的距离，换算成水位。于 1979 年 7 月筹建，历经 5 年的努力，投资 5 万元，1984 年 8 月竣工投入使用。该仪器的缺点是当水面封冻后，测到的是冰面，而不是水面，存在一定的误差。

在黄河下游防洪中，需要及时掌握滩区洪水的上涨情况，黄委会水文局于 1984 年 6 月开始筹建黄河下游滩区洪水位遥测站。整个工程从调研、查勘、电路设计、设备（引进美国 SM 遥测设备）选择到站点建设和设备安装、调试、联网等程序，共投资 57.53 万元。

花园口水文站测验河段因主流摆动频繁，河势变化不定，断面冲淤剧烈，基本水尺处水位已不能代表该站的基本水位。为了完整控制测验河段纵、横向水位变化过程，提高水位代表性和测验精度。确定在邙山至辛寨 50 km 的河段上建造遥测水位计（站）12 处，其中接触式水位计（站）8 处，分别布设在邙山、C. 34、辛寨三个断面的左右岸各一处，公路桥北左滩 2 处；非接触式水位计（站）4 处，分别布设在大桥上游侧右岸 2 000 多 m 的主流部分，自右至左分别为大桥①、大桥②、大桥③、大桥④。4 站之间的间距分别为 400、750、1 000 m，大桥①至右岸边间距为 150 m。在花园口水文站设中心收集站一处，花园口水文站和黄委会综合楼各设中继站一处，黄委会水文局、黄委会防汛自动化测报计算中心、河南水文水资源局各设接收终端一处。该水位遥测系统 1990 年开始筹建，1991 年 6 月 8 处接触式水位计（站）投产，4 处非接触式水位计（站）于 1993 年 7 月和 1994 年 6 月分别投产运行。经比测该遥测系统水位的误差均符合规定要求。

冬季结冰，浮子在静水筒内被冻结，影响自记水位计的正常使用，青铜峡、白家川等站在浮子内安装 100～300 W 的灯泡或小电炉较好地解决了静水筒防冻问题，使水位计得到正常运转。

到 1987 年，黄河流域共安装各类自记水位计 86 台，其中黄委会 42 台（包括遥测 9 台），青海 2 台，甘肃 1 台，宁夏 7 台，内蒙古 23 台，山西 5 台，陕西 1 台，河南 1 台，山东 4 台。

（二）观测

时制：20 世纪初，水位观测的时制采用地方标准时。黄河流域有中原和陇蜀两个时区。潼关以上测站属陇蜀时区，潼关以下为中原时区。地方标准时制沿用到新中国成立后的 1954 年，1955 年 1 月 1 日起全河一律采用北京时（即东经 120。的地方标准时）。

测次：20 世纪初，水位每日观测的次数历年不同，20 年代一般白天采取固定段次，夜间不观测。如陕县水文站 1919—1922 年，每日 6 时～18 时固定每 1 h 观测水位一次，夜间不观测，如 1919 年 4 月陕州（陕县）水文站首次观测的第一页水位记录如下页表。

汛期洪水发生在夜间时因不观测而使水位涨落变化过程缺测。到 20 世纪 30 年代，逐渐增加夜间观测，如1930年，山东河务局规定：每年2月1日（即立春前）~10月31日（即霜降后）为汛期，其余时间为非汛期；汛期每日上午6时~下午6时，每2 h观测水位一次，洪峰期间不分昼夜每1 h观测水位一次；非汛期每日6、12、18时固定观测水位三次，夜间不观测。1945年，国民政府黄委会水文总站制定的《水文测验施测方法》中，对水位测次规定：6月21日~10月25日为汛期，每日上午5时至下午8时，每1 h观测水位一次，当水位上涨至某一水位时（各站标准不同），应昼夜每1 h观测水位一次，不得间断；封冻期每日上午6时~下午6时，每隔3 h观测一次；其余为平水期，每日上午6时至下午6时，每1 h观测一次。

水位资料质量：新中国成立前，由于观测的设备简陋，又缺乏自记仪器，测次安排为定时观测，有的夜间不观测，因此，使水位变化过程控制不够完整，再加上有的观测人员受生活条件所迫而外出兼职，有的劳动态度不认真等原因，使水位资料时有发生缺测、漏测、伪造等现象。

新中国成立后，随着治黄事业的发展和防洪灌溉对水位资料要求的提高，并不断采取有效措施改进和充实水位观测设备与仪器，如水尺桩由木质更换为钢管后，使水尺牢固耐用，高程稳定。配发测量精度较高、性能好的水准仪，使水尺零点高程的测量准确、可靠。各种类型的自记水位计的推广使用，使水位涨落变化过程得到完整的控制。制订和完善水位观测技术规定，使水位测次，由固定时段观测，改为以控制水位涨落变化过程，使测次布置基本合理。测站一次洪峰水位的测次，多者观测20~30次，少者也在10次以上，较好地控制了水位变化过程。

黄河流域的水位站所处的站址，多数更为偏僻，自然条件、生活条件更差。广大水文职工都能以站为家，夜以继日，坚守岗位，忘我的工作。如济南水文总站所属罗家屋子水位站，处于黄河入海的河口三角洲，又叫“孤岛”，遍地是芦苇、野草、灌木丛生，常说“孤岛有三多，牛虻、蚊子、黄沙坡”。在夏季，白天牛虻叮，晚上蚊子咬，日夜不得安生。观测晚8时的水位，必须穿雨衣和长筒胶靴来防虫。冬季寒风刺骨，最低气温常在零下20多℃，春天经常刮6、7级大风，风卷黄沙遮天蔽日。由于“孤岛”荒芜，气候恶劣，常常几天看不到一个人影。该站担负着直接向中央防汛总指挥部报水情的任务。

二、地下水观测

（一）观测任务

1. 自然状态下的观测

新中国成立前，在20世纪30年代，兰州水文站曾委托科学研究部门对兰州地区地下水的水质成分进行过观测和分析。1945年9月11日黄委会宁夏工程总队颁发《地下水位观测法》，要求各工程队即日起在住地寻一固定水井进行地下水位高程及其变化的观测。

新中国成立后黄委会水文系统开展地下水观测工作，是从1956年开始的。当时观测目的是了解河水和地下水的补给关系，因此，仅限于部分水文站利用民用水井进行地下水位和水温观测。如1956年，黄委会首先在黄河干流上游地下水比较丰富的宁蒙地区的青铜峡、石嘴山、渡口堂、包头、河口镇和下游的石头庄、孙口、南桥、艾山、官庄、豆腐窝、泺口、杨房、张肖堂、利津等水文（位）站（当时称流量站）观测。地下水观测井多数是选择在测站站址附近的民用饮水井，个别站布设专用水井，如内蒙古灌区的渡口堂站，沿断面线从滩地向岸上连续布设5眼观测井。1958—1959年黄委会系统的地下水观测井，大部分仍在宁蒙河段和黄河下游干流河段内进行，河源区增加了吉迈站，测井数稳定在23眼。1960年黄委会的观测井发展到76眼，观测井的分布除宁蒙和下游河段外，上游地区增加有贵德、循化、安宁渡等站，在中游增加有干流的沙窝铺、吴堡、支流有高石崖、后会村、后大成、丁家沟、靖边、青阳岔、子洲、新窑台、李家河、子长、杨家湾、招安、吉县等处。泾、渭河有南河川、首阳、甘谷、将台、静宁、秦安、天水。泾河有杨家坪、毛家河、雨落坪、庆阳、洪德、耿湾、悦乐、板桥、雷家河。洛河和沁河有黑石关、栾川、东湾、陆浑、庙张、龙门镇、长水、宜阳、白马寺、韩城、新安、孔家坡、飞岭、王必、润城、五龙口、小董、永和、涝泉等。

1962年开始，测井数有明显的减少，这年黄委会管辖的地下水测井减少到25处，1963—1966年又减少到仅有3眼，1967年以后全部停测。

20世纪50年代初，山西省的地下水观测首先是在兰村等水文站站址附近的民用井进行观测，1961年地下水位观测井发展到23眼；50年代中期，在汾河灌区进行了以排水改碱为中心的地下水观测；50年代末，在治理深水河时，在运城盆地系统地开展了地下水观测，以后又在临汾、太原两个盆地进行潜水观测。

宁夏为了掌握灌区地下水的变化和设计灌区排水系统的需要，1954和1955年，先后在第三、五排水沟区域布设地下水井250眼，进行地下水观测，并按季度进行部分井点的水质分析。1956年，为了掌握青铜峡灌区地下水状况和变化规律，共设观测井688眼。观测项目除地下水位外，选择部分井点进行水温观测和按季度进行水质分析。1958年对上述井网分基本井网、专用井网和农庄井网进行调整，以研究地下水动态规律的基本井网，布设三条基线，设观测井44眼；研究渠道输水和排水的渗漏对地下水的影响为专门井网，布设基线14条，观测井144眼；研究和防止土壤盐渍化，为水、盐平衡计算和动态预测提供资料的农庄井网，均匀分布于乡村和国有农场等处的灌区和地下水位较高地区，每平方公里按0.5~0.8眼，共设观测井400眼。1985年后在固海扬水灌区布设地下水观测井34眼，以掌握扬水灌区地下水、盐变化动态。

1958年，青海（3眼）、甘肃（1眼）、内蒙古（28眼）、陕西（15眼）等省（区）也开展地下水观测。1959年省（区）地下水观测井发展到100多眼，在观测井的布设上，内蒙古主要集中在灌区渠道两侧，陕西省在渭河魏家堡站附近有6眼，渭惠渠两侧有9眼，共15眼。另外为了研究泾惠渠灌溉对地下水位的影响和次生盐碱化的发生、发展规律，进行地下水位和含盐的观测。河南省在金堤河、玉符河、漭河地区也开展地下水观测。1960、1961年省（区）观测井稳定在90眼左右，1962年井数减少为74眼，1963年为43眼，以后又逐年减少，到1968年为10眼。1970年观测井开始有所上升，到20世纪70年代末稳定在22眼左右，80年代随着区域性地下水观测研究工作的开展，水文站兼测的地下水观测工作停止。

2. **开采条件下的观测**

在20世纪60、70年代，陕西、山西等省由于城市供水和农田灌溉大量开采地下水，破坏了地下水的自然动态平衡，出现了地下水严重恶化的现象，如地面下沉、土壤盐碱等。20世纪60年代陕西省为研究西安、宝鸡等城市供水和工业用水中在大量开采地下水条件下，了解地下水位的变化规律和水质状况，城市建设和地质矿产部门在西安、宝鸡等城区局部地段进行地下水位和水质的观测。20世纪70年代山西省因太原等城市的供水和工业用水以及农业灌溉等需要，地下水的开发由浅层向深层发展，由此而产生地下水的严重恶化。如运城、介休、祁县、太原等地相继出现漏斗状的地下水位下降10多米到50、60 m，严重地影响了工农业生产。1973年山西省水利科学研究所为了探讨合理开采地下水，在介休、祁县等五个典型地段进行开采条件下的地下水动态观测研究和人工回灌相应试验。1974年，运城、晋中等水利局，在开展全区性地下水普查的基础上布设了地下水观测网。1975年，山东省在大汶河水系进行开采条件下地下水动态变化观测布设测井357眼，1976年增加为623眼，1977年为631眼。宁夏在20世纪70年代恢复地下水动态观测研究，其主要任务：一是研究城市开采地下水后监视降深漏斗的形成与发展对供水量、水质和水文、工程地质的影响，为此宁夏地质矿产局第一水文地质队于1977年组建了银川地下水长期观测站对地下水进行观测研究；二是灌区地下水动态的研究，为引黄灌区灌溉管理和防止土壤次生盐碱化等提供资料，由水利部门负责。另外宁夏水利厅秦汉渠管理处，为了探讨东干渠运行后，对地下水和土壤盐碱量的变化，在青铜峡河东灌区建设观测井64眼，控制面积1 045 km^2，观测地下水埋深变化，并进行水质和表层土壤含盐碱量的分析。内蒙古大范围地开展地下水观测是1979年，1980年内蒙古在黄河流域的地下水观测井有299眼，1985年增加到436眼。

为了进一步搞好地下水观测，交流经验和加强协作，于1985年由西北青海、甘肃、宁夏、陕西、新疆和内蒙古等6个省（区）组成地下水协作片，片长单位是陕西省地下水工作队。每年由协作片成员轮流主持召开协作会议，交流和研究地下水动态观测与开发利用经验。地下水井网规划，首先根据地形、地貌特征，水文地质条件，气象水文和人类活动等情况进行分区。根据规划的目的和规模区经济发展水平，确定观测井的布设密度。在地下水有大量或超量开采的地区及大型灌区，以及为防止因地下水位的持续上升而引起的水质恶化、次生盐碱和地面沉降等地区，一般按50 km^{2}布设一眼井。为控制较长时段内地下水平均水位在大范围内的分布状况，布井密度可扩大到500 km^{2}内设一眼井。满足一般需要而布设的地下水井，可控制在100 km^{2}内设一眼井。到1987年全流域共有地下水观测井2 304眼，其中青海69眼，甘肃78眼，宁夏243眼，内蒙古460眼，山西668眼，陕西541眼，河南173眼，山东72眼。

3. **为开展水资源评价的观测**

随着国民经济的发展，工农业需水量和工业废水排放量、农药与化肥的残存量日益增大，为此要从全面发展的观点，要求对区域内整个水资源做出准确的评价。为满足开展水资源评价的需要，地下水的观测必须按流域系统与地表水、水质监测等进行综合考虑，配套观测。

（二）观测项目

地下水观测项目的设置，在自然状态下观测（水文站兼测）时，主要观测地下水位，少数测井增加水温观测。观测次数多数井为5日观测一次，少数井每日观测一次。观测时间1963年以前（包括1963年）为每月的5、10、15、20、25、月末（1964年后改为每月的1、6、11、16、21、26日）观测6次。开采条件下和水资源评价时的地下水观测和研究，观测项目除了水位、水温外，又增加水质（水化学）和开采量两项观测。如内蒙古自治区1985年观测地下水位的测井有406眼，其中同时测水质的有285眼，测水温的213眼，测开采量的30眼。

第二节　流量测验

黄河中下游地区由于水流的含沙量大，漂浮物多，河床冲淤变化快等特点，使流量测验和其他江河相比存在着很大的难度。长江等河流测深、测速比较成功的方法和经验，在黄河上使用不一定合适。因此，黄河水文职工只有走自己的道路，创造适合黄河特点的测验设备和方法。如在水深和断面测量中，研制成重1 000 kg的重铅鱼；在流速测量上的各类浮标投放器、夜明浮标，电动放浮标及防草、防沙流速仪等；电动升降缆车，半（全）自动流速仪缆道，大型机动测船等测验设施等，都是为适合黄河水文特点而创造出来的测流设施和设备。

一、断面测量

由于黄河水流中含沙量大和河床组成特性，使河床冲淤变化无规律，准确地实测断面，是黄河水文测验中的一大难题。黄河水文职工为了测量好断面（水深）和提高断面测验精度，在洪水测验的实践中摸索和创造了一套适合黄河水文特点的水深测量工具、仪器和方法。

（一）测深工具和仪器

测深杆：杆测水深，操作方便，测量误差小，是黄河干支流中小水期测深的常用工具。在民国时期，1943年黄委会颁发的《水文测验方法草案》中规定，测深杆以木质为主，杆长一般为5 m。杆上直接刻画尺度，杆的下端安有直径为20 cm的铁圆盘。新中国成立初期测杆仍以木质为主。到20世纪50年代中期，随着测量船只的增大，测深杆的长度由5 m逐渐增长到8~10 m，上游西柳沟等站测深杆最长可达12 m。因长木杆直径较粗为6~7 cm，浮力大，因此木杆入水费力，在较大洪水测深中操作很不方便。到20世纪60年代黄河干流不少测站采用国产直径3 cm的钢管作测深杆，钢管的优点是杆径细，杆入水阻力小，随后逐渐推广到支流测站。钢管的缺点是长度大于10 m时，入水后在急流的冲击下易发生变形弯曲，影响测深精度。为此黄委会水文处在20世纪60年代初专为西柳沟站配发重量较轻的铝合金管（直径3 cm，壁厚3 mm，每米重1.1 kg，而同直径和壁厚的钢管每米重为3.08 kg）长测杆进行试验。铝合金管不仅重量轻而且强度大，不易变形弯曲，一人持杆操作十分方便。但因当时货源不足，价格贵无法推广。

测深锤：因测深杆的长度有限，因此，测量较大水深时须用测深锤。常用的测深锤为铅铸圆筒形。测深锤的重量最轻的为5.442 kg，最重的为15 kg。新中国成立初期，测深锤仍是洪水测深的主要工具。进入20世纪50年代，随着测船的加大和吊船过河缆的推广使用，测深锤由手提改为绞车提放。测船上配备绞车，为加大测深锤（铅鱼）的重量，提高测深精度提供了物质条件。1957年前后为西柳沟、青铜峡、三门峡等水深、流速大的干流站配备了重型绞车，测深（速）的铅鱼重量加大至200 kg。从而使多数干流站解决了汛期测深问题。但是还有像吴堡、龙门、三门峡等站在大洪水时，由于浪大、含沙量亦大（浮力相应增大），用200 kg重的铅鱼有时仍难以入水。到20世纪70年代中期，机（电）动流速仪缆道的建成投产，使测深铅鱼的重量由200 kg增加到750～1 000 kg（三门峡站、龙门站为750 kg，吴堡站为1 000 kg）。重铅鱼测深是提高汛期洪水测验质量行之有效的办法。从20世纪80年代初有计划有步骤地在白马寺等支流测站推广重铅鱼测深，并建设相配套的缆道设施。

浑水测深仪：回声测深仪早在长江等流域普遍使用。但在黄河除了兰州以上测站和水库部分淤积测验中可以使用外，其他河段因含沙量较大而无法使用。1969年铁道科学院曾选择国内外十多种不同型号的回声测深仪，在郑州黄河铁桥处进行测深试验都未能测到确切的水深。由此，说明黄河水文测验的特殊性和复杂性，解决黄河洪水测深问题得走自己的路。

（二）测深技术

测量水深看起来很简单，在较大洪水测验中施测水深，实际上也是一种难度较大的操作技术。在水深流急和河床高低不平（块石河床）的测站，常因测深的操作技术不得法，而造成测杆被折断、丢失，甚至发生操作人员落水事故。该法操作的要点是在船上测深时，测杆入水刚触及河底，操作者须立即持杆顺水流方向行走数步，以保持测杆与河底垂直和微微触及河底。此法由于是动杆测深可以消除因测杆不动而使水面拥高，避免读数误差外，同时在测深过程中，测杆徐徐地向下游移动而减小了水流对测杆的冲力，避免了测杆被折断和丢失以及人员落水的问题。用此操作法一般均能测到8～10 m的水深（在此以前只能测4～5 m）。

锤测水深，由于圆形测锤存在一定的阻力，在急流的冲击下，测绳常常产生一定的偏角，而影响测深精度。1951年开始将圆形测锤改为流线型以减小阻力。八里胡同、黑石关、利津等站采用测绳拉偏的办法，以减小测绳偏角，拉偏后测绳不呈直线也影响测深精度。有的站也采用向水流方向移动测绳法消除测绳的偏角也取得较好的效果。黄河干流三湖河口水文站在1981年9月的测洪中，在船上用测深锤测得最大水深为17 m。

（三）垂线的布设与定位

测深垂线的间距：1945年国民政府黄委会水文总站在《水文测验施测方法》中规定：断面测量河面宽在100 m以内，每隔5 m布设一个测深垂线；在100 m以上，200 m以内每隔10 m布设一条测线；在200 m以上者，全断面平均布设20～30条测线。新中国成立初期，测深垂线布设仍沿用上述规定。1955 年 1 月黄委会颁发《水文测站工作手册》，对断面测量水下部分测线的布设规定如下：河宽在 50 m 以下的布设 5 ~ 10 条垂线；50 ~ 100 m 的布设 10 ~ 15 条垂线；100 ~ 300 m 布设 15 ~ 20 条线；300 ~ 1 000 m 的布设 20 ~ 35 条线；1 000 m 以上布设 35 ~ 50 条线。同时要求测线均匀分布，两测线间的间距最大不能大于平均间距的 50%，河岸为陡坎和水流有变化处应酌情增加测线，以准确地测得河床的转折变化。1956 年后，断面测量的测深垂线布设按《水文测站暂行规范》《水文测验暂行规范》《水文测验试行规范》等执行。

测线定位：黄河上测深（测速）垂线位置的确定方法，根据河面宽窄的情况采用以下方法。

断面索法：20 世纪初，断面索一般架设在河宽为 100 ~ 200 m 的站，由多股铅丝合成，每隔 5 m 或 10 m 悬挂红、白色布条（或木板条）等作标志。新中国成立后随着物质条件的改善，到 20 世纪 60 年代断面索改用 5 ~ 10 mm 的钢丝绳后，断面索架设扩大到河面宽在 400 m 以上。最宽渡口堂站达到 700 m。

视距法：民国时期，视距法是河宽大于 200 m 的站常用的方法。此法因每次测量均需在断面上架设仪器，很不方便，新中国成立后一般不再使用。

测角法：河面宽 300 ~ 500 m 的测站用此法，具体方法有经纬仪（或六分仪）测角（包括辐射线法），平板仪测角也是支流测站常用方法。20 世纪 60 年代后发展为固定平板台。

到 20 世纪 80 年代黄委会系统的水文测站所用的垂线定位方法，干流青铜峡以上和各支流测站用断面索法；干流石嘴山站以下多数为辐射线法或六分仪测角法；河口地区滨海测量用无线电定位仪法。

二、浮标法测流

（一）概况

黄河干流中游和多数支流，汛期较大洪水均为暴涨暴落，水草和漂浮物较多，用流速仪法测流常因仪器缠草或被漂浮物撞坏而延误测流时机。因此浮标仍是黄河支流（包括干流中游部分测站）水文站汛期抢测较大洪峰流量的有效方法。新中国成立后，黄河广大水文职工在测洪中，针对黄河的特性对浮标的类型、投放的方法和设备以及浮标系数的选用等方面进行大量的试验和改进，促进了浮标测流的发展和成果质量的提高。

（二）浮标类型

民国时期的浮标类型以高粱秆、芦苇和麦秸等扎成扁球形，内放砖石。浮标法测流以水面浮标为主。

新中国成立后浮标有普通浮标和夜明浮标两种。

普通浮标：浮标所用的材料有麦秸、高粱秆和麻秆等。浮标的形状有十字形和三角形作底盘，上插彩旗以显示目标。为使浮标保持平稳，在浮标的底盘下系砖石等重物。此种浮标经常用于风浪较小，水流平稳的时候。在水流湍急风浪较大时，用长 1.2 m 左右的高梁秆扎成三角形的四面体，这种浮标不仅目标大，而且任凭狂风大浪吹打，总有一个明显的三角浮在水面上。

夜明浮标：汛期支流洪水，常发生在夜间。1951 年各水文测站开始研制夜明浮标，当时多数站用棉花做成棉团（捻），捆扎在 8 号铁丝上，测洪时蘸上煤油或植物油点燃后，插入浮标的十字形底盘上投掷。此种夜明浮标燃烧持续时间短，同时油捻经不起风吹雨淋，火光容易熄灭。1954 年，延川水文站用一节电池和小灯泡焊接后，捆在浮标的顶端，组成电光夜明浮标。其优点是不怕风吹雨淋，但经不起巨浪的冲击，往往被巨浪打翻失去作用。1955 年，干流义门站将电池和灯泡焊接后装入晒干的猪膀胱内，充气密封，制成猪膀胱夜明浮标，该浮标不但浮力大，经使用成功率高，是夜明浮标的重大技术改进。

在 20 世纪 50 年代中期，潼关、下河沿等站，将硫黄溶解后，拌入樟脑丸粉，涂于纸上卷成纸捻，捆于铁丝上插入浮标底盘上，名为硫黄樟脑丸夜明浮标。硫黄易燃引火方便，樟脑粉耐燃也不怕风雨，造价低经济实用，同时也可大量预制备用。到 20 世纪 70 年代中期，秦安水文站配合电动导向浮标投放器，利用钠见水自燃和黄磷易燃的特性制成的夜明浮标并和导火索捆在一起，引燃导火索后就能使浮标自动点燃。黑石关站在解决高水浮标的投放问题中，1986 年曾研制炮弹式浮标（发火焰）。

制作一定数量的浮标，是水文测站汛前准备的重要工作项目，洪水陡涨陡落的支流站，每年均要制作数百个浮标（包括夜明浮标），才能满足汛期测洪的需要。材料和类型都因地制宜。

（三）浮标投放

新中国成立前，浮标的投放主要靠徒手投掷，或利用桥梁、渡船投放和弯道溜放。河道较宽无上述可利用条件时，用羊皮筏或小划子投放。用上述方法投放的浮标其运行路线随主流和风向而定，浮标通过断面很难达到分布均匀和预定位置，因此对测验成果质量有一定的影响，新中国成立后随着浮标投放器的产生和普遍推广使用，浮标以均匀投放为主。支流测站在抢测特殊洪水时，采用中泓投放和利用缆车在中断面进行半距投放。

1954 年陕县水文站用小双舟投放浮标和实测断面，测得流量为 15 460 m^3/s。泺口站在新中国成立初期使用机船投放浮标，投放均匀，历时短，效果较好。另外在新中国成立初期学习苏联经验，将浮标采取分组投放，效果也很好。

（四）浮标定位

20 世纪 50 年代以前，观测浮标流经中断面（测流断面）的位置，都是用经纬仪测角法，因比较麻烦，往往配合不好而延误时机；50 年代改为小平板仪定位。

1964 年，黄委会庆阳水文中心站苏永宾创作“固定平板台”，即将平板仪的平板按规定要求事前固定在木桩上（平板开始为木板，以后改为耐久的钢板或水泥板），当观测浮标时，将照准仪安放在固定平板台上，就可直接交会出浮标流经中断面的位置。“固定平板台”是常年安设在河段上的，每当测洪时不再进行对点、安平，观测浮标也比较方便。到 60 年代后期该设备在黄委会管辖的支流测站上普遍推广使用。

（五）断面面积的确定

一直到新中国成立后的20世纪50年代初，均采用上下浮标断面相应部分面积之平均值，作为计算面积。1956年执行《水文测站暂行规范》后，断面面积直接采用浮标中断面为计算面积。有相当数量的站发生较大洪水时无法实测断面（或来不及实测），因此，在流量计算中常常借用邻近流量测次的实测断面。为了使断面借用得准确，可施测部分垂线，以判别断面冲淤变化，确定断面。

第三节　泥沙测验

黄河，以泥沙多、决溢频繁、灾害严重而著称于世。造成黄河下游严重决溢灾害的主要原因，不仅是洪水，更重要的是泥沙淤积下游河道使河床高出两岸。因此，泥沙是治理黄河的症结，所以历代黄河水利工作者，都十分重视泥沙的观测和研究。

一、悬移质泥沙测验

（一）含沙量测验

1. 悬移质采样仪器

立式采样器：在民国时期，悬移质采样器有两种，一种为普通的瓶子（酒瓶），另一种为立式采样器。1923年李仪祉最早设计制造的“直立瓶式泥沙采样器”（仪器的照片刊登在1989年泾惠渠管理局出版的《泾惠渠影片集》中），其构造为直径16 cm的铁质圆筒，口径为8 cm，容积为5 kg。圆筒四周用铁条和底部用铁板固定，下附重5 kg的铅块。上述两种采样器的共同缺点是瓶和圆筒内存有空气，在采样时瓶（筒）口一面进水，一面排气，使水流受到扰动而影响所取水样的代表性。另外立式采样器和瓶子都有一定的高度，无法采取近河床底处的水样。

横式采样器：1949年，根据方宗岱介绍国外有关横式悬移质泥沙采样器的资料，由黄委会水文科姚心域负责，试制了一具横式采样器（用拉线操作开关）。在花园口水文站进行试验，发现活门有漏水和仪器在水中打转等问题。同年，由花园口站许吟鹤和姚心域进行改进，在活门上加橡皮垫和弹簧，在器底部装尾鳍。于1950年3月完成改制，经试验原存在问题均得到解决，随即加工50个，于同年6月1日发往测站投入使用。1951年，陕县站对该采样器的取样可靠性和漏水等问题又作了进一步的改进。1956年后，各测站普遍采用由南京水工仪器厂生产的横式采样器（仿苏联式），容积有1 L和2 L的两种。根据黄河上多数测站流速大、水草多、水深较浅的特点，横式采样器是安装在10 m左右的木杆上，用拉线操纵开关取样。到20世纪90年代，横式采样器仍是黄河上进行悬移质泥沙取样的主要器具。

同位素含沙量计：1968年，由黄科所技术室刘雨人主持，郑州水文总站周延年等参加共同协作，研制以铯为放射源以盖革计数管等作探测器的FH_{422}型r－r同位素含沙量计，该仪器主要由铅鱼、探头、交直流定标器三部分组成。铅鱼腹部安装探测器，头部设有铅室对放射源进行保护。探头由放射源、源进出装置、r 计数管、猝灭电路和外套管组成。交直流定标为自动记数装置（适用含沙量大于 15 或 20 kg/m^3）。1974 年 1 月经样机评审定型后，生产 10 台分给三门峡、小浪底、泺口、利津等 4 站进行生产性试验，当含沙量大于 15（或 20）kg/m^3 时使用。1977 年又生产 30 台陆续在龙门、潼关、花园口、夹河滩、高村、孙口、艾山和白家川 8 个站和山西省水文总站及南京水利科学研究所等单位推广使用。同位素含沙量计的优点是：在现场通过仪器可直接测得河中的含沙量，同时还可以连续监测含沙量的变化过程。

1977 年开始，黄委水文处周延年等又将 FH_{422} 型 r－r 同位素含沙量计的放射源铯^{137}改换为镅^{241}，使含沙量的测量下限由原来的 15 或 20 kg/m^3 扩大为 7 kg/m^3。通过这一改进含沙量计的使用范围由较大含沙量延长到中等含沙量，一般情况仪器的使用范围可扩大到含沙量在 5 kg/m^3。1982 年又作进一步改进，将盖革管改为正比计数管；猝灭电路改为电荷灵敏放大器，使含沙量的测量下限由 7 kg/m^3 扩大到 2 kg/m^3。

使用同位素含沙量计测量含沙量虽然具有一定的优点，由于仪器电子元件的质量问题，和测站职工对电子仪器的操作不熟练与维修养护技术不够过关，以及多数测站出现大中含沙量的时段不长等原因，因此，同位素含沙量计的推广的面还不广，只限在黄河下游一部分干流测站。到 1987 年因维修养护等技术没有解决，全部停用同位素含沙量计测沙。

2. 含沙量的取样方法

用现代方法测量悬移质泥沙含沙量最早是清光绪二十八年（1902 年）在济南泺口铁路桥上。到 1919 年泺口、陕县水文站设立后才正式测悬移质含沙量。在民国时期取样方法比较简单，在测流断面处用水桶或瓶子、也有用立式取样器取一定数量的水样（浑水），经处理按质量百分数计算含沙量。含沙量的取样方法各测站和同一测站不同年份各不相同。如兰州站，1934 年为五条测线一点（半深处）混合法；1935 年有河中一线一点法，二线三点法（水面下 0.5 m、半深、河底以上 0.5 m，下同），四线三点法（四线即把水面宽分为五等分的四条线）；1936 年三线三点法；1937 年又为二线三点和四线三点法 1941 年又改为三线三点法；1947—1949 年为河中一线二点法（水面、河底）。又如陕县站在民国时期取样方法有 6 种之多，河中一线水面一点法和一线三点法，水边一线三点和二点法，二至四线三点法，四线二点法等。根据黄河干流兰州、石嘴山、潼关、陕县、花园口、泺口 6 站统计，1949（或 1948 年）年 6 站年均测取含沙量 237 次。以花园口站最多，为 385 次，石嘴山站最少，为 134 次。

这时期的含沙量测验，其含沙量值是代表断面平均含沙量（以下简称断沙）。因此，取样垂线和测点布设是否有代表性，将直接影响断面平均含沙量。

测次和取样时间：在民国时期，含沙量的测次较少，一般日测一次，部分站有时日测二次。非汛期，多数站隔 2～4 d 取样一次。取样时间，日测一次者，一般在 11～14 时取样，日测二次者在 9 时和 18 时左右取样。新中国成立初期，含沙量测次，黄委会规定：汛期每日 9、18 时各取一次，非汛期每日 12 时取一次，当含沙量小于 0.05% 时（重量百分比）允许三日取样一次。

3. **单位水样含沙量**

治理黄河的关键问题之一，是处理好泥沙问题，为此，需要了解和掌握黄河泥沙的来源和运行的规律。而测站已开展的普通含沙量测验，由于测次和测线及测点的不足等问题，不能满足生产需要。为此，于1950年8月起除了继续进行普通含沙量测验外．增加洪水前后的含沙量测验，目的是掌握洪水与含沙量的关系及变化过程。开展此项测验的测站有：兰州、青铜峡、镜口（包头）、龙门、咸阳、潼关、陕县、花园口、泺口、利津等10个站。取样方法为自洪水起涨开始，在水边固定一处，洪峰前每隔1 h或2 h取样一次，洪峰顶取样一次，峰后每隔2 h至4 h取样一次，至洪水落平为止。所取水样全部作颗粒分析。洪峰前后的泥沙测验到1952年取样垂线由水边改为主流边（经试验主流边垂线含沙量近似断面平均含沙量），同时取样测站由原来兰州等10个站扩大到黄委会管辖的全部测站。1955年取样的次数规定每1～3 h一次，当洪水涨落较快时，每0.5 h一次。

4. **单位水样含沙量的停测和目测**

经多年观测和实测资料的分析，枯季黄河流域支流含沙量甚微，多数河流的河水清澈见底。为此1966年全国水文测验规范改革第一批改革意见，对单位含沙量的停测和目测的标准为：枯水期，当连续3个月以上时段的输沙量（多年平均值）小于年输沙量的0.5%～3.0%时，可以停测单位水样含沙量和输沙率。1973年，黄委会水文处重申按上述标准执行，要求各水文总站对各支流测站的输沙量进行了分析和计算。经计算黄委会管辖的支流测站枯季从当年的11月（或12月）至次年的3月（或4月）连续4～6个月的输沙量和均符合上述标准。经黄委会批准停测含沙量的站：晋、陕区间有申家湾、李家河、临镇、杨家坡、延川、子长、殿市、裴沟、后大成、林家坪、碧村、裴家川、大村、吉县、后会村、延安、大宁、马湖峪、青阳岔、温家川、阎家滩、高石崖、黄甫、靖边、横山、丁家沟、川口、王道恒塔、甘谷驿29站；渭河有天水、将台、甘谷、首阳4站；泾河有杨闾、洪德、庆阳（东川、马莲河）、板桥、悦乐、刘家河、张家沟8站；伊、洛、沁河有栾川、东湾、陆浑、龙门镇、卢氏、长水、宜阳、白马寺、涧北、新安、五龙口11站，共计52站。

5. **水样处理**

在民国时期含沙量的处理以烘干法为主，个别的也有用比重计法。烘干法中所用的滤纸，是透水性较好的一般纸。滤得之泥沙连纸在日光中曝晒，或在炉旁烘烤。晒（烘）干后的泥沙，用秤或戥子称重。新中国成立后，水样处理的设备不断得到充实和改进，如滤纸1951年用的是白麻纸和漳连纸，以后改用专用滤纸。在沙样的烘干方面，为了防止沙样在日光曝晒和炉旁烘烤时落入飞沙或尘土，制作了玻璃罩。1955年制造了简易烘箱，一般由白铁皮做成，热源为煤，温度一般能保持在100～110 ℃之间，维持的时间可长达5小时。简易烘箱因制作比较简单，使用方便，为广大测站所采用。泥沙颗粒分析室一般配备电烘箱。

1954年，泺口和秦厂水文分站，在作泥沙颗粒分析（简称颗分）中，首先开展了用置换法求沙重的试验。1955年1月，黄委会在《水文测站工作手册》中确定置换法作为水样处理的一种方法进行试用，并规定称清水和浑水时，须用同一的公分秤。1956年，执行《水文测站暂行规范》时，置换法正式作为水样处理的方法之一，和烘干法同时并用。因置换法处理水样有很多优点：可以减少水样处理程序如过滤、烘干、称纸重，节约时间，在较短的时间就可求得含沙量。此法并为及时掌握含沙量变化过程提供了条件，同时又可节省滤纸、燃料等开支。到1956年随着测站天平逐步配发，置换法就逐步代替了烘干法。

水样处理中的称重设备：民国时期有木杆秤（单位为公分故又称公分秤）和戥子，并沿用到20世纪50年代初期。为了满足黄河高含沙量水样称重的需要，1956年黄委会在上海统一加工第一批称重3 kg，感量为1/100 g的专用天平，配发各测站使用。1965年第二次又专门生产了一批称重2 kg的天平。1980年第三次在上海购置称重为2 kg的天平，感量1/100 g，共120台，每台价格1 000元。到1987年止，黄委会系统有不同感量和称重的天平共147台（其中兰州总站31台、榆次总站37台、三门峡总站43台、郑州总站23台、济南总站13台）。

（二）输沙率测验

1956年除了进行含沙量的变化过程测验外，还在洪水的涨落过程中进行断面含沙量纵（垂线）横（向）分布的测验（即精密泥沙测验），开展此项测验的测站有潼关、陕县、孟津、秦厂、高村、艾山、泺口、利津等8个站。目的是了解黄河含沙量流经沿河各地的变化情形及其与流速的关系，以及断面含沙量和粒径的分布状况与河床组成等。测验的项目有：每个断面内布设5条垂线，每条垂线上取3个水样与床沙质（以便绘制断面含沙量等值线）；在每个取样点上同时测流速（以便绘制断面流速等值线）；并观测水面比降和计算断面流量等。测验方法是首先确定潼关站的施测时间，并按潼关站施测时的水位，估算传至下游各站的相应水位出现的时间，即为下游各站的施测时间。到1952年开展精密泥沙测验的站增加到15个。由于相应水位估计不准和估算相应水位传至下游站时适遇深夜或雨天，客观条件迫使下游站的测验时间需提前或错后，因此，起不到相应的作用。为此，1953年，将精密泥沙测验的施测时间改为选择各站水流比较稳定（各项水文泥沙因素变化不大时）的涨水、落水和平水三个时段。汛期每月测1～3次，非汛期每月一次，测验的项目和1950年相同（此时的精密泥沙测验实为悬移质输沙率测验）。1954年，对精密泥沙测验的测线和测点又作了新的规定：取样测线在断面内要均匀布设7～10条，含沙量在断面横向分布有明显转折处要增加测线；垂线上的测点水深小于1 m时，只在0.6 m水深处取一点；水深在1～2 m时，应分别在水面、半深和河底三处取样；水深超过2 m时，需在水面和水深的0.2、0.6、0.8、0.9 m及河底取6个水样。1956年执行《水文测站暂行规范》后，精密泥沙测验被悬移质输沙率测验所代替。

通过精密泥沙测验，揭示了黄河泥沙的运行规律，如悬移质含沙量在垂线上的分布是由水面向下逐渐加大，水深的0.5～0.6 m处的含沙量，接近垂线平均含沙量。据泺口站1951年的试验，72条测线中，有44条测线0.6水深处的含沙量相当于垂线平均含沙量，其比数为99.4%。含沙量的横向分布是水边一线的含沙量小于断面平均含沙量，偏小程度无一定的关系。主流一线的含沙量接近断面平均含沙量。据1951年各测站精密泥沙测验资料分析统计，主流一线的含沙量和断面平均含沙量相比偏小仅2.0%。含沙量的季节变化一般是汛期的前半期即六七月（上中游）或七八月（中下游）含沙量最大，后半期含沙量相对变小。黄河干流上游地区含沙量的大小和流量一般无关系，但在干流中下游和支流，其含沙量的大小和流量变化相一致。洪水流量愈大其相应的关系愈好。另据分析含沙量的沙峰出现时间多在洪峰之后，仅少数站沙峰与洪峰同时出现。精密泥沙测验资料不仅为治理黄河提供了可靠的资料依据，同时也为制定黄河水文测验技术规定提供了依据。

测次：悬移质输沙率的测验次数，以能满足建立单沙和断沙的关系，由单沙准确地推求河流全年的输沙量为度。1956 年规定：在畅流期每 15 ~ 30 d 测一次。汛期洪水过程测 2 ~ 5 次，其中涨水段 1 ~ 2 次，落水段 1 ~ 3 次。稳定封冻期每 1 ~ 2 月测一次，据 1956 年，黄河干流高村以下 5 站统计，平均每站测 80 次左右。1958 年，干流上游黄河沿、唐乃亥、贵德、循化、上诠、西柳沟、乌金峡、安宁渡、青铜峡、渡口堂、三湖河口、包头等站输沙率测次均在 40 次以上，乌金峡站最多为 82 次；干流中游义门、吴堡、龙门、陕县、小浪底等站均在 50 次以上，陕县站最多为 69 次；干流下游花园口、高村、孙口、艾山、利津等站测次在 50 ~ 70 次。1960 年后对输沙率测次作了调整，当单位水样含沙量与断面平均含沙量的关系不甚良好的站，每年输沙率测次为 30 ~ 40 次；关系良好的站，测次可减为 20 ~ 30 次；当历年单沙和断沙关系一致的站，其输沙率测次可控制在 12 ~ 15 次之间。1975 年，根据《水文测验试行规范》对输沙率的测次又作了调整，如单沙和断沙关系较差，若有 75% 以上的测点偏离平均关系线的幅度在 ±15% 时，每年测量 20 ~ 30 次即可。这个规定从总的看输沙率测次可进一步减少。但在实际上有些测站单沙和断沙关系较差，为了准确推求出全年输沙量，其输沙率的测次远远超过规定的次数。如高村站 1976 年 129 次（是历年全河各站测次最多的站），1970 年为 107 次，1973 年为 126 次，1977 年为 117 次，其他年份一般在 50 次以上。

取样垂线和取样方法：输沙率的取样垂线。1956 年，按测速垂线进行布设（测沙垂线数和测速垂线数相等），当确立了单沙与断沙关系后，视其关系的好坏，垂线作适当的调整。1960 年以后输沙率取样垂线数改为流量测速垂线数的一半。取样方法，干流测站采用 2∶1∶1 定比混合法、积点法、全断面混合法 3 种。一般以定比混合法为主。当沙峰涨落较快时改用全断面混合法。相应单位含沙量的采取，一般在测输沙率的开始和终止时取两次，当沙峰有变化时在测量过程中间适当增加测次。取样的方法同单沙。

输沙率的停测和间测：到 20 世纪 60 年代中期，多数支流测站都已积累了 10 多年的资料。经分析发现多数支流测站，在洪水时因流速较大，促使悬移质泥沙在断面内混合比较均匀，测得的单沙和断沙的关系多数站呈 45°线。而在非汛期，河道的水量主要为地下水补给，因此，流域坡面上的泥沙很少进入河道，使河水清澈，含沙量近于零。针对这个实际情况，1966 年黄委会水文处，根据全国第一批水文规范改革精神，制订了《关于泥沙测验改革意见》。其中对输沙率测验的改革规定：实测输沙率的含沙量变幅占历年（包括丰、枯水）沙量的 70% 以上，水位变幅占历年水位的 80% 以上，且历年的单沙和断沙的关系线是单一线，各年的关系与历年综合的关系线最大误差小于 ±3% ~5% 时，可实行输沙率的间测或停测。根据这个要求，1967—1968 年在黄河干流上游先后有玛曲、贵德、安宁渡等站实行输沙率间测（每 5 年测一次）。

二、推移质和床沙质测验

（一）推移质测验

1. 仪器的研制

黄河推移质组成，在干流上游石嘴山以上以卵石为主，石嘴山以下及中、下游以粗颗粒泥沙为主。1954 年黄委会泥沙研究所仿制苏联波里亚柯夫式推移质采样器，在陕县水文站开展试验。在试验中，当河底流速超过 2 m/s 时，仪器出现摆动并远离垂线位置，同时仪器的铰链也容易损坏。

1955 年，黄委会测验处水文科选用苏联顿式推移质采样器为基型，根据黄河的特点，对顿式的结构和尺寸作了较大的改动。于 1956 年制成“黄河 56 型推移质采样器”。该仪器的集沙槽长度（包括前嘴）为 100 cm，前嘴跳板的坡度为 0.4/14，集沙屏向后倾斜为 45°，屏与屏之间等距为 2.0 cm，集沙槽盖为能拆卸的敞口箱形外壳。集沙槽装在底盘上，底盘下有重铅板。仪器进、出口面积均等于 $15\times15\ cm^2$，仪器的后部有两个舵。仪器的总重为 54 kg。同年在黄委会泥沙研究所的玻璃水槽内对仪器进口水流是否畅顺，以及仪器对水流扰动的影响等问题进行试验。同时在三门峡水文站测验河段内分南北两岸进行不同底速、取样历时和仪器性能及操作方法等野外试验。通过试验认为：“黄河 56 型推移质采样器”的结构设计合理，仪器对水流无扰动影响，取样效率为 85%，优于苏联顿式采样器（顿式的取样效率为 60%）。在取样的代表性方面，经对所取沙样的颗粒组成的分析和床沙质颗粒组成非常接近。唯有对不同流速的取样历时试验，没有得出满意的结果。取样历时一般掌握在 360 ~ 660 s 之间。通过上述试验完成仪器定型，随即组织制造一批，于 1957 年发到有关水文站试用。

“黄河 56 型推移质采样器”经过两年的试用后，1959 年，又作了重大的改进，如进口面积由原来的 15 cm × 15 cm 改为 10 cm × 10 cm，而出口面积不变，因此，仪器匣身由原来的长方形匣变为向后扩散形的长匣。这一改进使水流进入仪器后流速逐渐减小，有利于沙子的沉淀。另外在仪器前口的跳板前加一块橡皮板，以提高仪器和河床的吻合程度，有利于沙子进入器内。在仪器的尾部，将原来的单竖尾改为双竖尾并增加水平翼，使仪器入出水时较为平稳。改进后的仪器定名为“黄河 59 型推移质采样器”。

黄河“56 型”和“59 型”推移质采样器不适宜在黄河上游卵石河床上使用，因此要研制卵石河床的推移质采样器。20 世纪 60 年代盐锅峡、青铜峡等水库相继建成投入运转，水库末端推移质的堆积，直接影响水库的库容与回水末端的延伸。1964 年水电部青铜峡工程局成立青铜峡泥沙观测研究小组，在下河沿水文站用网式推移质采样器进行试验。1966 年，黄委会水文处要求青铜峡水文站开展卵石推移质采样器的研制工作。同年，青铜峡站邓忠孝在仿制青铜峡泥沙观测研究小组所用的网式推移质采样器的基础上，进行改制。改进后的仪器由长 60 cm，宽 20 cm，高 15 cm 的角钢架构成，四周覆盖网孔为 3 mm 的铁网，在仪器底部的进口段用金属细链制成软底，长 15 cm，软底的垂度为 3 cm。软底的作用使仪器的进口和河床较好地吻合，使卵石能自然地进入仪器内。因仪器进口和河床吻合较好，使器口附近的床面避免了掏刷。仪器的两侧横梁上分别装置两个重 15 kg 的铅鱼，使仪器的重心下移，而比较平衡地停留于河床上（青铜峡泥沙观测小组所用的仪器其铅鱼不仅阻水较大，并安在仪器框架的上部，容易倾倒）。改进后的仪器定名为“青铜峡 66－1 型卵石河床推移质采样器”。同年该仪器在下河沿和青铜峡水文站进行仪器的阻水、入水平衡性，沙、石漏失，取样效率和取样代表性等试验，都取得了较好的成果。

2. 推移质输沙率测验

黄河 56 型推移质采样器研制成功后，于 1957 年在黄河中下游测站进行试用，1958 年开展推移质测验的站在黄河干流有龙门、陕县、花园口、泺口，支流有无定河的川口，渭河的华县、马渡王，洛、沁河有黑石关、长水、五龙口等 10 站；1959 年干流吴堡、潼关、三门峡和支流汾河的河津、渭河的咸阳和伊河的龙门镇等 6 站也开展推移质测验；1960—1962 年间先后又有石嘴山、杨集、王坡、艾山、船北、头道拐等 6 个站开展测验，1962 年底黄委会系统开展推移质测验达到 22 站。

（二）床沙质测验

1. 床沙质采样器

1950 年 8 月开展悬移质精密泥沙测验时，要求各取样垂线必须同时采床沙质沙样。在当时，因没有采样器就靠人工潜入河底挖取沙样。这个办法很不安全，同时也只能在水深小于 2 m 和流速小于 2 m/s 的条件下取样，超过此标准的垂线取样就十分困难。为了解决床沙质采样问题，各站先后创造了各种类型的床沙质采样器，据统计有 10 余种之多，根据适用的条件大致分二类：一种适用于水深小于 4.0 m，流速在 2 m/s 以下，使用测杆操作的采样器；另一种适用于水深、流急的情况下使用悬索的采样器。用测杆操作的采样器又分为适用于沙质河床（如钻杆式和锥式）和卵石河床（如锹式、嵌式）两种采样器。在 20 世纪 50 年代黄河上的床沙质采样器以采取沙质和满足一般水深与流速条件取样的仪器较多，适用卵石和深水流急的仪器较少。如高村站钻杆式、孟津站的锥式、泺口站的套管式和利津站的锹式采样器都是用测杆操作，取样垂线的水深均在 4.0 m 以内，流速在 2.0 m/s 以下。1952 年，孟津站创制了一种悬吊的鱼锚式采样器，适用范围水深可扩大到 7.0 m，流速可适用于 2.8 m/s。艾山站制成一种马蹄式采样器，取样流速可扩大到 3.5 m/s。秦厂、泺口两站利用船锚将入地锚齿上挖成凹字形，安上铁管，铁管的一端做成马蹄形口，内安一个活门，另一端用木塞堵住，将锚抛入河底即可取样，十分方便，同时深水和急流的取样问题也得到了解决。取小颗粒卵石床沙质的采样器除了锹式外，还有嵌式、碗式和弓式。

西柳沟水文站于 1959 年试制成蚌式卵石床沙质采样器。该仪器由两块蚌壳状的器壳、尾翼和铅质重物等组成，全部重量约 90 多 kg，用钢丝绳悬吊，由重型绞车（水力绞关）起放，于 1959 年 9 月 26 日投入使用，该仪器不仅能取卵石，也能取砂子。20 世纪 60 年代三门峡水库蓄水运用后，需要能取水深在 10 m 以上的床沙质采样器。1982 年三门峡库区水文实验总站陶祖昶等重新研制成蚌式 IV 型、钳式和横管式床沙质采样器。蚌式 N 型采样器由挖沙部分、悬吊与悬吊转换和压重部分（铅鱼）组成，采样器总重 100 kg。钳式采样器其结构和蚌式 N 型相同，仅将挖沙器的形式改为钳状，仪器总重仍为 100 kg。横管式采样器是用长 20 cm，直径 30～60 mm 的横管，一端封闭，另一端切成斜口，中部安装木杆。经试验认为蚌式 W 型和钳式仪器能在深水和流速大的沙质硬底河床上采样，取样动作可靠，沙样无漏失现象，资料代表性高和稳定性好。而横管式仪器构造简单，操作方便采取沙样有一定的代表性，可在水深小于 3.0 m 的条件下使用。

由试验资料分析在离床面下 5 cm 范围内，床沙质粒径变化较为显著，在此层以下，则变化甚小。因此床沙质的采样深度不宜大于 5 cm（规范规定为 0.10～0.20 m），过深则不仅造成采样困难，还会使床沙质的粒径平均化，不能充分反映与水力泥沙因素最密切相关的那部分床沙的组成。所以蚌式 N 型和钳式采样器的采样深度分别按 4 cm 和 3 cm 进行设计。

2. 床沙质测验

1932 年，由华北水利委员会、山东河务局和导淮委员会，在济南泺口和利津宫家坝的黄河河道断面内，分左、中、右三点各取床沙质样品，这是黄河上首次进行床沙质取样。全面的床沙质测验是在 20 世纪 50 年代初期，当时床沙质测验主要是配合精密泥沙测验，开展的测站黄河干流中下游，有潼关、陕县、孟津、秦厂、高村、艾山、泺口、利津等站。到 20 世纪 50 年代中后期先后在干流上增加包头、吴堡、龙门、三门峡、八里胡同、花园口、前左等 7 站，在支流上有绥德、川口、甘谷驿、咸阳、华县、河津、黑石关、长水、五龙口、龙门镇等 10 站，共计 25 站。从所取床沙质的粒径来看，干流粒径小，支流粒径大；对干流来说上游粒径大，下游粒径小。据资料统计各站床沙质的最大粒径，吴堡站 7 mm、龙门站 3 mm、陕县站 2 mm、花园口站 0.74 mm、高村站 0.64 mm、泺口站 0.50 mm、利津站 0.5 mm、前左站 0.40 mm；支流渭河咸阳站为 2 mm、华县为 3 mm、绥德站为 6 mm、黑石关站为 5 mm、龙门镇为 23 mm、长水和五龙口两站均为 50 mm。到 20 世纪 60 年代开展床沙质测验的站减少到 13 站，黄河干流有龙门、花园口、夹河滩、高村、孙口、艾山、派口、利津，支流有河津、咸阳、船北村、华县、黑石关等站。到 20 世纪 80 年代开展床沙质测验的站又有部分调整，如黄河干流上游增加石嘴山、磴口、头道拐 3 处；支流减少黑石关站。其余站未变。各站所取资料均作颗粒分析，列入水文年鉴。

第四节　水质监测

人们生活和工农业生产用水，不仅要有一定的数量，同时，还必须要有符合标准的水质，因此，水利部明确水文部门不仅要管水量，还要管水质。在 20 世纪 50 年代末由流域和省（区）水文部门开展了以黄河天然水为主的水化学成分测验。到 20 世纪 70 年代初，随着黄河流域工农业生产的发展，工业排污、城市生活污水的排放、农田使用化肥、农药的残余物流失，进入河道污染水质。为此，于 1972 年为保护黄河水源，治理污染为目的，由沿黄省（区）卫生部门开始了黄河水质调查评价和监测工作。1975 年组建黄河水源保护办公室，负责全流域的水源保护工作和流域管辖地区的水质监测。同时，黄河流域各省（区）水利部门或水文部门也先后建立了水质的监测机构，对省（区）各支流的水质污染状况进行监测。

黄河水质污染比较严重的河段：干流有兰州、银川、包头；支流有汾河的太原，渭河的宝鸡、咸阳、西安，洛河的洛阳，大汶河的莱芜以及大黑河的呼和浩特和湟水的西宁等河段。

一、监测项目

1972—1976 年，由黄河流域 8 省（区）的卫生部门主持监测的项目有：水温、pH 值、总固体、溶解性固体、悬浮性固体、总碱度、总硬度、氯化物、化学耗氧量、溶解氧、总氮、丙烯精、硝基化合物、石油类、氧化物、总铬、酚、汞、砷、细菌总数、大肠菌群数等 21 项。1977—1984 年监测项目调整为 17 项，1985 年水化学成分测验和水质污染监测结合进行统称水质监测，1987 年其监测项目有水位、流量、气温、水温、pH 值、氧化还原电位、电导率、悬浮物、游离二氧化碳、侵蚀性二氧化碳、钙、镁、钾、钠离子、氯离子、硫酸根、碳酸根、重碳酸根、离子总量、矿化度、总硬度、总碱度、溶解氧、氨氮、亚硝酸盐氮、硝酸盐氮、化学耗氧量、砷化物、挥发酚、六价铬、汞、镉、铅、铜、铁、锌、氟化物、石油类、大肠杆菌、细菌总数等 41 项。

二、取样方法及测次

取样方法：1972—1976 年根据监测断面的水面宽，按四分法在左、中、右 3 条垂线分别取样，取样深度为水面以下 0.3 m。1977—1985 年 6 月，干流水面宽小于 50 m 时取 1 条，50 ~ 100 m 取 2 条，大于 100 m 取 3 条；支流水面宽小于 10 m 取 1 条，10 ~ 30 m，取 2 条，大于 30 m，取 3 条。测点：干、支流水深大于 3 m 时，分别在水面以下 0.5 m 和河底以上 0.5 m 取样；水深小于 3 m，只在水面以下 0.5 m 处取样。1987 年 7 月起，按《水质监测规范》规定取样，干、支流水面宽大于 100 m，设左、中、右 3 条垂线；小于 100 m，设中泓 1 条垂线。干支流水深大于 5 m 时，分别在水面以下 0.5 m 和河底以上 0.5 m 取样；水深小于 5 m，在水面以下 0.5 m 取样。

测次：1972 年为 5、8 月的 5、15、25 日取样；1973 年改为 2（或 3）、5、10 月取样；1974—1976 年为 5、8 月的 5、15、25 日前后取样；1977—1985 年 6 月，黄河干流主要控制站和部分支流入黄口断面，每月的 10、25 日前后取样；其他断面每月 10 日前后取样。1985 年 7 月起干流各断面和主要支流控制断面改为每月 15 日前后取一次，其他每两个月取一次。

三、水质状况

经水质监测和调查资料的分析表明：黄河水体中污染物质的来源是多方面的。但主要来自工矿、企事业单位排放的废、污水和城镇居民的生活污水（属点污染源）；另有随地表径流进入河流的农药、化肥、工业废渣、垃圾和泥沙等物（属面污染源）；还有船舶排放的油污、垃圾、污水和大气降落的污染物（属流动性污染源）等三个方面。

黄河流域的点污染源主要产生于干流的兰州、银川、包头三个河段及支流湟水、大黑河、汾河、渭河、洛河、大汶河中、下游大、中城市附近的河段。据统计 1982 年，全流域 295 个县级以上城镇排放工业废水 17.4 亿 t、生活污水 4.3 亿 t，共计 21.7 亿 t；其中上述河段排放的废、污水为 18.3 亿 t，占同年全流域废、污水总量的 84.3%。1990 年全流域排放废、污水上升为 32.6 亿 t。上述干、支流主要河段的废、污水排放量同步上升为 27.38 亿 t，占同年全流域废、污水总量的 84.0%。

面污染源主要由黄土地区水土流失、农药和化肥、工业废渣和生活垃圾等组成。黄河流域大面积的水土流失，使大量的泥沙进入黄河，浑浊的水流不仅影响水体的色度，透明度和复氧条件，而且还带入砷化物、汞、铜、铅、锌、镉等重金属及相当数量的农药、化肥和有机、无机胶体物质。据调查和分析，陕北一带黄土层中平均含砷量为 10.38 mg 每公斤，比其他土壤中砷化物的平均含量高一倍。农药和化肥主要是通过径流的坡面漫流和灌溉退水等途径进入河流。据甘肃、宁夏、陕西三省（区）1989 年统计，共施各类农药 13174t，亩均用量为 0.11 kg，远低于全国亩均用量 0.76 kg 的水平。农药使用量各地不等，灌区较大，尤其是黄河下游沿河市、县的郊区，亩均用量一般为 1～2 kg。化肥以氮肥为主，磷肥次之，还有钾肥和复合肥。据 1989 年对 1.7 亿亩耕地的调查，化肥亩均用量为 39.6 kg，比全国亩均用量低 40%。面污染和流动性污染的具体数量尚无法测定。

支流水质，黄河的主要支流普遍受到污染，如汾河自太原市以下 500 余 km 的河道基本都是五级水（次于农田灌溉用水）。太原市河段，化学耗氧量 CODmn、挥发酚的年均值分别高达 300 mg/L、2.0 mg/L，分别超过国家地面水环境质量标准的 49 倍和 199 倍，汾河成了“酚河”。渭河宝鸡市以下 390 km 的河道属四级水（相当于农田灌溉用水）的河长占 91.0%，咸阳市附近属五级水的河长占 38.0%。宝鸡、咸阳、西安段，化学耗氧量 CODmn 年均值分别为 17.6、20.4、12.1 mg/L，超过国家标准 2.8、3.3 和 1.0 倍；挥发酚的年均值分别为 0.062、0.016、0.019 mg/L，分别超标 5.2、0.6 和 0.9 倍。大黑河浑津桥断面，挥发酚的年均值 0.122 mg/L，超标 11.2 倍。洛河的洛阳市漫水桥断面，化学耗氧量 CODmn、年均值为 21.03 mg/L，超标 2.5 倍；挥发酚的年均值 0.022 mg/L，超标 1.23 倍。老漭河入黄口西阳召断面，化学耗氧量 CODmn 为 274.1 mg/L，超标 44.6 倍。湟水西宁市以下，大汶河莱芜市以下，水质污染也很严重，四、五级水质的河长都占有相当比重。

第五节 降水、水面蒸发观测

降水、水面蒸发和人们的生活、生产密切相关，所以中国早在商代就已对雨、雪开始观测。在《黄帝内经素问》中对降雨和蒸发的形成叙述为：“地气上为云，天气下为雨；雨出地气，云出天气。”这是说从天而降的雨水，是由地面蒸发的水汽形成云，而后再降落为雨。到公元前 1 世纪的汉代，创造了雨量筒进行雨量的定量观测。黄河流域开始用现代科学方法观测降水量是 1912 年在山东泰安设立雨量站。1929 年黄河干流的陕县、开封（柳园口）和泺口 3 站则是黄河用现代方法观测水面蒸发最早的测站。

一、降水量观测

（一）仪器设备

在民国时期观测降雨的仪器称“雨量计”，是仿照美国气象局制造的直径为 8 英寸

(20.32 cm）的标准式雨量计，由承雨盖、量雨管、圆筒三部分组成。承雨盖口径为 8 英寸（1946 年 2 月黄委会编印的《气象测验要点》将量雨计口径改为 20 cm)；量雨管（即储水瓶）为直径 6.43 cm，高 50.80 cm 的圆筒，量雨管口面积是承雨盖面积的十分之一，圆筒（即雨量筒）担负安放承雨盖和雨量管，其直径亦为 20.32 cm，高 65 cm。观读雨量用特制的量雨尺，长 60 cm，宽 10 mm，厚 4 mm 的硬木制成。将量雨尺插入量雨管内，其水痕处的读数即为降雨量。1946 年，将量雨尺改为量杯，量杯上的最小读数为 0.1 mm。

20 世纪 50 年代初，雨量器的类型和民国时期相似，所不同的就是雨量计的口径大小种类很多，有 20、11.3、11、10 cm 等。1958 年雨量器的口径统一为 20 cm，并定名为“标准雨量器”。

在新中国成立初期，水文测站使用自记雨量计的很少，1951 年黄委会系统只有龙门一个站使用自记雨量计，20 世纪 50 年代中期逐步推广，到 1960 年，黄委会系统使用自记雨量计的有 31 处，流域省（区）为 29 处，共计 60 处。其主要类型为日记式，由南京水工仪器厂和上海气象仪器厂生产的虹吸式自记雨量计。20 世纪 50 年代末，上诠水文站引进一台美国产的长期自记雨量计，运转正常，成果记录准确可靠。而国产虹吸式自记雨量计，因虹吸部分容易发生故障，使雨量自记成果要进行改正，因此，使自记雨量计的使用受到一定的限制。1963 年黄委会系统自记雨量计减少到 20 处。以后随着水文经费的增加和仪器质量与管理经验的提高，1965 年黄委会系统自记雨量计发展到 53 处，流域省（区）发展到 100 处。1977 年，黄委会系统发展到 100 处，省（区）发展到 323 处，分别占各自雨量站总数的 16% 和 25%。到 70 年代后期，因生产上需大力发展自记雨量计，但厂家货源不足而发生购不到仪器的矛盾。在此情况下，为了解决仪器不足，黄委会确定自己动手，自力更生仿制自记雨量计。

（二）雨量器（计）口高度

雨量器（计）口的安设高度不同对雨量观测值有一定的影响。民国时期规定雨量计口高度离地面为 30 cm。新中国成立初期雨量计口高度很不统一，多数站执行《气象观测暂行规范》（地面部分）高度为 2.0 m，一部分新设雨量站的器口离地面高度为 70 cm。1954 年，内蒙古自治区管辖的雨量站其器口离地面的高度为 2.0 m，并在器口上安有防风圈（防风圈由铁片构成，其形似喇叭，口径为雨量器口径的 5 倍）。1958 年 8 月，水电部颁发的《降水量观测暂行规范》，对黄河流域及以北的地区规定：雨量器口的安装高度为 2.0 m，并附带防风圈。后因带防风圈对观测很不方便而未用。考虑雨量器口离地面高度应和小型蒸发皿器口高度一致，后统一采用离地面高度 70 cm。

自记雨量计的器口安装高度，因仪器本身比较高，同时各厂生产的规格也不一样。因此其器口安装高度也不统一。

进入 20 世纪 70 年代，农村耕地紧张，有些雨量观测场地不同程度地被侵占，观测场地宽广的要求受到影响，有的在场内种植高秆作物，影响雨量观测资料的代表性和准确性。为了探讨雨量器设置新的途径，解决委托雨量站观测场的设置问题。1975 年，根据水电部水利司的安排，在渭河支流牛头河的社棠水文站进行地面（雨量器口高 70 cm）和房顶降雨量的对比观测试验。因房顶风速大于地面，比测结果房顶降雨量存在系统的偏小。

据观测，当房顶风速在 3 m/s 时，降雨量平均偏小约 10%，当风速在 5 m/s 时，偏小约 20%，风速在 7.5 m/s 时，偏小在 30%，房顶处风速越大，雨量值偏小越多。因此，房顶不适宜安设雨量器进行雨量观测，部分委托雨量站观测场存在的问题未能得到彻底解决。

（三）委托雨量站

1949 年全河共设雨量站 45 处，1955 年发展到 623 处，1960 年为 826 处. 1965 年为 1 022 处，到 1980 年达 2 371 处（其中黄委会 808 处），1986 年是历年雨量站最多的一年，为 2 488 处（其中属黄委会 836 处）。如此众多的雨量站如全靠国家正式职工负责观测，队伍太庞大，同时雨量观测技术比较单纯，具有一般文化（初小）程度即可胜任。为此，从新中国成立以后，雨量站的观测委托当地具有一般文化程度的群众（农民、机关干部、教师等）观测，每月付给一定数量的报酬，称之为雨量站津贴。新中国成立初期委托雨量站由就近的水文站分片负责技术指导和业务管理，进行资料校核、整编，每年汛前派专人去各雨量站进行检查和业务辅导，发现问题在现场进行纠正。到 20 世纪 60 年代初成立水文中心站后，委托雨量站的管理，多数由水文中心站派专人负责。历年来，委托雨量站资料存在不少问题，有的有伪造，有的残缺不全，有的仪器设备损坏等等，直接影响观测资料的质量。为此，首先要加强管理，搞好巡回检查指导，合理提高雨量站的津贴；其次在经费允许的条件下发展雨量长期自记是提高雨量观测质量的根本途径。

二、水面蒸发观测

黄河流域陆上水面蒸发量观测，最早于 1929 年在黄河干流的陕县、开封（柳园口）和泺口 3 处开展。支流上开展较早的是 1934 年在渭河的太寅、和咸阳等处。1937 年全河水面蒸发观测发展到 24 处，1948 年又增加到 28 处，1949 年为 25 处。新中国成立后全河水面蒸发观测发展也较快，1952 年为 95 处，1955 年增加到 178 处，1956 年是历年最多为 209 处（黄委会 114、青海 9、甘肃 16、内蒙古 10、山西 23、陕西 35、河南 1，山东 1）。1957 年经站网调整后为 183 处。

（一）仪器设备

民国时期采用的仪器有两种，一为直径 80 cm、高 20 cm，由白铁皮制成的圆盆，称大型蒸发皿；另一种为直径 20 cm，高 10 cm 的称小型蒸发皿。小型蒸发皿置于百叶箱内，观测庇荫处的蒸发量。大型蒸发皿的安设，一为在地上挖深 16 cm 浅坑，将蒸发皿埋入土中；另一种是将蒸发皿置于地面，四周用砌砖或用土围住，以减小四周对蒸发皿的影响。

新中国成立初期，仪器设备和民国时期基本相似。所不同的是大型蒸发皿外加有直径 100 cm 高为 40 cm 的套盆，套盆中也注有水量以减小蒸发皿受外界的影响。而直径为 20 cm 的小型蒸发皿，由百叶箱内移至空旷处安在木桩上，蒸发皿器口的高度和雨量器口高度一致，为 70 cm。为了防止鸟类立在蒸发皿边沿饮水，在蒸发皿（大、小都有）边沿上安装喇叭形铁丝栅。

（二）观测时制

蒸发量观测时制，在民国时期和新中国成立初期，采用地方太阳时，1956 年改为北京标准时。蒸发量计算的日分界，在民国时期以 9 时为日分界，新中国成立后蒸发量的日分界随同降水量有 19 时和 9 时两种。

（三）蒸发量变化

经实测资料分析黄河流域的蒸发量变化和黄河流域的地形有关。如黄河流域西北部的鄂拉山与南山、祁连山与贺兰山、贺兰山与狼山之间，是干燥气流和沙漠侵入黄河的三条通道。在通道所经的地区由于风速大、空气湿度小，使水面蒸发量增大，蒸发的变化趋势是由西北向东南逐渐减小。贺兰山与狼山之间是沙漠入侵黄河的主要通道，因此，该地区水面蒸发量成为黄河流域的最高区，多年平均年蒸发量为 1 600 ~ 1 800 mm，个别地区在 1 800 mm 以上；秦岭和太子山区是流域蒸发量的最低地区，在蒸发量 700 mm 以下；兰州以上为青海高原，因气温一般较低蒸发量在 850 mm 左右；兰州至河口镇为沙漠干旱区，气候干燥，降水量少，蒸发量在 1 470 mm 左右；河口镇至龙门区间在 1 000 ~ 1 400 mm；龙门至三门峡区间变化较大，为 900 ~ 1 200 mm；三门峡至花园口区间为 1 060 mm 左右；花园口以下至河口地区在 1 200 mm 左右。

第四章　黄河水文气象情报预报

第一节　洪水预报

一、预报任务与方式

（一）服务对象

黄河的洪水预报，主要为防汛、水利施工、交通、航运及工农业生产等部门服务。20世纪50年代除为中央和地方防汛部门服务外，先后还向引黄济卫灌溉渠首，石头庄溢洪堰、黄河干流三门峡、刘家峡、盐锅峡、位山等水利枢纽工程施工及郑州黄河铁桥等单位提供洪水预报。20世纪60年代初根据水电部关于“下放水文预报工作训练技术人员”指示精神，黄委会逐渐将上游和中游部分预报任务下放到兰州和三门峡水文总站。同时沿黄省（区）水文总站和河南、山东黄河河务局也相继开展了预报，建立了上下结合、分工合作的水文预报服务体系。

（二）项目与范围

预报项目有洪峰流量、最高水位、峰现时间、流量过程等；范围包括黄河干支流的主要控制站、大型水库、分滞洪区等；预报的重点区域是三花区间，黄河下游河道及三门峡水库。

（三）预报方式

对于上中游的预报，主要以“电报”形式向收报单位发布。黄河下游的预报，1977年以前主要以话传方式向有关单位发布，以后采用三种方式进行发布，一是当花园口流量在漫滩洪水以下，除向黄河防总防汛办公室（简称防办）和有关部门话传外，并在当日水情日报上公布；二是达到漫滩标准以上洪水，以“代电”形式向中央防总和河南、山东黄河河务局发布；三是以预报电码形式电告（电话）使用单位。

二、预报方案

（一）预报方法

1. 水位预报

在20世纪50年代初期，应用相应水位的理论编制了黄河下游干流简单的上、下游站洪峰水位和水位涨差相关图。该方法只在河床不变情况下有效，在黄河下游应用此种方法往往产生较大误差。1955 年后改用实时改正水位流量关系曲线法，由预报流量通过水位流量关系曲线推求水位的方法。并根据实测资料，随时修正水位流量关系曲线，借以提高水位的预报精度。一般可以得到较高的精度，多年来一直作为经常使用的方法。

1964 年黄委会水情科开始探索变动河床影响下的水位预报，从分析断面冲淤变化入手，用导向原断面方法，修正水位流量关系曲线，由洪峰流量推求洪峰水位。但尚需解决断面冲淤预报问题。

1975 年黄委会水文处、水利科学研究所与清华大学水利系等单位组织协作，对黄河下游变动河床水位预报进行探讨，研究重点是河槽断面冲淤变化对水位的影响，初步提出《河道主槽断面冲淤变化的预报方法》。1988 年 4 月黄科所与武汉水利电力学院合作研制黄河下游变动河床洪水位预报数学模型，于 1990 年 4 月正式提出成果，并经黄委会有关专家验收。

2. 流量预报

（1）洪峰相关法

这种方法早在 20 世纪 50 年代初，已在黄河上广泛应用。此法简单、修正方便、能保持一定精度。近年来结合黄河河道冲淤善变的特点，在应用这一相关法中，分析考虑了洪峰形状和平滩流量大小因素的影响，其相关形式有下列三种。

单一河段：采用上游断面洪峰流量与下游断面洪峰流量相关；以平滩流量为参数的上下游断面洪峰流量相关图，或以洪峰系数为参数的上下游断面洪峰流量相关图。

有支流加入的河段：黄河中游地区，两岸有众多的支流注入，单一相关法已不能满足需要。如吴堡至龙门、龙门至潼关、泾河张家山、渭河咸阳至华县及其上游的各个河段均采用两种形式的相关图，即以上站洪峰形状系数为参数的上游干支流站合成流量与下游站洪峰流量相关图；或以支流站合成流量为参数的上游站洪峰流量与下游站洪峰流量相关图。

有区间降雨影响的相关图：上下游站区间有降雨加入，则建立以区间降雨量和支流站合成流量为参数的洪峰流量相关图。

上述各种洪峰流量相关法，简单灵活，可以实时修正，应用方便，一般具有较高的精度，为洪峰预报中经常采用的方法。

（2）流量演算法

新中国成立初期曾应用过图解法、瞬态法。自 1955 年起在主要干支流，凡开展流量过程预报的河段均采用马斯京根法。对于黄河下游河道的洪水演算又分为两种情况：

一为无生产堤影响的河段：对于一个特定的河段，又存在着两种不同条件的洪水，一是不漫滩洪水，二是漫滩洪水。演算结果两者不同，故需分别求得适合各类洪水演算的参数，并随时根据前期实测资料进行校正，一般可得到较高精度的预报成果。

二为有生产堤影响的河段：1958 年大水后，黄河下游河道两岸滩地上，群众修建了大量的生产堤，在生产堤不溃决时，仍采用不漫滩的参数进行演算，生产堤溃决时，主要采用三种方法。一是滩区调洪演算法：首先应用河道漫滩洪水马斯京根演算法进行演算，然后对漫滩流量以上洪水过程再进行水库洪水调蓄计算，将计算结果与河槽流量过程相加即得预报结果；二是滩区汇流系数法：将进入滩区的流量过程应用汇流系数进行演算，河槽部分的流量过程仍用河槽洪水演算参数进行演算，滩槽演算结果相加即为河道出流过程；三是滩槽分演滞后叠加法：洪水漫滩后入流断面洪水分成大河水流和滩地水流分别进行马斯京根法演算，然后在出流断面叠加。

山东黄河河务局曾采取先扣后演，应用汇流系数法进行洪水演算，亦取得较好的效果。

1955 年开始应用降雨预报洪水，建立了五变数的合轴相关图。相关关系为 $R = f(P, Pa, C, t)$，P，Pa 及 R 分别为次洪雨量、前期影响雨量及地面径流量，C 为季节以月份或周次表示，t 为 P 的历时。此种形式的相关图在晋陕区的干支流，泾、渭河，伊、洛河均有采用。60 年代初期，为解决降雨不均匀性的影响，黄委会水情科李若宏应用产流区的概念以 $P + P_a$ 某定值作为划分产流区的标准（门槛），如三小间，以 $P + P_a > 85$ mm 作为产流限值，建立了 $R = f(P_{产}, P_a, t)$ 相关图，超过此限值则产流，反之则不产流。按其产流方式，概括起来有以下三种形式：

蓄满产流型：即在一次洪水中主要是蓄满产流，有的地区在产流初期阶段，往往有超渗现象，预报方案仍用蓄满产流方法。关系式为：

$R = f(P, P_n)$ 或 $R = f(P + P_a)$。建立此类型相关图的有伊、洛河，三小间，大汶河和黄河上游。

超渗产流型：有的洪水在整个产流过程中为超渗产流，有的则以超渗为主，均应用超渗产流计算方法。黄河上常用的方法有降雨径流相关即：$R = f(P + p_a, t)$ 或 $R = f(\mathrm{P}, \mathrm{P_a}, \mathrm{t})$。下渗曲线法即：$f_t = fc + (fo - fc)e^{-\beta t}$ 或 $\mathrm{f_t} = \mathrm{fc} + (fo - fc)e^{-kp_\mathrm{a}}$，式中：$f_t$ 为下渗率；fc 为稳定下渗率；fo 为土壤干燥时最大下渗率（初损）；β, k 为实测资料求得的参数。此方法主要应用于黄土地区。

门坎型：此种亦为蓄满产流方式，但不受前期影响雨量的影响，有一个门槛作控制，降雨超过此后才能产流，并为单一的降雨径流关系，如沁河分区降雨量大于 50 mm 为产流区。

3. 出流过程预报

主要有三种方法：20 世纪 50 年代中期广泛应用的峰量关系和概化过程线法；50 年代末～70 年代常用的流域单位线法（主要有 L·K 谢尔曼单位线，纳希瞬时单位线）；70 年代末～80 年代初广为应用的是单元单位线汇流法。

4. 流域模型

1976 年开始引进国外的水文预报模型，1978 年俞文俊等结合黄河实际情况，在伊河上建立了陆浑降雨径流预报模型。1983 年以后又在同区试用美国萨克拉门托模型和中国新安江模型；在三小间，大汶河和黄河上游用了新安江模型；在三花间还编制了混合模型；沁河和黄甫川应用了日本水箱（Tank）模型；汾河应用了汾河流域模型；在大汶河编制了临汶以上流域模型。

5. 水库预报

自 1960 年三门峡水库建成并投入运用以来，包括其他大中型水库，水库调洪演算均采用蓄率中线法。对于多沙河流的黄河干流水库，库容曲线常受冲淤影响，随时发生变化，所以在实际作业预报中根据实测输沙率及时进行修正，以保证库水位及下泄流量预报精度。

（二）方案编制

1. 方案概况

（1）黄河上游段

洪水预报始于1959年，主要采用洪峰流量相关和洪水演算。预报河段1959年为1 300 km，到1988年发展为2 800 km，预报精度由80%提高到90%以上，预见期龙羊峡以上为1～3 d，龙羊峡至兰州区间的干支流站为0.5～2 d，兰州以下为5～7 d。该段包括黄河干流、支流洮河、大夏河、湟水、大通河等水系。20世纪60年代多次与地方有关单位协作，组织编制干支流预报方案。1983年兰州水文总站为提高预报精度，增长预见期，与华东水利学院水文系协作，应用新安江三水源流域水文模型与实时校正模型，用于黄河上游高寒湿润地区，方案经过作业预报验证，达到《水文情报预报规范》标准。1986年又将此法用于洮河上游地区，其效果较好。

流域内各省（区）于20世纪50年代和60年代也都相继编制了洪水预报方案，如内蒙古自治区于1952年就编制了黄河的洪水传播时间和洪峰流量预报方案，此后又逐步发展完善。

（2）黄河中游段

该段包括三个预报系统，即晋陕区间、龙三间（龙门至三门峡）、三花间。

晋陕区间：该区洪水预报始于1955年，根据雨、水情基本特征，分两段建立预报方案，一是头道拐至吴堡段，编制了区间降雨径流相关图，支流限于资料短缺，多未单独绘制预报图；二是吴堡至龙门段，采用洪峰流量相关，暴雨径流相关及退水曲线等。对龙门洪峰流量的预报主要是根据吴堡至龙门起涨流量相关曲线及吴堡洪峰流量与支流的相应流量和龙门洪峰流量相关图。1957年后，又绘制了各主要支流的暴雨径流相关图。1974年重新编制了头道拐至吴堡及吴堡到龙门两大区间的降雨径流相关图。但这些降雨径流相关图受水土保持发展的影响，一般都有较大的误差。1974年为了搞好服务地方，由吴堡水文总站编制了延安、甘谷驿、延川等站的洪峰流量相关图。1975年后，除对已建预报方案进行修订外，又对吴堡到龙门区间建立了马斯京根洪水演算方案。20世纪80年代初，华东水利学院赵人俊根据黄土高原超渗产流的特点，分析研制了陕北模型，对研究建立晋陕区间产汇流预报方法提出了新的途径。1985年由于天桥水电站的需要，黄委会水文局分析研究了黄甫川流域的产汇流特点，建立了三箱分单元和一箱不分单元两种水箱模型。1986—1989年在实用水文预报方案汇编中又补充了新的洪水预报方案，建立了干流来水为主和支流来水为主，以支流和干流相应流量及上站洪峰形状系数为参数的两种洪峰流量相关图；对区间支流也补充了洪峰流量预报方案；对于府谷至吴堡和吴堡到龙门两个河段则建立了汇流系数和马斯京根单一河道洪水演算方案。

龙三间：在20世纪50年代已分区编制了上下游站洪峰流量相关图和部分区段的降雨径流相关图。但由于资料所限，对产流分析研究不够，降雨径流方案精度一般较差，多未用于作业预报。1957 年后随着三门峡水库的兴建和防洪调度运用的需要，进一步分析研究编制了该区的预报方案，并着重研究了张（家山）咸（阳）华（县）区间的加水问题，编制了该区段以区间平均降雨为参数的洪峰流量相关图和暴雨径流相关图，对于龙（门）华（县）河（津）猷（头）至潼关区间，以平滩流量反映河槽冲淤变化，建立了洪峰流量相关图和洪水过程演算方案。在 1986—1989 年实用水文预报方案汇编中，补充了以反映区间水文和河道变化情况的参数，建立了各种洪峰流量相关图并新建了部分降雨径流相关图和部分河段变系数的马斯京根分段洪水演算方案。山西省水文总站还研制了汾河水库以上的流域水文模型。对三门峡库区，施工期预报采用河道洪水预报方法，截流后，对三门峡坝前水位和出库流量均采用水库调洪演算方法。为了取得足够的预见期还应用降水预报来预报洪水。三门峡水库建成后的洪水预报与施工截流后的预报方法基本相同，但由于水库淤积，需要经常修正库容曲线和预报曲线。

三花间：本区分为三小、小花两个干流区和洛、沁河两个支流。这一地区的洪水预报早在 20 世纪 50 年代就已开始，根据各区和支流的自然地理特点建立了各种类型的预报方案。一是洪峰流量相关：主要是预报花园口及洛河黑石关、沁河五龙口、武陟等站的洪峰流量相关图，有的以支流相应流量作参数，有的干支流最大流量合成为上站洪峰，有的则加入上站洪峰形状系数或峰前平均流量为参数，还有的加入区间平均雨量为参数；二是降雨径流相关：建立这种方案的有三小区间、伊河陆浑到龙门镇区间、洛河长水到白马寺区间及沁河润城以上。三小间和沁河润城以上均以产流区的权雨量作为预报的根据因素，并且三小间加入了前期影响雨量和降雨历时为参数，润城以上则不加参数。其余两区均以平均雨量为预报根据因素并以前期影响雨量为参数。各区的洪峰预报有的应用峰量相关图和概化过程线，有的采用了经验单位线；三是流域模型：三花间流域面积较大，自然地理复杂，降雨的空间分布很不均匀，产流方式又不尽相同，因此建立了分散式综合模型，即将全区分成 18 块，每块若干个单元，共计 116 个单元，平均每个单元面积约 360 km^2，各块中选有水文资料的单元作为代表单元，建立单元流域模型作为该块中各单元的通用模型。

产流模型有 5 种：①降雨径流相关模型。建立此模型的分块有伊河陆浑至龙门镇区间、洛河白马寺以上流域及白马寺、龙门镇至黑石关区间。相关图有两种，一种是在单元代表流域上建立的 $R = f(P,Pa)$ 相关图，一是在分块面积上建立的 $R = f(P,Pa)$ 相关图，但都是用于单元面积的产流计算。上述陆浑至龙门镇、洛河长水至白马寺、沁河润城至五龙口三区间，已改用受中小水库影响的流域模型。②R、E 霍顿下渗模型。由于流域下垫面十分复杂，单元的入渗强度有大有小，为避免把点上求得的入渗曲线用于流域上而产生的较大的误差，选用南京水文研究所研制的下渗曲线与下渗分配曲线相结合的流域模型。但下渗曲线仍采用霍顿型，流域蒸发及土壤蓄水量按双层模型计算，采用该模型的有伊河东湾以上流域及东湾至陆浑区间。③包夫顿下渗模型。采用本模型的有沁河飞岭以上流域、飞岭至润城区间、润城至五龙口区间及丹河山路平以上流域。④新安江模型。由于区域内地下径流壤中流所占比重较小，因此，模型中略去了划分水源部分。采用该模型的有三小间、三花间。流域蒸发计算采用三层模型。⑤水箱模型。采用该模型的有沁河五龙口、山路平至武陟区间，选用两级水箱串联型。汇流模型有两种。第一种坡面汇流，各分块的单元汇流模型，均采用纳希瞬时单位线，用直接积分法，将原式转换为时段单位线。

第二种河道汇流均采用马斯京根法，分段连续流量演算模型。水库调洪演算，采用蓄率中线法；滞洪区调洪演算及“小花干流”，洛、伊河的白马寺、龙门镇至黑石关（夹滩地区），沁河五龙口、山路平至武陟和黑石关、武陟至花园口等段的河道洪水演算均采用马斯京根法。上述方案已均在作业预报中应用。

（3）黄河下游段

下游段洪水预报系统分为干流河道，分、滞洪区和支流三部分。

干流河道：洪水预报始于1951年，初建有洪峰水位相关图，但因河床冲淤变化大，此种相关图很不稳定，1953年便由水位相关图改为洪峰流量相关图。在天然情况下，相邻站的洪峰流量相关尚好，所建方案有花园口—夹河滩、夹河滩—高村、高村—孙口和孙口—艾山、艾山—源口、源口—利津等段，该方案用于非漫滩洪水精度较高，若遇漫滩洪水，则不适用。1974年改建以峰型系数为参数的复相关，精度有所提高。河道洪水演变采用马斯京根法。1959年以前采用列表计算和半图解法演算，之后改用诺谟图进行演算，时效显著提高。1961年以后，对原预报方案进行全面修订补充，分别绘制了花园口站与夹河滩、高村、孙口三站及夹河滩与高村、孙口和高村与孙口等站分级流量演算诺谟图。对于受生产堤影响的漫滩洪水的预报方案，20世纪60年代初，建立了一套按滩区各块生产堤包围面积逐块演算的方案。1976年改用滩区分洪试算法进行滞洪演算，经验性地处理漫滩洪水预报方法。黄河下游洪水演进还受含沙量大小和沿河引水的影响，因此曾研究过泥沙淤积和沿河引水的修正。1978年对漫滩洪水，分段集中处理，采用的方法有滩区水库型演算法，滩区汇流系数法，滩区流量过程滞后叠加法3种。这些方法都受生产堤溃决程度和来水大小所制约，溃决程度和来水大小不同，进滩流量过程亦不同，故溃决系数为0.5～0.9，溃决程度越小，系数越小，此系数根据当时情况估计，经验证明，只要溃决系数估计正确，三种方法均能得到较好的预报效果。

分滞洪区：分滞洪预报方案有3个。一是东平湖水库。根据1954年洪水自然分洪资料分析，1957年首次建立了进出湖流量预报方案。1958年又做了改进。1959年又在1958年大水自然分洪后地形测量资料的基础上，建立了一套东平湖进出湖泄洪工作曲线。随着进出湖闸门的建立，于1963年黄委会水文处会同山东黄河河务局、位山工程局联合编制了东平湖水库调洪工作曲线，水量平衡查算图。由于作业预报工作量大，1971年后重新简化了预报方案，并于每年汛前修改预报图。经1976年和1982年8月两次洪水分洪运用，方案基本满足预报要求；二是北金堤滞洪区。该滞洪区是防御黄河下游超标洪水的重要分洪措施。1951年在长垣县石头庄修建了溢洪堰，设计分洪流量5 100 m^3/s。黄委会工务处和河南黄河河务局曾采用普尔斯法编制了滞洪区内洪水推演工作曲线。1978年濮阳渠村分洪闸建成，废除石头庄溢洪堰，改建了北金堤滞洪区，设计最大分洪流量10 000 m^3/s，分洪总量20亿m^3。根据模型试验资料，编制了调洪工作曲线；1987年黄委会水文局采用马斯京根法编制了一套滞洪区洪水演算方案；1990年黄委会工务处与北京水科院水力学研究所协作研制了有限元法（二维非恒定流）洪水演算方案；三是伊、洛河夹滩自然分洪区。该区位于伊、洛河交汇处杨庄以上约20 km范围内两河间的夹滩地区，北依洛河南堤，南靠伊河北堤及西横堤和东横堤所包围的区域，面积约70 km^2，为自然滞洪区。现东横堤防御流量7 000 m^3/s，超标时开始倒灌；堤防防御标准，伊河为5 000 m^3/s，洛河为5 500 $m^3/$

s，超标即可能决堤分滞，并起到较大的削峰作用。参考1954年、1958年、1982年决堤滞洪资料，采用马斯京根法建立了漫滩洪水演算方案。

大汶河流域：大汶河的洪水预报，因限于资料短缺，20世纪50年代中期曾建立过简单的上下游洪峰流量相关图。1965年开始由山东省水文总站泰安分站负责编制该流域的洪水预报方案，共编制了3种预报方案：第一洪峰相关。建有北望加谷里合成流量与临汶洪峰流量相关图；以南支平均雨量为参数的北望与临汶洪峰流量相关图；以区间平均雨量为参数的临汶与戴村坝洪峰流量相关图、洪水总量相关图及洪水过程预报图。其过程预报采用标准径流分配法。第二降雨径流相关。产流预报采用降雨径流相关图，或汇流采用峰量相关图，经验单位线及标准过程线法，对于受水库影响作了改正。第三临汶以上流域模型。系山东省水文总站泰安分站与泰安水利学校协作研制的。该流域属于半湿润地区，产流方式以蓄满为主，间有超渗产流，模型是把蓄满产流与超渗产流结合的复合产流模型，汇流计算分地面与地下径流两部分，分别采用单元面积经验单位线及线性水库型马斯京根法，河槽汇流采用马斯京根分段连续演算法。

三、作业预报

（一）概况

1955年以前的作业预报，主要根据洪水预报曲线结合实况分析发布。自1955年起系统地编制了中下游洪水预报方案后，作业预报才逐步走上正轨。根据黄河防汛的具体要求，健全了汛期作业预报组织，制定了预报步骤和发布标准。80年代以来，主要采用按次洪水，由主班负责预报，并吸取天气预报会商的经验，避免机械使用方案和主观臆断，使作业预报更加符合客观实际，进而提高预报精度。预报手段也不断改进，已由50和60年代的手工计算和查图作业，发展到80年代电子计算机作业。作业预报时间大大缩短，使预报预见期有所增长。

（二）预报作业规定

1. 预报步骤

自1955年开始根据不同的预报精度分步提供预报，按照防汛的要求，作业预报分3步进行。第一步根据降水预报，由降雨径流预报方案（或流域模型），推估可能产生的洪水，作为警报。此步预报对花园口的预见期一般在24个h左右，但精度较低，只能供领导和防汛部门参考；第二步根据流域内已出现降雨实况，由降雨径流（或流域模型）预报方案推求洪水，一般精度80%左右，对花园口预报预见期12～18 h，供防汛部门提早考虑防汛部署；第三步依据干支流站已出现的洪峰流量，由洪峰流量相关和流量演算方法，推算下游各站的洪水，再加经验修正后正式发布，一般精度90%以上。对花园口预报，预见期8～10 h，供作防汛决策的依据。

2. 预报程序

20世纪50至70年代，预报工作由水情组（科）负责，预报由技术负责人审核发布，

80年代起改由作业预报组按次洪水轮流负责，以主班预报为主，在潼关或花园口站流量超过6 000 m^3/s 以上，10 000 m^3/s 以下时，其余各班亦同时做出预报，集体会商讨论，由技术负责人审核，处领导签发；超过10 000 m^3/s 以上的洪水预报，由水文局和防办领导审批发布。

3. 发布形式

洪水预报对外一律采用预报电码形式发布；对内规定漫滩流量以下，3 000 m^3/s 以上的洪水预报，先告知“防办”并在水情日报上公布；漫滩流量以上洪水预报或修正预报，一律用“代电”形式发布，并在“代电”中阐明预报依据，以便外单位分析使用。

4. 预报分工

洪水预报在20世纪50和60年代没有明确分工，主要由黄委会负责发布。同时兰州水文总站和三门峡水库水文实验总站也相应作预报，主要适应当地需要。自1977年建立黄河下游预报网以后，黄河下游各站的预报分别由河南、山东黄河河务局向下属单位发布，黄委会所作预报只向国家（中央）防总及河南、山东黄河河务局发布。黄河上游的预报，由兰州水文总站负责发布；沿黄各省（区）水文总站负责发布所辖区段的洪水预报。1985年规定华县、龙门、潼关、三门峡四站流量及史家滩水位预报主要由三门峡水库水文实验总站负责。若龙门、潼关、华县三站流量分别达到10 000、8 000、4 000 m^3/s 以上时，黄委会亦应做出预报与总站会商发布。

（三）预报误差评定

1. 评定方法

关于预报方案与作业预报误差的评定，1985年以前，未有统一的预报规范和评定方法。黄河洪水预报的评定是根据防汛的需要，曾采用过3种方法，一是相对误差（%）法，自开展预报以来一直采用；二是20世纪60年代初，采用苏联《规范》的评定方法，取预报要素的或然误差作为许可误差，即 $\delta_{许} = 0.674\sigma\Delta$ 对预报方案进行评定；三是按预报预见期内实测变幅的20%作为许可误差进行评定的标准。1985年以后改按水电部颁布的《水文情报预报规范》规定标准进行评定。

对于作业预报，除按《水文情报预报规范》要求评定外，考虑历史的习惯和根据黄河防汛要求，多按相对误差法评定，为与《水文情报预报规范》评定方法相比较，1988年将其误差3%以下定为优级，3% ~5%定为良级，5% ~10%定为合格，大于10%为不合格四种标准。预报方案误差评定，一律按《规范》规定标准评定。

2. 预报精度

1952年，由上站预报下站，水位误差0.2 m左右；流量误差一般10%左右，最大达14%；传播时间累积误差最大达10 h，一般1 h左右。同年还分析过伊、洛河的单位线，并用4月10日的一次降雨过程进行验证，峰值误差仅4%，其过程推算与实际流量比较，基本接近。

黄河下游河床冲淤不定，上下站水位关系复杂，往往预报误差较大。1953年为了提高预报精度，开始绘制洪峰流量相关及传播时间关系曲线，当年汛期发布8次预报，流量预报精度一般在90%以上，根据水位流量关系曲线由预报流量推求水位误差最大0.4 m左右，一般0.2 m，陕县至利津传播时间累积误差达10 h，自1955年汛期作业预报采用三步进行。

20世纪50年代是丰水年代，出现9次大于10 000 m^3/s的洪水，其中最大一次1958年7月17日花园口站洪峰流量22 300 m^3/s，其预报流量仅差300 m^3/s，精度达98.7%，水位预报仅差2 cm。

20世纪60年代作业预报误差，据部分年份统计，流量误差小于10%的占76%，10%～20%的占12%，大于20%的占12%。如1964年7月根据降雨预报花园口站可能出现8 000～10 000 m^3/s洪峰流量，实际出现9 430 m^3/s，预见期达24 h。

70年代作业预报误差据部分年份统计，发布预报150站次，流量预报误差小于10%的占70%，10%～20%的占18%，大于20%的占12%；总平均误差为10.2%，各站最大误差平均为32.7%，最小误差平均为1.15%；平均水位预报误差为0.18 m，各站最大误差平均为0.63 m，各站最小误差平均为0.02 m；传播时间误差，平均6.3 h，各站最大误差平均为51 h，各站最小误差平均为1 h。

20世纪80年代作业预报误差，据部分年统计，发布预报139站次，流量预报误差小于10%的占82%，10%～20%的占14%，大于20%的占4%，总平均误差为6.4%，各站最大误差平均为20.0%，各站最小误差平均为0.78%；水位预报误差，平均0.16 m，最大0.35 m，最小0.05 m；传播时间误差平均为7.2 h，各站最大平均为18.4 h，各站最小平均为2.4 h。

据上述预报误差统计比较，20世纪70年代误差略高于60年代，80年代的预报精度又较70年代有所提高。

20世纪70年代误差大的原因，主要是1976年8月和1977年8月两次异常洪水的预报误差所造成。1976年8月2日窟野河发生一次大洪水由于受神木桥壅水和汇入黄河倒灌又遇其上游洪水加入等影响形成该日22时吴堡站极为尖瘦的洪峰流量24 000 m^3/s，而当时根据雨水实况预报吴堡洪峰流量只有9 000 m^3/s，较实际偏小15 000 m^3/s，预报误差高达62.9%；根据吴堡洪峰流量预报龙门8月3日10时洪峰流量16 000 m^3/s，实际8月3日11时为10 600 m^3/s，较实际偏大5 400 nm^3/s，误差竟达50.9%；预报潼关8月3日22时洪峰流量10 000 m^3/s，实际8月3日23时为7 030 m^3/s，较实际偏大2 970 m^3/s，误差亦达42.2%，上述3站预报误差均是该站历史最大误差。黄河下游的预报，也常因洪水漫滩生产堤的影响，使传播时间预报发生较大误差，如1976年8月洪水利津站误差竟达124.8 h。

1977年8月由于高含沙水流的影响，使花园口以下各站预报产生较大误差，流量预报误差12%～28.3%，水位误差0.07～0.63 m。

第二节　长期径流预报

一、概况

1957年为适应三门峡水库施工需要，黄委会水情科根据河道径流退水规律和降水预报，试发了中长期枯季径流预报，逐渐扩大服务于灌溉、航运及其他有关部门。1959 年曾应用月径流前后期相关法和杨鉴初《历史演变分析法》以及降水预报作了长期径流趋势和最大流量预报，1960 年正式发布了黄河流域全年各月长期径流预报。1964 年以来在学习引进气象部门中长期降水预报方法基础上，应用周期分析、回归分析、判别分析以及相似年法，使长期径流预报跨入了数理统计方法的范畴。1976 年以后随着电子计算机的广泛应用，复杂的中长期径流预报方法得到采用，预报精度亦由初期的 50% 提高到 70% 以上。20 世纪 70 年代中期还分析研究过超长期径流预报，具体发布了黄河陕县 1976—2000 年的最大流量预报。

二、预报任务与方式

黄河的中长期径流预报在 20 世纪 50 年代中期，主要是为三门峡水库施工服务。以后逐步扩大为水电部水文局，水电建设总局，北京勘测设计院，北京水科院河渠研究所，三门峡工程局，中原电业管理局调度所，河南、山东黄河河务局，三门峡、位山库区水文实验总站，兰州、吴堡（榆次）、郑州水文总站等 14 个单位提供预报。

预报项目：有月、汛期、年径流量及月最大、最小流量等五项长期预报；在水利工程施工期和枯季水库调度运用期还增发候（5 天）或旬平均流量预报。

预报范围：黄河干流有上中游河段，支流有渭、洛、沁河。具体预报站点，20 世纪 50 ~ 60 年代有上诠、兰州、青铜峡入库、昭君坟、龙门、华县、三门峡入库、黑石关、小董（武陟）、花园口等水文站；70 年代有刘家峡入库、兰州、头道拐、龙门、三门峡入库、花园口等水文站；进入 80 年代根据需要，对原发布站进行适当调整，实发长期径流预报的站有刘家峡入库、兰州、龙门、华县、潼关、黑石关、花园口等水文站。

发布形式：主要采用报表，一般于年底前或翌年初发布全年各月径流总量（月平均流量）和年最大流量预报，逐月于月初发布修正预报。自 20 世纪 60 年代后期改为发布汛期（7 ~ 10 月）各月平均流量及月最大流量。20 世纪 80 年代以来为满足水库调度运用和防汛需要，改为发布非汛期（11 月 ~ 次年 6 月）各月平均流量及汛期最大流量。

三、预报方法、方案与分析

1957 年开始了枯季径流预报研究，编制了枯季月平均流量预报方案。三门峡工程局为了三门峡水库技术设计的需要，研究了三门峡汛期各月径流总量及枯季径流总量长期预报。

1959—1961 年较系统地编制了上中游干支流及下游主要站的枯季（11 月 ~ 次年 6 月）月径流和年（季）平均流量，月最大、最小流量预报方案，黄河上游有贵德、循化、上诠、西柳沟（兰州）、安宁渡、青铜峡、石嘴山、三湖河口、包头、头道拐等水文站；中游有吴堡、龙门、河津、交口河、洑头、南河川、华县、陕县等水文站；下游有大汶河戴村坝水文站，为黄河中长期径流预报的开展打下良好的基础。当时对各类预报所采用的预报方法主要有：

枯季径流预报：有退水趋势法，降雨径流相关法，上下游站相关法（包括同期平均流量与后期流量相关法、上下游站月或旬平均流量相关法），河槽蓄水量法。

年（季）平均流量预报：有相关图法即年径流总量相关图（以前一年平均流量或前一年汛期总雨量作参数的相关图），和分析法，建立年降水量与年平均流量的关系式进行计算平均流量。

月最大流量预报：以预见期内的降水为参数建立前后期或上下站月径流总量相关图。

最小流量预报：枯季径流主要受前期河槽蓄水和地下径流补给，对于有封冻现象的河段，则受封冻与解冻流量变化的影响。夏季，降水量是其主要根据因素。根据不同情况建立上述影响因素与预报因素的相关图。

1963—1964 年为了上游水库调度需要，曾由黄委会水文处、兰州水文总站、盐锅峡水电厂、甘肃省水文总站、宁夏回族自治区水文总站、青铜峡水利工程局、西北勘测设计院、内蒙古包头水文分站 8 个单位联合组织，采用前后期月径流相关法或以当月平均雨量为参数的前后期月径流量相关法编制了黄河上游干流循化、上诠、兰州等水文站和支流洮河沟门村水文站，湟水、大通河享堂水文站月平均流量预报方案。

1967—1968 年由黄委会水文处主持，兰州水文总站、黄委会设计院、黄委会水科所、中央气象科学研究所、中国科学院地理研究所（简称中科院地理所）、北京大学地球物理系、北京天文台、南京紫金山天文台、上海徐家汇天文台等 9 个单位参加，进行黄河长期径流和洪水预报的研究。综合各家意见发布了 1968 年上诠、兰州、青铜峡入库、昭君坟、龙门、三门峡入库、黑石关、小董、花园口等水文站汛期各月平均流量和年最大流量以及晋陕区间、泾渭河流域的暴雨预报，制定了黄河流域暴雨、洪水、时段流量相对应的分级标准。

洪水大小取决于降水多少和时间空间的分布。降水多少和分布受大气环流制约，故洪水与大气环流间有一定关系。分析表明，纬向环流（W 型）强盛时，易出现偏小和小洪水；经向环流（C 型）强盛时，黄河陕县易出现大洪水或偏大洪水；在经向纬向环流 C + W 型控制下易出现异常水情（大或偏小洪水）。

此外，还对太阳活动中心位置与陕县各级洪水的关系进行了分析。根据北京大学王绍武提供的 10 年平均 1 月份大气活动中心位置的资料与陕县各级洪水进行了对比分析，发现西伯利亚高压、冰岛和阿留申低压中心位置偏北时，陕县洪水偏小，反之偏大。

随着电子计算机的广泛应用，黄河的长期径流预报已多采用概率统计预报方法，大体分为两类：一是时间序列分析法，如历史演变法、周期平稳时间序列法、谱分析法等；二是多要素分析，分析水文要素与前期大气环流、海温、太阳活动等因素的关系建立统计预报模型，如多元回归分析、逐步回归分析、非线性逐步回归分析等。使水文与气象密切结合起来，从而提高了预报精度增长了预见期。

四、预报实录

1960—1968 年的月平均流量和月最大流量预报，主要应用前后期径流总量相关和降雨径流相关，参照东亚环流指数法、欧亚环流型法、前期气温预报法、跨流域相关法，年变形降水法，水文历史演变综合分析做出。

1969—1975 年长期径流预报，主要根据降水预报，应用降雨径流相关和水文历史演变规律以及前期气象要素指标与汛期径流总量和最大流量相关进行综合分析做出。

1976 年的长期径流预报，除应用水文历史演变、降雨径流方法外，还运用了回归分析、方差分析、多因子图解以及天气形势分析等方法做出。

1977—1982 年及 1983—1987 年的汛期最大流量预报，前者主要根据冬季北半球 500 毫巴环流，北半球海平面气压场分析、西太平洋海温场分析、副热带高压分析、相关回归点聚图和水文历史演变规律以及降雨径流回归分析、周期分析、相似分析等方法。后者主要根据刘家峡水库运用计划、干支流枯季退水规律、水文历史演变规律、水文要素与前期大气环流因素的关系，参考降水预报综合分析做出。

此外，黄委会兰州水文总站曾于 1955 年根据太阳活动周期结合前冬上游雪灾，以及汛前黄河基流水位偏高现象，综合分析做出当年汛期洪水偏大的趋势预报，兰州站实际汛期最大流量为 4 760 m^3/s，属正常偏大洪水，预报基本准确。该站正式开展长期径流预报始于 1960 年，每年 3 月发布 4 ~ 10 月月径流预报，10 月发布 11 月 ~ 次年 6 月月径流预报，汛期进行逐月修正预报。从 1978 年起逐步采用数理统计方法建立回归方程进行长期径流预报，选用的因子有海洋、地面、高空三因素，高空由单项发展为多项，由单层发展为多层，预见期由 1 个月发展到 1 年，长期径流预报的精度已达 70% 左右。

五、流域内省（区）长期径流预报

黄河流域内不少省（区）都先后开展了长期径流预报。

青海省水文总站于 20 世纪 60 年代开展了长期径流预报，所建预报方案主要有影响因子加参数的相关图和周期分析、趋势分析等，向国家防总，黄河防总，黄河上中游水量调度办公室，黄委会兰州水文总站，享堂、民和水文站，甘肃连城水文站，八盘峡电厂，窑街矿务局，西宁市和青海省防指等十几个单位发布预报，为水库和电站正常运转以及水资源合理利用起到重要作用。

宁夏回族自治区水文总站于 1960 年后陆续开展了汛期和枯季月径流黄河兰州和贺兰山沟道最大流量及旱情预报，应用水文历史演变法、太阳黑子年段法、前期气象要素指数等经验统计法，以及方差分析周期法、数理统计法等，编制了各种长期径流预报方案，作业预报合格率 60% ~70% 。

内蒙古自治区水文总站于 1958 年已应用“历史演变分析法”作长期径流预报。

山西省水文总站于 1959 年开始摸索长期径流预报方法，当时主要参照气象部门常用的客观降水预报方法、历史趋势分析法、相应要素相关法等，同时也采用过高空气象因子、环流指数、太阳黑子等要素寻找相关关系，为编制汾河、文峪河、浚河、漳泽水库控制运用计划，提供了预报数据。曾利用北半球高空 500 毫巴环流、海温、高原温度、副高特征等多种气象要素进行相关普查建立多元回归预报方程，还利用前期环流特征建立旱涝模式图，进行旱涝趋势分析预报，开展了墒情观测和墒情预报工作，取得一定效果。

陕西省水文总站于 1960 年开始应用历史演变、最低水温及降雨径流相关，开展了长期径流预报。1976 年又应用方差分析周期法、平稳时间序列方差分析法及平稳时间序列叠加法、太阳黑子相对数周期分析法、大气环流回归分析等多种方法，每年发布黄河干流龙门、潼关，支流魏家堡、咸阳、张家山、湖头等水文站汛期最大流量和年径流预报。1978

年开始在中长期预报方案的编制和作业预报中使用电子计算机，提高了效率，促进预报发展。

河南省水文总站于20世纪50年代后期亦开始进行历史旱涝周期变化规律的研究；70年代以后多用方差分析周期迭加法进行本省内主要站（包括黑石关、花园口站）年最高水位、最大流量，各地（市）汛期总雨量和汛期水文情势的预报。

六、预报效益

黄河的中长期径流和年最大流量预报，对于黄河防汛抗旱、水利工程施工、水库调度运用及其他有关部门需要起到很大作用，取得一定经济和社会效益。如1958年三门峡枢纽截流工程设计流量1 000 m^3/s。根据水情预报全面分析比较利弊，采用积极的措施，充分发挥人的主观能动性，决定仍按原定日期进行截流取得圆满成功，为工程提前完成争取了主动。从此每年汛前为三门峡水库适时调度提供了长期径流预报。又如1959年刘家峡水库截流工程设计流量为1 000 m^3/s，原已开挖的泄流隧洞承受不了，故决定另开挖溢洪道承受泄量，但根据水情预报，截流时的流量不会超过1 000 m^3/s，原隧洞可以满足下泄要求，而实际流量小于1 000 m^3/s，完全由隧洞下泄确保截流胜利完成，为国家节约了开支。

1987年宁夏水文总站对固原地区水库汛期安全蓄水抗旱的可能性进行研究。研究显示8月正是大汛期，汛期蓄水存在很大风险，经深入对比分析，研究了前期水文气象情势，提出了8、9月的修正预报，结果与实况相符合，发挥了较大的社会效益和经济效益。

第三节　冰情预报

一、预报任务

黄河的凌汛灾害主要发生在上游宁夏、内蒙古和下游河南、山东河段，自60年代以来在盐锅峡、青铜峡、天桥等大型水库回水末端以上发生冰塞灾害，为减少冰害，加强防守，争取防凌工作的主动权，需要冰情预报。除防凌部门外，航运、交通、水力发电、给水排水等部门亦迫切需要。自50年代中期每年11月初对上游、12月初对下游发布流凌、封河预报。预报河段长达1 327 km，其中上游宁蒙河段663 km，下游豫鲁河段664 km。

预报项目已由1959年以前的流凌日期、封冻日期、开河日期三项发展到1986年的流凌日期、封冻趋势、封冻日期、封冻长度、开始解冻日期、最终解冻日期、解冻形势、解冻最高水位、解冻最大流量、总冰量、桃汛水量以及正在探索中的冰塞冰坝等12项。

发布形式：主要采用报表或辅以话传电报拍发，凌汛期间多在凌情日报上公布。并根据中央和沿黄省（区）气象部门及1977年以后黄委会所作的中期和短期气温预报进行冰情修正预报，以满足各有关单位的要求。同时按黄河冰情预报的分区，明确分工负责。上游预报，主要由黄委会兰州水文总站和内蒙古、宁夏水文总站负责；黄河下游预报，由黄委会和山东黄河河务局负责。

二、预报方法与方案

20世纪50年代中期，在学习苏联冰情预报方法的基础上，结合黄河的具体情况，采用两种方法进行方案编制。

（一）指标法

依据历年冰情资料统计分析总结了黄河下游流凌、封冻日期预报条件。

1. 流凌条件

寒潮过境后最低气温（Tn）< -5 ℃，日平均气温（Tcp）≤0 ℃，最高气温（Tm）< 0 ℃，出现上述条件之一者，均可能流凌。

2. 封冻条件

流凌后，遇到寒潮侵袭，流凌密度达80%以上，水温 =0 ℃，Tm <0 ℃，Tn < -10 ℃，且维持两天以上；当流凌密度达80%以上，Tm < -5 ℃，Tn < -15 ℃；出现上述条件之一即可能封冻。如果Tn > -10 ℃或寒潮到达时河内无凌，则只能流凌或增多流凌，而不能封冻。对于泺口至利津河段又根据实测资料统计分析总结出封冻条件如下：

（1）封冻当日利津站流量小于350 m^3/s，平均流速在0.6 m/s以下。

（2）济南气象站日平均气温稳定转负6天以上。

（3）累计日平均负气温达35 ℃以上。

（4）封冻当日或前一日日平均气温低于 -7 ℃，日最低气温在 -11 ℃以下。

（二）经验相关法

有上下游站预报要素相关和前期要素指标与预报要素相关等方法。

1958年在全国水文预报经验交流会的促进下，以及1959年学习了水电部水文局编写的《河道冰情预报方法》的基础上，系统地全面地整理和编制了黄河干支流的冰情预报方案，干流计有龙门、潼关、陕县、三门峡、八里胡同、秦厂（花园口）、高村、孙口、艾山、泺口、利津11个水文站；支流计有双城、冯家台、龙王台、李家村、享堂、赵石窑、延川、甘谷驿、泾川、雨落坪、亭口、丘家峡、南河川、林家村、华县、河津16个水文站。预报项目有流凌开始日期及终止日期、流凌密度、封冻开始日期、开河日期等。总计编制冰情预报相关图105张。

1960年9月三门峡水库开始蓄水运用，黄河下游的冰情规律发生一定的变化，对三门峡以下冰情预报方案进行了全面地补充修订。

1964年全国水文预报经验交流会前后，对黄河的冰情预报进行了系统地分析研究。北京水电勘测设计院、西北水电勘测设计院和水电部第四工程局联合组织冰情研究组，对刘家峡至盐锅峡河段冰塞进行了观测研究，提出了冰塞壅水预报方法。

1974年全面整理和补充编制了黄河下游封冻、开河、冰量、封冻长度、历时及日平均气温转正日期等项预报图53张。其中封冻趋势预报图31张，开河日期预报图11张，总冰量预报图6张，封冻长度预报图2张，封冻历时预报图1张，平均气温转正日期预报图

1 张。这些图一直是作业预报的主要预报方案。1986—1989 年在编制黄河流域实用水文预报方案工作中对黄河流域历年编制的冰情预报方案进行筛选、补充、修订，编入了冰情预报方案 58 个共 6 类：

1. 流凌开始日期预报

本项预报方案主要考虑热力作用，河水温度达到并略低于 0 ℃时，即开始流凌，选用反映气温、水温下降趋势的各种指标，与流凌开始日期建立相关图。方案的合格率为 80% ~95%。

2. 封河开始日期预报

本项预报方案考虑了热力和水力作用，当开始流凌后气温继续下降或持续在 0 ℃以下，水体不断失热，流凌疏密度不断增加，当流凌疏密度、流速下降和负气温达到一定程度时即开始封河，由于流凌后水温均接近 0 ℃，不能反映热力变化，均应用气温为热力指标，并用流量反映流速作为预报依据，与封冻开始日期建立相关图。方案合格率为 78% ~91.1%。

3. 开河日期预报

本项预报方案考虑了热力和水力作用，热力因素有前期气温或累积气温，水力因素主要有开河前一定时段平均流量、河槽蓄水量和封冻厚度，作为预报依据与开河日期建立相关图。方案的合格率为 78% ~100%。

4. 开河最高水位预报

本项预报方案主要考虑了水力作用，有的也考虑了热力的影响，采用的主要因素有前期水位、气温、河槽蓄水量、封河开始日期、封河冰厚和河段的开河情况等作为预报依据与开河最高水位建立相关图。方案的合格率为 76% ~94%。

5. 开河最大流量预报

水力因素是影响开河最大流量的主要因素，选用前期水位、流量和河槽蓄量等作为预报依据与开河最大流量建立相关图。方案的合格率为 72% ~79%。

6. 封开河趋势预报

黄河下游封河趋势预报是以泺口站的平均流量与北镇月平均气温建立的判别图和判别式。

孙口至泺口和源口至利津河段开河形势图，均以济南开河前三天平均气温之和分别与孙口和泺口开河前 6 天流量之和建立的判别图和判别式。

此处还编制了桃汛水量预报：黄河桃汛主要是随着春季气温回升，宁蒙封冻河段逐渐解冻河槽蓄水下泄形成凌峰。为了三门峡水库春灌蓄水运用，开展了 10 日入库水量预报，建有以封河流量和平均气温为参数的上游来水量（12 ~次年 3 月平均流量）与头道拐站桃汛水量相关图；以内蒙古河段封河流量，12 月最低气温为参数的上游来水量与头道拐站桃汛水量相关图；以华县站 3 月平均流量为参数的头道拐站桃汛水量与三门峡入库（潼关站）桃汛水量相关图及其相应的回归方程。

（三）冰情预报模型

为进一步提高冰情预报，1978 年由黄委会牵头的全国冰情研究工作协调组成立之后，根据冰情预报的需要开展了内蒙古、山东两省（区）重点河段的冰情观测研究和昭君坟、利津两个水文站的冰情实验，经过几年的工作，已为冰情预报的深入研究，取得了不少宝贵资料。1982 年的全国冰情研究工作协调组召开了全国冰情研究经验交流会，吸取了国内各单位的冰情预报经验，同时为做好黄河下游冰情预报，组织翻译了大量国外冰情预报方面的论文。3 月水利部还组织了代表团到美国、加拿大进行冰情研究和预报情况的考察，逐步引进国外先进的预报方法，开展冰情预报模型的研究，促进黄河冰情预报的发展。

三、作业预报

20 世纪 50 年代中期开始发布流凌、封冻日期预报，60 年代增发了开河日期与开河最高水位预报，70 年代后又增发了封河历时、开河最大流量以及封开河形势预报等。

冰情预报主要根据气温预报和水力条件做出。在 1977 年以前，主要应用中央气象台、总参气象局气象室及河南、山东两省气象台的冬春气温预报，1977 年黄委会建立气象组织以后，依据黄委会的气温预报同时参照中央和省（区）气象台气温长期预报，于每年 11 月上旬发布上游石嘴山、巴彦高勒、三湖河口、昭君坟、头道拐等站的流凌日期、封河日期预报，2 月上旬至下旬发布以上各站的解冻日期、解冻最高水位、解冻最大流量预报。12 月发布黄河下游封河日期预报，1 月底至 2 月中旬发布下游开河日期预报。

黄河的冰情预报，以往未建立评定方法，故亦无正式作过误差评定，自 1985 年《水文情报预报规范》正式颁布后，冰情预报才开始按此《规范》规定标准进行评定。预见期在 10 天以上时，取预报要素值在预见期内实测变幅的 30% 作为许可误差。

但也有因气温预报欠准确的情况，在下游已有开河象征时，三门峡水库才开始控制运用，由于控制偏晚，在封河期形成的槽蓄水量未能在充分消退以前就开河，因此，仍会造成下游凌汛十分紧张局面。如 1968—1969 年度凌汛期，据当时开河预报，三门峡水库于 2 月 5 日夜关闸断流运用，而下游于 2 月 10 日提前开河，此时河道槽蓄水量尚未大量减退，因而孙口、艾山两水文站开河凌峰仍达 2 500 m^3/s，造成冰坝壅水，局部河段水位接近 1958 年的洪水位，致使防凌工作十分紧张。

第四节　气象情报预报

黄河气象工作始于 50 年代，在 1958 年前，主要是应用地方气象台的预报。如，1953 年起，山东省黄河河务局应用山东省气象台提供的气象预报，直接为黄河三角洲的开发工程和防凌工作服务；1955 年，汛期开始，黄委会应用河南省气象台的专线电话，由沿黄各省（区）提供的 24 小时降水预报直接为黄河防汛和水文预报服务。

1958 年至 60 年代初，气象工作在“图、资、群结合，以群为主”“大、中、小结合，以小为主”等口号的影响下，黄河水文工作贯彻执行“保证治黄重点，开展全面服务”的方针，积极推进水文气象情报预报为工农业生产服务，并且有组织地在全河有条件的水文站，开展了单站天气预报的工作。

1962—1967 年期间，黄委会气象人员参加河南省气象台的预报值班与会商，并在河南省气象台的配合下，汛期发布未来 1 ~ 3 天流域各区的降水预报，凌汛期发布郑州、菏泽、济南和北镇四站的 3 天气温预报。

1977 年黄委会气象人员增至 9 人，其中预报员 4 人，通讯填图员 5 人。配备了部分设备，并接通了黄委会至河南省气象台之间的气象通讯专用线路。该年 7 月 18 日黄委会分析出第一张用于流域气象预报的天气图，并制作发布了气象预报。

1978 年，又增加 3 名预报人员，在增设了电传打字机和气象图片传真接收机等设备条件下，汛期定时用电话、黑板报和水情日报三种方式提供流域各区未来 48 小时的降水预报，凌汛期郑州、菏泽、济南、北镇四站未来 3 天的平均、最高、最低气温的预报，而且每年汛前还发布流域各区降水趋势预报，每月初提供分区月降水量预报，以及凌汛前发布郑州、菏泽、济南、北镇四站气温趋势预报，每月初发布月气温预报。1980—1985 年期间，总人数基本维持在 14 ~ 16 人之间。并在 1982 年开展了中期天气预报工作。

1983 年 7 月成立气象科，下设四个专业组，即通讯填图组、短期预报组、中期预报组和长期预报组。

至 1986 年，预报人员达到 14 人，通讯填图员 5 人，气象科总人数增至 19 人，同期购置了平板工自动填图仪、测雨雷达终端和卫星云图接收机等设备，进一步加强了气象预报工作。

一、气象情报

（一）情报收集

自 60 年代起，黄委会有了自己的气象专业人员，从此也有了专门为黄河防汛防凌服务的气象情报工作。不过，当时的气象情报，仅限于根据河南省气象台所收集的气象信息和天气图表，结合黄河的水情和下游的凌情及时描绘、复制与黄河流域天气有关的天气形势图表及部分经过分析加工的资料。

黄委会比较正规的气象情报工作开始于 1977 年夏季。随着水文处水情科气象组的成立，当年汛前通过郑州市电信局，开设了由河南省气象台至黄委会的气象通讯专用线路。同期委托河南省气象台代培了两名气象通讯、填图人员。7 月中旬开始了气象情报的正式值班工作。7 月 18 日填绘出黄委会用于实时天气预报的第一张天气图。当时，由于值班人员少，技术尚不够全面，每天只收填 20 时的欧亚地面天气图，东亚 850，700 和 500 hPa 三张等压面图。

至 1982 年初，填图人员基本保持为 6 人，并先后到山东省气象台和陕西省气象台进行两次技术培训。随着情报人员的增加，技术水平的提高，不仅天气图表收填的数量逐年增加，质量也明显提高。

1986 年，黄委会气象科在利用气象部门情报为黄河防汛、防凌服务方面做了大量工作。如在汛期，黄河流域气象部门除向黄委会及时提供气象预报外，还及时提供气象情报，主要内容有月、旬、日降水实况及变化情况，当河南、山西、陕西、山东省气象台及中央气象台遇重大天气过程时，及时提供前几小时的天气实况，雷达回波和卫星云图等方面的情报。黄委会气象人员及时进行综合分析与汇总，并向黄河防汛部门和有关领导汇报。同时，还会同水文、雨量站的雨情资料，分析流域雨区的移动和发展趋势，为暴雨和洪水预报提供依据。

凌汛期，根据山东、河南省气象台提供的北镇（或惠民）、济南、菏泽和郑州等站的气温实况或遇强冷空气过程和回暖天气，中央气象台提供的全国范围内的天气情报，黄委会气象人员及时进行分析和汇总，并向有关部门汇报。同时，制作气温变化图表，结合天气形势和凌情趋势，为气温和冰情预报提供依据。

另外，月初（或上月末）发布当月降水（汛期）或气温（凌汛期）长期预报时，还对所收集到的降水（或气温）实况，以及天气图资料进行综合分析，及时向有关部门提供天气气候特点和大气环流背景的再加工情报。

（二）仪器设备

1977 年初，从郑州市电信局租用了两台 555 型电传打字机。1978 年购置配备了两台长江 555 型电传打字机，同时，对情报人员进行了电传操作和维修技术的培训 – 1979 年和 1980 年相继增设了两台 T1000S 型电子式电传打字机和两台上海产电子式电传打字机，提高了气象信息传输打印的速度，减少了噪声，改善了工作条件。1981 年又增设了两台 ZSQ – 1A 气象传真收片机，为天气分析和预报工作增添了大量信息和资料。1986 年汛前，增设了自动填图仪，实现了天气图填制自动化。不仅减轻了填图员的劳动强度，节省了人力，而且缩短了填图时间。1987 年又增设了雷达终端，通过与河南气象台 713 型气象雷达的专线传输，可及时获得以郑州为中心半径 500 km 范围内云或雨的显示图像。

（三）常规资料

气象常规资料，是天气预报及分析工作最基本的实时气象资料。自 1977 年开始，经河南省气象台至黄委会的通信专线传输和电传打印后，由人工或自动填图仪填制成天气图。主要如下：

1. 地面气象报

根据黄河流域的地理位置和北京气象中心发布地面气象报的情况，在欧亚大陆和太平洋西海域共选取 345 个地面和海洋气象站。地面气象报包括天气报、重要天气报和雨量报等。主要内容有云高、云量、云状、能见度、风向风速、气温、露点温度、本站气压、海平面气压、过去三小时变压、降水量、天气现象、24 小时变温、变压，以及最高和最低气温等。

地面报全天有 6 次，即 2、5、8、14、17 和 20 时。由于填图人员少，1977 年开始只填 08 和 20 时两次，绘制地面天气图。遇复杂天气，临时加 5 时或 14 时小区地面天气图。

2. 高空报和测风报

根据资料情况，在欧亚大陆，太平洋西海域和印度洋北海域共选取 380 个发布高空报或测风报的台、站。主要内容有 850、700、500 hPa 等压面的高度、温度、露点温度、风向风速等。每日 8 时和 20 时两次，根据高空报填制等压面天气图（简称高空图）。遇有复杂天气时，增加填绘2时和5时两次高空风图。

3. **台风报**

台风报的主要内容有台风编号、中心位置、中心气压、最大风速以及未来12、24、36、48 h台风中心移动路线。一般由预报值班员点绘在相应时刻的地面和高空天气图上。

4. **月、旬、候格点报**

每逢月、旬、候结束的次1~2日，应填北半球500 hPa平均高度的格点报。报文内容除区别月、旬、候三种报的指示码外，内容与形式基本一致。

每份报共获得576个格点的高度值。根据格点报填制成北半球的月、旬、候平均高度图，从而绘成平均环流形势图，供天气气候分析和中长期天气预报使用。

（四）传真资料

传真资料是通过有线或无线传真发送，利用传真收片机接收到的气象资料，通常接收由北京气象中心广播发送的图、表资料有：

1. **实时资料**

主要包括东亚850、700、500 hPa高度，500~1 000 hPa厚度，700、500 hPa24小时变高，北半球24小时地面变压。

2. **客观分析资料**

主要包括亚欧地面850、700 hPa分析图，700 hPa垂直速度分析，500 hPa涡度分析，热带地面和200 hPa的分析，东亚、地面分析，北半球100、200、300、500 hPa客观分析。

3. **物理量及其分析资料**

主要包括500 hPaθse与850 hPaθse的差，700 hPaθse，T－Td、水汽通量、水汽通量散度和垂直速度，北半球500 hPa涡度及其距平，850 hPa水汽通量。

4. **预报资料**

主要包括700hPa形势和T－Td36小时预报，500 hPa的12~36 h变高预报，500~1 000 hPa的36 h厚度预报，850 hPa的36 h温度预报，36、48 h地面形势预报，中国范围24、48 h降水量，月平均气温距平和月降水量距平百分率预报，欧洲数值预报中心的24、48、72、96、120和124 h北半球500h预报，12~36 h网格降水量预报，欧亚500 hPa月平均高度预报，台风路经客观预报，500hPa36. 48 h涡度预报，700 hPa36. 48 h垂直速度，水汽通量、水汽通量散度，36 hθse，全风速预报，850 hPa36 h水汽通量和全风速预报，500 hPaθse ~850 hPaθse的36 h差值预报。

5. **其他资料**

主要有台风警报，北半球500毫巴超长波合成，月平均高度、高度距平及其球展系数；500 hPa欧亚和东亚区环流指数，西太平洋副热带高压、东亚槽、极涡等特征量，以及河南省区域天气图等。

(五) 卫星云图、测雨雷达和探空资料

1. 卫星云图

1981 年 7 月开始，由河南省气象台提供日本 GMS－1 同步气象卫星拍制的云图资料。7 月上旬至 9 月上旬的红外云图，主要为 A 图和 H 图。A 图的覆盖范围为北纬 10°～60°，东经 100°～170°。每天 8 个时次，即世界时 00 点为第一次图，然后每隔 3 小时一次图。

1982 年开始，启用日本 GMS－2 同步卫星云图，并考虑到实际应用的需要，改用 B 图（覆盖范围为北纬 10°～60°，东经 135°～西经 150°），与 A 图衔接，覆盖整个欧亚大陆太平洋海域。

2. 测雨雷达资料

1987 年设置雷达终端，与河南省气象台的 713 型气象雷达相连，并商定：遇一般天气过程，每天开机 3～4 次，可分别获得云或雨的 3～4 张平面位置和高度显示图像。当天气形势复杂，已经或可能出现强降水过程时，每隔 1～2 h 开一次机。

3. 探空资料

配合黄河“三花”间的短期天气预报，1978 年开始，由河南省气象台投资提供郑州站探空资料。6～9 月每天 8 时和 20 时两次，包括高空温、压、湿、风，在天气分析和预报中应用。

另外，1985—1986 年期间，还由栾川县驻军二炮某部气象台提供栾川站的探空资料。

二、短期预报

(一) 汛期降水预报

1. 基本任务

汛期，每天提供未来 1～3 天（1987 年前为 1～2 天）流域各区降水量级预报，是降水短期预报的主要任务。

一般情况下，每年 6 月上旬为天气监视阶段（遇有重大天气过程即时转入天气预报阶段），开始全面接收气象信息和点绘分析有关资料，并对天气变化特点和发展趋势进行监视，遇有情况及时向领导和黄河防总办公室反映。

6 月中旬开始进入预报值班阶段，即除全面接收分析气象信息、资料外，还安排预报人员昼夜值班。每天上午或中午会商天气，根据会商结果向有关领导提供未来 1～3 天内黄河流域分区的降水量预报。文字预报同时公布在每天的《黄河水情日报》上。每当有重要雨、水情，且天气形势呈现复杂情况时，还需及时向黄委会、水文局有关领导和黄河防汛办公室值班人员汇报，必要时发布修正预报。当中游大部分可能有强降雨过程时，还得向防办和黄委会、水文局有关领导提供降水量等值线预报图。

一般情况，进入 10 月份就不再在夜间值预报班，只是每天派预报员到河南省气象台查看天气形势，参加天气会商，监视天气变化情况。是否继续发布降水预报，则视雨、水

情和天气形势而定。但遇有洪水过程，或出现强降雨或连阴雨天气，则继续接收气象信息和发布降水预报。

2. 资料与图表

日常用于短期降水预报的资料和图表有：

（1）8、20 时的 850、700、500 hPa 高空等压面图，必要时增加 2 时和 5 时的高空风图。

（2）2、5、8、14 时的东亚地面天气图。

（3）1984 年汛期开始，增加河南省区域（72 站）天气图。

（4）24 小时全国降水量分布图。

（5）郑州站温度对数压力图和高空风时间垂直剖面图。

（6）国内部分 K 指数、θse 、能量的沙土指数等物理量图。

（7）卫星云图：日本 GMS－1 和 GMS－2 同步气象卫星图片由河南省气象台提供。

（8）雷达回波：1987 年 8 月开始通过雷达终端可以定时（遇有复杂天气可随时）由河南省气象台提供 713 型气象雷达回波图像（包括目标平面位置和高度的两种显示图像）。

（二）凌汛期气温预报

每年冬季，黄河下游凌汛期一般为 2～3 个月。根据凌情预报的需要，必须作好黄河下游逐日气温的预报。

1. 山东气象台的预报

1962 年，山东黄河河务局与山东省气象局商定，每年下游凌汛期由山东省气象台定时用电话向河务局水情科提供未来 3 天内郑州、济南、开封、菏泽和北镇的逐日气温预报。预报项目有最高、最低和平均气温。当时山东省气象台应用常规的天气图资料，由天气学方法制作逐日气温预报。

在确定济南站气温预报值时，要注意到济南周围特殊地形对该站气温的影响。即该站气温往往较其他站偏高，尤其是在回暖阶段，持续刮偏南风的情况下，这种偏高更为显著。因此，必须进行经验订正。

20 世纪 70 年代开始，为了充分发挥三门峡水库在下游防凌中的作用。开展了三门峡水库优化调度的试验研究。于是做好逐日气温预报就显得更为重要。针对这一情况，山东省气象台与黄委会水情科及山东大学数学系协作，开展了气温预报的数理统计方法研究。同时，从 1974 年开始将气温预报预见期由原来的 3 天延长为 5 天。预报方法也由单一的天气学方法改进为天气学和统计学相结合的综合预报方法。

在此期间，山东黄河河务局水情科每天及时通过电话向黄委会传递山东省气象台的逐日气温预报，以便在凌情预报和防凌调度中充分发挥其作用。

2. 黄委会和有关省气象台的气温预报

在山东省气象台向山东黄河河务局提供逐日气温预报的同时，黄委会也于 1962 年凌汛期开始，与河南省气象台合作，开展了气温短期预报。1964—1965 年凌汛期黄委会防凌工作组到济南，与山东省气象台一起制作气温预报，随时将预报结果传递给黄委会水情科。

1972 年开始，因防凌工作的要求，每天由水情科气象人员利用气象台的气象资料，在气象台专业人员的配合下，每天定时试作郑州、济南二站未来 3 天的日平均气温预报。经对 1972—1973 年和 1973—1974 年两个凌汛期逐日平均气温预报按允许误差 24 小时为 ±1.5 ℃；48 ~ 72 小时为 ±2 ℃进行统计，后第一天至第三天的预报准确率分别是：郑州为 64%、58% 和 46%；济南为 56%、47% 和 38%。

1975—1976 年期间，由于人员原因暂停了逐日气温预报工作。

1977 年开始，正式成立了气象组，并增设了气象情报工作。从此黄委会，气象组的预报员应用自己的天气图和气象资料，用天气学方法试作郑州、济南、北镇三站未来三天的逐日气温预报。

1983 年成立气象科之后，黄河下游三天气温预报的工作走向正规化，并明确由短期预报组承担，每年 12 月份开始，进入凌汛期气象预报值班，通常在 12 月 15 日后正式发布预报，遇特殊情况提前进入凌汛值班或提前发布逐日气温预报。

一般情况下，值班工作持续到 2 月底。遇有 3 月份开河的年份则延长至全河开通，即凌汛期结束。

三、中长期预报

（一）中期预报

黄委会自 50 年代以来就开始应用地方气象台的中期预报。不过，当时的应用只起到了解天气变化情况的作用。

1962 年凌汛期开始，由山东黄河河务局委托山东省气象台提供下游 5 站 3 天逐日气温预报；1974 年开始，将气温预报的期限由原来 3 天延长为 5 天。

同期，黄委会也与河南省气象台合作，试作下游三站的 3 天气温预报。

1979 年初，在北京大学仇永炎教授的建议和支持下，由国家气象局气象科学院姜达雍、张杰英作技术指导，黄委会与河南省气象台合作，应用黄委会水科所 TQ－16 电子计算机，开展了一层原始方程的中期数值预报试验。至 1980 年，共进行两年预报试验。计算成果结合天气学方法，应用于流域汛期降水预报和凌汛期下游气温预报。

同年秋季，由国家气象局主持在苏州召开了“全国中期预报学术交流会”。黄委会代表在会上就黄河流域开展中期预报的方法和试验成果做了报告。会后根据会议交流的主要内容，国家气象局以及有关专家发起关于“加强中期预报方法研究和积极开展中期预报业务”的呼吁。针对黄河防洪防凌工作的实际，对开展黄河气象中期预报作了初步设想。逐步开展中期预报工作。

经过对 1981 年黄河上游大洪水的分析总结，进一步认识到开展气象中期预报的重要性和必要性，于 1982 年汛期开始，抽专人开展中期预报业务。至 1984 年汛期的两年时间里，由于中期预报的业务工作处于初期，既缺乏资料和方法，又缺实际预报经验，因而对中期预报工作的要求，主要是以口头形式向防汛部门和主管领导提供预报。随着资料和经验的积累，建立了基本的预报方法，从 1984 年凌汛期开始，中期预报改为以文字形式发布。并且规定：中期预报的期限为第 3 天至第 7 天；预报内容以过程为主，即凌汛期发布未来 3 ~7 天黄河下游的气温预报；汛期发布未来 3 ~7 天流域的降水过程预报。

为了配合黄河防汛总指挥部办公室每周举行的防汛例会，中期预报在一般情况下一周发布一次，发布时间原则上在防汛例会的前一天，当遇到特殊情况，必须对原预报进行修正时，以文字或口头形式增发一次。

（二）长期预报

通常称预见期在 10 天以上为长期预报。

1959 年黄委会开始应用地方气象台的长期（即月、季）天气预报掌握流域各区降水趋势，并制作流域干支流主要站的径流预报。这一情况一直延续到 1967 年。

1968 年开始，黄委会组织了黄河流域水文气象长期预报的科研大协作。当年汛前，根据科研成果做出了黄河干支流主要控制水文站的径流量，分区降水量、大到暴雨次数、等级以及出现时间等数十项预报。同时，参考黄河流域各省（区）气象台根据协议提供的月、季长期天气预报，试验性地开展黄河流域分区（全流域分为：兰州以上、兰州—包头区间、包头—龙门区间、汾河流域，北洛河流域，泾渭河流域，伊、洛河流域和沁河流域，共 8 个区）的汛期和分月降水量长期预报。这是第一份降水长期预报。

1968 和 1969 两年的长期预报都收到较好的效果。

1970—1971 年期间，气象人员下放；降水长期预报工作暂停。当时由水文人员将中央气象台和沿黄各省（区）的降水长期预报按流域水系进行综合，并作为径流长期预报的主要依据。

1972 年，下放人员调回，流域分区的降水长期预报工作再次开展，并将流域分区进行了调整，把兰州至龙门区间的包头站改为托克托站，即兰包区间改为兰托区间，同时改包龙区间为托龙区间。

1974 年，在山东省气象台的协助下，与山东大学数学系合作开展了黄河下游凌汛期气温长期预报方法的研究。

当年 11 月下旬，发布了 1974 年 12 月至 1975 年 3 月黄河下游 5 站（郑州、菏泽、聊城、济南、惠民）的气温预报。这是黄委会的第一份气温长期预报。预报项目为 12 月至次年 2 月的月、旬平均气温和距平值，以及 3 月份的气温趋势。

1975 年，汛期降水长期预报增加下游汶河流域，同时将原泾渭河分开，从而成为 10 个预报分区。凌汛气温预报也考虑到资料的困难，不再包括聊城站。即改为下游 4 站气温预报。

1975—1978 年期间，结合郑州大学数学系、新乡师范学院数学系和南京气象学院毕业生来黄河实习之机，开展应用电子计算机制作径流量、流域分区降水量和黄河下游凌汛期气温的长期预报工作。

自 1980 年凌汛期开始，考虑到气温资料和凌情预报的实际情况，将菏泽站删去。从此，气温预报改为郑州、济南、北镇 3 站。

自 1980 年汛期开始，对黄河流域的降水分区作了较大调整，主要依据对全流域 69 个雨量代表站 27 年（1953—1979 年）降水量资料聚类分析的结果，同时参考流域特征和预报应用的实际情况，把流域降水的预报区统一为六个大区，即：兰州以上地区；兰州至托克托区间；将托克托至龙门区间和汾河流域合并为一个大区，统称为晋陕区；泾、北洛、渭河为一区；将伊、洛河和沁河统一于三门峡至花园口区间；将金堤河大汶河统一于花园口以下地区为下游区。

同时，长期预报业务也作了相应调整。明确规定：每年3月下旬前准备一份当年汛期降水长期预报的讨论稿，参加由中央气象台主持召开的全国汛期降水预报会商会及其他有关会议；5月份黄河防汛会议前为主管领导提供一份当年黄河流域汛期降水趋势的综合意见；5月下旬正式发布当年汛期6~9月流域分区的降水量长期预报；并在每月的2日或3日发布分月降水量预报，同时提供上月的流域降水实况及分析。

1981—1983年，为了对黄河流域旱涝规律和长期预报进行研究，与杭州大学地理系气象专业开展协作，经过三年共同工作，不仅基本弄清了黄河流域旱涝的变化规律及其主要成因，而且建立一套用于业务预报的长期预报方案，从而使长期预报工作向前推进了一大步。

（三）服务效果与预报准确率

1. 中期预报

中期预报业务起步晚，人员较少，资料和方法也比较缺乏，但预报人员克服种种困难，扬长避短，边开展预报服务，边改善工作条件，使预报服务的质量稳步提高，取得了良好预报结果。

据1984~1987年中期预报，参照河南省气象局规定的中期降水预报时段、范围和强度三方面评定标准和中期气温预报评定规定1~3日误差±2 ℃，4~10日误差±2.5 ℃进行检查，平均预报准确率：汛期降水过程为74%左右，凌汛期气温过程为82%左右。

2. 长期预报

长期预报业务虽然开展得比较早，由于人员少、资料不足，预报理论和方法不够成熟，准确率不高。多年来不断努力改进预报方法和预报方案，降水预报准确率超过60%的占总次数的80%，最高年份达79%，气温预报准确率超过60%的年份占总次数的40%，最高的达100%，取得了一定的社会和经济效益。

第五章　黄河流域生态保护和高质量发展

第一节　黄河流域生态环境与经济发展的动态分析

一、研究区域

以黄河流域地区的山东省、河南省、山西省、陕西省、甘肃省、青海省、内蒙古自治区和宁夏回族自治区 8 省区中的 77 个地级市（州、盟）作为黄河流域地区的研究范围。其中，内蒙古自治区不包含赤峰市、通辽市、呼伦贝尔市、兴安盟、锡林郭勒盟和阿拉善盟；甘肃省不包含嘉峪关市、金昌市、张掖市、酒泉市、临夏回族自治州和甘南藏族自治州；陕西省不包含汉中市和安康市；青海省不包括海北藏族自治州、玉树藏族自治州和海西藏族自治州。由于青海省的海南藏族自治州、黄南藏族自治州和果洛藏族自治州的相关指标数据难以获得，故本研究区域将这 3 个自治州剔除，即研究区域为 74 个地级市。

二、经济发展动态分析

黄河流域地区经济发展整体滞后，存在区域差异大、产业结构不合理、科技创新水平低、高新技术产业发展迟滞等诸多经济社会发展问题。将从经济规模、产业结构以及对外开发程度这三个层面入手，全面地分析黄河流域经济发展现状。

（一）经济规模分析

下面将通过“一个总量”与“三个视角”透视观察一个国家或地区的经济发展规模。“一个总量”指的是国内生产总值；“三个视角”指的是生产视角、需求视角和收入视角。生产视角选用工业增加值指标反映黄河流域工业企业的生产规模水平；需求视角选用全社会固定资产投资额指标，不仅用于反映黄河流域全社会固定资产投资规模，还用于反映黄河流域固定资产投资需求量；收入视角选用财政收入指标反映黄河流域政府财政收入情况及规模水平。

在黄河流域地区中，山东、河南和陕西地区的各项指标占比较高，其次是内蒙古和山西地区。黄河流域整体经济发展水平较低，经济规模尚小。黄河流域地区的财政收入比重远低于其他三个指标，即黄河流域地区的财政收入情况较差。财政收入是一项反映一个国家或地区财政水平的经济指标，一个国家或地区的财政收入水平直接关系到这个国家或地区未来经济建设和社会发展的重要走向。由于黄河流域地区对外开放程度低、货物进口总额不足、中大型企业较少且经济效益不高等问题，导致黄河流域地区进口税收、企业增值税、企业所得税、印花税等税收收入偏低，致使黄河流域地区财政收入低迷。受黄河流域社会经济发展水平低下的影响，各产业领域发展受限，经济发展动力不足。

（二）产业结构分析

随着经济社会的蓬勃发展，民众对交通、通信、餐饮、教育、金融等行业的需求量日趋增长。黄河流域是我国农产品生产的主要生产区域，黄河流域地区的第一产业占比较高，以畜牧业为主。黄河流域地区的第二产业以初级加工业及矿产采掘业为主。2018 年，黄河流域地区的第三产业占比远高于第二产业占比，产业结构虽为“三二一”型，但与全国平均水平相比，仍有很大的进步空间。黄河流域各省份之间存在着严重的产业结构及产业发展差异化明显的问题。

2018 年，内蒙古和甘肃地区的第一产业比重远高于黄河流域地区及全国平均水平，第二产业占比极低，明显低于黄河流域及全国平均水平，产业结构严重失调。内蒙古和甘肃地区凭借辽阔的牧场、充足的雨水、湿润温和的气候与较高的光照强度等自然环境优势，造就了一个集生态保护与经济发展为一体的农牧业先行示范区。与此同时，受地理环境、科技创新能力、社会经济发展的限制，政府的投资力度有限，甚少工业企业愿入驻内蒙古和甘肃地区，致使第二产业占比远低于全国平均水平。河南和陕西地区的产业结构仍停留在“二三一”阶段，除上述两省外，黄河流域其他省份均为“三二一”型产业结构。

（三）对外开放程度分析

改革开放以来，对外开放一直是推动一个地域经济迅速增长的引擎。近年来，我国为实现高水平的对外开放，采取许多诸如“一带一路”建设、自由贸易试验区建设、中国国际进口博览会的举办等重大举措，促进中国各类产业在世界上实现全局化，倚靠“一带一路”政策的实施，实现国内外贸易高质量共建，开辟新的市场和增长极，在推动国内国际双循环的基础上，打造新型贸易市场竞争力。黄河流域作为“一带一路”陆路的重要地带，其对外开放水平不仅对自身社会经济发展产生重大影响，同时对我国“一带一路”的建设程度及外贸水平具有显著的影响。

黄河流域地区进出口总额占比和外商企业投资总额占比较低，其外贸交易度和外商投资水平较差，与全国外贸依存度平均水平相比，黄河流域地区的外贸依存度略高，黄河流域整体对外贸易水平显著低于全国平均水平。黄河流域地区内部区域对外开放水平分布不均，山东地区的对外贸易水平远高于全国平均水平，且在黄河流域对外开放中占据主导地位；河南和陕西地区的对外贸易水平略低，在国家和当地政府的扶持下，其对外贸易水平达到全国平均水平指日可待；山西、内蒙古、青海和宁夏地区的对外贸易水平极低，具有巨大的发展空间，当地政府应对此加以重视，采取一系列有效措施发掘其无限的发展潜能，进一步提升其对外开放程度，同时加快其社会经济发展的步伐。

三、生态环境保护动态分析

黄河流域存在着的一系列生态环境保护问题深受我国党中央的密切关注，黄河流域历史留存的水土流失、土地沙漠化严重、地表采矿塌陷事故频发、水资源污染及短缺、黄河下游降水量过大致使其深受洪水威胁等诸如此类的生态与水资源难题。近年来，我国为解决这一难题，不断开展青海省引大济湟调水总干渠工程、黄河干流防洪治理工程、黄河内蒙古河套灌区续建配套与节水改造工程等黄河流域大型生态环境保护建设项目建设，有效缓解了黄河流域严峻的生态环境污染问题。但黄河流域地区欲达到与长江流域、珠江流域相当的生态环境保护水平，仍任重而道远。黄河流域地区主要面临的是水资源短缺问题、水资源污染问题和过度放牧导致的草场退化问题，针对黄河流域地区的生态环境保护状况，本文将从水资源状况、土地资源状况和生态保护状况这三大部分对其进行一个动态分析。

（一）水资源状况分析

2018 年，黄河流域地区的水资源总量达 2 947.8 亿 m^3，仅占全国水资源总量的 10.73%；地表水资源量为 2 480.8 亿 m^3，仅占全国的 9.42%；地下水资源量达 1 471.5 亿 m^3，占全国的 17.84%。黄河流域地区水资源状况较差，储备量较少，短缺严重。由图 2.6 可知，青海地区的水资源总量最高，达 961.9 亿 m^3，占黄河流域地区水资源总量的 32.63%，其次是内蒙古、陕西、山东等地区，宁夏地区的水资源最为匮乏，水资源总量仅有 14.7 亿 m^3，仅为黄河流域的 0.50%。

2018 年，青海省的人均水资源量高达 16 018.32 m^3/人，分别是黄河流域地区和全国平均水平的 18.31 倍和 8.12 倍，人均水资源达到一个惊人的水平。同时，除内蒙古地区外，山西、山东、河南等其他地区的人均水资源量与全国平均水平相距甚远，人均水资源量极低。降水量是陆地上水资源的重要来源之一。山东、河南和陕西地区的年平均降水量较高，略高于全国平均水平；山西和黄河流域地区的年平均降水量较低，均位于全国平均水平的 75% ~80%；内蒙古、甘肃、青海和宁夏地区的年平均降水量极低，仅处于全国平均水平的 45% ~60%。

根据黄河流域地区的水资源统计数据表明，黄河流域地区的水资源总量匮乏、人均水资源量和年平均降水量较低，水资源短缺问题严重，且黄河流域地区内部区域水资源分布较为松散，水资源总量、人均水资源量和年平均降水量差异较大。水资源短缺难题是有关国计民生的关键性问题，是影响黄河流域社会经济发展的基础性问题，亟待国家和地方政府的短期缓解和长期解决。

（二）土地资源特征分析

2017 年，黄河流域地区的森林面积和耕地面积较为广阔，分别为 5 212.86 万公顷和 4 026.91 万公顷，占据黄河流域土地面积的 16.90% 和 13.05%，人造林地面积最少，为 225.28 万公顷，仅为黄河流域地区的 0.73%。黄河流域地区的耕地、湿地、林地面积占比与全国平均水平相近，最大差距不到百分之一，黄河流域地区森林面积占比略低于全国平均水平，森林覆盖率有待提高。黄河流域地区中仅有陕西省的森林覆盖率超过全国平均水平，其森林覆盖面积为 853.24 万公顷，森林覆盖率为 41.50%。山东和河南地区的耕地面积占比极高，约为黄河流域地区和全国平均水平的 3.5 倍。与其他地区不同的是，青海省由于其水资源量较为丰富，其土地资源以湿地面积为主，为 814.36 万公顷，占青海省土地面积的11.27%。

综上所述，黄河流域地区的土地资源以森林、耕地为主，其次是湿地和林地。受自然环境和地理区位的影响，黄河流域地区内部区域的土地资源分布特征差距较大。

（三）生态保护状况分析

自倡导生态文明建设以来，黄河流域生态保护问题是一直是党、国家和各界专家学者们热切关注的焦点问题。将从黄河流域生态治理水平和生态环保投资水平对黄河流域的生态保护状况进行分析与概括。

1. 生态治理水平

由于暴雨集中、植被稀疏、土壤抗腐蚀性差，加之人类不科学规划及开发自然资源，导致黄河流域地区土壤植被破坏严重，同时由于雨水冲刷导致表层土壤流失，从而加重黄河流域地区水土流失的问题。

2018年，内蒙古、甘肃、山西和陕西地区的水土流失问题较为严重，其水土流失面积分别为592 702 km^2、186 143 km^2、60 596 km^2、65 571 km^2，分别占其土地总面积的49.55%、40.66%、38.67%、31.89%，均高于全国平均水平，且均以轻度侵蚀面积为主。河南和山东地区的水土流失问题较为缓和，其水土流失面积占土地总面积比重的平均水平仅为14.20%，且轻度侵蚀面积占比的平均水平高达84.55%。与2011年相比，黄河流域地区各省份的水土流失面积明显缩小，使得水土流失问题获得了一定的改善，与此同时，强烈及以上侵蚀面积占比显著降低，逐渐向轻度及中度侵蚀方向改善。

虽黄河流域地区及各省份采取的应对水土流失问题的措施确实有效，但不可否认的是，黄河流域地区及各省域的水土流失问题日益严重，为防止新增水土流失治理面积赶不上新增水土流失面积的现象出现，黄河流域及各地政府在进一步加强水土流失治理的同时，要注重防止其水土流失问题的加剧，着力要求抓源和治理双向同步进行，确保黄河流域及各省份水土流失问题取得高速高质高效的解决。

2. 生态环境保护投资水平

近年来，黄河流域地区持续增加其生态环境治理投资水平，使得环境治理效率得到了显著提升，环境治理水平的提高给黄河流域地区带来了不可估量的环保效益、生态效益和社会效益。

四、总结

这里阐述了黄河流域研究区位的基本概况。尔后，从经济规模、产业结构以及对外开发程度这3个层面详尽分析了黄河流域的经济发展水平，同时，就水资源状况、土地资源状况和生态保护状况对黄河流域生态环境状况进行动态分析。研究表明黄河流域地区整体经济发展步伐相对迟缓，经济规模尚小，各产业领域发展受限，经济发展动力不足。黄河流域大多数地区的产业结构已由工业时代的“二三一”产业结构转变为如今的“三二一”产业结构，仅有河南和陕西少部分地区的产业结构仍停留在“二三一”阶段，当地政府应明确认识自身产业结构的滞后性，紧跟时代发展的步伐，进一步推动第三产业发展，推动黄河流域内部区域全面实现产业结构和经济转型升级。黄河流域地区整体对外贸易水平较低，较全国对外贸易平均水平差异较为显著，且其内部区域对外开放水平分布极不均衡，除山东地区外，其余地区的对外贸易水平均未达到全国平均水平，黄河流域地区应根据自身外贸进出口结构状况，采取相关调节外贸进出口结构的措施，制定相关外贸发展战略，追求贸易进出口规模扩大的同时，最大限度地持续优化其贸易结构。黄河流域地区的水资源总量、人均水资源量和年平均降水量均低于全国平均水平，水资源短缺问题日益严重。黄河流域地区的土地以森林、耕地为主，其次是湿地和林地，黄河流域地区内部区域的土地资源分布特征差距较大。与 2011 年相比，黄河流域地区的水土流失面积虽略有减少，但水土流失问题依然严峻。2018 年，黄河流域地区的新增水土流失综合治理面积仅为其水土流失总面积的 2. 19%，黄河流域地区的水土综合治理能力有待进一步加强。营造水土保持林、增加林草植被、采取封禁管理稀疏植被这三项措施对治理水土流失问题的影响作用较大。近年来，黄河流域的生态环保投资量持续增加，以水污染防治投资、大气污染投资、生态保护投资和其他污染防治投资为主，但其环保投资力度仍处于较低水平，有待进一步加强。

第二节　黄河流域生态环境保护与高质量发展子系统分析

一、生态环境保护与高质量发展评价指标体系的构建

(一) 指标体系的构建原则

这里所构建的生态环境保护与高质量发展评价指标体系应遵循系统性原则、科学性原则以及可行、可操作、可量化原则。

1. 系统性原则

系统性原则要求所建立的生态环境保护指标体系中各指标之间应具有较强的逻辑关系，不仅应包含反映黄河流域污染综合治理能力的指标，还应包括反映城市水资源可持续能力的指标，从而达到能够系统评价黄河流域生态环境保护状况的目的。这里所建立的高质量发展指标体系囊括经济发展、科技创新、绿色发展、人民生活、社会协调这五大子系统，能够系统地刻画出黄河流域地区的高质量发展水平。

2. 科学性原则

科学性原则要求指标体系构建和指标选取能够确保黄河流域地区经济、科技、生态、人民、社会等发展状况及特征的客观性与真实性，能正确体现黄河流域地区的生态环境保护水平，详尽地体现各指标间存在的内在联系。

3. 可比、可操作、可量化原则

在各指标体系中，同一指标层的指标数据应具有一致的测算口径及方法，应保证各指标数据均具有较强的可比性和现实可操作性且易于汇集，若某些指标数据难以获取可选用其他易获取的相似指标代替。此外，指标选取的过程中需要考虑该指标进行定量处理的可

行性，以便后续的计量测度及研究。

（二）生态环境保护评价指标体系的确定

黄河流域生态环境污染和水资源短缺是生态环境保护工作的重中之重。基于此，构建了由污染综合治理能力和水资源可持续能力两部分构成的生态环境保护评价指标体系。

污染综合治理能力选用工业固体废物综合利用率、污水处理率和生活垃圾无害化处理率三项指标，用于反映城市对工业固体废物、污水和生活垃圾等环境污染物质的处理能力及治理水平。

水资源可持续能力选用万元产值水资源用量和人均水资源用量两项指标。万元产值水资源用量是指每万元 GDP 所需的水资源用量，用于反映地区的水资源利用效率，是经济发展和资源利用的综合体现。普遍来讲，经济发达及科技水平高的地区，其万元产值水资源用量相对较低；经济欠发达地区及科技水平低的地区，其万元产值水资源用量相对较高。人均水资源用量能够反映地区的水资源富裕程度，是社会发展和资源储备的综合体现。一般来说，经济发达地区及水资源丰富地区的人均水资源用量相对较高；经济欠发达地区和水资源贫乏地区的人均水资源用量相对较低。

（三）高质量发展评价指标体系的确定

基于黄河流域经济高质量发展所面临的经济增速放缓、内部发展不均、产业结构陈旧、创新动能不足、生态破坏严重、城乡差距明显等难题以及对人民美好生活希冀的现象，从经济活力、创新驱动、绿色发展、人民生活和社会协调等五大理念考虑指标体系，囊括经济增长、产业结构、对外开放、科技投入、环境污染、资源利用、社会和谐以及基本公共服务水平等方面建立高质量发展评价指标体系。

在经济活力方面：①GDP 增长率是一个反映地区经济增长水平的关键性指标，经济增长速率越高，经济活力越强，高质量发展动力越大；②第三产业产值占 GDP 比重用以评价地区产业结构优化情况，若该指标数据较高，则表明产业结构升级较快，经济增长越强盛；③外贸依存度是地区进出口贸易总额与其 GDP 之比，外贸依存度和实际利用外资金额占 GDP 比重这两个指标用于描述地区的对外开放程度，对外开放的提质增效是实现地区高质量发展的有效途径。

在创新驱动方面：考虑指标数据的可获得性，这里选用科技支出占 GDP 比重用以体现地区的科技投入水平，表现地区科技创新驱动力。

在绿色发展方面：①空气质量优良比率和建成区绿化覆盖率这两个指标用以衡量地区生态环境质量水平和地区宜居程度。环境污染指数用于评价地区生态环境污染水平，充分了解地区生态环境破坏程度；②环境污染指数是在对万元工业总产值工业废水排放量、万元工业总产值工业烟尘排放量、万元工业总产值工业二氧化硫排放量这三项指标进行无量纲化处理后，按照指标权重 1∶1∶1 测算所得；③单位 GDP 能耗和单位 GDP 建设用地面积用以体现地区能源资源与土地资源的利用程度。选用空气质量优良比率、建成区绿化覆盖率、环境污染指数、单位 GDP 能耗和单位 GDP 建设用地面积这五个指标测评绿色发展的生态环境质量、生态环境污染和资源利用程度这三大方面的发展水平。

在人民生活方面：①基本生活发展指数和基础设施建设指数用以评价人民基本生活质量和社会基础设施建设力度，评定民众生活的基础保障质量。基本生活发展指数选用人均居民生活用水量和人均居民生活用电量指标表现地区人民生活基本保障水平，基本生活发展指数是在消除这两个指标的量纲影响之后，按照指标权重 1∶1 测算得到的。基础设施建设指数选用人均城市道路面积、每万人全年公共汽车客运总量和每万人年末实有公共汽车营运车辆数指标表现社会基础公共设施建设力度，基础设施建设指数是在消除这 3 个指标的量纲影响之后，按照指标权重 2∶1∶1 测算得到的；②社会保障指数和社会不安定指数用以评估地区的社会稳定性，社会保障指数越高，社会不安定指数越低的地区，社会稳定性越高，人民生活越美好。社会保障指数选用城镇基本养老保险参保率、城镇基本医疗保险参保率、失业保险参保率、社会保障和就业支出占财政支出比重这四项指标进行测算，在进行无量纲化处理后，按照指标权重 1∶1∶1∶3 测算得到的。城镇基本养老保险参保率、城镇基本医疗保险参保率和失业保险参保率这 3 个指标用于表现社会保险保障水平。社会保障和就业支出占财政支出比重用于体现地方政府的社会保障投入水平。社会不安定指数是消费者价格指数与失业率之和，用于反映民众的生活就业压力水平。社会安定的最佳情况是“双低值”，即低消费者价格指数、低失业率；社会安定的最劣情况是“双高值”，即高消费者价格指数、高失业率；③教育发展指数和医疗发展指数分别用于评价地区的教育发展水平和医疗发展状况，综合评价地区基本公共服务发展程度。教育发展指数选用教育规模配比、教育支出占财政支出比重、教育资源配比这 3 个指标，在对其进行无量纲化处理后，按照指标权重 1∶2∶1 测算得到的。医疗发展指数是在对每万人卫生机构床位数、卫生机构人员配比、医疗卫生支出占财政支出比重这 3 个指标进行无量化处理后，按照指标权重 1∶1∶2 测算所得。选用基本生活发展指数、基础设施建设指数、社会保障指数、社会不安定指数、环境污染指数、教育发展指数和医疗发展指数这 6 个指标测评人民生活的基本生活质量、基础设施建设、基本公共服务和社会稳定性这四大方面的发展水平。

在社会协调方面：①基尼系数和城乡收入比是反映地区居民收入差距和城乡居民收入差距的常用指标；②城乡消费支出比和城乡恩格尔系数比是反映城乡居民消费水平差距和城乡居民食品消费差距的常用指标。选用基尼系数、城乡收入比、城乡消费支出比和城乡恩格尔系数比这四个指标衡量社会协调水平、城乡居民收入水平和消费水平的差距程度。

（四）数据处理

针对各指标的不同影响属性及其不同的量纲与数量级，论文进一步采用极值法对各项指标数据作标准化处理以消除这些因素所带来的影响。同时，为保证各数据值不为零，进一步采用功效系数法对其进行修正。生态环境保护和高质量发展耦合协调评价指标体系包括生态环境保护与高质量发展两大系统。其中，生态环境保护系统包含水资源可持续能力与污染综合治理能力两大子系统；高质量发展系统包括经济活力、创新驱动、绿色发展、人民生活与社会协调五个子系统。

（五）指标权重的确定

这里选取组合权重法，这一赋权方法克服主观及客观赋权方法的局限性。为了取得合理的指标权重，选择层次分析法（AHP）和灰色关联分析法（GRA）作为主观赋权方法，并选择信息熵赋权法（IEW）作为客观赋权方法。

二、高质量发展系统分析

自“高质量发展”这一概念被提出后，各地政府积极制定一系列切实可行的方针政策全力推动区域经济高质量发展。考虑到黄河流域的特殊地理位置及重要作用，沿黄地区需协同推进生态环境保护和高质量发展协调发展，将黄河流域创建成为生态文明建设与社会经济协调发展的重点示范区。因而，探究黄河流域生态环境保护与高质量发展的耦合协调关系是其中的关键一环。

黄河流域的高质量发展水平可分为四个梯度：低质量发展组、中下等质量发展组、中上等质量发展组和高质量发展组。

为直观揭示黄河流域高质量发展水平，完成对黄河流域各地区高质量发展水平的区域分层，依据组合权重法测度的黄河流域各地区高质量发展水平评价值，将高质量发展水平划分为四个梯度。第一梯度为低质量发展组；第二梯度为中下等质量发展组；第三梯度为中上等质量发展组；第四梯度为高质量发展组。

黄河流域大多数地区的高质量发展水平逐步提升。

黄河流域上、中、下游地区的高质量发展水平排序为：下游地区 > 上游地区 > 中游地区。

（一）经济活力子系统分析

强盛的经济活力是黄河流域地区实现高质量发展的基本动力。第三产业产值占 GDP 比重较高的地区，其经济活力水平较高。反之，则经济活力水平相对滞后。因此，产业结构是影响黄河流域地区经济活力水平的关键性因素之一。实现产业结构合理优化升级，提高第三产业产值占比，将产业结构失衡型经济转变为产业结构均衡型经济是提升黄河流域地区经济活力的有效路径。

此外，黄河流域各地区还应根据自身的经济发展水平和对外开放水平做出相应的战略调整。

（二）创新驱动子系统分析

科技创新是激活城市发展的活力源泉。高强度的创新驱动力是提升一个国家或地区科技创新水平的必要条件，是扎实推进高质量发展的坚实助力。

这里将黄河流域创新驱动综合评价值分为四个梯队，第一梯队为极弱创新驱动力组；第二梯队为弱创新驱动力组；第三梯队为中等创新驱动力组；第四梯队为强创新驱动力组。

以西安、青岛、烟台、德州和洛阳地区为首的黄河流域中下游地区的创新驱动力较高；以海东、平凉、乌兰察布、巴彦淖尔和临汾地区为首的黄河流域上中游地区的创新驱动力较低。优质的科技创新能力对一个国家或地区经济发展的推动作用是毋庸置疑的，激发科学技术活力、提升科技创新能力、发扬科学创新精神是一个国家和地区实现经济高质量发展的第一要义。然而，优秀的科研团队、高层次的科研人才、庞大的科研资金投入、优质的科研环境以及一大批创新意识强的高新技术企业才是提升科技创新能力的基本前提。创新驱动力强的国家和地区，其科技创新能力提升较快；创新驱动力弱的国家和地区，其科技创新能力提升较慢。因此，欲提升其科技创新水平，应着眼于提升其创新投入水平，从而提高黄河流域地区的创新驱动力，增强其科技创新发展的基本动力。

（三）绿色发展子系统分析

过去，为实现经济的高速蓬勃发展，不惜以破坏生态和资源平衡为代价。而今，由此带来的苦果不仅破坏生态平衡，危害人类健康，并且直接限制我国未来的经济社会发展，得不偿失。这一现象突出存在于黄河流域地区。黄河源区多年追求快速的经济发展，致使其水土流失日趋严重，生态高速退化，很大程度上制约了以农业、畜牧业、旅游业发展为主的黄河源区的经济社会发展。

这里将黄河流域绿色发展水平划分为四个组别，第一组为低绿色发展组；第二组为中下等绿色发展组；第三组为中上等绿色发展组；第四组为高绿色发展组。

黄河流域绿色发展排名与空气质量优良比呈现较强的正相关关系。即空气质量优良比大的地区，其绿色发展水平较高；空气质量优良比小的地区，其绿色发展水平较低。黄河流域地区空气质量水平是绿色发展的主要影响因素。此外，黄河流域各地区的环境污染指数均不超过0.036，工业发展所导致的环境污染水平极低，各地区环境污染指数间的差距极小，提升黄河流域地区的绿色发展程度，仅需将其环境污染水平保持在原有水平即可。

欲显著提高黄河流域绿色发展综合评价值排名靠后地区的绿色发展水平的最有效方式就是加快提高其空气质量优良比，在达到一定绿色发展水平后，再根据自身其他方面的实际情况采取相应的措施。以商洛、庆阳和陇南地区为例，其具有绿化覆盖率低、城市宜居程度低、能源资源与土地资源耗损严重等特征，针对这一特点，商洛、庆阳和陇南地区不仅应推进道路林荫化，推动绿荫广场与园林建设，提高城市绿化水平，还应强化节能减排意识，加快新能源建设，全面推进绿色产业发展，加强资源的循环利用，降低能源资源、土地资源等有限资源的使用量，创建一个宜居宜业的人居环境。

（四）人民生活子系统分析

下面围绕人民对优质生活的各项物质与精神需求，进一步探析黄河流域在实现高质量发展的过程中所达到的民众真实生活水平及其与群众对美好生活的希冀之间的差距。

将黄河流域人民生活水平划分为四个阶段，第一阶段为低人民生活水平；第二阶段为中等人民生活水平；第三阶段为良好人民生活水平；第四阶段为优质人民生活水平。

黄河流域上、中、下游地区的人民生活水平与其基本生活发展指数具有高度的相关性，即其人民生活水平与基本生活水平均表现为下游地区优于上游地区，上游地区优于中游地区。黄河流域上、中、下游地区的教育发展和医疗发展逐年提升且均处于较高水平，社会保障质量保持在中等水平基本不变，基本生活与基础设施建设也在逐年提高，但仍处于较低水平，而社会不安定指数变动幅度较大，与其他指标表现不同的是，社会安定水平最高的是黄河流域中游地区，社会不安定水平最高的是黄河流域下游地区，即与黄河流域上中游地区相比，黄河流域下游地区的就业竞争压力大、物价水平高，通货膨胀较为严重。基于上述分析，黄河流域地区应着力于提高居民生活质量、加快新型基础设施建设、完善社会保障体系、健全完善应对物价异常波动预案、制定创业相关优惠政策、积极发展劳动密集型产业以提高其基本生活发展水平、基础设施建设力度、社会保障质量、缓解就业压力、稳定物价水平，提升其人民生活品质，充盈人民对优质生活品质的追求。

（五）社会协调子系统分析

城乡发展不平衡是阻滞地域经济均衡发展的关键影响因素之一，城乡发展失衡不利于社会生产力协调发展，不利于城乡居民充分就业，不利于区域协调发展，进而拖累地区的正常发展进程。城乡发展均衡化是实现高质量发展的基本前提。

将黄河流域社会协调水平划分为六个梯度，第一梯度为社会严重不协调水平；第二梯度为社会中度不协调水平；第三梯度为社会轻度不协调水平；第四梯度为社会初级协调水平；第五梯度为社会中级协调水平；第六梯度为社会高级协调水平。

黄河流域地区及上、中、下游地区的基尼系数、城乡收入比、城乡消费支出比这三个指标数据逐年递减，即黄河流域地区及上、中、下游地区居民收入差距、城乡收入差距、城乡消费支出差距逐年缩小。2018 年，黄河流域地区及其上、中、下游基尼系数水平均低于 0. 200，说明其地区居民收入接近绝对平均水平（绝对平均水平的基尼系数为零）。城乡收入差距与城乡消费支出差距虽逐年递减，但其指标值始终大于 2. 000，即城乡收入、消费差距是农村收入、消费水平的 1 倍之多，城乡收入及消费程度存有巨大落差。恩格尔系数是反映一个家庭总消费支出中食品支出所占的份额。通常来讲，城市恩格尔系数小于农村恩格尔系数，即城乡恩格尔系数比小于 1。因此，城乡恩格尔系数越接近 1 表明城乡贫富差距越小。黄河流域地区及其中下游地区的城乡恩格尔系数比呈现锯齿型波动状态，但总体表现为越来越趋近于 1，即城乡消费差距不断缩小。自 2003 年起，农产品价格、进口大豆价格大幅增加，导致通货膨胀加剧，致使物价水平大幅度上升，这在城市居民食品消费中表现得尤为明显，城市居民用于食品的消费支出显著增多。因此，2003—2005 年，黄河流域上游地区的城乡恩格尔系数比大于 1。这与正常的城乡恩格尔系数比呈现倒挂现象，究其原因是这一时段黄河流域上游地区农村及居民食品的自给率较高，花费在食品上的支出太少，所占总花费的比重低，而非因农村居民生活品质高导致恩格尔系数低，2006 年后这种现象发生了变化。归根结底，缩小城乡收入差距、稳定地区的物价水平才是黄河流域地区提升其社会协调水平的有效路径。

第三节　黄河流域生态环境保护与高质量发展耦合协调关系

一、生态环境保护与高质量发展的耦合协调性评价模型

（一）生态环境保护与高质量发展的耦合机理研究

近年来，黄河流域地区水土流失日趋严重、黄河水质污染严重、固废倾倒、露天采矿

现象频现、塑料垃圾堆积成灾等破坏生态环境的问题频频发生，这很大程度上是由于人类活动所导致的。由于人类一味地追求社会经济发展水平的提高，大力开发土地、煤矿等矿产资源，大肆修建铁路、公路、水利水电工程，加之在经济建设和资源开发中对生态环境保护的工作认识不足，任意倾倒工业固体废物与建筑垃圾，不进行无害化处理就任意排放工业污水、生活污水等污染物，未及时制定黄河流域地区生态环境保护与修复工作的日程安排，未对黄河流域土壤保护水平、大气保护水平和物种保护水平加以关注，致使黄河流域地区的生态环境难题一直未能得到有效的解决，生态环境保护水平日渐低迷，同时阻滞了黄河流域地区的高质量发展。精准协调黄河流域地区生态环境保护与高质量发展是我们当前工作的重点，对黄河流域地区未来的可持续发展有着不可磨灭的影响，实现黄河流域地区生态环境保护与高质量发展共同协调发展是实现区域协调发展的现实需要。这两者之间是对立统一的辨证性关系，二者之间相互作用。

1. **生态环境保护对高质量发展的作用**

优质的生态环境保护水平是确保区域达成高质量发展的先决条件。就供给和需求两方面探究生态环境保护对高质量发展的影响。就供给方面而言，高层次的生态环境质量是一个地区经济发展的重要资本，优越的生态环境保护水平能够提升该地区的生态经济发展质量，提高地区的生态产品价值，促进地区的产业转型和产品结构优化升级，提升地区的绿色经济发展水平，同时吸引许多企业与投资者前来投资，甚至可以与外商达成合作，进而提升地区的对外贸易水平，推进地区的高质量发展。就需求方面而言，优质的生态环境是人类不可或缺的生存资源。人类生产活动中所制造的生产性噪声污染、所产生的射频电磁辐射、所排放的包含各种有机化学物的废水、废气、废渣，均会以多种途径和方式侵入人类的身体之中，对人体健康造成伤害。因此，高水平的生态环境保护质量才能够提供给人类一个优美的生活环境，实现人类对优质生活的追求与向往。目前，各地政府正在积极地追求经济的高质量发展，其在着眼于提高地区经济增长幅度和社会福利分配均衡程度的同时，着重强调缩小城乡收入、消费的差异程度。当很大一部分群众的收入及社会福利均得到显著提升的同时，提升了群众对商品与服务的需求品质以及对生存环境的标准尺度。

2. **高质量发展对生态环境保护的作用**

客观来讲，高质量发展对生态环境保护的影响具有推动与制约两方面的作用。从积极的推动作用来看，高质量发展阶段，为达到群众高质量的生态环境水平，国家和地区会逐步增加生态环境保护投资强度，推进一系列环境污染治理、资源节约、生态修复重大工程的建设，在显著提高生态环境水平的同时，增强社会经济活力，创造经济社会与自然环境和谐共展的有利局面。从制约作用来看，在追求经济快速增长的过程中，无法规避地需要消耗部分自然资源，排放出大量的废弃物质，很大程度上减少土地植被的覆盖率，招致生态环境受到严重损害，大大阻滞了生态环境保护的发展进程。

综上所述，生态环境保护与高质量发展之间互相配合、互相补充，是缺一不可的。高水平的生态环境保护质量是实现地区高质量发展的基本前提，高质量发展是生态环境保护与修复的根本保证，高质量发展一边推动生态环境的建设，一边制约生态环境保护的发展进程，其内部存在显著的交互耦合关系。

（二）耦合协调评价模型及标准

耦合协调度主要用于描述各系统或要素间相互作用程度的度量指标。因此，借用物理学中“容量耦合”的概念，测度黄河流域生态环境保护与高质量发展耦合协调评价指标体系中生态环境保护（A_1）与高质量发展（A_2）之间的交互耦合强度。对于二元系统 A_1，A_2 二者的离差系数可以表示为：

$$C_v = \frac{\sigma}{\ } = \sqrt{\frac{\sum_{i=1}^{2}(A_i - \bar{A})^2}{2}}$$

其中，$\bar{A} = \frac{A_1 + A_2}{2}$，进一步简化为：

$$\bar{A} = \frac{A_1 + A_2}{2}$$

其中，$C = \frac{4A_1A_2}{(A_1 + A_2)^2}$。

离差系数 C_v 越小，则耦合度 C 越大，即表明黄河流域地区生态环境保护与高质量发展的耦合协调度越高，当耦合度 C 接近于 1 时，离差系数 C_v 接近于 0，表示黄河流域地区生态环境保护与高质量发展达到高度耦合协调水平。然而，耦合度 C 只能够描述生态环境保护系统与高质量发展系统之间协调发展的影响强度大小，而无法准确地反映两大系统之间的耦合协调发展水平。即当某地区的生态环境保护水平和高质量发展水平均处于较低水平时，A_1，A_2 均为低值，测算所得的耦合度 C 值较高，认为其具有较强的耦合性，掩盖了其低低水平高耦合的本质。为防止这一现象的产生，进一步引入两大系统的发展度 T，发展度 T 可综合评价该地区的生态环境保护和高质量发展水平，利用发展度 T 与耦合度 C 的几何平均构造两者之间的耦合协调度 D，将使得耦合协调度 D 能够真实地反映某地区生态环境保护与高质量发展的耦合协调关系。这里所构建的耦合协调度模型，用以测度黄河流域地区生态环境保护与高质量发展在发展过程中彼此耦合协调的程度，反映两者之间由无序向有序靠近的发展动向。

$$T = \alpha A_1 + \beta A_2$$

$$D = \sqrt{C \times T}$$

其中，T 为两大系统之间的发展度，α，β 分别为两大系统的权重，其分别表示为两大系统的相对重要性。两大系统具有相同的重要程度，即 $\alpha = \beta = 0.5$，D 为两大系统间的耦合协调度，A_1，A_2 分别为黄河流域地区两大系统的综合评价值。

二、生态环境保护与高质量发展耦合协调度的空间自相关性分析

（一）探索性空间数据分析

探索性空间数据分析是一种研究指标变量间空间关联性和集聚现象的数据分析技术方

法。选用 Moran 指数探究黄河流域地区生态环境保护与高质量发展耦合协调度的空间自相关性，Moran 指数在区间 [-1，1] 中取值，若 Moran 指数值为正数，则表明黄河流域地区这两大系统间的耦合协调度呈空间正相关关系，即具有高耦合协调度的地区聚集在一起，具有低耦合协调度的地区聚集在一起；若 Moran 指数值为负数，则表明黄河流域地区这两大系统之间的耦合协调度呈现空间负相关关系，即具有高耦合协调度的地区与具有低耦合协调度的地区聚集在一起。Moran 指数越接近于 0，表明黄河流域地区两大系统间耦合协调度的空间自相关性越弱。Moran 指数公式表示为：

$$I=\frac{n\cdot\sum_{i=1}^{n}\sum_{j=1}^{n}W_{ij}(x_i-\bar{x})(x_j-\bar{x})}{\sum_{i=1}^{n}\sum_{j=1}^{n}W_{ij}\cdot\sum_{i=1}^{n}(x_i-\bar{x})^2}$$

其中，n 表示研究区域总数，x_i 和 x_j，分别为第 i 个和第 j 个区域生态环境保护与高质量发展的耦合协调值，$\bar{x}$ 是黄河流域地区两大系统之间耦合协调值的平均水平，W_{ij} 是区域 i 和区域 j 之间的权重值所构成的空间权重矩阵。

（二）局部空间自相关分析

由于全局空间自相关分析只能反映黄河流域 74 个地区生态环境保护与高质量发展耦合协调度整体上的空间集聚性，而未能对某个区域和其邻近区域间的空间相关模式进行分析。因此进一步对黄河流域 74 个地区这两大系统之间的耦合协调发展水平进行局部空间自相关分析，探究黄河流域各地区两大系统间耦合协调度的空间集聚模式。

黄河流域地区生态环境保护与高质量发展耦合协调度的 Moran 指数主要集中分布在第一、三象限中，表现为高高集聚水平与低低集聚水平，这与上文黄河流域地区的全局空间自相关分析结论相一致。

根据黄河流域地区两大系统间耦合协调度的 Moran 散点图与其行政区图，可具体区分研究区域中各地区所在的象限位置，进而判定其与邻近地区之间的空间集聚模型。

2003 年，黄河流域共有 24 个地区生态环境保护与高质量发展耦合协调发展水平的空间集聚水平通过显著性检验，具有明显的空间集聚特征。威海、烟台、青岛、潍坊、日照、东营、滨州、德州、聊城、济南、淄博、泰安、临沂、枣庄和莱芜等 15 个地区具有显著的高高集聚特征；大同、忻州、西宁和兰州等 4 个具有显著的低低集聚特征；银川、鄂尔多斯、太原、延安和三门峡地区等 5 个地区具有显著的高低集聚特征。2008 年，黄河流域共有 29 个地区生态环境保护与高质量发展耦合协调发展水平的空间集聚水平通过显著性检验，具有明显的空间集聚特征。烟台、东营、威海、济南、潍坊、淄博、青岛、聊城、莱芜、泰安、临沂、日照、济宁和枣庄等 14 个地区具有显著的高高集聚特征；大同、朔州、忻州、吕梁、阳泉、延安、兰州和定西等 8 个地区具有显著的低低集聚特征；濮阳、焦作、滨州和德州等 4 个地区地区具有显著的低高集聚特征；固原、太原和鄂尔多斯等 3 个地区具有显著的高低集聚特征。2013 年，黄河流域共有 16 个地区生态环境保护与高质量发展耦合协调发展水平的空间集聚水平通过显著性检验，具有明显的空间集聚特征。烟台、滨州、东营、威海、潍坊、淄博、青岛、莱芜、临沂、日照和乌海等 11 个地区具有显著的高高集聚特征；临汾和延安地区具有显著的低低集聚特征；德州地区具有显著的低高集聚特征；定西和太原地区具有显著的高低集聚特征。2018 年，黄河流域共有 21 个地区生态环境保护与高质量发展耦合协调发展水平的空间集聚水平通过显著性检验，具有明显的空间集聚特征。开封、许昌、平顶山、周口、漯河、南阳、驻马店、烟台、东营、威海、潍坊和青岛等 12 个地区具有显著的高高集聚特征；大同、临汾、榆林、延安、铜川和庆阳等 6 个地区具有显著的低低集聚特征；莱芜地区具有显著的低高集聚特征；西安和太原地区具有显著的高低集聚特征。

第六章　黄河流域水文站网普查与功能评价

第一节　自然概况和社会概况

黄河是我国的第二大河，发源于青藏高原巴颜喀拉山北麓海拔 4 500 m 的约古宗列盆地，流经青海、四川、甘肃、宁夏、内蒙古、陕西、山西、河南、山东等 9 省（区），在山东垦利县注入渤海。干流河道全长 5 464 km，流域面积 $79.5\times104\ km^2$。黄河流域位于东经 96°～119°、北纬 32°～42°，东西长 1 900 km，南北宽 1 100 km。因流域范围比较大，呈现出不同的自然环境和社会环境。

一、自然概况

（一）自然环境

1. 地形地貌

流域的自然环境是地球生成以来，经过多次的地质运动逐渐形成的，它对于水文要素变化的影响是长期的、缓慢的。

黄河流域西部高、东部低，跨越三个巨大的地形阶梯。

最高一级是青海高原，海拔在 4 000 m 以上，其南部的巴颜喀拉山脉构成与长江的分水岭。祁连山横亘于北缘，形成青海高原与内蒙古高原的分界。阶梯的东部边缘北起祁连山东端，向南经临夏、临潭沿洮河，经岷县直达岷山。

黄河流域的第二大阶梯，大致以太行山为东界，地面平均海拔为 1 000～2 000 m，包含河套平原、鄂尔多斯高原、黄土高原和渭汾盆地等较大的地貌单元。宁、陕、蒙交界处的白于山以北是内蒙古高原，包括河套平原和鄂尔多斯高原。河套平原西起宁夏中卫、中宁，东至内蒙古托克托。西部的贺兰山、狼山和北部的阴山是黄河流域和西北内陆河的分界，对腾格里沙漠、乌兰布和沙漠与巴丹吉林沙漠向黄河腹地入侵，起到一定的阻挡作用。北部的库布齐沙漠，西部的卓子山，东部及南部的长城把高原中心围成一块洼地，成为黄河流域唯一的内流区。黄土高原北起阴山，南至秦岭，西抵青海高原，东至太行山脉，海拔 1 000～2 000 m。著名的渭汾盆地包括陕西的关中平原，山西的太原盆地和晋南盆地，海拔 500～1 000 m。东部的太行山是黄河与海河的分水岭，横亘南部的秦岭及其向东延伸的伏牛山、嵩山是我国亚热带与暖温带、干旱区与湿润区南北分界，也是黄河与长江、淮河的分界。

黄河流域的第三大阶梯，从太行山、邙山的东麓直达海滨，构成黄河冲积大平原。海拔一般在 100 m 以下，并微向海洋倾斜。平原的地势大体以黄河大堤为不稳定的分水岭，南北分别为黄淮和黄海大平原。

2. 天气和气候

黄河流域属大陆性季风气候，冬季受蒙古高压控制，气候干燥严寒，降水稀少。夏季西太平洋高压增强，西进北上，西南、东南气流将大量海洋暖湿空气向北输送，与北方南下的干冷空气不断交绥，形成大范围降雨。黄河流域主要位于三大气候带，即东经 104°以西的高原气候区，东经 104°以东大致以临洮、定边、固原、靖边、佳县至汾河源头一线为界，该线西北部为中温带，该线东南部为南温带。因黄河流域处于中纬度地带，因此气温较我国高纬度的东北和西部高原地区要温暖流域内气温年内变化呈现出最低温度在 1 月，最高温度大多在 7 月的特征，气温的年较差比较大。年较差等值线分布的总趋势是：南小北大，西小东大，其值随海拔增高而减小，随纬度增高而变大。

3. 水文地质

水文地质条件决定地下水的形成、储存及运动形式，黄河流域内可划分为两个大的地貌类型，山丘区和平原区。

山丘区指一般山丘区、岩溶山丘区、黄土高原丘陵沟壑区。山丘区构造断裂发育，地形起伏大，属山地地貌，地下水主要补给源是降水，补给通道主要是断层、裂隙或溶洞。一般山丘区是指非可溶性基岩构成的基岩或碎屑岩山区，地下水类型为基岩裂隙水或碎屑岩裂隙水，主要分布在流域内广泛出露的二叠系、三叠系、白垩系砂岩中，含水层较厚且较完整，富水程度由微弱到中等，矿化度一般小于 2 g/L，水化学类型以重碳酸型水为主；岩溶山丘区是指碳酸岩构成的基岩山区。裂隙岩溶水主要分布在山西境内的奥陶系石灰岩中，灰岩呈带状分布于背斜的轴部、断层带或河流切割的地带，富水程度多为中等或强富水，矿化度小于 2 g/L，水化学类型属重碳酸盐类。碎屑岩裂隙岩溶水主要分布在寒武系灰岩夹层中，富水程度强弱不等，矿化度小于 2 g/L，水化学类型属重碳酸盐类，山东济南诸泉属此类型。黄土高原丘陵沟壑区指由黄土构成的山丘区。黄土具有结构疏松，大孔隙，垂直节理发育，透水性、湿陷性较好等特点，易产生崩塌和沉陷，形成各种“岩溶”地貌，称为黄土洞穴。地下水类型为黄土孔隙裂隙水，其补给、径流、排泄条件均较差，只是在台塬阶地、河谷和地形低洼地区，地下水相对较多，富水程度一般从微弱到弱，矿化度小于 2 g/L，水化学类型为重碳酸盐类和硫酸盐、氯化物类。

平原区指一般平原区、沙漠区、山间盆地平原区、山间河谷平原区、黄土高原台塬阶地区。一般平原区指比较开阔平坦，包气带和含水层组由多层不同松散岩类构成的平原区，主要分布在黄河河套地区及下游黄淮海平原；沙漠区指由单一的细砂和粗砂组成的平原区，主要分布在内流区，宁夏西北部及东南部和内蒙古黄河南侧；山间盆地平原区指发育在山间较开阔的平原区，主要分布在陕西关中盆地，山西太原、临汾、运城盆地；黄土高原台塬阶地区指黄土高原中较平坦的地区，多发育在古老的河谷阶地上，如宁夏的银南台塬、甘肃的董志塬、陕西的洛川塬、山西的峨嵋台塬等。

4. 河流

当代的黄河属太平洋水系。黄河的河源位于巴颜喀拉山北麓约古宗列盆地南隅的玛曲曲果，黄河分为上、中、下游。

自黄河源头至内蒙古托克托县河口镇为上游，河段长3 472 km，落差3 846 m，集水面积为38.6×104 km^2。主要特点是巨型弯道多，峡谷多，集水宽度小。自河口镇至郑州的桃花峪为黄河中游，河段长1 224 km，落差895 m，区间面积34.4×10^4km^2。主要穿行于晋陕峡谷，是黄河水土流失的重点区域。自桃花峪至河口为黄河下游，河段长768 km，落差89 m，集水面积2.24×104 km^2，是举世闻名的地上悬河河段。黄河流域现有一级支流111条，集水面积合计61.72×104 km^2，河长合计17 358 km。集水面积大于3×104 km^2的一级支流有4条，1×10^4～3×10^4km^2的支流有6条，0.1×10^4～1×10^4km^2的支流有84条。

黄河流域水系的平面形态有以下几种类型：①树枝状，遍布于上中游地区；②羽毛状，湟水及洛河干支流为典型代表；③散射状，多为流路短的时令河，分布于皋兰至靖远一带与鄂尔多斯沙漠区，有的汇集于海淖，有的消失于沙漠；④扇状，以泾河、大汶河为典型代表；⑤辐射状，如黄南的夏德日山、定西的华家岭、宁夏的六盘山、陕北的白于山以及内蒙古的鄂尔多斯高原周围的支流；⑥湖串，主要分布在河源区；⑦网状，分布在盆地与平原等河网交织的地区。

5. 湖泊

黄河流域的湖泊主要分布在黄河源地区，有湖泊5 300多个。较为著名的有鄂陵湖、扎陵湖、托索湖、星宿海、岗纳格玛湖、尕拉海和日格湖。鄂陵湖和扎陵湖是黄河流域最大的两个湖泊。鄂陵湖在东，扎陵湖在西，两湖相距约20 km。黄河水自扎陵湖南端流出，几经周折，又注入鄂陵湖，这两个湖宛如一条白色飘带的两端系着两葫芦，被人们称为姊妹湖。鄂陵湖面积610 km^2，平均水深17.6 m，因进湖泥沙少，湖水是青蓝色的。扎陵湖的面积526 km^2，平均水深8.9 m，黄河水从西南入湖，将泥沙掺入，风浪泛起，湖水便成了灰白色。鄂陵、扎陵两湖水产资源丰富。

湖泊密集，大于10 km^2的湖泊5个，水面为5～10 km^2的湖泊2个，水面为1～5 km^2的湖泊16个，水面为0.5～1.0 km^2的小湖泊25个。湖水面积大于0.5 km^2的湖泊共有48个，其湖水面积共1 270.77 km^2。湖泊分布多在干支河流附近和低洼平坦的沼泽地带。支流卡日曲汇合口附近的河源区上段有2 747个小湖泊，其特点是湖泊小、密度大，尤以玛涌（滩）中的星宿海最为密集。河源区下段有湖泊2 600多个，大湖均在河源区下段干流上或其附近。

在内蒙古巴彦淖尔市境内的乌梁素海位于河套平原东端，水面积293 km^2，是全球范围内荒漠半荒漠地区极为少见的具有较高生态效应的大型多功能湖泊。

6. 河口与近海

黄河河口是陆相、弱潮、多沙善徙的河口。在暴雨洪水冲蚀下，黄河上中游黄土高原的泥沙通过干支流带入下游河道，并不断输送到河口，使黄河三角洲演变剧烈，尾闾处于不断淤积—延伸—摆动改道的演变过程中。

黄河河口分为三个部分，即河口段、三角洲和滨海区。河口段是指受周期性溯源堆积和溯源冲刷影响的主要河段，主要是滨州以下至入海口长130 km的河段；三角洲是指以宁海为顶点，北至徒骇河口以东，南至南旺河以北约 5 400 km^2 的扇形地面。1949 年后，由于人工控制，标点下移至渔洼附近，缩小了改道范围，西起挑河，南至宋春荣沟，扇形面积为 2 200 km^2。三角洲形态大致以北偏东方向为轴线，中间高，两侧低，西南高，东北低，向海倾斜，凸出于渤海的扇面。滨海区是指毗连三角洲的弧形海域，约 5 000 km^2。大量的黄河泥沙在三角洲和滨海地带填海造陆，每年造陆地约 38 km。海岸线每年外延约 0.47 km。

7. 冰川

黄河流域冰川较少，主要分布在青海省境内的阿尼玛卿山雪峰，属于大陆型冰川。黄河流域冰川总面积约 192 km^2，冰川融雪径流总量约 $2.03 \times 10^8 m^3$。

8. 沼泽、湿地

黄河发源于我国大地貌第一阶梯的青藏高原北部，其干流及支流迂回于山脉和平原之间，形成了众多大小不一的湿地。

黄河源区湿地。黄河源地区是第一阶梯上第一个湿地集中分布区，位于玛多县多石峡以上地区，西面是雅拉达择山，南面是巴颜喀拉山，北面有一相对较低的分水岭与柴达木盆地为邻，东面是阿尼玛卿山，是一个盆地。黄河源区湿地是高原多种珍稀鱼类和水禽的理想栖息场所。黄河源区湿地作用主要表现为水资源供给和维持流域生态系统的平衡。

（1）若尔盖草原区湿地

若尔盖草原地势平缓，海拔 3 500 ~ 3 600 m，属于高寒地区。草原上丘陵起伏平缓，丘顶浑圆，河流谷地宽展，水丰草茂，沼泽星罗棋布。

（2）宁夏平原区湿地

宁夏由于沿河地带地势平坦，黄河在这里形成了密集的港汊和湖泊。湿地类型以河流湿地和湖泊湿地为主，对流域的作用主要表现为河道洪水滞蓄和水资源调蓄。

（3）内蒙古河套平原区湿地

主要分布在黄河冲积平原上。目前，河套平原上的湿地、湿地类型及其分布数量还没有得到详细调查。

（4）毛乌素沙漠地区湿地

毛乌素沙地包括内蒙古自治区南部、陕西榆林地区北部和宁夏回族自治区东部，总面积约 $4.2 \times 10^4 km^2$，大部分属于黄河流域内的闭流区。毛乌素沙地的浅层地下水埋藏较浅，相对比较丰富。尽管地处内陆干旱沙地区，却存在众多湿地，而且也和黄河流域其他地区的湿地有所区别。

（5）小北干流湿地

黄河小北干流河段上自禹门口，下至潼关，南北长 132 km，东西宽 3 ~ 18 km 河道面积 432 km^2，滩地面积 675 km^2。地质上属于汾、渭地堑谷洼地，两侧为高出地堑 50 ~ 200 m 的黄土台塬。地堑内地势平坦、河道宽浅、水流散乱，黄河左右摆动频繁，属于淤积性游荡型河道，滩地地下水位不断上升，发育了众多湿地。据统计，该区共有湿地 255 km^2。湿地类型主要表现为盐碱滩地、水洼地、沼泽地、湿草地和林地湿地。湿地对流域的作用主要表现为河道洪水滞蓄和生态平衡。

（6）三门峡库区湿地

三门峡湿地面积为275 km^2对库区周边的湿度和气候起到了极大的调节作用，保证了一方生态平衡。库水位降到315 m，湿地面积将减少到92 km^2。库水位低于305 m，湿地将不复存在。三门峡库区湿地包括河流湿地、滩地、水塘、湖泊湿地等，通过地表水、地下水与河流水体进行水量交换，水位的急剧变化直接影响湿地生态特征和景观格局。

（7）下游河道湿地

下游河道湿地主要指分布在小浪底以下至东平湖河段滩地上的湿地和东平湖及其周围的湿地。其形成、发展和萎缩与黄河水沙条件、河道边界条件息息相关，具有不稳定性、原生性、生态环境的脆弱性、水生植物贫乏等特性，有相当一部分为季节性湿地，其水分主要由洪水和地下水补给。下游河道湿地的主要作用表现为蓄水滞洪、净化水体和调节气候，对下游防洪安全起着重要作用。

（8）河口三角洲湿地

黄河河口的湿地主要分布在以宁海为顶点的三角洲上，黄河河口三角洲是我国温暖带最年轻、分布广阔、保存最完整、总面积最大的湿地分布区。其湿地类型主要有灌丛疏林湿地、草甸湿地、沼泽湿地、河流湿地和滨海湿地五大类。湿地面积$42.2\times10^4 km^2$，包括浅海湿地、滩涂湿地等。已划为保护的湿地面积15.3×104 km^2。其中核心区面积为7.9×104 km^2，缓冲区面积1.1×104 km^2，试验区面积6.3×104 km^2。黄河三角洲湿地是国际重要湿地之一，是我国暖温带最完整、最广阔、最年轻的湿地生态系统，是东北亚内陆和环西太平洋鸟类迁徙的中转站、越冬地和繁殖地，在我国生物多样性保护和湿地研究中占有非常重要的地位。

（二）水文特征

流域的水文特征是流域水文要素在一个比较长时期内变化的集中表现，也反映与水文相关领域的变化情况。

1. 降水量

黄河流域多年平均年降水量为476 mm。总的分布趋势为，贵德以上由南向北降水量从700 mm逐渐减至200 mm，贵德至兰州区间年降水量以黄河河谷为从200 mm分别向南、向北渐增至500 mm左右，呈马鞍状分布。兰州至黄河河口广大区域，年降水量分布总趋势为东南多、西北少，变化于100～200 mm之间，400 mm等值线自河口镇经榆林、靖边、环县北、定西至兰州，将流域分为400 mm线以南为湿润半湿润地区，以北为干旱半干旱地区。上游的太子山区、中游的秦岭山地及下游的泰沂山地，均为降水高值区，年降水量达1 000 mm左右。黄河降水量的年际变化悬殊，年降水量最大值与最小值的比值为1.7～7.5，变差系数C_v为0.15～0.4。降水多集中在夏季，冬季降水量最少，春秋季介于冬夏之间，一般秋雨大于春雨，连续最大四个月降水量占全年降水量的68.3%，多集中在6～9月。夏季多暴雨，黄河中游有三大暴雨区，即河口镇至龙门，泾、洛、渭、汾四条河，伊、洛、沁三条河。

2. 蒸发量

黄河流域水面蒸发的地区分布趋势是，青海高原和流域内石山林区，气温低，多年平均水面蒸发量为800 mm。兰州至河口镇区间，气候干燥，降雨量少，平均年水面蒸发量为1 470 mm。河口镇至龙门区间变化不大，大部分地区为1 000～1 400 mm。龙门至三门峡区间，面积大，气候条件变化较大，为900～1 200 mm。三门峡至花园口及花园口至河口区间，分别为1 060 mm、1 200 mm。位于祁连山与贺兰山、贺兰山与狼山之间两条沙漠通路处，是西北干燥气流入侵黄河流域的主要风口，平均年水面蒸发量由西北的1 800 mm向东南减至1 600 mm，为流域内最高值。水面蒸发量最小出现在1月或12月，最大出现在5月、6月；最大值与最小值比值为1.4～2.3，大部分在1.7左右。

黄河流域内各河段多年平均陆地蒸发量和陆地蒸发量与降水量的比值分别为：兰州以上337 mm，0.68；兰州至河口镇268 mm，0.97；河口镇至龙门408.7 mm，0.88；龙门至三门峡493.1 mm，0.87；三门峡至花园口518.7 mm，0.77；花园口至河口544.9 mm，0.81；全流域平均388.3 mm，0.82；内流区276.8 mm，0.97。

3. 径流量

黄河流域天然年径流量分布不均匀，兰州以上是全流域径流量最多的地区，兰州站天然年径流量为$326\times10^8 m^3$，占全河总量的56%。兰州至河口镇区间来水很少，加上河道渗漏、蒸发损失，河口镇天然年径流量有所减少。河口镇至龙门天然年径流量约$71\times10^8 m^3$，龙门至三门峡天然年径流量约$114\times10^8 m^3$，分别占全河总量的12%和20%。三门峡至花园口天然年径流量$60\times10^8 m^3$，占全河总量的10%；花园口天然年径流量$563\times10^8 m^3$。天然年径流量在时程上的分配多集中在汛期，占全年的60%。

4. 洪水与干旱

黄河洪水主要是暴雨洪水。暴雨洪水主要来源于四个区域：兰州以上，河口镇至龙门区间，泾、渭、北洛河，三门峡至花园口区间。洪水常发生在6～9月，兰州以上大洪水多在7月和9月，河口镇至花园口多发生在7月、8月。兰州至河口镇区间是干旱半干旱地区，加入水量很小，河道流经宁夏、内蒙古灌区，灌溉耗水与水量损失大，加之河道宽阔，使洪水过程至河口镇后更趋低平。

黄河流域水面蒸发量、降水量的地区分布和它们之间的比值（称为干旱指数），可用来描述流域的干旱程度。干旱指数呈现自东南向西北递增趋势。流域内秦岭山区干旱指数最小，在1.0以下。西北与内陆片交界的局部地区最大，高达10.0以上。

5. 河流泥沙

黄河是多泥沙河流，是世界上大江大河中输沙量最大、含沙量最高的河流。黄河泥沙的主要特点是：输沙量大，水流含沙量高。泥沙主要来自中游的河口镇至三门峡地区，来沙量占全河的91%，而来水量仅占全河的32%。河口镇以上来沙量占全河的9%，而来水量占到54%；年内分配集中，年际变化大。汛期7～10月来沙量占全年的90%，其中7月、8月两个月来沙更为集中，占全年的71%。黄河沙量的年际变幅也很大，泥沙往往集中在几个大沙年份。

黄河泥沙颗粒较细，但河口镇至龙门区间来沙颗粒较粗，渭河来沙较细，夏秋季泥沙主要来自塬面，冬春季泥沙来自河床冲刷。黄河泥沙的输移，中游大部分地区河流输移比接近于1，上中游干流河道一般是峡谷河段冲刷，平原宽阔河段淤积，下游河道是逐年淤积的。

6. **水资源量**

黄河流域水资源总量由地表水资源量、山丘区降水入渗补给量、山丘区降水入渗补给量所形成的河川基流量、平原区降水入渗补给量、平原区降水入渗补给量所形成的河道排泄量组成，地表水资源量 $594.4\times10^{8}\ m^{3}$，降水入渗净补给量 $112.2\times10^{8}\ m^{3}$，水资源总量 $706.6\times10^{8}\ m^{3}$。

7. **特殊黄河水文现象**

黄河由于其高含沙水流和下游宽浅河道，就出现了不同于其他河流的一些特殊的水文现象。

黄土地区汇流速度特快，洪水暴涨暴落。

洪水在传播过程中峰形变化大，水沙不平衡。洪峰传播中出现增值。

浑水容重特大。浑水容重可达 $1.25\sim2.06\ t/m^{3}$，可减少水下物体的有效重量，增加对水下物体的作用力。

浆河。当河流含沙量超过某一限值时，在洪峰突然降落、流速迅速减小而含沙量仍然很高的情况下，整个河段不能保持流动状态而就地停滞不前。

揭河底。河床淤至一定高度，又遭遇高含沙量的大洪水时，在洪峰期很短时间内几千米河段的河床被大幅度地刷深，大块河床淤积物被水流掀起，露出水面高达数米，像在河中竖起一道墙，几分钟即扑入水中，或成片的河床淤积物像地毯一样被卷起，漂浮在水面向下流动。

沙坝。支流发生高含沙洪水，在干支流交汇处的干流上形成类似于坝体的一种现象。高含沙输水渠道不淤积。

假潮。黄河下游河段常于枯水季节在上游无增水的情况下，出现突发性水峰，水位涨落快，水流来势迅猛，形似海潮。

河道异重流。高含沙量的支流洪水汇入低含沙量的干流河道时，在干流河道底层水流含沙量大于上层水流含沙量。

入海口造陆快。大量的黄河泥沙在三角洲和滨海地带填海造陆，每年造陆地约 $38\ km^{2}$，海岸线每年外延约 0.47 km。

二、社会概况

流域的社会环境形成和发展基于人类文明，技术进步和对自然环境开发、利用、控制的能力，社会环境对水文要素的影响是随着社会经济发展和人类活动增加而变化的。

（一）人口与资源

黄河流域很早就是中国农业经济开发地区，上游的宁蒙河套平原、中游汾渭盆地以及下游引黄灌区都是主要的农业生产基地。历史上黄河流域工业基础薄弱，新中国成立以来有了很大的发展，建立了一批能源工业、基础工业基地和新兴城市，为进一步发展流域经济奠定了基础。能源工业包括煤炭、电力、石油和天然气等。目前，原煤产量占全国产量的一半以上，石油产量约占全国的1/4，已成为区内最大的工业部门。铅、锌、铝、铜、祐、钨、金等有色金属冶炼工业，以及稀土工业有较大优势。全国8个规模巨大的炼铝厂中，黄河流域就占4个。

（二）堤防建设

在我国江河堤防中，黄河下游堤防的历史最长、规模最大、体系最完善。黄河下游堤防远在春秋中期已形成，战国、秦、汉纪元逐渐完备，至五代、北宋已有双重堤防，在元、明代时堤防按位置及用途分成遥堤、缕堤、月堤、子堤、戗堤、刺水堤、截河堤等。黄河下游现有堤防包括直接防御洪水的临黄堤、河口堤、东平湖堤防、北金堤、展宽堤和支流沁河堤、大清河堤等各类堤防，长2 290 km。其中，临黄堤长1 371 km。

黄河流域宁蒙河段自宁夏回族自治区的南长滩至内蒙古自治区的蒲滩拐，平原型河道长869.5 km。现有堤防1 368 km，且干流大部分堤段高度不足，缺口多，难以防御冰凌和洪水灾害。

（三）水库水电

黄河径流较为丰富，水流落差大，蕴藏着丰富的水能资源。已建成的水利枢纽工程有龙羊峡、李家峡、刘家峡、盐锅峡、八盘峡、大峡、青铜峡、三盛公、万家寨、天桥、三门峡、小浪底等，总库容达564×10^8 m^3，总装机容量达900×10^4 kW，总发电量达337×10^8 kWh。

（四）农业灌溉

黄河流域灌溉历史源远流长，从夏、商时期就已开始农田灌溉。目前，黄河流域有效灌溉面积和下游沿黄平原地区引黄补水灌溉面积达598.6×104 hm^2，其中河川径流灌溉面积494.1×l04 hm^2，井灌面积104.5×104 hm^2。黄河上游的宁蒙平原引黄灌区、中游的汾渭河谷盆地灌区及下游平原引黄灌区是黄河灌溉最为集中的地区，有效灌溉面积445×10^4hm^2，占全河有效灌溉面积的74%。

（五）城市供水

黄河流域供水主要是生活用水和工业用水两个方面，生活用水主要包括城镇生活用水和乡村人畜饮水，城镇生活用水中包括居民日常生活用水和公共设施用水两部分，城镇生活用水标准与城市规模、水源条件、生活水平、自来水普及程度及管理水平等有关，目前黄河流域生活用水总量已超过35×10^8 m^{3}生活排污水总量超过10×10^8 m^3。

黄河流域大型工矿企业主要分布在城市，其工业总产值占流域的60.4%。用水量较多的企业有化工、电力、冶金、机械、纺织等行业，现黄河流域工业用水总量已超过51×10^8 m^3。工业排污水总量超过32×10^8 m^3。

（六）流域调水

引黄（黄河水）济青（青岛）是跨流域、远距离的大型调水工程。工程全长290 km，由山东省滨州市境内打渔张引黄闸引水到青岛市白沙水厂。引黄济青让青岛人喝上了黄河水，从此摆脱了长期困扰青岛人的吃水问题，让青岛的发展再也不受到水问题的束缚，使青岛市的经济发展长足增长。引黄济青受到了青岛社会的广泛赞誉，被誉为“黄金之渠”。

白洋淀是华北地区最大淡水湖泊和重要的天然湿地生态系统，有“华北明珠”之誉。由于华北北部干旱少雨，白洋淀水位低于6.50 m的干淀水位。国家决定实施首次引黄济淀应急生态调水。引黄济淀调水自位山引黄涵闸引水，经位山三干渠至临清立交穿卫运河刘口闸进入河北，引黄河水4.79×10^8 m^3通过调水，白洋淀较补水前水位抬高了0.93 m，水面面积从61 km：增加到130 km^2，生态环境和群众生产生活条件得到了很大改善，白洋淀重新焕发了生机，社会、生态、经济效益巨大。

为缓解天津市缺水紧急状况，从1972年开始，已先后9次从黄河向天津调水，即引黄济津。总引黄河水量达56×108 m^3。引水线路用过三条：人民胜利渠线（全长860 km），潘庄渠线（全长471 km），位临渠线（全长580 km）。通过实施引黄济津调水，保证了天津市城市用水需求，促进了天津市经济持续增长，产生了巨大的效益。

（七）城市化及影响

黄河流域在我国属经济不太发达地区，自从20世纪80年代以来，由于经济的迅速发展，城镇化水平提高很快，陆续建立了一批工业基地和新兴城市，城市数量增加，城市人口增加。城市用水量更是迅速增加，城市缺水问题更加突出，使本来缺水的黄河流域水资源矛盾更为突出。一些河流水量减少，一些河流干涸。水库、水坝水量减少，大量开采地下水，出现大漏斗，在汾、渭盆地有地面下沉现象。

（八）水土保持

黄河流域是我国土壤侵蚀最严重的地区。黄土高原严重的水土流失及黄河中游干支流沟道或河道特有的泥沙输移特性，使黄河成为驰名世界的多泥沙河流。水土流失是一种十分复杂的自然地理现象，由于不同地区的自然环境和人类活动情况的差异，其水土流失类型和程度是不同的。水力侵蚀、重力侵蚀和风力侵蚀是黄河流域的主要水土流失类型，水土流失最强烈的地区是面积占全流域面积不足30%的黄土丘陵沟壑区和黄土高原沟壑区，即主要为河口镇至龙门区间的支流河流以及泾河上游的支流河流。水力侵蚀严重区域的沟壑密度一般都在3 km/km^2以上，植被覆盖度在30%以下。风力侵蚀严重的区域植被覆盖度一般不足10%，主要分布于无定河赵石窑以上流域及库布齐沙漠地区。

黄河流域水土保持的真正开展是在新中国成立以后，黄委在20世纪50年代就明确提出水土保持是治理黄河的一项重要任务，并积极推动开展水土保持工作，为黄河水土保持工作的开展奠定了基本格局。经过多年坚持不懈地进行黄土高原地区生态经济型防护林体系建设、抗旱造林体系建设、坡耕地改造蓄水保土建设、沟道坝系建设、小流域综合治理等水土保持措施，水土流失初步综合治理面积超过18×10^4 km：其中建成治沟骨干工程1 390座，淤地坝11.2×10^4座，塘坝、涝池、水窖等小型蓄水保土工程400多万处，兴修基本农田9 700万亩，营造水土保持林草11.5×10^4 km：取得了显著的经济效益、社会效益和生态效益。

第二节　水文站网普查情况

一、水文站网普查的重要性

水文是水利工作的重要基础和技术支撑，是国民经济和社会发展不可缺少的基础性公益事业。水文工作通过对水位、流量、降水量、泥沙、蒸发最、地下水位及水质、墒情等水文要素的监测和分析，对水资源的量、质及其时空变化规律的研究，以及对洪水和旱情的监测与预报，为国民经济建设，防汛抗旱，水资源的配置、利用和保护提供基本信息和科学数据。

水文事业是国民经济建设和社会发展的基础性公益事业。水文资料是防汛抗旱，水资源开发利用管理与保护以及水工程规划、设计、施工、运行、管理、调度的依据。水文测站是采集水文资料的基础单元，水文站网是在一定地区按一定原则用适当数量的各类水文测站构成的水文资料收集系统，科学地布设水文站网，依靠不同观测项目站网间的协调配合，发挥全部水文测站的整体功能，就能以有限站点的有限观测，满足区域内任何地点对水文资料的需求。因此，通常把水文站网看作是整个水文工作的基础。

水文站网的实施是一个渐进的过程。一个国家或地区对水文资料的需求，会随着经济的发展而增加，因此将水文站网视做一个动态系统。定期对水文站网的效果进行检查是非常重要的。只有针对资料需求的变化及时调整资料收集的目的，才能使水文工作切实满足经济社会发展的需求。

黄河流域水文站网目前虽已具备了一定的规模，但总体密度仍然偏低，约为平均4.6站/万 km^2（按基本水文站计算)，仅达到容许最稀密度的下限。随着经济的发展，水文站网应在容许最稀站网基础上不断发展。黄河流域现有的这样一个站网主体，即70%的测站都是在20世纪50～70年代建设的。当时的设站目的主要有两个方面：收集基本水文资料，为流域规划和水工程设计提供依据；进行径流预报，为防汛减灾决策提供依据。今天来看，这样一个站网规模基本可以满足收集中、大尺度空间水资源信息时空分布规律的需要，但在紧密结合社会实时性服务需求方面以及解决突出水问题方面尚显不足。随着人类社会步入21世纪，人口的膨胀，土地利用的加剧，资源的过度占用，使得人与自然之间的关系处于越来越矛盾和不和谐状态，全球变暖、土地沙化、河流断流、水质劣变、地面沉降等，就是自然对这种不和谐关系做出的系统响应。这些警示信息促使社会反思，提出可持续发展的战略方针。可持续发展的重要基础之一是水资源的可持续利用，水文信息是反映水资源系统体征的指标，水文站网是水文信息的采集体，从社会可持续发展和风险控制角度，以建立一个具备饮水安全、用水安全和有效管理洪旱灾害的和谐环境为目标，重新审视、评定站网设置目的与服务目标之间关系，调整和充实现有水文站网，成为水文部门需要迫切研究的问题。

二、水文站网普查组织实施

黄河流域水文站网普查与功能评价组织单位为黄委水文局，负责流域水文普查评价总体设计、组织与协调工作，并对最终成果进行汇总与审查。黄河流域水文站网普查与功能评价工作组由黄委水文局及流域内各省（区）水文部门指定专人组成。

黄委水文局负责协调流域片内水文站网的普查与功能评价工作，并对成果进行汇总。各省（自治区、直辖市）水文部门负责本辖区水文站网的普查与功能评价工作。

为保证工作认真有序地进行，流域片各省（自治区、直辖市）水文单位均指定专人，成立了本辖区工作组。

黄河流域水文站网普查收集了大量数据，检查数据的准确性至关重要。鉴于数据量浩大，除层层把好基础调查和数据录入质量关外，为减少人工查错的疏漏，还设计了表格之间、数据之间的逻辑核查关系，通过程序查错，最大可能地减少数据错误。数据汇总、查错、核对、矫正、再汇总、再查错、再校核，持续了半年时间。

三、水文站网普查成果说明

黄河流域水文站网普查历时两年，花费了大量的人力物力，调查了涵盖各类测站，巡测基地，河流、水文分区的现况基本属性资料和用于评价的特征数据。属新中国成立以来黄河流域水文站网的第一次全面普查和体检，具有重大的现实意义。一是为流域及各省（区）水文站网首次提供了系统全面的基础资料，将大大促进水文管理的科学化和精细化；二是为首次定量评价水文站网，回答业内业外人士关于水文站网为社会提供服务的真实程度的关切，提供了第一手信息；三是为今后开展水文站网规划提供了直接和重要的参考依据。

普查成果主要包括以下几部分：水文测站（水文站、水位站、雨量站、蒸发站、水质站、地下水站、墒情站等）基本属性，水文特征值，水文站受水利工程影响程度，水文站设站功能，500 km^2以上河流水文站设置情况，省界河流及其水文站设置情况，水文站报汛满足程度调查，水文分区及区域代表站设置等。

第三节　水文站网体系

黄河流域水文机构是流域水文工作的主管部门，负责黄河流域水文站网的规划、建设和运行。其他部门如气象部门和国土资源部门等，也建设了一定数量的水文测站。

一、水文站网结构

水文测站是在河流上或流域内设立的按一定技术标准经常收集和提供水文要素的各种水文观测现场的总称。按目的和作用分为基本站、实验站、专用站和辅助站。基本站是为综合需要的公用目的，经统一规划而设立的水文测站。基本站应保持相对稳定，在规定的时期内连续进行观测，收集的资料应刊入水文年鉴或存入数据库。实验站是为深入研究某些专门问题而设立的一个或一组水文测站，实验站也可兼作基本站。专用站是为特定目的而设立的水文测站，不具备或不完全具备基本站的特点。辅助站是为帮助某些基本站正确控制水文情势变化而设立的一个或一组站点。辅助站是基本站的补充，弥补基本站观测资料的不足。计算站网密度时，辅助站不参加统计。

水文测站按观测项目可分为流量站（通常称作水文站）、水位站、泥沙站、雨量站、水面蒸发站、水质站、地下水观测井。流量站（水文站）均应观测水位，有的还兼测泥沙、降水量、水面蒸发量与水质等，水位站也可兼测降水量、水面蒸发量。这些兼测的项目，在站网规划和计算布站密度时，可按独立的水文测站参加统计。在站网管理和刊布年鉴时，则按观测项目对待。

水文站网是在一定地区，按一定原则，用适当数量的各类水文测站构成的水文资料收集系统。由基本站组成的水文站网是基本水文站网。把收集某一项水文资料的水文测站组合在一起，则构成该项目的站网，如流量站网、水位站网、泥沙站网、雨量站网、水面蒸发站网、水质站网、地下观测井网等。

一个水文测站往往观测多个水文要素，因此在地理空间上按一个站设计的包含多个观测项目的水文测站，又可分解为同一地理位置上多个按观测项目统计的水文测站。基于此，水文上习惯按独立站和观测项目站两种口径统计，前者反映实有测站的建设规模，后者反映站网对水文要素把握的能力。按观测项目统计的测站数大于等于按独立站统计的站数。

二、流量（水文）站网

流量（水文）站根据目的和作用、控制面积大小及重要性等进行分类。

（一）基本站、辅助站、专用站和实验站

辅助站是为帮助某些基本站正确控制水文情势变化而设立的一个或一组站点，计算站网密度时辅助站一般不参加统计。本次评价根据黄河流域水文测站的实际情况，进一步把辅助站划分为枢纽式辅助站和一般辅助站。枢纽式辅助站主要指，由于水利工程导致主河道流量分散，需要通过一组辅助断面，协助合成流量，即一站多断面情况，其本身并不具有独立的水文资料收集功能；一般辅助站主要指，为了弥补基本站在空间分布的不足而设立的一些短期观测站，目的是为了建立与基本站的关系，推求水文情势的时空分布，或推求水网地区水量平衡。在我国一般辅助站多属后者。

基本站是为综合需要和公用目的服务，其数量应在动态发展中保持相对稳定，在规定的时期内连续进行观测，收集的资料应刊入水文年鉴。辅助站是为帮助某些基本站正确控制水文情势变化而设立的一个或一组站点/断面，其水文资料的主要作用是对基本站资料的补充。专用站是为特定目的而设立的水文测站，不具备或不完全具备基本站的特点。实验站是为深入研究专门问题而设立的一个或一组水文测站，实验站也可兼做基本站。

1. 基本站

基本站是现行站网中的主体。从经济的角度看，由于运行经费的限制，在基本站相对稳定的情况下，可以通过设立相对短期的一般辅助站，与长期站建立关系，来达到扩大资收集面的目的。目前，黄河流域共有基本水文站 348 处，在流域水文站网中占有绝对主导地位。

20世纪50年代以前，全流域的水文站仅60处。20世纪50年代后，国家高度重视防洪抗旱工作及水利事业的发展，逐步设立了大量的基本水文站。至1960年，全面展开了各项水文要素的监测工作，基本水文站数量从60处猛增到288处，是黄河流域水文站网建设的第一个高峰期。1985年后，受人类活动影响日益严重，部分测站已失去功能，又无经费进行迁建，为此进行了必要的调整（降级或撤销），同时对部分已按设站目的完成资料收集分析任务的小河站实施了撤销、降级。因此，1985年后的15年内，基本水文站数量持续小幅下降。进入21世纪，这种局面有所改变，一些新的基本水文站逐步建立，以满足黄河流域经济社会发展的新需要。

2. 辅助站

至2005年，黄河流域共有辅助水文站156处，占基本站的44.8%，其中．枢纽辅助站82处、一般辅助站74处。从全流域来看，随着我国水利工程的大规模建设，相应的枢纽辅助站大量建立，以至于枢纽辅助站的数量远远超过一般辅助站，实际上是一种用于减小水利工程影响被迫采取的方式，而真正具有分析水文要素时空分布价值的一般辅助站则显不足。由于后者投资少、设置灵活、观测期短，是弥补基本水文站不足的一种有效方式，应引起水文工作者的关注，注意加强建设并分析与基本站的关系。

枢纽辅助站的发展基本与水利工程建设速度同步，而一般辅助站的发展则相对平缓，只是在2000年以后才有了较大的增幅，主要分布在黄河干流和重要支流。

3. 专用站

至2005年，黄河流域由水文部门负责管理的专用水文站4处，占全部348处水文站的约1.1%。由于专用站的特性，其增减、调整和对观测项目及质量的要求时有变动。一些为水利工程建设、防洪测报、河道整治、水库观测试验等设立的专用站，由于需要长期观测，实际上起着基本站的作用。专用站数量虽少，但其发展历程与基本水文站相似，在经历了20世纪五六十年代和70年代的较大幅度增长后，在70年代达到顶峰，其后逐步小幅减少。

目前，黄河流域由水文部门管理的专用水文站的数量很少，很多专用站由其他部门根据自身需要自行建设并管理。从国外的情况看，专用站由于直接与服务对象挂钩，需求明显，是水文站网内十分活跃的一类，大多由用户根据需求设立，交由水文部门进行专业管理，水文部门在为用户提供资料的同时也为公共积累了基本水文资料。因此，黄河流域水文部门应注重加强与各部门用户的联系，争取增设适应不同社会服务需求的专用站，同时能完善基本水文站网。

4. 实验站

自20世纪50年代开始，黄河流域逐步设立水文实验站，主要有径流、蒸发、地下水、水资源和泥沙实验站等。到60年代，实验站达到历史最高的6处，随后由于经费的原因，实验站数量逐渐减少。至2005年，我国仅存实验站3处（其中2处与基本站重复），占基本站的0.9%。在近些年里，由于人类活动、城市化以及气候变化等因素，很多区域的产汇流和三水转换规律已发生巨大变化，迫切需要通过实验站建设开展新的试验研究。

从现有的各类测站数量来看，除基本站稍能满足主要功能，需局部增设外，其余无论是辅助站对基本站资料的补充、水量平衡算水账、专用站的特定对象水文资料服务和社会需求，以及实验站的专项研究需要，数量都明显偏少。随着水资源管理、水环境保护和社会各有关部门对水文资料需求的不断扩大，应在稳定发展基本站的基础上，扩大辅助站，特别是专用站和实验站，以满足水利工程建设、水资源管理和社会对水文资料的需求。

（二）大河站、区域代表站、小河站

水文站按所控制面积大小可分为大河站、区域代表站、小河站。另外，位于平原水网区的水文站称为平原区水文站，黄河流域无平原水网区水文站。

控制面积为3 000～5 000 km^2以上大河干流上的流量站为大河站。大河站采用直线原则布站，以满足沿河长任何地点各种径流特征值的内插。干旱区在300～500 km^2以下、湿润区在100～200 km^2以下的小河流上设立的流量站，称为小河站。集水面积处于大河站和小河站之间的，称为区域代表站。

1. 大河站

黄河流域现有的103处大河站，一般设立年份较长，经历次调整，测站布设基本合理。各站控制情况，正常年径流或相当于防汛标准的洪峰流量递变率，以不小于10%～15%来估计布站数目的上限的规定。

2. 区域代表站

区域代表站是为收集区域水文资料而设立的，应用这些站的资料，进行区域水文规律分析，解决无资料地区水文特征值内插需要，区域代表站的分析就是验证水文分区的合理性、测站的代表性、各级测站布设数量是否合理，能否满足分析区域水文规律内插无资料地区各项水文特征值的需要。

3. 小河站

小河站的布设主要进行产汇流分析，推求各种地理类型的水文规律。黄河流域山区特点复杂，划分标准不同，总体上按照分区、分类、分级的原则进行布站。

黄河流域现有小河站124处，占站网的32.5%。按我国35%的比例要求，流域内现有站网还不能满足收集小面积暴雨洪水资料，探索产汇流参数在地区上和随下垫面变化的规律的要求。根据流域防汛及水资源管理的要求，依据现状，急需在以后的水文站网规划中逐步补充站网，增加一些小河站数量，以探求流域产汇流特性，更好地为水资源利用服务。

三、泥沙站网

泥沙测验项目根据泥沙的运动特性可以分为悬移质、沙质推移质、卵石推移质和床沙等4类，每一类别根据其测验和分析内容又可分为输沙率测验和颗分测验。一般来说，悬移质泥沙是全国主要的泥沙测验项目，颗分项目一般依附于输沙率项目。

全流域现有泥沙站246处，其中进行泥沙颗分的119处。泥沙站占基本水文站流量断面的比例较高，达到51.3%（全国平均为32.7%），这是由黄河流域河流泥沙问题比较突

出的现状决定的。泥沙站中，有48.4%的测站进行泥沙颗粒分析。

各水系中，黄河干流、泾河、渭河、汾河等泥沙问题比较严重的水系泥沙站的比重较大，而大汶河等泥沙较少的水系河流则比重较小。

四、雨量站网

黄河流域现有雨量站2 290处，其中独立雨量站有1 959处，与水文站、水位站结合的雨量站有331处。

从雨量站与水文站比率来看，黄河流域为6.8，即平均1处水文站对应6.8处雨量站，高于全国平均水平（全国平均为5.6），比例关系基本合适。世界气象组织认为，平均1处水文站应至少对应2处雨量站。美国水文站与雨量站的比例关系为7.1，黄河流域的6.8与美国较接近。但黄河上下游、东西部分布不均的问题依然突出，站网规模还需要进一步发展。

相对于全国平均值和流域平均值来说，黄河中游区下段、北洛河、黄河下游区是流域主要暴雨区，水文站与雨量站比率均超过10。区内山地较多，降雨量大，汇流速度快，从水文预报角度看，雨量站配比程度高是合适的。另外，黄河流域部分区域内降雨量较少，大部属半干旱半湿润或干旱半干旱气候带内，雨量站网需要进一步优化。

五、水质站网

黄河流域共有水质站389处，其中与水文站、水位站结合的水质站有165处，独立水质站水文部门有184处、环保部门有40处。

与水文站结合的有165处水质站，结合率（43%）并不很高，水位站没有水质监测项目，应进一步在水文站、水位站上增设水质监测项目，将结合率提高。同时，根据水功能区保护目标和水污染分布，灵活设置独立的水质站。

六、地下水站网

黄河流域有地下水站2 145处，其中与水文站结合的地下水站有17处，独立地下水站有2128处。

从单站控制面积看，人口密集的汾河、大汶河站网密度相对较高，渭河、黄河下游区等人口面积、农业发达地区站网密度也较高；黄河上游区上段、黄河中游区上段等人口稀少、农业落后区站网密度较低，单站控制面积超过5 000 km^2；洮河水系没有地下水站。

七、具有一定资料系列长度的水文站数的变化趋势

（一）基本情况

建站历史悠久、拥有长期系列资料的水文测站，是水文站网的一笔宝贵财富。在黄河流域站网密度仍然比较稀疏的现阶段，以一定数量的长期站为依托，辅以一定数量和适时更新的中期站，并有能够持续增加的短期站做补充（向中长期站过渡），是水文站网中不

同资料长度水文站数的理想构成模式。

（二）情况分析

黄河流域水文站网的发展与我国水文站网发展的趋势基本一致，从 20 世纪 80 年代至今，总数在缓慢下降中逐渐趋于稳定，基本水文站现维持在 470 处左右，水位站维持在 54 处左右，降水站维持在 2 000 处左右，这说明了投资基数的基本稳定，但也显示了这个基数仅能维持现有站网，不能提供进一步发展的动力。

（三）调整建议

长期水文站的持续运行将对水文评价提供有价值的历史资料，但是受限于它们当时的设站目的，在满足今天新增的水文资料的需求方面，这种站网布局显然会存在一定的缺陷。此外，新设水文站越来越少，站网发展迟滞不前，导致流域水文信息的采集面难以扩大，而近些年以及未来几年经济的快速发展，人类活动的加剧，以及土地利用系数的提高，都需要更密空间尺度上的水文信息的提供，这种供需缺口所产生的影响将是十分深远的，老水文站明显已经满足不了当今社会对水文资料的需求。所以，应该对老水文站进行检验，再根据检验的结果，对老水文站的裁撤与否进行判定。

第四节　水文站网功能评价

水文站网功能是指通过在某一区域内布设一定数量的各类水文测站，按规范要求收集水文资料，向社会提供具有足够使用精度的各类水文信息，为国民经济建设提供技术支撑。

单个水文测站的设站目的一般为：报汛，灌溉、调水、水电工程服务，水量平衡计算，为拟建和在建水利工程开展前期工作服务，试验研究等。测站功能一般体现在以下 8 个方面：①分析水文特性规律，如研究水沙变化，分析区域水文特性和水文长期变化；②防汛测报，包括水文情报和水文预报，为国民经济相关部门提供水文信息服务和为防汛决策部门提供技术依据；③水资源管理，如进行区域水资源评价，省级行政区界、地市界和国界水量监测，城市供水、灌区供水、调水或输水工程以及干流重要引退水口水量监测等，为水行政主管部门提供水量变化监测过程，更好地进行水资源优化配置；④水资源保护，如进行水功能区、源头背景、供水水源地和其他水质监测，为水资源保护提供依据；⑤生态保护，如开展生态环境监测和水土保持监测；⑥规划设计，如前期工程规划设计和工程管理等；⑦完成某些法定义务，如执行专项协议、依法监测行政区界水事纠纷以及执行国际双边或多边协议等；⑧开展水文试验研究等。

通过一定原则布设的这些单个水文测站组成的水文站网将具有区域或流域性的整体功能，譬如通过某一区域内的雨量站网可以掌握整个面上的降水分布情况，或内插出局部无站点地区的降水量，通过上下游水位测站可以内插出站点间任一河段的水位（水面比降一致）。鉴于水平衡原理，水文循环具有特定的规律，各类水文信息之间有着密切联系，各类水文测站之间可以互为补充、互为加强，水文站网是一个有机的整体，通过科学布设的水文站网具有强大的整体功能，从而可以依托有限的水文测站，以最小投入，获得能够满足社会需求的水文站网整体功能。

水文站设站功能评价的目的是通过对各个水文站设站功能进行调查，经统计汇总，形成现行水文站网的功能比重，用以分析站网的主要服务对象，以及在功能方面需要强化或需要调整的方面，为今后水文站网建设、调整提供依据，使水文站网最大限度地满足社会发展需要。

一、水文测站功能发展与变化

黄河流域九省（区）（青海、四川、甘肃、宁夏、内蒙古、山西、陕西、河南、山东）水文站网功能发展与变化可分为以下五个阶段。

（一）清代和民国时期的水文站网功能

清代到民国初期黄河流域水文事业发展比较缓慢，水文站点稀少，许多地方还是水文空白区，主要是为了满足防汛抗旱、防洪除涝、河道治理的需要。新中国成立前的站点功能单一、简单，没有站网的概念。

这个时期黄河中上游地区，已设有为数不多的水文站，由国民政府黄河水利委员会和地方政府管辖，水文测站的主要功能是收集黄河中上游段的基本水文资料。甘肃省水文站点一般是20世纪三四十年代设的站，观测时间都比较短，一般都很难发挥重要的作用。其作用主要是为了航运，也为防汛抗旱和农业灌溉服务，收集一些简单的水文资料。到1940年由宁夏建设厅水利工程设计组设立一些渠道站，对唐佛渠、惠农渠、汉延渠、大清渠进行了夏、秋灌水期的水量和泥沙施测，绘制了四个渠的水位—流量关系曲线。1942—1945年，黄委又相继设立了黄河新墩、石嘴山水文站和枣园堡、横城及支流清水河中宁水位站，在青铜峡灌区设立了唐佛渠大坝水文站、汉延渠陈俊堡水文站、大清渠陈俊堡水文站、惠农渠叶盛水文站，在灌水期进行观测。1949年9月前，仅有黄河青铜峡、石嘴山站，由于战事影响，当年资料均有不同程度的停测中断，内蒙古河段处于空白区。

在发展生产中与水旱灾害做斗争的过程中，黄河中下游地区积累了一定的经验。早在公元前2297年，《尚书·尧典》记载："汤汤洪水方割，荡荡怀山襄陵，浩浩滔天。"以后在历代都有与水旱斗争的史料，其中也不乏记载水文测报的情况。记录中，主要以传递汛情制度为主，水文站主要是为灌溉引水、防洪除涝、河道治理的需要而设立的，功能单一、简单。几条主要河道上建立水文测站，观测雨量、水位、流量和含沙量，功能以收集水文情报、传递汛情为主。但由于当时受战乱影响，主管水文的机构变动频繁，人员不固定，经费不能保证，因此水文测站时撤时建，收集的资料残缺不全，水文资料利用价值不大。

（二）新中国早期的水文站网功能

新中国早期是黄河流域水文由分散管理到统一创业的发展时期。基本明确了水文测站的目的、任务及要求，建立了基本站网、实验站，加强了测报管理。

20世纪50年代以来，测验项目逐步扩展。1919年，河南陕县站开展悬移质含沙量观测。1950年，开展输沙率观测，是流域内较早观测泥沙的测站，仅为水文特性分析、灌区供水和工程管理服务，水质站只开展常规分析。1956年，国家制定了农业发展纲要，其中对水文站提出了站网发展目标。这次的站网功能已开始走出水文站网只为满足水利及防汛需要的范围，已初步具有为其他经济建设服务的目的。

此阶段，黄河中上游布站方面是比较被动的，哪里兴修水利工程才在哪里建立测站，不断增设水文站和雨量站，填补了一些地方的空白。为服务于工农业经济发展，于1956年进行了第一次水文站网规划，站网初步形成，测站功能主要是收集水文资料，掌握雨情，做好洪水预报和水文分析等，但没有整体规划，站网的概念还不明显，且设站的功能总体上比较单一，收集的资料质量较差。

在黄河中下游地区设立了实验站，陆续开展地下水位、土壤含水量、土壤入渗率、土壤蒸发和堰槽测流等项测验。1955年建立了薄山水库水面蒸发实验站，1958年设立漭河实验站，目的是揭示径流、蒸发形成的物理机制，探明水文要素依存转化关系，为水利规划设计、建设提供服务，已初步具有为其他经济建设服务的目的。

（三）20世纪80年代（改革开放时期）水文站网功能

由于国民经济的发展和水利建设新形势下对水文工作的要求，黄河流域的水文站网进入了一个新的发展时期。全流域水文系统逐步恢复，建立健全了规章制度，加强了测站建设，推行目标管理。根据水利部“关于调整充实水文站网规划的报告”要求，充实培训了水文技术人员。开始对现有水文站网进行调查和审定，落实每个测站是否能达到设站目的，发挥其应有作用。这一时期水文站网的功能也不断地得到扩展和延伸，与国民经济的发展相联动。该时期的站网功能主要为水资源评价和水资源开发利用以及系统收集水文资料、水文情报、水文预报、研究水文规律、防汛抗旱、流域规划设计、水质监测、区域水文、长期变化、试验研究和工程管理服务。黄河流域水文站网建设发展达到了一个高峰，各类功能站也应运而生，水质站、地下水观测井也开始发展起来。除雨水情监测外，还兼有水沙变化、水质、水资源评价等功能，水文站的设备得到一定的改善，收集的数据可靠性大大增强，水文站网开始为社会经济的发展提供有力的支持。

（四）1990—2005年水文站网功能

经过努力，黄河流域已建有一套功能比较齐全的水文站网，基本上能满足防洪、水资源开发利用、水环境监测、水工程规划设计和水土保持等国民经济建设和社会发展的需要。站网的整体功能主要体现在有限的观测点上收集到样本容量有限的系列资料后，能向各方面提供任何地点、任何时间的具有足够适用精度的资料和信息，即所收集到的资料能够移用到无资料地区并符合精度要求。

截至1999年，黄河流域水质监测站，除常规的水化学分析外，还进行污染监测，对点、面污染源和污废水进行调查测算，对监测结果及时做出评价和动态分析，向有关管理部门提供资料，为保护水资源及贯彻取水许可制度等提供服务。但与国民经济和社会科学发展的要求尚有一定差距。

20世纪90年代至今，水文站网在数量上已基本稳定，各测站任务明确。截止到2005年，全流域共有水文站348处、水位站55处、独立雨量站1959处、独立蒸发站1处、水质站 224 处、地下水站 2 128 处。

随着水文事业的发展，水文在新技术上的应用有了很大进步，水文测验设施由过去手工作业逐步向半自动化水文缆车、缆道发展，水位、雨量观测由人工观读逐步过渡到自记，部分水位、雨量采集实现了数字化，信息采集与水文资料整编对接使资料整编逐步由人工录入数据向自动转储水文数据发展。信息采集的自动化为水情实时报汛及水资源评价提供了更便捷的条件。

近年来，随着国民经济建设和社会发展对水文资料的需求以及人们对站网认识的提高，黄河流域水文站网经过多次规划、分析检验，不断得到调整充实，测站功能也逐步增强，为国家建设做出了积极贡献。

（五）黄河泥沙治理与站网功能

黄河流域是中华民族的发祥地，黄河塑造了华北平原、宁夏平原和河套平原，黄河泥沙塑造了下游平原和河口三角洲陆地，黄河下游是举世闻名的“地上悬河”，河床不断升高，河水仅靠人工筑堤防患，一遇暴雨河水猛涨，随时有决口的危险，成为世界上最难治理的河流。黄河治理的关键是泥沙，黄河水的年均含沙量约 35 kg/m^3，最多时可达 750 kg/m^3 左右，每年黄河输入下游的泥沙达 16 亿 t。黄河泥沙的来源主要是中游黄土高原，黄土高原土层深厚，土质疏松，加之高原本身脆弱的生态环境和人为的植被破坏，一遇暴雨，大量泥沙与雨水一起汇入黄河，使黄河成为全世界含沙量最多的河流，所以加强中游黄土高原地区的水土保持是治沙的根本。黄土高原人民在长期实践中总结出了许多治理水土流失的经验，其中小流域的综合治理就是其中的有效方法之一，具体措施是“保塬、护坡、固沟”，甘肃西峰南小河沟是个成功的典范。经过几十年的建设，现在已经是塬面平整，沟坡林密，沟底坝库相连，农林牧业得到全面发展。

黄河中游为黄土高原地区，区域内地形起伏，水系发育，植被条件差，水资源量分布高度不均，暴雨集中易成灾害，水土流失严重，水少沙多，输入黄河的沙量约占全河的 90%，是黄河洪水和泥沙的主要来源区。中游地区水资源匮乏，防洪、水环境问题突出。该地区是我国重要的能源化工生产基地，高耗水、排污量大，河流污染严重。区域内部分地区区域代表站数量偏少，水沙计算和平衡控制困难，水质监测站网稀少，取退水断面监测能力明显不足，需要加强以上站网的布局和监测能力，以满足水资源分配矛盾日益突出情况下的水资源优化配置与生态环境保护的需求。

黄河中游 1.88 万 km^2 是黄河粗泥沙集中来源区，是维持黄河健康生命、实现黄河长治久安的根本所在。经过多年的查勘研究，黄河粗泥沙集中来源区治理的思路就是持续、快速减少黄河泥沙，特别是粗泥沙，促进粗泥沙集中来源区生态环境整体改善和区域经济社会的发展，按照“先粗后细”的治理顺序，加大淤地坝工程建设力度，合理布设拦泥库，配合以生态修复为主的小流域综合治理措施，建立拦截粗泥沙的第一道防线，以改善水沙环境和水土资源的科学利用，维系良好的生态环境。具体措施如下。

第一，在建设基本单元上，以支流为单元，遵循其水土流失规律，根据当地自然、经济等综合因素，进行水土保持生态建设规划。以拦减泥沙，淤地造田，合理利用水资源为目的，水土保持工程与水利工程相结合，拦泥防洪与水资源利用相结合，淤地坝建设与大型拦泥库相结合，人工治理与自然恢复相结合，建设以淤地坝为主体，坡面工程、植被工程、农业耕作工程相结合的综合防护体系，实现减少入黄泥沙、改善生态环境和发展区域经济的目标。

第二，在生态建设整体战略上，实施“以沟促坡，以坡保沟”的基本方略，即针对粗沙集中来源区重力侵蚀严重和沟道产沙为主的基本特点，根据黄河减沙的实际需要，把沟道拦沙工程体系建设作为粗沙集中来源区生态建设长远发展的第一步，淤积沟床，抬高侵蚀基准面，稳定沟坡，有效遏制沟岸扩张、沟底下切和沟头前进，减轻沟道侵蚀，把泥沙拦截在千沟万壑之中，实现高效、快速减少黄河泥沙，特别是粗泥沙的目标。同时，通过沟道拦沙工程体系淤地造田和调蓄水资源的功能，营造高产稳产的基本农田，为农业生产和生态环境提供必需水资源，解决农民基本生计问题，为坡面治理创造条件。在此基础上，调整农村产业结构，扩大植被建设，加强坡面治理，减少坡面产沙对沟道拦沙工程的压力，延长沟道拦沙工程体系的使用寿命，增加沟道拦沙工程体系的防护效益。二者的合理配置形成了沟坡结合的综合防护体系，促进治理区坝库工程、生态农业和植被建造三者协调发展，实现生态环境的整体改善。

第三，在工程体系布局上，实施“小流域淤地坝体系 + 大型拦泥库的工程布局”，以重点支流为单元，科学规划，在支、毛沟内合理布设治沟骨干工程、淤地坝和塘坝（小水库）等不同用途的沟道坝库工程，组成有整体防护功能的小流域沟道工程体系，滞洪拦泥、发展生产、防洪保收，实现千沟万壑就地拦沙，促进水土资源的合理利用。在干流上因地制宜地配置拦泥库，拦泥库单坝控制面积大、拦泥效益高、数量少，主要布设在不宜布设骨干工程、淤地坝和塘坝等小型工程的较大支沟和干沟上，控制淤地坝无法控制的更多产沙面积，同时保护其涉及范围内的小流域沟道工程体系，保证工程体系安全，实现大区域的持续减沙。

作为河流泥沙的观测站——水文站，为流域治理和工程建设提供了详尽的水文数据。根据水利部提出1958年前建成基本水文站网的规划，黄河流域初定的规划标准中流量站集水面积大于5 000 km^2的按直线原则布站，上下游两站间面积不小于总集水面积的10%～15%；集水面积在200～5 000 km^2设区域代表站，一般一个水文区内设1～3个站；集水面积在200 km^2以下的设小面积代表站。对泥沙站要求年平均含沙量在0.05～0.1 kg/cm^3的河流设站，按照设站原则，黄河流域在大河站、区域代表站、小河站建设中，按要求观测泥沙，即泥沙观测站约占流域水文站的60%，基本控制了黄河流域河流泥沙的变化，为流域和地方的工农业生产建设提供了宝贵的科学数据。

黄河流域现有水文站网基本能控制区域内水、流、沙的变化和特征，站网功能基本能满足规划、水资源计算、水工程运行、防洪、水土治理的需求。

二、现行水文测站功能评价

（一）评价方法

1. 评价对象

国家基本水文站是收集水文信息的主要平台，监测要素全面，任务多重化，作为本次评价的主要对象，另纳入水文部门负责的专用站和实验站，共同构成评价对象，黄河流域共有381处水文站、480处监测断面。

2. 功能指标

根据水文站监测水沙关系的基本项目，结合防汛测报、水资源管理、水质保护等当前社会各方面现实的需求，确定用于评价站网监测功能的有9项一级指标和24项二级指标。

3. 评价方法

根据每个测站的设站目的、监测任务、资料服务范围，对照24项功能指标，划定测站功能，最少有一项功能，多则七八项。

统计每个功能指标对应的水文站数，计算占总站数的比重，由于大量存在一站多功能的情况，各项比重之和大于100%。

根据比重分布状况，分析站网的主次功能构成，并进行评价。

（二）评价结论

站网的整体功能主要体现在有限的观测点上收集到样本容量有限的系列资料后，能向各方面提供任何地点、任何时间的具有足够适用精度的资料和信息，即所收集到的资料能够移用到无资料地区并符合精度要求。因此，必须依靠水文站网内部结构，充分发挥其网内测站的整体功能，使其以最少投资、最小代价获得最高的效率、最佳的站网整体功能。

黄河流域现有水文站381处、流量监测断面480处，承担着分析水文特性规律、水文情报、水资源管理、水质监测、生态环境保护、干流引退水、水量调度、水土保持、工程管理、试验研究等20多项监测任务。具有分析水文特性规律477处，水沙变化293处，区域水文262处，水文气候长期变化103处，水文情报395处，水文预报70处，水资源评价391处，省级行政区界30处，地市界37处，城市水文18处，灌区供水79处，调水或输水工程19处，干流重要引退水口65处，水功能区界水质54处，源头背景水质11处，供水水源地水质17处，其他水质监测79处，生态环境保护29处，水土保持41处，前期规划设计13七处，工程管理66处，行政区界法定监测1处，试验研究41处，其他功能12处。

其他功能比重较少的行业还有待于继续加强，如城市水文、调水或输水工程、源头背景水质、执行专项协议、行政区界法定监测等，以此来全面、适时地满足黄河流域社会经济发展的需要。

第五节　水文站网目标评价

一、概述

水文站网是为综合目标或综合功能而设置的，如流域水资源计算、气候长期变化、防洪抗旱、流域规划设计、水利工程设计与调度、水资源配置、水环境保护以及其他专用目的等。有些目标或功能是由其他目标或功能衍生出来的，如流域规划设计、水资源配置都需要建立在流域水资源计算的基础上，水账能否算清，决定了其相关目标是否能够实现。基于此，经综合考虑，本次评价将河流水文控制、省界及国境河流水资源监测、防汛测报、水质监测确定为基本水文站网的主要基础性功能，依据现阶段黄河流域水文站网的分布，在对站网发展历程分析的基础上，对水文站网在当前及今后一段时期内，满足社会需求程度进行综合分析评价。

（一）河流水文控制目标评价

用于评价现行水文站网水文要素监测和算清流域水账的能力。本次站网目标评价对流域面积500 km^2以上的河流以及水文站网设置情况，尤其是河口水文站布设情况进行了较为系统的调查，据此对现行水文站网控制水系河流的程度进行综合分析评价，通过定量统计分析，查找相对薄弱的地区，为站网调整提供参照依据。

（二）省际及国际河流水资源监测目标评价

用于评价现行水文站网在水资源管理方面提供基础支撑的能力。随着国民经济的高速发展，各地越来越将水资源作为一项战略性资源加以管理，必要时在省际进行利益分配。在管理过程中，水资源的行政区域性特点随之凸现。算清省（区）之间、国家之间的水账需要通过边界附近的流量监测来实现，因此省际、国际河流水文站网的设置也显得越来越重要。通过对现行水文站网对省际、国际河流的控制程度进行评价，提出完善站网的建议，为以行政区划为单元的水资源管理提供技术支撑。

（三）防汛测报目标评价

用于评价现行水文站网在防洪安全管理方面提供基础支撑的能力。防洪安全管理是社会公共安全管理的重要组成部分，并且具有以年度为周期的长期性特点。水文站网为防洪安全管理提供实时汛情，为预测预报、调度决策服务，从站网设置之初就成为其重要使命。通过对防汛测报目标评价，分析检验站网对这一重要使命提供服务的能力。

（四）水质监测目标评价

水质监测是水文监测的主要工作内容之一。现阶段，我国处于经济高速发展和基本实现工业化阶段，水环境问题比较突出，江河湖泊普遍出现水质劣化，限制了水资源的可持续利用。目前，各省（区）的水功能区划都已得到省人民政府的批准。根据国家级和省级水功能区划水域保护目标，对现行水质站网水功能区水质监测目标满足程度进行评价是十分必要的。

分析评价主要以目标满足率分析计算为基础，并提出相应的满足率提高指标，为优化站网提供参考依据。满足率是一个相对概念，衡量指标为百分比。具体是以设定的需求为目标，若站网完全能够满足需求，则目标满足率为100%；若完全不能满足需求，则目标满足率为0%；大多数情况下，目标满足率介于0%～100%，用以直观地表述现行站网围绕需求提供服务能力的程度。

二、河流水文控制目标评价

（一）评价基础及方法

1. 评价基础

水文测站设立在河流上，除提供本河流测站断面上的水文要素外，还与其他河流上的水文测站一起，通过一定的规则与方法，计算并形成水文要素或特征值的空间分布关系，用于无资料地区的水文分析计算。水文测站在河流上覆盖的程度越高，水文特征值在空间的分布状态就被描绘得越准确。河流水文控制目标评价就是针对测站对河流的覆盖程度进行的评价，也就是对测站支撑水文特征值空间关系描绘能力的评价。

为此，调查一定规模的河流以及河流上的水文站设置情况，成为本目标评价的基础。

本次站网普查，要求统计了500 km^2以上的河流及其水文站网设置的情况。河流上的水文测站设置包括水文站、水位站、雨量站等，这些水文测站的有无及设置位置也决定了该条河流的水文控制情况统计，相应的河流划分为完全水文空白河流、流量测验空白河流、水文部门已设水文站河流、由其他部门设置水文站河流、出流口附近已设水文站河流等，所有这些资料信息即为流域水量计算部分评价的基础。

完全为空白区的河流数设为 n_1 ，计算 $R_1 = n_1/N \times 100\%$ ，反映了既无水文站也无雨量站、水位站，完全为空白区的河流情况。有水文站的河流数设为 n_2 ，计算 $R_2 = n_2/N \times 100\%$ ，反映了全部河流中由水文部门设置了水文站进行监测的情况。扣除与水文部门重复设站后，有水文站的河流数设为 n_3 ，则 $N - n_2 - n_3$ 表示全部河流中无水文站控制（但有水位或雨量站）的河流数。从水量计算的角度看，如在河流出流口附近设有水文站，将能够完整计算该河流的水量。因此，以出流口有水文站的河流数设为 n ，与全部河流数 N 进行比值 R 的计算，$R = n/N \times 100\%$ ，反映能够满足流域水量计算要求的河流的比例，即本目标的满足率。

为了反映流域水量控制的目标满足率的历史增长过程，以评价站网在此方面发展的情况，绘制流域水量控制目标满足率随时间的变化曲线。

通过对340多条河流上的水文站、水位站、雨量站等站网信息进行分类统计，分析站网对河流水量及其他水文要素的监测和掌握情况。

根据河流上设站的类别将河流划分为完全水文空白河流、流量测验空白河流、水文部门已设水文站河流、由其他部门设置水文站河流、完全由其他部门设置水文站控制河流、出流口附近已设水文站河流等。

完全水文空白河流是指流域内未设立任何类型的水文测站，包括雨量站、水位站、流量站等，不能掌握任何水文信息。

流量测验空白河流是指流域内无流量站的河流，既包括完全水文空白河流，也包括无流量测验但设有雨量站或水位站，可以掌握一定的降水或水位要素的河流。

水文部门已设水文站河流是指流域内设有由水文部门管理的流量站。

由其他部门设置水文站河流是指由水利工程等单位为专用目的而布设流量站的河流，

这些河流与水文部门已设水文站河流会有重复。

完全由其他部门设置水文站控制河流是指水文部门未设流量站，完全由其他部门设立的流量站提供流量信息的河流。这些河流上的水文站将成为非常重要的站网补充资源，今后应要求向水文部门汇交资料。

出流口附近已设水文站河流一般是指水文（流量）站断面设在河流出口附近（断面至河口距离在整个河长的20%以内），能基本控制河流水资源量（70% -80%以上），且流量断面与河口之间没有较大的径流加入或流出的河流，这些河流被认为基本可以算清水账。

2. 评价方法

主要对现行水文站网在水文要素监测和算清流域水账方面的能力进行评价。

（1）完全水文空白河流评价

假设评价的河流总数为 N，完全水文空白河流数设为 n_1，计算 $R_1 = n_1/N \times 100\%$，得到既无流量站也无雨量站、水位站完全为水文空白区的河流所占比率，反映出水文站网在河流水资源监测方面的盲区情况。

（2）流量测验空白河流评价

假设评价的河流总数为 N，水文部门已设水文（流量）站河流数为 n_2，完全由其他部门设置水文（流量）站控制河流数为 n_2'，计算 $R_2 = (n_2 + n_2')/N \times 100\%$，得到仅有水位站、雨量站，缺乏流量测验的河流所占比率，反映出水文站网在河流水量监测方面的不足程度。

（3）流量空白但水位或雨量非空白河流评价

假设流量测验空白但水位或雨量测验非空白河流数为 n_3，计算 $R_3 = n_3/N \times 100\%$，得到流量空白但水位或雨量非空白河流所占比率。这些河流的某些地点有一定的水位、雨量信息，对水文参数分析有一定价值，但是流量信息更加重要，需要尽快补充。

（4）河流出流口控制评价

从水量计算的角度看，如在河流出流口附近设有水文站，将能够完整计算该河流的水量。因此，以出流口有水文站的河流数设为 n_4，与全部河流数 N 进行比值 n_4 的计算，$R_4 = n_4/N \times 100\%$，反映能够满足流域水量计算要求的河流的比率，即本目标的满足率。

（二）资料说明

各省（区）所报资料基本涵盖了黄河流域全部500 km^{2}以上的河流，进行资料汇总时把因跨省（区）而重复统计的河流予以扣除。统计时，把黄河河源的约古宗列曲按独立的一条河流，与黄河干流分别进行统计。最终统计结果：黄河流域500 km^{2}以上的河流总数为341。其中，青海省河流数为77条，甘肃、内蒙古、陕西、山西等省（区）的河流数也都在50条以上。水文空白区主要集中在黄河河源的高寒地区以及内蒙古自治区的荒漠地区。

关于出流口附近是否设立有水文站的资料统计，由于各省（区）对“出流口附近”的理解有差异，即存在着“距离河口多远才算是出流口附近”。我们一般认为：能够控制河流水量计算的水文站位置应距离河口十几千米以内，且水文站断面与河口之间没有较大的径流进入或流出。对于众多的中小河流，这样的认识仍会有差异，资料统计也可能会因此而受影响。

关于全部河流中没有水文站（但有水位站或雨量站）的河流数量的计算，评价大纲中给出了“$N - n_2 - n_3$ 表示全部河流中无水文站控制（但有水位站或雨量站）的河流数”的方法。事实上，全部河流数 N 中还包括有完全空白的河流数 n_1，如果不把 n_1 也从 N 中扣除，则会造成概念混淆。

（三）评价结论

黄河流域共有 500 km^{2}以上的河流 341 条，其中有 104 条为完全水文空白河流，既无水文站也无水位站，占 30.5%；由水文部门设置了水文站的河流有 148 条，占 43.4%；完全由其他部门设置了水文站的河流有 0 条（扣除了与水文部门重复设置水文站的河流 2 条）；全部河流中没有水文站（但有水位站或雨量站）的河流为 94 条，占 27.9%；能够完全满足流域水量计算要求的河流数，即出流口附近有水文站的河流数为 111 条，占 32.6%。

从以上数据结果来看，一方面，水文部门已设水文站河流占全部河流数的 43.4%，但出流口已设水文站的河流数为 111 条，占 32.6%，即流域水量计算控制的目标满足率仅为 32.6%，水文控制情况不尽人意。另一方面，完全水文空白河流的比例为 30.5%，流量测验空白河流的比例为 56.6%，说明河流水量计算控制的任务还很艰巨。分析完全水文空白的河流，其主要分布于青海省，其次为甘肃省和内蒙古自治区，说明黄河河源高寒地区以及内蒙古荒漠地区的河流是水文控制的薄弱地区。这些地区中小河流众多，是下一步黄河流域站网布局所重点关注的地区。

三、省界与国界水量监测

（一）评价基础及方法

以穿越或分割省界、国界的 1 000 km^{2}以上的河流为样本总体（M），统计其中在边界附近或界河上设有水文站的河流数（m），二者之比 $Q = m/M \times 100\%$ 可以反映省界或国界水量监测的满足率。此目标用来衡量水文站为各省级行政区域划分水资源利益以及为维护我国国境河流水资源权益提供公正资料的能力。一条河流穿越两省，两省可能都有控制的需求，这将不影响双方各自的。值计算和评价，但今后具体设站时应尽可能协商，提出一个既不重复设站又能体现公正的方案。

$Q = m/M \times 100\%$ 反映了一个现行站网对省界、国界河流的现状控制程度，并不是每一条省界或国界河流都必须控制的，对需要控制的河流加以控制是 Q 值提高的目标。有控制需求的河流数 m_1 与 M 之比 $Q_1 = m_1/M \times 100\%$ 是提高。值所追求的目标。

（二）资料说明

黄河流域 1 000 km^{2}以上的省界河流 33 条，其中的 20 条省界河流有控制需求，部分省界河流甚至在省（区）内各市、县之间也有控制需求，体现了黄河流域水资源短缺的特点。无控制需求的几条省界河流主要是流域总面积较小，且基本集中在一个省（区）的河流。这尽管不影响各省（区）的目标满足率计算，但对流域汇总却有较大的影响，可能会因此造成需求过高的现象。

黄河流域内没有穿越国界的河流。

（三）评价结果

黄河流域共有1 000 km^{2}以上的省界河流33条，其中有径流控制需求的河流20条，在省界附近已经设立水文站的河流有27条，则现状满足率为81.8%。黄河流域各省（区）最终的追求目标是33条有径流控制需求的河流全部得以控制，目前还有13条河流需要今后加以控制。

四、防汛测报

（一）评价基础及方法

防汛减灾一直是我国水文站网的一个主要服务目标，具有报汛任务的水文站网需要长期保持稳定运行。

合理的方法是评价防汛测报站网所覆盖的洪泛区人口情况，但限于资料的获取，本次评价采用由预报专家根据平时预测预报工作的经验和对信息支撑的需求，直接评估现行站网对防汛测报的满足程度，即专家评估法。

（二）资料说明

本次评价采用由预报专家根据平时预测预报工作的经验和对信息支撑的需求，直接评估现行站网对防汛测报的满足程度，即专家评估法。专家评估的结果与专家本人的经验以及对评估对象信息掌握量有很大的关系，不同的专家对同一评估对象可能会得出差异较大的结果。跨省（区）河流的评价结果也印证了这样的判断。对此，我们采用各省（区）平衡处理的方法。但总体而言，这次评价结果基本符合现实情况。

对于“有防汛测报需求的河流”这一概念，各省（区）有不同的理解，因此该部分资料统计存在着很大的不统一。大多省（区）只评价面积在500 km^{2}以上的河流，但陕西省是把面积在200 km^{2}以上的河流都作为评价的对象，山西省是把目前有防汛测报的河流作为评价的对象。

（三）评价结果

统计了黄河流域17个水系的484条河流，其中当前有防汛测报需求的河流236条。236条参与防汛测报评价的河流中，满足率在70%以上的河流仅有57条，占24.2%，主要分布在湟水，渭河干流、伊洛河、沁河干流、大汶河以及黄河干流各区段，也是黄河的重点防汛地区。满足率在50%以下的河流有138条，占58.5%，其中尚未开展预测预报的有35条，占14.8%。尚未开展预测预报的河流主要分布在黄河河源的高寒地区以及内蒙古一带的荒漠地区。

五、水质监测

（一）评价基础及方法

水质监测评价是用以衡量现有基本水质站满足国家功能水域水质监测需求的程度。统计分析的对象仅指基本水质站，包括水文测站中承担水质监测项目的测站，以及水文部门和环保部门负责的独立水质站，但不包括排污取样断面。

以本辖区《全国水质监测规划》中各水功能区水质站规划数为100%满足率，以流域为单元，按保护区、保留区、缓冲区、饮用水源区、其他开发利用区等5类，统计各区的现状基本水质站，其与对应功能区的规划基本水质站之比，为评价现状水质站实际达到的满足程度，即目标满足率。

（二）资料说明

各省（区）资料大多来自本省（区）的水资源保护或负责水质化验的部门，部分资料来自水文部门，资料的精度难以评述。从统计汇总过程中发现，省（区）和流域机构之间存在一定的差异，包括规划水质站数的不一致、现状水质站数的重复或遗漏等。

（三）评价结果

黄河流域水功能区水质站网满足率平均为32.3%，整体水平偏低。满足率水平较高的有饮用水源区的44.4%和其他开发利用区的39.9%，说明对水源近端的水质监测工作已开始重视，但对水源远端的水质监测工作力度还很弱，统计图表中水质站网满足率最低的就是保护区的11.3%。

六、水资源管理监测

（一）评价基础及方法

水资源管理监测分析评价是衡量水文站满足水资源水环境工程需求的能力。评价对象——水资源分配工程主要包括调水工程、生态改造输水工程、地区水资源分配引水（退水）干渠、灌区输水干渠、其他水资源分配水利工程。

分析评价时，以流域为单元，统计已建工程的个数、现有监测断面数、其中由水文部门施测的断面数；统计在建、拟建工程的个数，需要监测的断面数，以及将来由水文部门负责施测的断面数，并对这些数据进行评述。

（二）资料说明

水资源分配工程归属不同的部门管理，工程规模等资料不易收集，而本次评价没有划定工程规模标准，由此可能会造成部分小型水资源分配工程的遗漏。

在水资源分配工程的水资源监测方面，监测断面没有统一规划，或虽有规划但没有根据经济社会发展及时进行调整。因此，各类工程中需要开展水资源监测的断面数也不尽科学。

青海、四川两省均没有所调查的各类水资源分配工程，其他省（区）的工程数量也有较大差异。宁夏、内蒙古、河南监测数量多，地区水资源分配引水（退水）干渠、灌区输水干渠监测数量多。

（三）评价结果

黄河流域现有各类水资源分配工程236个，需要监测的断面为278处，现有监测断面164处，其中由水文部门施测的断面118处，占现有监测断面的72.0%；在建的各类水资源分配工程10处，需要监测的断面6处，由水文部门施测的断面。处；拟建的3个水资源分配工程中，需要监测的断面1处，由水文部门施测的断面0处。

从以上统计中可以看出几处问题：第一，在现有各类水资源分配工程已设的164处监测断面中，由水文部门施测的断面118处，占已设监测断面的72.0%，水文部门介入程度较强，但相对于需要监测的278处断面，水文部门所占42.4%的比例又较弱，说明社会还有很大的服务需求，水文部门还需要加大力度，争取承担更多的服务项目；第二，对于在建和拟建的各类水资源分配工程，水文部门在监测服务方面的介入程度均为0，除客观的原因外，也要考虑是否有主观介入意识不强的问题；第三，按工程类型统计，水文部门在调水工程、地区水资源分配引水（退水）干渠、灌区输水干渠中的介入程度较高，而在生态改造输水工程和其他水资源分配水利工程中却完全没有介入，管理上的条块分割现象十分明显。

七、结论与建议

黄河流域共有500 km^{2}以上的河流341条，其中有104条河流为完全水文空白区，占30.5%：由水文部门设置了水文站的河流有148条，占43.4%；出流口已设水文站的河流数为111条，占32.6%。完全水文空白的河流主要分布于青海省、甘肃省和内蒙古自治区，说明黄河河源的高寒地区以及内蒙古的荒漠地区的河流是水文控制的薄弱地区。这些地区中小河流众多，是下一步黄河流域站网布局所重点关注的地区。

黄河流域河流水量控制目标满足率在1950—1960年增长比较明显，1960—1985年为稳定增长时期，但总体水平较低。其中，在1950—1985年增长比较明显，但总体水平较低，其他各方面的水文控制情况也不尽人意。

黄河流域共有1 000 km^{2}以上的省界河流33条，其中有径流控制需求的河流33条，在省界附近已经设立水文站的河流有27条，现状满足率为81.8%。根据流域内各省（区）的需求，目前径流控制需求的现状不满足率为18.2%，有6条河流需要今后加以控制。

黄河流域18个水系的484条河流中，当前有防汛测报需求的河流236条，其中满足率在70%以上的河流仅有57条，占24.2%，主要分布在湟水、渭河干流、伊洛河、沁河干流、大汶河以及黄河干流各区段，这些也是黄河的重点防汛地区；满足率在50%以下的河流有138条，占58.5%，其中尚未开展预测预报的有35条，占14.8%。尚未开展预测预报的河流主要分布在黄河源头的高寒地区，以及内蒙古、山西、陕西一带的荒漠地区。

黄河流域水功能区水质站网满足率平均为32.3%，整体水平偏低。满足率水平较高的有饮用水源区的44.4%和其他开发利用区的39.9%，说明对水源近端的水质监测工作已开始重视，但对水源远端的水质监测工作力度还很弱，水质站网满足率最低的就是保护区的11.3%。

黄河流域现有各类水资源分配工程236个，需要监测的断面为278处，现有观测断面164处，其中由水文部门施测的断面118处，占现有监测断面的72.0%，水文部门介入程度相对较强，但相对于需求而言又较弱，说明社会还有很大的服务需求，水文部门还需要加大力度，争取承担更多的服务项目。

黄河流域在建的各类水资源分配工程10个，由水文部门施测的断面0处；拟建的3个水资源分配工程中，由水文部门施测的断面。处。对于在建和拟建的各类水资源分配工程，水文部门在监测服务方面的介入程度均为0，除客观的原因外，也要考虑是否有主观介入意识不强的问题。

按工程类型统计，水文部门在调水工程、地区水资源分配引水（退水）干渠、灌区输水干渠中的介入程度较高，而在生态改造输水工程和其他水资源分配水利工程中却完全没有介入，管理上的条块分割现象十分明显。内蒙古自治区、陕西省、山西省、河南省在已建工程的已设监测断面中的介入程度较高。

第六节　水文测报方式评价

水文测验是通过定位观测、巡回测验、水文调查和站队结合等方式来收集各项水文要素资料，是一项长期工作，开展此项工作必须设立相应的水文测验基础设施和设备来完成。

流量、水位和降水是最基础的水文测验项目，是水文服务的最主要的组成部分。水文服务水平在很大程度上依赖于这些项目收集方式的水平，而它们的自动化程度是水文现代化的重要标志。水文站、水位站和雨量站的资料收集方式（即测报方式）一般由三部分组成：信息采集、信息记录和信息传输方式。水文信息通过一定形式的传感器或人工方式获取后，以一定的方式记录和存储，一些需要报送实时水文信息的测站采取一定的方式传输到相关部门。

黄河流域原有的流量、水位和降水资料收集方式均为人工方式，经过几十年的改造升级，特别是近十几年水文科技和信息技术飞速发展大背景下有了大幅提高，资料收集方式的自动化程度和现代化水平得到了迅猛发展。总的来说，水位和降水资料收集方式的自动化程度要远远高于流量，这可以归结为这两种类型资料收集自动化实现过程中较低的复杂性、较低的成本以及相关技术几十年发展的积累。一些河流和地区的水位与降水信息已经具备了较高的自动化水平，其中的一些如伊洛河水系大多降水项目已经实现了采集、存储和传输全程自动化。相对而言，流量信息的采集较为复杂，相关新技术和新仪器并不十分成熟，且成本极高，所以在流量资料收集方式中，除传输方式有所发展外，其采集和记录方式并无实质性的较大进步。

一、水质站测报方式评价

经对流域水环境污染状况和现有水环境监测站网分析认为：

第一，现有站网功能单一，站点少，布局不尽合理。

第二，人工采样代表性不强，样品输送时限性差，同时监测能力较低。现有水质站网需进一步调整和优化，同时要重点加强能力方面的建设，按社会经济发展对水资源的需求设置站网，形成结构多元化、功能多元化的站网体系。

第三，水环境监测中心仪器配置为一般常规仪器设备，仪器设备配备率低，部分仪器设备老化陈旧，缺少专用的水质监测车，无法满足水污染事故或其他应急水质监测任务的需要。

第四，自动化信息化设备少，目前没有自动监测站，监测的数据传递仍然是采用电话、传真和邮递方式，没有专用的信息传输路线，时效性不强，信息化手段落后，历史资料也采用普通纸介质保存，没有建立数据库和磁、光介质储存。实验室的数据处理、资料整编、分析评价等工作大多数还是手工完成的，不仅费时费力，而且质量不高。

第五，样品运送过程中保存条件差，影响监测成果质量。

二、地下水观测井测报方式评价

据不完全统计，黄河流域现有的地下水井共有2169眼（含水文站观测项目），分别为专用井、生产井和民用井，观测方式分别为自记水位和人工观测。

现行的监测仍然是以传统的人工观测为主，自记井占有极小的比例，自动化监测井比例太小，技术手段落后，且观测测具陈旧，资料报送手段落后，由于没有配备自动化监测系统，只能靠观测员用信件邮递或观测组长下去收集，就连电话报送也达不到（观测员家没安电话）。

第一，由于大多数观测井借用当地生产井、民用井、报废的机井，监测资料的质量难以保证，影响资料的精度。由委托监测的地下水资料收集系统存在诸多问题，缺报、漏报、拒报地下水资料的现象时有发生，造成资料中断或不连续，无法保证监测工作质量。

第二，由于经费的制约，观测井年久失修，正常维修维护无力开展，淤积堵塞现象严重。监测井毁坏后，无力修复，监测井在逐年减少，这样不可避免造成资料的丢失，而且收集时间太长，不能及时有效地获取地下水动态信息。

第三，测验设备及手段陈旧落后，不能满足地下水监测的需求，地下水位观测大多数采用测绳测量，仅有几眼监测井采用自记水位计观测。

第四，井网布设不尽合理，现有测井区域代表性差，不能反映重点地区地下水动态变化规律。监测井网密度低，已满足不了目前社会发展和有关部门对地下水科学管理的需要。

第五，地下水观测项目单一，仅限于水位、水质。工作条件差，缺乏交通工具。观测人员在巡回观测时只能骑自行车或步行，劳动强度大，难以在规定观测时间开展工作，影响观测质量。

第六，地下水监测归口管理尚未理顺，地下水集中开采地的地下水观测由地质部门进行，造成站网建设的不合理及资料使用上的不便。

目前，急需进行地下水水质普查，加强地下水污染监测，开展地下水信息管理数据库建设，提高测报自动化技术，完善地下水监测站网，为流域水资源合理开发、配置、管理，及时有效地提供地下水位、水质、水量等信息，有效控制环境问题，及时提供防治决策依据。

三、信息采集、传输与分析处理的自动化程度评价

目前，黄河流域信息自动化程度很低，信息主要的采集、传输与分析处理方式还是以最简单、最原始的人工采集方式为主，这对于所采集洪水信息的及时性、有效性与准确性都有一定程度的影响，尤其是水位站和雨量站的自动测报率更低，不利于黄河流域水文信息的采集与获取，不能及时地对所发生的情况作出判断，时效性差，对于流域测洪、防洪工作有一定的制约。加快黄河流域信息采集、传输与分析处理的自动化程度，尤其对流域防汛工作至关重要，具有报汛任务的关键站应率先实现自动化测报。

四、水文测验方式与站队结合基地建设

（一）水文测验方式

水文测验是通过定位观测、巡测、水文调查和站队结合等方式来收集各项水文要素资料的，是一项长期基础性工作，开展此项工作必须设立相应的水文测验设施和设备来完成。

黄河流域现有 477 处水文测验断面，测验方式分别为驻测、汛期驻测和巡测三种方式，其中驻测站最多，占测站总数的 77.2%，其他两类只有 22.8%。自动测报刚刚起步，全部为水位—流量单—关系的报汛水文站。

（二）水文基地建设和站队结合工作开展状况

水文巡测是测验方式的重大改革，是促进水文体制改革的重要环节，也是满足新形势下各方面对水文的要求而采用拓宽资料收集范围的一种方式，是逐步实行“站网优化、分级管理、站队结合、精兵高效、技术先进、优质服务”工作模式的必由之路，也是水文工作走出困境、实现良性循环的根本出路，是水文基地建设的基础。

水文巡测的主要功能是把基层测验人员从长期封闭、孤立地驻守在偏远分散的测站直至终老的现状中解放出来，通过相对集中、开展培训、提高测验分析的技术含量，来改善基层测站人员的工作和生活水平，完成水文水资源监测系统中的定位观测所不能完成的工作；减少定位观测，发挥巡测灵活机动的优势，扩大水文信息的收集范围，为社会提供更优质的服务。

1. 基地建设和站队结合工作现状

黄河流域站队结合工作的开展始于 20 世纪 80 年代，截至 2005 年年底，流域内共有

37 处站队结合基地，分别以水文分局、勘测队和水文中心站的形式组建。经过多年的不断实践、不断创新、不断总结、不断前进，特别是近几年的探索和努力，形成了以平原区、山丘区、经济发达区等多种管理模式并存的发展格局。在勘测方式上，实现了由常年驻测向巡测、遥测和委托观测的转变；在人员管理上，实现了由松散型向集中型管理的转变；在水文服务上，实现了由单纯的测算报整向社会化服务转变。目前，流域内共建成测站职工在城市集中的工作和生活基地 43 处，分别为分局 14 处、勘测队 28 处和中心站 1 处。这些站队共辖有水文站 230/290 处（其中轮流值守 10/12 处，巡测站 27/27 处）、水位站 86 处（其中汛期驻守、间测站 1 处，巡测站 4 处）、雨量站 1002 处、水质站 121 处以及地下水站 754 处。这些测站在流域水文监测工作中发挥着重要作用。

2. 基地建设和站队结合工作目标评价

站队结合是对基层水文生产方式和管理体制的综合性改革，它运用先进的科技手段和方法，在现有水文站网和水文职工队伍的基础上，分片组合成立勘测队或巡测队，改变传统的单一驻守观测方式，实行驻测、巡测和委托观测、水文调查以及工程控制法、水力因素法相结合的站队结合方式，建设的最终目标是要实现水文水资源信息从采集、传输、处理到决策支持全部自动化即“数字水文”。全面完成测区范围内的各项工作任务，不仅提高了工作效率和经济效益，而且为防汛、水利、资源、环境等国民经济各部门提供快捷而又准确的水文信息服务。

结合本流域目前水文站、水位站、雨量站网，站点多，自动化程度低，人员少等问题，在今后设计站网改造方案时应考虑对这些测站，尤其是报汛站，实施水位、雨量自记和遥测，流量汛期驻测或巡测，建议组建站队结合基地，推广“区域巡测”模式。通过驻测和巡测有机科学地结合起来，完成测报任务，完善区域巡测工作，提高工作效率，从而扩大服务水准。

针对当前“以人为本”的社会可持续发展思路，更应进一步坚定推动“站队结合”工作的信念，开展形式多样的基地（队）模式。可以是分局、勘测队，甚至可以是设置在城市附近的规模相对大一些的水文站，主要是为基层测站人员在城市里提供一个相对集中的场所，从而改善工作和生活条件，实施轮流培训，不断提高业务水平，由单点固守模式逐步向以点带面、扩大流域和行政辖区面上信息收集的模式转变。

第七章　黄河水资源保护

第一节　水功能区划和水资源保护规划

一、水功能区划

水功能区划，是指为满足水资源合理开发和有效保护的需求，根据水资源的自然条件、功能要求和开发利用现状，按照流域综合规划、水资源保护规划和经济社会发展的要求，在相应水域按其主导功能划定并执行相应质量标准的特定区域。水功能区划不仅是规划工作的基础，而且是履行水行政主管部门职责的一项重要内容。

（一）区划目的与意义

黄河流域（片）地处干旱、半干旱地区，水资源贫乏，水资源人均占有量低于全国平均水平。随着经济社会的快速发展和人民生活水平的不断提高，对水资源量和质的需求也在提高，供需矛盾日益突出。与此同时，废污水大量排放，使水体受到不同程度的污染，水生态环境恶化。因此，维护水资源的可持续利用，保障流域片经济社会可持续发展已成为迫切任务。

在水功能区划的基础上，通过水功能区管理，可逐步实现水资源优化配置、合理开发、高效利用、有效保护的目的，以促进社会经济的可持续发展。

（二）指导思想

以水资源与水环境承载能力理论为基础，以合理开发和有效保护水资源为核心，以遏制水污染、水生态恶化，改善水资源质量为目标，结合区域水资源开发利用规划及社会经济发展规划，从流域（片）水资源开发利用现状和未来发展需要出发，根据水资源的可再生能力和自然环境的可承受能力，科学合理地划定水功能区，促进经济社会和生态的协调发展，以水资源的可持续利用保障经济社会的可持续发展。

（三）区划原则

（1）尊重水域自然属性原则。

（2）统筹兼顾，突出重点的原则。

（3）现实性和前瞻性相结合的原则。

（4）便于管理，实用可行的原则。

（5）水质水量并重、水资源保护与生态环境保护相结合的原则。

（6）不低于现状功能的原则。

（四）区划范围

本次水功能区划涉及的范围包括黄河流域及西北诸河（通称黄河流域片）。

黄河流域包括：黄河干流水系及支流洮河水系、湟水水系、窟野河水系、无定河水系、汾河水系、渭河水系、泾河水系、北洛河水系、洛河水系、沁河水系和大汶河水系中流域面积大于100 km^2的河流，开发利用程度较高、污染较重的河流，以及向城镇供水的河流、水库。

黄河流域湖泊包括宁夏回族自治区的沙湖、内蒙古自治区的乌梁素海、山东省的东平湖。

西北诸河包括：额尔齐斯河水系、艾比湖水系、伊犁河水系、天山北麓诸河、塔里木河水系、吐哈盆地水系、达布逊湖水系、霍布逊湖水系、克鲁克湖水系、青海湖水系、黑河水系、疏勒河水系、石羊河水系等。

西北诸河区域湖泊包括艾比湖、乌伦古湖、赛里木湖、博斯腾湖、克鲁克湖、青海湖、达里诺尔、黄旗海、岱海等。

（五）区划体系

水功能区划分采用两级体系，即一级区划和二级区划。一级区划是从宏观上解决水资源开发利用与保护的问题，主要协调地区间用水关系，长远考虑可持续发展的需求；二级区划主要协调用水部门之间的关系。

1. 一级区划

一级功能区分为保护区、保留区、缓冲区、开发利用区。

（1）保护区

保护区是指对水资源保护、自然生态及珍稀濒危物种的保护有重要意义的水域。保护区分为源头水保护区、自然保护区、生态用水保护区和调水水源保护区四类。

（2）保留区

保留区是指目前开发利用程度不高，为今后开发利用和保护水资源而预留的水域。

（3）缓冲区

缓冲区是指为协调省（自治区）际间用水关系，或在开发利用区与保护区相衔接时，为满足保护区水质要求而划定的水域。缓冲区分为边界缓冲区和功能缓冲区。

（4）开发利用区

开发利用区主要指具有满足城镇生活、工农业生产、渔业或游乐等需水要求的水域。

2. 二级区划

二级水功能区划是对一级区的开发利用区进一步划分，分为饮用水水源区、工业用水区、农业用水区、渔业用水区、景观娱乐用水区、过渡区、排污控制区。

（六）区划程序和方法

1. 区划的程序

区划工作大致分为资料收集、资料分析评价、功能区划分、征求有关方面意见和提出区划成果报上级部门审批五个阶段。

2. 区划的方法

（1）一级区划

根据资料分析，首先划分出源头水保护区、自然保护区、生态用水保护区和调水水源保护区；再将跨省（自治区）河流的省界河段、省际边界河流附近水域划分为缓冲区；然后根据社会经济发展、水资源开发利用程度、水环境状况，用地表水取水量、灌溉面积、供水人口和现状水质等指标进行衡量，以资源分布情况为参考因素，划分出保留区和开发利用区。

对水资源开发利用程度较低、水质较好的水域划为保留区，水资源开发利用程度较高（现状或规划）或者水质较差的水域划为开发利用区；在水质差异较大的开发利用区和保护区相连的水域划出功能性缓冲区。

①保护区

保护区分为四种类型：源头水保护区。将流域综合利用规划中划分的源头河段、历史习惯规定的源头河段、河流上游的第一个水文站或第一个城镇以上未受人类开发利用影响的河段，划为源头水保护区。若上述三种情况不能满足时，可视具体条件划定。自然保护区。将与河流、湖泊、水库关系密切的国家级和省级自然保护区的用水水域，划为自然保护区。生态用水保护区。对具有典型生态保护意义的水域，可划为生态用水保护区。调水水源保护区。将跨流域、跨省（自治区）及经国家批准的省（自治区）内大型调水工程水源地，划为调水水源保护区。

②保留区

将目前水资源开发利用程度较低且现状水质较好的水域划为保留区。

③开发利用区

将目前或规划中水资源开发利用程度比较高，即取（排）水口较集中，取（排）水量较大的水域，划为开发利用区。

根据黄河流域（片）实际，衡量开发利用程度，选用取水量、灌溉面积、供水人口、水质状况等指标测算，每一单项指标确定一个限额，在区划水域内任一单项指标达到限额及其以上者可视为开发利用程度较高。

④缓冲区

将河流、湖泊跨省（自治区）边界的水域、用水矛盾突出的地区之间的水域，或者开发利用区与保护区紧密相连的水域，划为缓冲区。

（2）二级区划

在一级区划的开发利用区中，根据社会经济布局和规划、用水需求、排污情况划分出饮用、工业、农业、渔业、景观娱乐、排污控制和过渡区。

①饮用水水源区

将城市生活用水取水口分布较集中，或在规划水平年内城市发展需设置取水口的水域划分为饮用水水源区。

②工业用水区

将现有工矿企业生产用水的集中取水点，或规划水平年内需设置工矿企业生产用水取水点的水域划为工业用水区。

③农业用水区

将已有农业灌溉区用水集中取水点或根据规划水平年内农业灌溉的发展，需要设置农业灌溉集中取水点的水域划为农业用水区。

④渔业用水区

将主要经济鱼类的产卵、索饵、洄游通道及人工放养的水域划为渔业用水区。

⑤景观娱乐用水区

将度假、娱乐、运动场、风景名胜区、城区景观涉及的水域划为景观娱乐用水区。

⑥过渡区

在下游功能区用水水质要求高于上游功能区水质要求情况下，在其间划出一段作为过渡区。上下游功能区的水质水量要求差异大时，过渡区的范围适当大一些；要求差异较小时，其范围可小一些。

⑦排污控制区

将排污口较集中的水域划为排污控制区。对排污控制区的设置应从严掌握，其分区范围不宜划的过大。

（3）功能重叠的处理

①一致性（或可兼容）功能重叠的处理

当同一水域内各功能之间不互相干扰，有时还有助于发挥综合效益，则多功能同时并存。同一水域兼有多类功能时，依最高功能确定水质保护标准。

②不一致功能重叠的处理

当同一水域内功能之间存在矛盾且不能兼容时，依据区划原则确定主导功能，舍弃与之不能兼容的功能。

（4）水功能区断面的确定

①边界断面的确定

水域功能确定后，明确功能区的起始断面和终止断面。一般情况下，起始断面和终止断面设在有明显标志或地理位置明确的地方。

②水质代表断面

在能反映功能区水质的位置设置水质代表断面。一般情况下，水质代表断面设在取样条件较好、代表性较强的位置，饮用水水源区水质代表断面设在取水口上游且取样条件较好的位置。

（5）功能区命名

一级水功能区命名采用“河名＋地名（县级以上地名或大中型水利工程名称）＋功能区类型”的形象化复合名称。对跨省（自治区）的缓冲区前面的地名采用有关省（自治区）的简称命名，省（自治区）的排序按上游在前下游在后，或左岸在前右岸在后的方法排序。

二级区划的功能区命名基本组成与一级区划相似。对于功能重叠区则以主导功能命名，并增加第二主导功能表示该水域的重叠功能，即采用“河名＋地名＋第一主导功能＋第二主导功能”的命名方法。

（七）区划成果

1. 黄河流域

（1）一级区划

黄河流域水功能一级区划涉及黄河流域9省（自治区），12个水系。对271条河流和3个湖泊的重点水域进行了一级区划，基本上全面、客观地反映了黄河流域水资源开发利用与保护的现状。

黄河流域共划分了488个一级水功能区，区划总河长3.54万km。其中黄河干流5 464 km，占区划总河长的15.4%；支流共270条，合计长3.0万km，占区划总河长的84.6%；区划湖泊3个，总面积456.2 km^2。

（2）二级区划

在一级区划成果的基础上，黄河流域各省（自治区）的实际，根据取水用途、工业布局、排污状况、风景名胜及主要城市河段等情况，对197个开发利用区进行了二级区划，共划分了465个二级功能区。

（3）黄河干流水功能区划

根据黄河干流水资源开发利用实际和功能需求，按照水资源

保护要求，将黄河干流5 464 km的河长，划分为18个一级区。其中2个保护区，分别是玛多源头水保护区、万家寨调水水源保护区；4个缓冲区，分别是青甘缓冲区、甘宁缓冲区、宁蒙缓冲区及托克托缓冲区；2个保留区，分别是青甘川保留区和河口保留区；10个开发利用区，为青海开发利用区、甘肃开发利用区等。

2. 西北诸河

（1）一级区划

西北诸河水功能一级区划共划分了21个水系，120条河流，6个湖泊。划分了204个一级水功能区，其中河流、水库198个，占总数的97.1%，总河长2.37万km；湖泊6个，占总数的2.9%，总面积7 170 km^2。

（2）二级区划

根据西北诸河区水资源开发利用和区域经济社会发展需求，在一级区划成果的基础上，对比较重要的44个开发利用区进行了二级区划，共划分了74个二级功能区。

3. 中国水功能区划中黄河流域（片）部分

按照水利部的统一部署和黄河流域片水功能区管理需要，从黄河流域和西北诸河区内选择出重要江河水功能区，纳入《中国水功能区划》，在征求全国各省（自治区、直辖市）人民政府及各部委意见后，经过3次校核修订，正待上报国务院。汇入《中国水功能区划》及重要江河水功能区划中的黄河流域片水功能区划成果如下。

（1）黄河流域

黄河流域纳入全国区划的河流45条，湖泊（水库）2个，区划河长14 074.2 km，区划湖库面积448 km^2。

①一级区划

黄河流域纳入全国区划的水功能一级区有118个，区划河长14 074.2 km。其中保护区河长2 043.8 km，占总河长的14.5%；缓冲区1 616.0 km，占总河长的11.5%；开发利用区7 964.7 km，占总河长的56.6%；保留区2 449.7 km，占总河长的17.4%。区划湖库面积448 km^2，全部为保护区。

②二级区划

黄河流域共划分二级区181个，区划总河长7 964.7 km。

（2）西北诸河

西北诸河区纳入全国区划的河流23条，湖泊水库6个，区划河长9 738.7 km，区划湖库面积9 420 km^2。

①一级区划

西北诸河区纳入全国区划的水功能一级区63个，区划河长9 738.7 km。其中保护区5 324.9 km，占总河长的54.7%；开发利用区3 858.5 km，占总河长的39.6%；保留区555.3 km，占总河长的5.7%；没有缓冲区。区划湖库面积9 420 km^2，其中保护区7 586 km^2，占总面积的80.3%；开发利用区1 852 km^2，占总面积的19.7%。

②二级区划

西北诸河共划分水功能二级区49个（含湖泊7个），区划河长3 858.5 km。各水系均主要是农业用水，河长占水功能二级区总河长的96.5%。

各水系二级区划河长的排序，塔里木河居首位，其他依次为中亚西亚内陆河区、阿尔泰山南麓诸河、河西内陆河、天山北麓诸河、昆仑山北麓小河、柴达木盆地。

二、水资源保护规划

水资源保护规划是水资源保护工作的基础，其目的在于保护水质，合理地利用水资源，通过规划提出各种治理措施与途径，使水质不受污染，从而保证满足水体的主要功能对水质的要求。流域水资源保护规划的内容包括：评价流域水污染现状，分析水污染特点，探索水资源开发利用和保护与宏观经济活动、社会发展的相互关系，根据国家方针政策和规划目标拟定流域在一定时期内保护水资源的方针、任务、对策、措施，提出主要治污工程布局、实施步骤和对区域水资源保护的管理意见等。批复实施的规划成果，也是编制有关项目建议书、可行性研究和初步设计的重要基础。

随着经济社会的迅速发展，黄河流域水污染日益严重，所构成的水危机已成为实施流域可持续发展战略的制约因素。因此，依据社会经济发展规划和水资源综合利用规划，研究和科学合理地编制水资源保护规划，对保证水资源的永续利用和实现经济社会的可持续发展，为经济社会发展的宏观决策、水资源统一管理与合理利用提供科学依据，具有重要意义。

黄河水资源保护机构成立以来，先后完成了3次黄河干流和重要支流水污染防治或水资源保护规划编制工作，对流域水污染防治及水资源保护起到了重要指导作用。其间还曾编制区域重要地表水水源地保护规划。目前，正在编制黄河流域和西北诸河水资源保护规划。

（一）规划任务和目的

规划任务是，在客观认识和评价流域内一些主要河流（河段）的水质现状、纳污状况的基础上，根据流域水资源开发利用和各地经济、社会发展规划，预测规划水平年河流水质可能发生的变化，提出水资源保护和水污染综合防治对策与措施。规划目的是，控制和改善全流域的水环境状况，保护城市饮用水水源地，合理利用黄河水资源，维护生态平衡，保障流域人民身体健康。

（二）指导思想与原则

力求干支流和上下游统筹兼顾，相互协调。按各河段的水体功能和纳污能力，确定水质目标，合理利用水环境容量，立足于污染物总量控制，制定污染物削减方案。在坚持“谁污染，谁治理，谁开发，谁保护”原则和“预防为主，防治结合，综合防治”方针的前提下，考虑各河段自然环境状况和经济技术条件，拟定水污染综合防治对策，同时进行效益分析和方案比较，力争做到经济、社会和水环境协调发展。

三、规划任务和目标

（一）规划任务

黄河流域各区域（河段）的水污染防治问题有两种情况，一是水质已经受到了一定程度的污染，破坏了水体功能要求，影响了当地工农业生产及人民身体健康，这些区域（河段）水污染防治规划的主要任务是：根据各河段的水体功能要求，提出污染物削减任务及综合防治规划措施，力图以最小的代价换取水体功能的恢复；二是水质尚清洁，满足或基本满足水体功能要求，其主要任务是通过总体的规划布局，以及运用政策、法规、标准、条例等管理措施，限制污染物排放，维持良好的水质状态。规划的重点是前一种情况。

（二）水体功能

黄河流域主要用水部门为农业，工业、城镇生活和农村人畜用水比重较小，河流水体的最低功能应满足农田灌溉用水的要求。在工业和城镇生活用水中，地下水约 20 亿 m^3，地表水仅 14 亿 m^3。黄河干流及主要支流的上游和水库河段，多是工业和城镇生活的水源地段，黄河干流生活饮用水取水口主要有：兰州市西固区取水口、白银市四龙口取水口、包头市昆区取水口及东城区取水口、人民胜利渠和郑州市邙山、花园口取水口等；重点支流上的集中供水取水口主要有：渭水西宁市西川河取水口和汾河太原市汾河水库等。流域内与地表水补给关系密切且已受到污染危害的主要城市水源地有：渭河咸阳市秦都区水源地和西安洋河水源地、汾河太原市上兰村水源地等。

保护黄河珍贵的渔业资源，首先应维护和改善干流韩城至潼关河段鱼类的生长、繁殖和栖息场所，以及东平湖的淡水渔业生产基地的水质。其他河段的渔业用水要求，在生活饮用水的基础上兼顾。

黄河是中华民族的摇篮，也是我国古代文化的发祥地。历代都城和名胜古迹很多都分布在干流及主要支流的沿岸。保护水资源，还应考虑满足这些名胜古迹以及观光旅游的要求。另外，随着城市化的发展和人民生活水平的提高，主要大中城市河段沿岸将成为游览、娱乐场所。

（三）综合防治工程措施

1. 工矿企业的污染防治

工矿企业污染防治的主要任务是：通过节水和废水资源化减少万元产值工业废水外排量，严格控制重金属、氧化物和放射性废水，积极治理有机废水，减少污染物外排总量，提高工业废水处理率和达标率。其重要工程和管理措施有：积极开发和采用无废或少废，不用水或少用水，节约能源的新工艺、新技术和生产设备，采用低毒或无毒原料代替有毒原料；加强对用水的科学管理，建立和健全用水考核制度，逐步实行按单位产品用水，定额计划用水；通过工业生产过程中的物料运行变化规律，制定控制污染物外排的措施；对含有重金属、有机毒物和难以降解的有害污染物的废水进行厂内治理，达标排放；新建、改建、扩建项目严格执行环境保护“三同时”制度，进行环境影响评价，编制环境影响报告书（表）。

2. 城市污水集中治理

在严格控制工矿企业重金属类及有机毒物排放的情况下，对易生化降解的污染物，采用集中治理措施。城市污水集中治理的工程措施主要包括污水处理厂、氧化塘和土地处理（包括农灌利用）三种类型。

3. 经济可行性

根据经济建设、环境建设同步发展的方针，各城市在制订城市建设总体规划时，通常包括城市污水集中治理措施。这些治理措施一般以二级污水处理厂为主，各分规划在拟定集中治理方案时，一般将以二级污水处理厂为主的方案作为方案一。

第二节　监督管理

一、水政监察队伍建设

水政监察是指水行政执法机关依法对公民、法人或其他组织遵守、执行水法规的情况进行监督检查，对违反水法规的行为实施行政处罚、采取其他行政措施等行政执法活动。

黄河流域水资源保护局正按照水利部水政监察规范化建设的“八化”（执法队伍专职化、执法管理目标化、执法行为合法化、执法文书标准化、学习培训制度化、执法统计规范化、执法装备系列化、检查监督经常化）要求，以及黄委水政监察制度和管理办法的要求，进行队伍调整并开展相关工作。

二、入河排污口管理

入河排污口管理是水资源保护监督管理工作的重要内容之一。《中华人民共和国河道管理条例》和新水法，为入河排污口管理工作提供了法律依据。

（一）入河排污口调查

1. 调查范围和重点

（1）调查范围

调查范围包括龙羊峡水库（回水末端）以下的黄河干流及其主要支流或污染较重的支流流域。

从行政区划来看，本次调查的范围包括青海、甘肃、宁夏、内蒙古、山西、陕西、河南、山东8省（自治区）的188个市、县（包括旗、大型工业区，下同），对大中城市和经济较发达的市、县均进行了调查。

（2）调查重点

调查重点为黄河干流及流经大中城市污染较重的河流、主要支流入黄口河段。

重点调查的有黄河干流及湟水、大黑河、汾河、涑水河、渭河、沁河、伊洛河等支流。在流域内调查的188个市、县中，重点调查市、县53个，包括西宁、兰州、银川、包头、呼和浩特、宝鸡、咸阳、西安、太原、洛阳等10个大中城市，以及30个中小城市，黄河干流沿岸及经济较发达的市、县13个。

2. 任务分工

各省（自治区）水利厅承担其本省（自治区）所辖黄河流域内主要支流等水域的排污口调查，并按水系和行政区划提交辖区内排污口调查报告；黄河流域水资源保护局所属的各水质监测中心（站）承担其所辖测区内直接排入黄河干流的排污口及入黄支流口调查，并提交所辖测区内的排污口（支流口）调查报告。

3. 调查内容

调查的主要内容为入河排污口调查、水环境质量调查及水污染危害调查。

入河排污口调查主要内容为入河排污口位置、排放形式、排污类型、废污水量、主要污染物入河量和排放规律等。

水环境质量调查主要内容为黄河干流水质、主要支流水质及重要水源地水质等。

4. 调查方法

入河排污口废污水量及污染物量调查采用实测法，具体方法为：实地同步测定各入河排污口废污水流量、各污染物浓度，进而计算废污水及污染物入河量。

（二）黄河干流纳污量调查

随着黄河流域社会经济的迅速发展，排入黄河的废污水和污染物量不断增大。进行新的滚动性黄河干流纳污量调查十分必要。

1. 调查的主要内容

调查内容为：入黄排污口调查、入黄农灌排水沟调查、入黄支流口调查、水污染事故调查。调查的重点是入黄排污口和入黄支流口。

入黄排污口调查的主要内容为入黄排污口数量、位置及排放特性，包括排污类型、排放方式、排放规律、废污水入黄量、主要污染物浓度及入黄量等。

入黄农灌排水沟调查，主要调查农灌排水沟入黄水量、主要污染物浓度及入黄量。重点调查含有工业废水、生活污水及其混合污水的农灌排水沟污染物浓度及入黄量。

入黄支流口调查，重点是同步监测各主要支流入黄口的水量和水质，摸清各支流向黄河输入的污染物种类和数量。

水污染事故调查，主要调查 1993 年以来发生的较大水污染事故，包括事故发生的时间、地点、肇事单位（个人）、原因、损失及处理结果等。

2. 调查方法

本次调查以实地监测为主，在规定的时间同步监测水量、水质。调查入黄排污口的排污天数，根据用水量、排污系数对监测结果进行综合分析；对入黄农灌排水沟，根据农灌期和非农灌期对入黄水量和污染物浓度进行分析；入黄支流口根据常年监测的水量、水质资料，对调查期的监测结果进行校核。

三、入河排污口登记

（一）工作背景

入河排污口登记工作是开展入河排污口监督管理的基础。履行水法赋予的入河排污口的监督管理职责，必须了解入河排污口情况，规范入河排污口排污行为。通过对入河排污口进行登记，掌握入河排污口的基本情况，如入河排污口的数量、位置、排污量、水质状况、排污单位等，从而实现对入河排污口的有效监督管理，开展黄河入河排污口登记工作是十分必要的。入河排污口登记工作是实现流域水资源保护机构职能转变的主要内容之一。

（二）登记重点

入河排污口是指向河道排放污水而设置的人工或者自然的汇流入口，包括冲沟、明渠、涵洞、暗沟和管道以及在汛期排污入河干涸沟壑等，河道内（包括水库）水产养殖按照排污口管理。

（三）登记内容

1. 排污单位基本情况

包括排污单位名称、位置、主要产品及产量、主要原辅材料消耗量、主要产污环节、水污染事件等

2. 排污单位取用水情况

包括排污单位直接取用的水源，取水许可证编号、年审批取水量、取水方式、审批机关、用途、年实际取水量、年用水量、新鲜水量、循环用水量、万元产值用水量等。

3. 排污单位污水治理及排放情况

包括排污单位污水排放总量、万元产值排水量、污水处理量、处理率、达标量、达标率、污水处理规模、年运行费、处理工艺流程示意图、主要污染物排放浓度、排放量等。

4. 排污口基本情况

包括排污口名称、排污口位置、排污口设置时间、排放去向、污水计量设施安装情况、污水性质、排放方式、入河方式、主要污染物浓度、排放量等。

5. 入河排污口审查

包括排污单位名称、排污口编号、排污口位置、排入的功能区名称、划定的水质目标、授权登记管理机关意见、排污口监督管理机关审查意见等。

四、水量调度和引黄济津水资源保护

（一）加强领导，明确责任

为加强黄河水量调度和引黄济津调水期间水资源保护工作，在每次调水开始前，黄河流域水资源保护局均召开专题会议，精心组织、周密安排，部署水量调度和引黄济津期的监督管理和水质监测工作。

在引黄济津调水期间，黄河流域水资源保护局成立“引黄济津水质监测及水污染事件调查处理工作领导小组”，以加强引黄济津调水期间的水资源保护工作。根据职责分工，成立了水质监测、水污染应急调查处理、水质预警预报 3 个工作组。

（二）加强水质监测，通报水污染状况

黄河流域水资源保护局采用自动监测、定期监测、巡查监督等多种手段，并与沿程水文站、水质监测站建立了联合监视制度，一旦发现水色、排污量异常，及时报告，调查人员紧急行动，现场取样监测，及时掌握并通报水量调度和引黄济津期水质动态。

第三节　水生态监测

一、生态学、生态系统和生态水文学的概念

生态学是研究有机体及其周围环境相互关系的科学。

为了生存和繁衍，每一种生物都要从周围的环境中吸取空气、水分、阳光、热量和营养物质；生物生长、繁育和活动过程中又不断向周围的环境释放和排泄各种物质，死亡后的残体也复归环境。对任何一种生物来说，周围的环境也包括其他生物。例如，绿色植物利用微生物活动从土壤中释放出来的氮、磷、钾等营养元素，食草动物以绿色植物为食物，肉食性动物又以食草动物为食物，各种动植物的残体则既是昆虫等小动物的食物，又是微生物的营养来源，微生物活动的结果又释放出植物生长所需要的营养物质。经过长期

的自然演化，每个区域的生物和环境之间、生物与生物之间，都形成了一种相对稳定的结构，具有相应的功能，这就是人们常说的生态系统。

一个健康的生态系统是稳定的和可持续的：在时间上能够维持它的组织结构和自治，也能够维持对胁迫的恢复力。健康的生态系统能够维持它们的复杂性，同时能满足人类的需求。

生态水文学是现代水文科学与生态科学综合的一门科学，它以生态过程和格局的水文学机制为研究核心，以植物与水分关系为基础理论，将尺度问题贯穿于整个研究之中，研究对象涉及旱地、湿地、森林、草地、山地、湖泊、河流等。

生态水文学研究重点：研究陆地表层系统生态格局与生态过程变化的水文学机理，揭示陆生环境和水生环境植物与水的相互作用关系，回答与水循环过程相关的生态环境变化的成因与调控。利用生态水文学原理可以积极地用来保护和改善自然景观，正确指导生态环境脆弱地区的生态环境建设与水资源管理。

二、水生态问题及采取的措施

（一）对水生态保护工作重要性的认识

水生态是指水循环系统中的生态状况。

由于经济社会发展，当前我国水生态问题越来越严重，如湖泊污染及面积减少、湿地退化、河道断流、水体污染加剧、地下水位持续下降、入海水量减少等等。

近年来，湖泊生态功能退化问题十分严重，据统计，平均每年消失 20 个天然湖泊。湖泊富营养化发生的频次越来越高，富营养化发生湖区面积越来越大，无论是南方还是北方都有富营养化发生的现象。

湿地面积不断萎缩，在海河流域，资料显示，20 世纪 50 年代，包括白洋淀、七里海、千顷洼等 12 个大面积湿地在海河平原广泛分布。由于水资源过度开发，20 世纪 60 年代初到 70 年代末，海河流域的湿地逐步进入萎缩时期，12 个主要湿地面积由 20 世纪 50 年代的 3 801 km^2下降至目前的 538 km^2。

此外，由于森林植被破坏严重，许多地区土地荒漠化日趋严重，全国水土流失面积达 367 万 km^2，其中水蚀面积达 179 万 km^2。

综上所述，随着经济社会的发展，水生态问题越来越突出，因此水生态保护将越来越重要。

（二）对水生态问题采取的措施

针对我国水生态问题日趋严重等问题，水利部党组在系统总结我国长期治水实践，特别是新中国成立以来水利发展与改革的经验和教训的基础上，与时俱进地提出并逐步形成了可持续发展治水思路。实践表明，可持续发展治水思路是科学发展观在水利工作中的具体体现，是有效解决我国水资源问题、保护生态环境、保障经济社会可持续发展的必然选择和成功之路。

促进人与自然和谐是生态文明建设的基本要求，也是可持续发展治水思路的核心理念。必须尊重自然、尊重科学，既要满足人类的合理需求，也要满足维护河湖健康的基本需求，更加注重给洪水以出路，更加注重节水型社会建设，更加注重发挥大自然的自我修复能力，更加注重水资源开发、配置、调度中的生态问题，加强需水管理，加强水资源保护，加强水土保持，加强生态治理，大力推进生态文明建设，促进经济社会与资源环境协调发展。

三、水生态监测现状及下一步工作设想

（一）加强水生态监测工作重要性的认识

水生态监测是指为了解、分析、评价水生态而进行的监测工作。

对于河流来说，监测内容包括：①河流的生物质量要素；②河流中支持生物质量要素的水文形态质量要素；③河流中支持生物质量要素的化学与物理化学质量要素。

河流的生物质量要素，主要指浮生植物的组成与数量、底栖无脊椎动物的组成与数量，以及鱼类的构成、数量与年龄结构。水文形态质量要素，主要指：①水文状况，又包含水量与动力学特征、与地下水体的联系；②河流的连续性；③形态情况，又包括河流的深度与宽度的变化、河床结构与底层、河岸地带的结构。化学与物理化学质量要素，主要包含：①总体情况，指热状况、氧化状况、盐度、酸化状况和营养状态等情况；②特定污染物，指由排入水体中的所有重点物质和由大量排入水体中的其他物质造成的污染。

生态可持续管理的最大挑战是：以不会引起生态系统退化或丧失多样性方式，满足人类需要而制定并实施需水和调水计划。追求二者间平衡，必然意味着从河流中获取的取水量是有限度的，河流自然流动模式的变化度也是有限的。这些限度取决于生态系统对水的需求。并强调：要管理河流流量，维护生态完整性。生态可持续的水资源管理要按以下6个步骤进行：①评价河流生态系统流量要求；②测定人类活动对水文情势的影响；③评估人类同生态需求之间的对立性；④共同寻求解决矛盾的方法；⑤进行水资源管理实践；⑥制定并实施适应性管理计划。可以看出这些工作的基础就是水生态监测。

（二）水生态监测现状

传统的水文监测的许多项目都是水生态监测所需要开展的项目，如水位、流量、水质、水深、泥沙、河道断面地形测量等。近年来，水文系统根据经济社会发展的需求及水利部加强生态保护的要求，加强了水生态监测等工作。水文部门不仅要发现机遇，更重要的是能够抓住机遇，迎接挑战，促进发展。坚定不移地走大水文发展之路。必须根植水利，依托水利，面向全社会做好服务。

最近几年，水文局根据水利部加强水生态监测工作部署，开展了黄河调水调沙、黑河和塔里木河水资源调度、湿地补水等监测，加强了地下水、水质和水土保持监测等，在为水生态保护和修复提供了及时的监测信息，做出了突出的贡献。但是，对于水生态监测工作而言还仅仅是起步，要全面开展还有很多工作要做。

水生态监测与传统的水文水资源监测在监测目标、范围、项目、方式和频次等方面都有不同，具体有以下几点不同：①在监测目标上，水生态监测的目标是为了了解、分析、

评价水体等的生态状况和功能，而水文水资源监测的目标是为了防洪减灾及水资源管理等方面的需要；②在监测范围上，水文水资源监测的范围重点在水体，而水生态监测的目标应包括水体及陆地上的植被等；③在监测项目上，水生态监测内容包含了水文水资源监测的项目，包括河流水文形态、生物、化学与物理化学质量要素；④在监测方式和频次上，新增的专门针对水生态监测的项目也与传统的水文水资源监测有所不同。

（三）水生态监测工作设想

水生态监测是水生态保护和修复的基础和前期工作，要超前谋划，提前实施。认为今后开展水生态监测应按照下述步骤逐步开展：①立足现状，要在现有水文水资源监测的基础上，因地制宜，逐步开展水生态监测工作；②选择试点，要选择重点流域和地区开展试点，如选择长江、黄河、珠江等流域，以及江西、辽宁、重庆、北京等地区作为试点开展水生态监测；③总结完善，要在试点监测的基础上，不断总结经验，提出水生态监测的指导意见，再进一步扩大试点范围；④制定标准，在继续总结试点监测的基础上，制定相应的技术标准，以便全国推广；⑤培训人才，水生态监测工作涉及许多学科，需要很多新的知识，因此必须加大人才培训及引进工作，还要加强多学科的合作；⑥加强研究，要在监测的基础上，进一步加强水生态的分析研究工作，及时为水生态保护和修复工作提供技术支撑。

四、总结

随着经济社会的发展，人民生活水平的提高，人们越来越关心生态环境，希望能生活在良好的生态环境中，但人与自然的冲突加大，近年来生态环境问题愈来愈突出。

当前水生态问题日趋严重，水利部加强了水生态保护和修复工作，水文系统也相应加强了水生态监测工作，但这仅仅是水生态监测工作的起步。水生态监测是水生态保护和修复的基础和前期工作，要超前谋划，提前实施，水文系统必须发挥监测站网及长期以来积累的水文资料的优势，立足现状，因地制宜，借鉴国外开展有关工作的经验，选择试点，不断总结经验，加强研究，逐步推动水生态监测工作的开展，为水生态保护和修复工作提供更及时准确的信息。

第八章　黄河流域水资源利用

第一节　经济社会发展和河流生态系统维护对水资源需求预测

水是基础性的自然资源和战略性的经济资源，随着人口的不断增长、经济社会的稳步发展和城镇化进程的进一步加快，各类用水不断增加，经济社会对水资源的需求量将与日俱增。

一、黄河流域在国家经济发展中的地位与作用

黄河流域经济发展受自然资源、地理位置、经济发展水平等条件影响较大：一是流域矿产、能源资源丰富，在全国占有重要地位，开发潜力巨大；二是流域土地资源丰富，黄河上中游地区还有宜农荒地约 3 000 万亩，占全国宜农荒地总量的 30%，是我国重要的后备耕地，只要水资源条件具备，开发潜力很大；三是流域目前人均经济指标低于全国平均水平，随着国家经济发展战略的调整，国家投资力度将向中西部地区倾斜，为黄河流域经济发展提供了良好的机遇。

黄河流域横贯我国东西，地域广阔，流域内自然资源十分丰富，是我国最大的能源和重化工基地，同时也是我国重要的粮棉基地，流域经济发展前景广阔。

（一）黄河流域对能源和工业基础资源生产具有决定性作用

黄河流域上中游地区的水能资源、中游地区的煤炭资源、中下游地区的石油和天然气资源都十分丰富，在全国占有极其重要的地位，被誉为我国的“能源流域”，中游地区被列为我国西部地区十大矿产资源集中区之一，流域内丰富的资源条件为经济快速发展创造了良好的条件。

（二）黄河流域是国家粮食安全与农牧业可持续发展的保障

黄河流域土地面积广大，耕地资源丰富，光热条件适宜，具有发展大农业得天独厚的条件，长期以来就是我国重要的农业经济区，粮食、棉花主要产区之一和重要的商品粮基地。该流域现有耕地 2.4 亿亩，占全国的 12.6%，灌溉面积 7 765 万亩，占全国的 10%，粮食产量约 3 531 万 t，占全国的 7.4% 左右。为了保证我国的粮食安全，满足新增人口对粮食及农副产品的需求，全国灌溉面积在现有基础上还将有一定的发展。

（三）经济分布和发展梯度不平衡

在我国区域经济格局的基本框架中，黄河流域在经济总体水平不高的同时，还具有地

域经济分布不平衡的特点，经济发展面临着严重的挑战。黄河流域地跨我国东、中、西部三个经济带，各地区的经济发展受所属经济带的影响较大，目前基本形成了以农牧业、资源开发为主的上中游区及以加工工业为主的下游和三角洲地区。两区域间发展差距较大，位于我国东部的黄河流域下游各省经济发展较快，位于上中游的中西部各省区的经济发展相对较慢，对资源的依赖性很强。这种不平衡的发展梯度已对全流域经济总体发展产生了较大的负面影响。

（四）黄河流域是我国生态环境建设和保护的重点地区

黄河流域是区域经济发展和生产建设的生态屏障。黄河源区湿地生态系统，在蓄洪、涵养水源、防止水土流失等方面发挥着极其重要的作用：一方面维护黄河源头生态系统的平衡，在一定程度上关系着生态系统的演替；另一方面，对维持黄河中下游生态平衡起着积极的保护作用，直接关系到黄河流域经济的可持续发展。黄河中游地区地处我国中部，承东启西，战略地位非常重要，以水土保持为主体的生态系统建设是中、东部地区重要的生态屏障。

在确定的生态建设和环境保护的重点地区与重点项目中，涉及黄河流域的包括黄河中上游的天然林保护以及退耕还林还草工程、黄河中游水污染治理与环渤海环境综合整治和治理等。

（五）黄河水资源对保障黄河经济发展具有决定性作用

水资源是人类社会生存与发展的重要物质基础，黄河水资源的开发利用，带来了巨大的社会效益和经济效益，不仅对黄河流域及其下游外流域引黄地区的发展具有巨大的支撑作用，而且对我国经济社会发展和安全具有极其重要的保障作用。

黄河流域地区是我国重要的农业区之一，黄河水资源对农业发展具有极其重大的支撑作用。黄河地区农业灌溉面积不断增加，使黄河上游干旱地区变成了繁荣的绿洲经济带；黄土高原地区的高抽灌溉工程改造了大片低产旱地为高产良田；中游汾渭盆地也建成了较完整的灌溉工程体系；下游引黄范围不断扩大，为进一步开发建设创造了良好的条件。黄河流域内粮食、油料、棉花等作物单产大幅度提高。黄河流域内约占耕地32%的灌溉面积上，生产了占总产近70%的粮食和大部分经济作物，基本解决了流域内群众的温饱问题。黄河水资源同时还解决了许多地区人畜吃水难的问题和为城镇生活、工业提供了可靠的水源，促进了城市和工业的发展。

黄河流域多年平均河川天然径流量534.8亿m^3，仅占全国河川径流量的2%，人均年径流量473 m^3，仅为全国人均年径流量的23%，却承担着全国15%的耕地和12%的人口的供水任务，同时还有向流域外部分地区远距离调水的任务。黄河又是世界上泥沙最多的河流，有限的水资源还必须承担一般清水河流所没有的输沙任务，使可用于经济社会发展的水量进一步减少。

随着经济社会的发展，黄河流域及相关地区耗水量持续增加，水资源的制约作用已经凸现。由于水资源短缺的制约，流域内尚有约1 000万亩有效面积得不到灌溉，部分灌区的灌溉保证率和灌溉定额明显偏低；部分计划开工建设的能源项目由于没有取水指标而无法立项，部分地区的工业园区和工业项目由于水资源供给不足而迟迟不能发挥效益。黄河流域经济社会发展面临的最大的挑战之一就是水资源紧缺问题。

二、国民经济发展指标预测

按照国家经济发展战略目标，结合区域发展情况和国家有关的产业政策，考虑当地经济发展特点和水资源条件，尤其是当地水资源的承载能力，预测规划水平年国民经济发展指标。预测 GDP 总量发展指标的同时，还预测了各主要部门的发展指标。各部门发展指标以增加值为主进行预测。

（一）经济社会发展布局及预测

1. 经济社会发展布局

随着国家区域经济发展战略的调整，国家投资力度将向中西部地区倾斜，未来黄河流域经济发展具有以下优势和特点：一是上中游地区的矿产资源尤其是能源资源十分丰富，开发潜力巨大，在全国的能源和原材料供应方面占有十分重要的战略地位，为了满足国家经济发展对能源及原材料的巨大需求，能源、重化工、有色金属等行业在相当长的时期还要快速发展；二是黄河流域土地资源丰富，是我国粮食的主产区，农业生产在我国占有重要地位，上中游地区还有宜农荒地约 3 000 万亩，占全国宜农荒地总量的 30%，只要水资源条件具备，开发潜力很大，是保障我国粮食安全的重点后备发展区域；三是经过新中国成立后特别是改革开放后的建设，黄河流域已具备地区特色明显且门类比较齐全的工业基础。

根据资源赋存条件、经济社会发展现状，以及国家区域经济发展战略布局，黄河流域未来经济社会发展，一方面从国家整体利益出发，以能源为先导，重点建设煤炭、电力、石油、天然气等能源基地，大力发展原材料工业，形成以能源和原材料为主导的产业体系，满足国家对能源和原材料的需求，为国家能源安全提供有力保障；另一方面，充分重视流域加工工业的发展，加强资源的深加工，提高其综合开发利用程度和经济效益，进而强化流域的综合经济功能，进一步增强自我发展能力。通过不断扩大资源开发规模，提高资源加工深度，变资源优势为经济优势，带动流域经济社会的又好又快发展。

未来黄河流域经济社会发展将形成以下战略格局：一是以上游青藏高原和内蒙古高原为主的畜牧业基地，以上游的湟水谷地、宁蒙灌区，以及中游的汾渭灌区、下游的引黄灌区等为主的黄河流域乃至全国重要的农业生产基地，发展高效节水农业，保障粮食安全；二是以兰州、西宁为中心的黄河上游水电能源和有色金属基地，加快开发水力资源和有色金属矿产资源，带动相关加工工业的发展；三是以黄河上中游甘肃陇东、宁夏宁东、内蒙古中西部、山西、陕西北部、河南西部等为重点的能源化工基地，结合西电东送、西气东输等重大工程的建设和上中游水电开发，保障国家能源安全；四是以西安为中心的综合经济高科技开发区，形成以航空、电子、机械工业为主，具有较高科技水平的综合经济开发区，成为西北地区实现工业化的技术装备基地；五是以郑州为中心的中原城市群，加快包括洛阳、开封、新乡、焦作、济源等城市的建设，形成布局优化、产业结构合理、与周边区域融合发展的开放型城市体系，凸显城市经济在区域经济中的主体作用，提高产业竞争力、科技创新能力和文化竞争力；六是以黄河下游为主轴的黄淮海平原经济区，建成我国重要的石油和海洋开发、石油化工基地，以及以外向型产业为特色的经济开发区。

根据国家宏观经济政策及区域发展战略，流域内各省区在进一步巩固和发展现有工业、农业、畜牧业等产业的基础上，依据资源环境条件，形成资源节约、环境友好、符合各自发展特点的区域产业布局：

青海省以湟水河谷为重点发展区域，利用黄河干流水电资源优势，促进电力工业和有色金属工业的联合，进一步形成铝、铅、锌、铜等有色金属生产与加工工业基地。

甘肃省以石油化工、有色冶金、装备制造等产业为重点，建设全国重要的石油化工、有色金属、新材料基地，加快陇东煤电、石油、天然气能源基地建设。

宁夏回族自治区以煤电、原材料工业和特色农业为重点，加快建设沿黄城市带，把宁东建设成为国家重要的大型煤炭基地、煤化工产业基地、西电东送火电基地，实现资源优势向经济优势转变，进一步发展有色金属材料及高技术加工产品系列；优化种植结构，发展以北部引黄灌区为重点的高效节水现代农业，进一步提高农业生产水平。

内蒙古自治区中西部以煤炭、电力、重化工、有色冶金等为重点，加快开发呼、包、鄂“金三角”经济圈，建设鄂尔多斯、乌海、阿拉善盟等地区的国家级能源基地。加强河套灌区及土默川灌区节水改造，大力提高农业生产水平。

陕西省北部地区以煤炭、石油、天然气、重化工为重点，加快资源开发，推动煤电一体化、煤化一体化、油炼化一体化发展；关中地区以机械、电子、飞机制造等产业为重点，建成我国西部地区重要的装备制造业基地，发展高科技特色农业，加快第三产业发展。

山西省以太原、临汾、晋城等城市的能源、冶金和机械工业为依托，巩固以特钢和铝镁为主的冶金工业，重点发展以煤炭、电力为主的能源工业及重化工、装备制造和原材料工业。

河南省沿黄地区，加大豫西煤炭产业和中原城市群建设，进一步发展以铝业为主的有色工业和机械制造业，建设全国重要的有色工业、装备制造业和新型纺织工业基地；建设国家粮食核心区，稳定提高粮食产量。

山东省沿黄地区及河口三角洲，依托资源优势，重点发展石油化工、海洋化工、电子信息产业；发展高效节水农业，进一步提高农业生产水平。

3. 国内生产总值发展预测

随着国家推进西部大开发、促进中部崛起等发展战略的实施，黄河流域近年来经济增长速度高于全国平均水平，工业发展保持快速增长，尤其是能源、原材料工业的发展更加突出。今后随着能源基地开发、西气东输、西电东送等重大战略工程的建设，预计在未来相当长一段时期内，黄河流域特别是上中游地区发展进程将明显加快，经济社会仍将以高于全国平均水平的速度持续发展。

黄河流域的资源禀赋条件，决定了流域工业发展的重点仍将是能源、冶金、化工等传统工业。作为我国最主要的能源、重化工基地，黄河流域的煤炭工业、电力工业、煤化工产业将快速发展，铁矿、铝土矿等采掘工业和冶金工业的发展速度也将会加快，大型冶金、矿山设备，大型电站配套设备，大型煤化工、化肥成套设备等装备制造业，也将在不断加大技术升级的条件下保持快速发展。

（二）人口及城镇化发展预测

1. 总人口预测

人口预测主要是基于对一个国家或地区的现有人口状况及其未来发展变化趋势的判断，测算在未来某个时间人口总量及其城乡分布。人口总量预测一般有两类方法：其一为直接推算法，即根据基期的人口总数直接推算未来人口数；其二为分要素推算法，即先分别预测影响人口总数的各项要素，然后再合起来推算未来人口总数。本次人口预测主要采用直接推算法。

人口的大量增长势必对水资源产生新的压力，控制人口增长、提高水资源的承载能力和生态环境的人口容量、寻求水资源与人口的协调发展，是今后相当长的时期内将要面临的艰巨任务。

2. 城镇化发展预测

城镇化的发展，强化了人口的集中居住，有利于资源的高效利用，在一定程度上缓解了生态环境压力，有利于提高土地的利用效率和加强对农业资源的保护，但同时对城镇供水及城镇公共设施建设提出了更高的要求，驱动了城镇地区的需水增长，加剧了城市水资源紧张状况，城镇供水任务日益艰巨，并对黄河流域水资源供需格局和水资源开发利用产生深远的影响。

（三）非火电工业发展预测

非火电工业包括一般工业和高耗水工业两部分：一般工业包括采掘业、制造业和其他工业，高耗水工业包括纺织、石化、化学、冶金、造纸和食品工业。

黄河流域资源条件雄厚，拥有“能源流域”美称，经济发展潜力巨大。随着国家产业结构的调整，国家投资力度向中西部地区倾斜。第二条欧亚大陆桥的贯通，使整个黄河流域经济带都在大陆桥的辐射之内，这些都为黄河流域经济发展提供了良好的机遇。

（四）农业发展预测

1. 灌溉现状及存在问题

黄河流域耕地资源丰富、土壤肥沃、光热资源充足，有利于小麦、玉米、棉花、花生和苹果等多种粮油和经济作物生长。上游的宁蒙平原、中游的汾渭盆地以及下游的沿黄平原是我国粮食、棉花、油料的重要产区，在我国国民经济建设中具有十分重要的战略地位。搞好流域的灌溉事业，对于保障流域乃至全国的粮食安全具有重要的作用。

黄河流域灌溉事业历史悠久。公元前 246 年战国时期兴建的郑国渠引泾水灌溉农田 210 万亩，使关中地区成为良田；秦汉时期宁夏平原引黄灌溉，使荒漠泽卤变成“塞上江南、鱼米之乡”；北宋时期在黄河下游引水沙淤灌农田。20 世纪 20 年代修建的泾惠渠等“关中八惠”，是国内较早一批具有先进科学技术的近代灌溉工程。新中国成立后，进行了大规模的水利建设，不仅改造扩建了原来的老灌区，而且兴建了一批大中型灌区工程。20世纪60年代，三盛公及青铜峡水利枢纽相继建成，宁夏、内蒙古平原灌区引水得到保证，陕西关中地区兴建宝鸡峡引渭灌溉工程和交口抽渭灌区，晋中地区的汾河灌区和文峪河灌区相继扩建，汾渭平原的灌溉发展进入一个新的阶段。20世纪70年代，在上中游地区先后兴建了甘肃景泰川灌区、宁夏固海同灌区、山西尊村灌区等一批高扬程提水灌溉工程，使这些干旱高原变成了高产良田，增产效果显著。

受水土资源条件的制约，大片灌区主要分布在黄河上游宁蒙平原、中游汾渭盆地和伊洛沁河、黄河下游的大汶河等干支流的川、台、盆地及平原地区，这些地区灌溉率一般在70%以上，有效灌溉面积占流域灌溉面积的80%左右。其余较为集中的地区还有青海湟水地区、甘肃中部沿黄高扬程提水地区。山区和丘陵地带灌区分布较少，耕地灌溉率为5%~15%。10万亩以上的灌区，上游地区有23处，中游汾渭盆地及黄河两岸地区有39处，下游地区有25处，有效灌溉面积分别为1964万亩、1653万亩和606万亩。

2. 灌区存在的主要问题

（1）灌区老化失修、配套不完善

现有大中型灌区大多是20世纪50~70年代修建的，多数工程因陋就简，很多工程未能全部完成，普遍存在着建设标准低、配套不全的现象。流域内10万亩以上灌区有效灌溉面积仅相当于设计规模的74.6%。在长期运行中骨干建筑物老化损坏、干支渠漏水和坍塌问题严重。提水灌区的水泵、电机等机电设备中，应淘汰的高耗能设备占1/2左右。特别是遇到干旱年份，常因工程基础条件差，虽有水源而不能满足抗旱要求。

目前上中游地区已实施大型灌区续建配套及节水改造项目共30处，但由于投入不足，仅对大型灌区部分“卡脖子”工程、“病险”工程以及一些关键骨干工程进行了更新改造。同时，由于田间工程配套资金主要依靠地方和农民自筹，资金落实困难，目前大型灌区田间配套工程建设普遍滞后。10万~30万亩灌区及10万亩以下中小型灌区还没有实施续建配套及节水改造项目，灌区今后的建设任务还很繁重。

（2）水源不足，部分灌区难以发挥应有作用

随着经济的快速发展，水资源供需矛盾加剧，灌溉用水日趋紧张。如汾渭盆地灌区水源不足，遇干旱年份，部分灌区灌水不足或得不到灌溉，致使农业生产受到影响。

3. 灌溉发展规模

（1）粮食需求对灌溉发展的要求

灌溉是保证农业高产稳产的重要手段，灌溉耕地粮食亩产一般为旱作耕地的2~6倍，在西北干旱地区，没有灌溉就没有农业。黄河流域灌溉面积占耕地面积的32%，生产的粮食占流域总量的近70%。

黄河流域各地区自然条件差异较大，农作物种类及作物组成也有很大不同。黄河上游主要种植春小麦，占50%~70%，其他作物有早玉米、高粱、谷类、豆类等，复种作物有糜子、蔬菜等，复种指数为1.0~1.2。中游的丘陵区主要种植早秋作物，有玉米、谷类、薯类，其次是小麦；晚秋作物以夏糜子为主，复种指数为1.2~1.3。汾渭盆地、下游沿黄平原、伊洛沁河及大汶河等地，主要种植冬小麦，占60%~70%，棉花占20%~30%；

复种作物以玉米为主，复种指数约1.6。水稻种植面积不大，主要集中在宁夏平原灌区及下游沿黄平原。经济作物以棉花为主，种植面积占经济作物播种面积的86%，主要集中在关中及下游沿黄平原；油料、甜菜和大麻等经济作物主要分布在上游地区。

由于受水资源短缺等影响因素制约，今后黄河流域粮食新增生产能力将主要依靠提高单产、提高灌溉保证率和适度发展灌溉面积来解决。

（2）灌溉发展规模

综合考虑灌溉面积发展需求，今后农田灌溉发展的重点是搞好现有灌区的改建、续建、配套和节水改造，提高管理水平，充分发挥现有有效灌溉面积的经济效益，在巩固已有灌区的基础上，根据各地区的水土资源条件，结合水源工程的兴建，适当发展部分新灌区。

新建、续建灌区主要包括：青海引大济湟、塔拉滩生态治理工程；甘肃引大入秦、东乡南阳渠等灌溉工程配套；结合洮河九甸峡枢纽的建设，逐步开发引洮灌区；续建宁夏扶贫扬黄工程、陕甘宁盐环定灌区；结合南水北调西线工程的实施和黑山峡河段工程的建设，逐步开发黑山峡生态灌区，2030年黑山峡生态灌区规划灌溉面积500万亩，其中新增灌溉面积364万亩（农田有效灌溉面积212万亩，林草灌溉面积152万亩）；续建陕西东雷二期抽黄灌溉工程，在此基础上结合南沟门水库等的建设发展部分灌溉面积；新建、续建河南省小浪底南北岸灌区、故县水库灌区等工程。

（五）河道外生态环境

黄河流域河道外生态环境包括城镇生态环境和农村生态环境两部分，其中城镇生态环境指标包括城镇绿化、河湖补水和环境卫生等，农村生态环境指标主要包括人工湖泊和湿地补水、人工生态林草建设、人工地下水回补等三部分。

根据黄河流域情况，对流域内地下水超采区，今后将采取限制开采措施，使地下水位逐步自行恢复，不规划专门的人工回补地下水措施。

三、河道外需水量预测

（一）需水预测的方法研究

1. 生活需水预测方法

生活需水分为城镇生活需水和农村生活需水，其中城镇生活需水包括城镇居民、建筑业和第三产业需水部分。影响因素包括人口的增长、居民经济收入、用水公共设施、水价以及人们的生活习惯等，需综合考虑以上影响因素对生活需水进行合理预测。预测方法一般采用定额法，该方法通过对用水量历史数据的综合分析，找出影响用水量的主要因素，并分析该因素及用水量的变化趋势，对影响因素的指标及用水定额分别进行预测，然后根据这两者计算出规划水平年的需水量。

建筑业和第三产业用水基本不存在重复利用率的问题，直接采用万元增加值用水量法计算。建筑业采用单位建筑面积用水量法进行复核，第三产业采用第三产业从业人员人均用水量法进行校核。

建筑业及第三产业包含的各种行业用水差异较大，确定用水定额时应考虑多方面因素的影响及各行业的组成情况。

2. 工业需水预测方法

工业需水包括非火电工业需水和火电工业需水。其中非火电工业需水与其所处地区的水资源条件、科技和经济增长方式、产业结构等都有密切关系，且对各种影响因素的灵敏度不同，所以企业的用水情况也各不相同，需要分行业预测。

在进行工业用水定额预测时，应充分考虑各种影响因素对用水定额的影响，主要包括：①行业生产性质及产品结构；②用水水平、节水程度；③企业生产规模；④生产工艺、生产设备及技术水平；⑤用水管理与水价水平等。

工业用水定额预测的方法包括重复利用率法、趋势法、规划定额法和多因子综合法等。

（1）重复利用率法

重复利用率法预测计算公式如下

$$IQ_i^{t2} = (1-\alpha)^{R-t1} \cdot \frac{1-\eta_i^{t2}}{1-\eta_i^{t1}} \cdot IQ_i^{t1}$$

式中 i ——工业部门分类序号；

IQ_i^{t2} 和 IQ_i^{t1} ——第 $t2$ 和第 $t1$ 水平年第 i 工业部门的取水定额（万元增加值取水量，也可为单位产品（如装机容量）取水量），为综合影响因子，包括科技进步、产品结构等因素；

η_i^{t2} 和 η_i^{t1} ——第 $t2$ 和第 $t1$ 水平年第 i 工业部门的用水重复利用率。

（2）趋势法

趋势法预测计算公式如下

$$IQ_i^{t2} = IQ_i^{t1} \cdot (1-r_i^{t2})^{t2-t1}$$

式中 r_i^{t2} ——第 $t2$ 和第 $t1$ 水平年第 i 工业部门取水定额年均递减率（%），其值可根据变化趋势分析后拟定；

其他符号意义同前。

根据当地供水水源、供水条件、供水系统等实际情况，结合供水规划和节水规划成果综合分析并合理拟定各类工业部门水利用系数。

本研究工业需水量预测，采用万元增加值用水量法，用弹性系数法进行复核。

3. 农业需水预测方法

农田灌溉需水量采用综合净灌溉定额与灌溉水利用系数方法进行预测。农作物净灌溉定额分为充分灌溉和非充分灌溉两种类型。农作物灌溉净需水量采用以彭曼公式计算农作物蒸腾蒸发量、扣除有效降雨的方法计算。有关部门或研究单位进行的大量灌溉试验所取得的有关成果，作为确定灌溉定额的基本依据。各地通过多年的灌溉实践，摸索出的当地农作物非充分灌溉技术及其非充分灌溉定额的经验值作为调整净灌溉定额的依据。

根据农作物种植结构，按照下列公式计算综合净灌溉定额

$$AQ_n = \sum_{i=1}^{n}(AQ_i \cdot A_i)$$

式中 AQ_n ——综合净灌溉定额，m^3/亩；

AQ_i ——第 i 种农作物净灌溉定额，m^3/亩；

A_i ——第 i 种作物种植比例（%）。

在预测灌溉毛需水量时，田间灌溉水利用系数和各级渠系水利用系数，应结合“节约用水”部分中的农业节水规划成果，分别合理拟定不同“需水预测方案”下的取用值。

林牧渔业需水量包括林果地灌溉、草场灌溉、鱼塘补水和牲畜用水等4项。灌溉林果地和灌溉草场需水量预测采用灌溉定额预测方法，其计算步骤类似于农田灌溉需水量预测方法。

鱼塘补水量为维持鱼塘一定水面面积和相应水深所需要补充的水量，采用亩均补水定额方法计算，亩均补水定额可根据鱼塘渗漏量及水面蒸发量与降水量的差值加以确定。

农业需水月分配过程根据种植结构、灌溉制度及典型调查综合确定。

4. 生态环境需水预测方法

（1）城镇生态环境需水量

城镇生态环境需水量指为保持城镇良好的生态环境所需要的水量，主要包括城镇河湖补水量、城镇绿地生态需水量和城镇环境卫生需水量。

①城镇绿地生态需水量

采用定额法，即按下式计算

$$W_G = S_G q_G$$

式中 W_G ——绿地生态需水量，m^3；

S_G ——绿地面积，hm^2；

q_G ——绿地灌溉定额，m^3/hm^2。

②城镇河湖补水量

按照水量平衡法或定额法计算城镇河湖补水量。

a. 水量平衡法

根据水量平衡原理，城镇河湖补水量计算公式如下

$$W_{cl} = F + fV - S(P - E)/1000$$

式中 W_{cl} ——河湖年补水量，m^3；

F ——水体渗漏量，m^3；

V ——城镇河湖水体体积，m^3；

f ——换水周期，次/年；

S ——水面面积，m^2；

P、E ——降水和水面蒸发量，mm。

b. 定额法

按照现状水面面积和现状城镇河湖补水量估算单位水面的河湖补水量，根据对不同规划水平年河湖面积的预测计算所需水量。也可以人均水面面积的现状定额为基础，结合未

来城镇人口预测，采用适当的人均水面面积（根据城镇总体规划等）进行预测。

③城镇环境卫生需水量

按照定额法计算

$$W_c = S_c q_c$$

式中 W_c——环境卫生需水量，m^3；

S_c——城市市区面积，m^2；

q_c——单位面积的环境卫生需水定额，m^3/m^2。

（2）林草植被建设需水量

林草植被建设需水量指为建设、修复和保护生态系统，对林草植被进行灌溉所需要的水量，林草植被主要包括防风固沙林草等。

林草植被建设需水量采用面积定额法计算

$$W_p = \sum_{i=1}^{n} (S_{pi} q_{pi})$$

式中 W_p——植被生态需水量，m^3；

S_{pi}——第 i 种植被面积，hm^3；

q_{pi}——第 i 种植被灌水定额，m^3/hm^2。

（二）需水情景分析

按照建设节水型社会的要求，以可持续利用为目标，在充分考虑节约用水的前提下，根据各地区的水资源承载能力、水资源开发利用条件和工程布局等众多因素，并参考用水效率较高地区的用水水平，对国民经济需水量进行了多种用水（节水）情景下的需水方案研究。主要体现在由不同的节水措施组合和节水力度的大小估算出多个方案的节水量，进而产生多个方案的需水量来进行水资源的供需平衡，由供需平衡结果、水资源承载能力和投资规模来决定需水方案的采用。

（三）推荐方案的需水预测成果

1. 生活需水量预测

生活需水量包括城镇生活需水量和农村生活需水量，其中城镇生活需水量包括城镇居民用水量和建筑业与第三产业用水量。

基准年黄河流域城镇居民生活需水量 16.7 亿 m^3，农村居民生活需水量为 12.8 亿 m^3。城镇居民生活和农村居民生活需水定额分别为 103 L/（人·d）、51 L/（人·d）。根据黄河流域人口发展规划，考虑未来生活质量不断提高，用水水平也会相应提高，用水定额逐步增大。

2. 非火电工业需水量预测

基准年黄河流域非火电工业需水量为 60.3 亿 m^3，万元非火电工业增加值需水量为 93.1 m^3。随着节水技术的推广和深入，工业产业结构调整力度的加大，同时提高水的重复利用率，非火电工业需水定额具有较大的下降空间。

3. **农林牧渔畜需水量预测**

(1) 农田灌溉需水量预测

按黄河流域的自然经济特点及水资源利用要求，分别研究各区的综合净灌溉定额。

净灌溉定额是依据农作物需水量、有效降雨量、地下水利用量确定的，是满足作物对补充土壤水分要求的科学依据。它注重的是作物需水的科学性。本次计算采用水源充沛条件下节水灌溉制度要求的综合净灌溉定额。

根据气候条件和试验资料分析计算作物需水量，考虑不同降雨量，根据土壤水分平衡计算各种作物灌溉需水量及净灌溉定额。

净灌溉定额的确定是在作物需水量计算的基础上，考虑降水，进行土壤水分平衡递推计算，得到灌溉需水量，进而计算出各四级区每种作物的净灌溉定额。不同水平年各四级区不同类型农田综合净灌溉定额，主要根据各四级区农田净灌溉定额理论计算值，参考近十年的实际灌溉情况，经综合分析后确定。

(2) 林果灌溉需水量预测

林业灌溉主要是提高经济林、防护林、育苗等的成活率，林业灌溉试验资料较少，本次林果灌溉用水定额主要参考水利部水资源司组织编制的各省（区）用水定额、各省（区）典型灌区林果灌溉制度以及近20年林果实际灌溉定额确定。基准年黄河流域林果需水量为17.4亿m^3，需水定额为342 m^3/亩。

四、河道内生态环境需水量预测

(一) 河道内生态环境需水量的概念

世界保护策略将河流保护的目标概括为三个方面：维持基本的生物过程和生命保障系统；保护基因的多样性；确保物种和生态系统的可持续性。而生态需水的保证为河流保护目标的实现提供了可能。一般认为，生态需水量（生态环境用水）是指为维护生态环境不再恶化并逐渐改善，所需要消耗的最小水资源总量。生态需水研究是河流生态系统保护的一个方向，是水资源综合管理中体现河流生态系统服务功能的一个重要部分。生态需水量是一个变量，它随时间和地点不同而不同，同时也与生态环境保护的具体目标密切相关。

生态学与水文学交叉研究是目前国际上前沿研究领域之一。生态环境用水研究则是连接生态过程与水文过程、刻画生态演化与水资源相互关系的核心问题。不过目前的研究仍存在诸多问题：①生态用水尚需要理论上的进一步升华，这一点突出体现在生态用水的概念与内涵表述上；②在生态用水研究中，缺乏合理的生态保护目标的建立，因而影响到研究成果的实际应用价值；③目前的研究均是针对较大尺度所作的，不能在生态机理与物理机制上揭示生态用水规律，因此不适于具体问题的深入分析，个别实验在由“点”尺度向生态用水计算的“面”尺度转换时缺乏基础，从而严重影响了研究成果的精度；④生态用水机理是生态用水研究中至为关键的工作，以往的研究主要依据野外宏观观测资料来探讨，缺乏直接的实验依据；⑤没有涉及生态用水对生态系统稳定性、生态用水满足程度及其波动性对生态系统影响等方面，从而也使得研究成果的科学性受到影响。

在国外，从通过某一生物来确定最小河流流量，到考虑生态系统可接受的流量变化，取得了一定的研究成果。美国于1978年完成了第二次全国水资源评价（The Second National Water Assessment）。在这次评价中，既考虑了河道外用水，也估计了鱼和野生生物、游览、水力发电、航运等河道内用水，其中，把生态环境用水作为主要的河道内控制用水。他们认为：①河道内径流为多年平均值的60%，这是为大多数水生生物主要生长期提供优良至极好的栖息条件所推荐的基本径流量；②河道内径流为多年平均值的30%，这是保持大多数水生生物有好的栖息条件所推荐的基本径流量；③河道内径流为多年平均值的10%，这是保证大多数水生生物短时间生存条件所推荐的最低瞬时径流量。20世纪90年代以前，对河流流量的研究主要集中在分别考虑河道物理形态、所关心的鱼类、无脊椎动物等对流量的需求，来确定最小及最佳的流量。在确定河流流量的过程中未充分考虑生态系统的完整性。20世纪90年代以后，不仅研究维持河道的流量，包括最小和最适宜流量，而且还考虑了河流流量在纵向上的连接，并充分认识到了洪泛平原流量在研究中的重要性。从总体上讲，考虑了河流生态系统的完整性，考虑了生态系统可以接受的流量变化。

我国生态环境用水在概念上与国外提出的生态环境用水有一定的区别。国外研究中主要强调了河流廊道植被以及河道内以鱼类为主的水生动植物生息繁衍的用水需求。而我国的生态用水研究是在巨大的人口压力导致生态环境健康状况恶化的背景下提出来的，它的概念的内涵与外延均较国外为广。其主要的差别在于：一方面其不仅包含了河道内的用水需求，而且还包括了陆生生态系统的用水需求；另一方面，它不仅包括了天然生态系统，而且也包含了人工生态系统中对整个人工系统的稳定性维持起支撑作用的组分的生态用水，特别是它包含了人工生态环境建设的用水需求。在实际工作中，我国水资源管理模式均从水资源与人类社会相互作用关系的角度，对社会经济发展的预测、水资源供需平衡、水资源优化配置、水资源开发方案和投资需求等方面进行分析研究和决策。这种模式仅仅针对人类和水资源两大系统的相互作用来考虑，并没有考虑到这些活动对上述两大系统之外的自然生态系统的影响。事实上，人类社会经济活动及其生存都离不开自然生态系统的支持，包括植被、水体、农作物、鱼类等，这些生命物质或资源也需要水资源质和量的保障。由于缺少足够的重视，在经济建设中，城市和工业用水挤占农业用水，农业用水挤占生态用水，结果导致生态环境恶化，对经济的可持续发展构成了威胁。尽管如此，人们对生态用水的重要性仍旧缺乏重视。1998年长江和嫩江的大洪水、20世纪90年代黄河的频繁断流、北方地区沙尘暴的肆虐、江河湖泊严重污染等一系列事实，让人们开始认识到保证生态环境用水的重要性。生态需水一时间成为热门话题，目前，在水资源保护和合理开发中，生态用水已摆在了十分重要的位置。

在河流系统中，需要考虑的生态需水问题有：防止河道断流、湖库萎缩所需要的河道基流量；维持江河水沙平衡的最小流动水量；防止海水入侵所需的河口最小流量；改善江河水环境质量的最小稀释净化水量；维持生态系统稳定所需的河流流量；维持地下水水位动态平衡的最小补给水量。研究者对流域生态需水的研究范畴有较一致的认识，但也不尽相同。在生态用水中，首先要保证干旱、半干旱地区保护和恢复自然植被及生态环境所需要的水。其次，在干旱、半干旱及干旱的亚湿润地区，如能全面开展水土保持工作，必将减少该地区进入河川的径流量。这一部分预计要减少的径流量也算作生态用水。再次，在干旱、半干旱及干旱的亚湿润地区，在水土保持范围之外的其他林草植被建设，包括水源涵养林、新封育的林草植被、防风固沙林、绿洲农田防护林、人工草场建设等也需要一定量的生态用水。最后，维持河流水沙平衡及生态基流所需用的水也是生态用水。李国英提出“维持河流生命的基本水量”的概念。他结合黄河实际指出“经济发展的用水要求日益迫切，灌溉面积逐渐扩大，用水量越来越多，除了用掉已分配的可用水量，还用掉了输沙用水，随之出现了断流现象，致使主河槽淤积、萎缩加剧，河口生态遭到严重破坏等”。自然生态与人类环境用水需遵循四大平衡原则：第一水热（能）平衡，第二水盐平衡，第三水沙平衡，第四区域水量平衡与供需平衡。在四大平衡原则的基础上，深入研究水资源承载力和科学地计算必要的生态需水量。

通常所说的生态环境需水量包括河道内生态环境需水量和河道外生态环境需水量。河道内生态环境需水量指维持河流生态系统一定形态和一定功能所需要保留在河道内的水（流）量，按维持河道一定功能的需水量和河口生态环境需水量分别计算。维持河道一定功能的需水量包括生态基流和输沙需水量等。河道外生态环境需水包括城镇生态环境需水和农村生态环境需水两部分，其中城镇生态环境需水包括城镇绿化需水、河湖补水和环境卫生需水等，农村生态环境需水主要包括人工湖泊和湿地补水、人工生态林草建设需水、人工地下水回补等三部分。

（二）河道内生态环境需水预测方法

1. 维持河道一定功能的需水量

维持河道一定功能的需水包括生态基流、输沙需水量和水生生物需水量等，主要计算方法有 Tennant 法和分项计算法。

（1）Tennant 法

Tennant 法将全年分为两个计算时段，根据多年平均流量百分比和河道内生态环境状况的对应关系，直接计算维持河道一定功能的生态环境需水量。

根据 Tennant 法，维持河道一定功能的需水量计算式如下

$$W_R = 24 \times 3600 \sum_{i=1}^{12} (M_i Q_i P_i)$$

式中 W_R ——多年平均条件下维持河道一定功能的需水量，m^3；

M_i ——第 i 月天数，旗

Q_i ——第 i 月多年平均流量，m^3/s；

P_i ——第 i 月生态环境需水百分比。

Tennant 法将一年分为两个计算时段，4 ~ 9 月为多水期，10 月至翌年 3 月为少水期，不同时期流量百分比有所不同。各流域计算时年内时段可按如下方法划分：将天然情况下多年平均月径流量从小到大排序，前 6 个月为少水期，后 6 个月为多水期。

用 Tennant 法计算维持河道一定功能的生态环境需水量关键在于选取合理的流量百分比。不同的河流水系，其河道内生态环境功能不同，同一河流的不同河段也有差异，因此要根据实际情况选取合理的河流生态环境目标来确定流量百分比。在一些研究中，少水期通常选取多年平均流量的 10% ~20% 作为河道生态环境需水量，多水期选取多年平均流量

的30%～40%，但要根据各河流水系的实际情况而定。

对于特殊河流（河段），如泥沙含量较高或有国家级保护物种的河流（河段），维持河道一定功能的需水量应分单项计算，并对成果进行合理性分析检查。

（2）分项计算法

①生态基流

生态基流指为维持河床基本形态、防止河道断流、保持水体天然自净能力和避免河流水体生物群落遭到无法恢复的破坏而保留在河道中的最小水（流）量。经常使用的计算方法有如下三种：

方法一：10年最小月平均流量法。

计算式为

$$W_{Eb} = 365 \times 24 \times 3600 \times \frac{1}{10}\sum_{i=1}^{10} Q_{mi}$$

式中 W_{Eb} ——河道生态基流，m^3；

Q_{mi} ——最近10年中第i年最小月平均流量，m^3/s。

方法二：典型年最小月流量法。

选择满足河道一定功能、未断流，又未出现较大生态环境问题的某一年作为典型年，将典型年最小月平均流量或月径流量，作为满足年生态环境需水的平均流量或月平均径流量。典型年最小月流量法计算公式为

$$W_{Eb} = 365 \times 24 \times 3600 Q_{sm}$$

式中 Q_{sm} ——典型年最小月平均流量，m^3/s。

方法三：Q_{95}法，指将95%频率下的最小月平均径流量作为河道内生态基流。

②输沙需水量

河道输沙需水量指保持河道水流泥沙冲淤平衡所需水量，主要与河道上游来水来沙条件、泥沙颗粒组成、河流类型及河道形态等有关。对北方多沙河流而言，河道泥沙输送主要集中在汛期，汛期水流含沙量高，通常处于饱和输沙状态，因此可根据汛期输送单位泥沙所需的水量来计算输沙需水量。汛期输送单位泥沙所需的水量可近似用汛期多年平均含沙量的倒数来代替。输沙需水量可用下式计算

$$W_s = S_l \cdot \frac{1}{S_{cw}}$$

式中 W_s ——年输沙需水量，m^3；

S_l ——多年平均输沙量，kg；

S_{cw} ——多年平均汛期含沙量，kg/m^3。

基岩河床的河流或河床比降较大的山区河流，一般情况下水流处于非饱和输沙状态，可用多年最大月平均含沙量代表水流对泥沙的输送能力，输沙需水量计算式为

$$W_s = S_l \cdot \frac{1}{S_{cmax}}$$

式中 S_l ——多年平均输沙量，kg；

S_{cmax} ——多年最大月平均含沙量，kg/m^3。

有资料的河段，可根据模型计算水流挟沙力，由水流挟沙力和输沙量计算河道输沙需水量。

③水生生物需水量

水生生物需水量指维持河道内水生生物群落的稳定性和保护生物多样性所需要的水量。为保证河流系统水生生物及其栖息地处于良好状态，河道内需要保持一定的水量；对有国家级保护生物的河段，应充分保证其生长栖息地良好的水生态环境。水生生物需水量计算公式为

$$W_C = \sum_{i=1}^{12} \max(W_{Cij})$$

式中 W_C ——水生生物年需水量，m^3；

W_{Cij} ——第 i 月第 j 种生物需水量，m^3。

根据具体生物物种生活（生长）习性确定，资料缺乏地区，可按多年平均流量的百分比估算河道内水生生物的需水量，一般河流少水期可取多年平均径流量的 10% ~20%，多水期可取多年平均径流量的 20% ~30%，有国家级保护生物的河流（河段）可适当提高百分比。

河道内生态基流、输沙需水量和水生生物需水量分月取最大值（外包），得到维持河道一定功能的年需水量。

2. 河口生态环境需水量

河口生态环境需水量指防止咸潮上溯、维持河口生态系统平衡所需的水量，主要包括河口冲沙需水量、防潮压咸需水量、河口生物需水量。各需水量之间有一定重复，各计算单项需水量的最大值为河口生态环境需水量。

（1）河口冲沙需水量

河口冲沙需水量指为了保持河口泥沙冲淤平衡所需要的水量。冲沙需水量计算需分析历年入海水量的变化特点及河口生态环境、泥沙冲淤平衡状况，丰水年和平水年可利用汛期的排水及灌溉回归水冲沙，枯水年份需要保持一定的入海水量，满足河口冲沙的需要。河口泥沙受到河道水流与潮流的相互作用，水动力条件复杂，可用河口多年入海水量、含沙量、泥沙淤积量等进行估算。

（2）防潮压成需水量

防潮压咸需水量是为了避免咸潮上溯对河口地区生态环境和生活生产用水带来不利影响所需要的水量。对感潮河流，为防止潮水上溯，保持河口地区不受咸潮影响，必须保持河道一定的防潮压咸水量。有资料地区可根据河口流量与咸水位关系计算相应的入海压咸水量。无资料地区可以河口处多年平均月最大潮水位和设计潮水位来计算防潮压咸所需水量。

（3）河口生物需水量

河口生物需水量指为了保持河口良好的水生生物栖息条件所需要的水量。河口生物栖息地受河道水流和海洋潮流的共同影响，情况比较复杂。河口生物栖息地保护主要是维持河口入海水量与咸潮及泥沙的动态平衡，一般通过典型年入海水量的分析，确定其需水量。

第二节　黄河水资源配置策略及方案

一、黄河流域水资源配置历程和存在问题

20 世纪 80 年代，根据优先保证人民生活用水和国家重点工业建设用水，保证黄河下游输沙入海水量，水资源开发上中下游兼顾、统筹考虑等原则，黄委开展了黄河流域水资源开发利用规划工作，提出黄河流域水资源需求预测成果，并对地表水资源量进行了省(区) 间的分配。

黄河“87”分水方案的实施，为黄河水资源的开发利用提供了重要依据，对黄河水资源的合理利用及节约用水起到了积极的推动作用，是黄河取水许可证发放的主要依据。尤其是 20 世纪 90 年代以来，黄河下游断流日益严重，分水方案为黄河水资源的管理和调度，保证近几年下游不断流起到了不可替代的作用。但是自 1980 年以来，黄河流域水资源及其开发利用情况发生了巨大变化，需要对黄河水资源的配置进行调整。

随着西部大开发战略的实施和推进，黄河上中游地区经济社会发展迅速，对水资源的需求极其旺盛，城镇规模的不断扩大、能源化工基地的开发建设，使工业生活需水大幅增加，是未来需水增加最快的行业，也是导致流域缺水形势更加严峻的行业。同时，黄河宁夏南部山区、陕西北部、甘肃陇东地区，是黄河流域水资源极度匮乏、贫困人口最为集中的地区，也是全国农村饮水安全最为困难的地区之一，根据黄河水资源条件和南水北调西线一期工程，结合生态环境移民规划，在黄河黑山峡河段适当开发建设一定规模的生态灌区，对促进当地居民的饮水安全和脱贫致富，以及改善区域生态环境都有重要意义。因此，黄河水资源配置要统筹河道内外的用水要求，协调区域间、行业间的用水关系，合理利用当地水、外调水和再生水资源，保障重点地区的农村饮水安全、城镇供水安全、能源基地供水安全和粮食安全。

二、水资源配置的原则

水资源配置不仅为政府加强水资源的宏观调控提供依据，而且也要与目前的水资源管理紧密结合。根据黄河流域的实际情况和特点，并结合目前的实际管理状况，提出水资源配置的原则。

(一) 要以维持黄河健康生命和促进经济社会可持续发展为出发点

多年来，随着黄河流域国民经济用水量的增加，生态环境用水被挤占，入海水量逐年减少，造成黄河下游持续性断流，主河槽大量淤积，平滩过流能力减少，水污染加重，河口三角洲生态系统遭到破坏，已严重危及黄河的健康生命。同时，黄河流域经济社会发展要求以黄河水资源的可持续利用支撑经济社会的可持续发展。

(二) 要以 1987 年的黄河可供水量分配方案为基础

鉴于 1987 年以来黄河流域水资源量及开发利用情况的变化，本次水资源配置，以

1987 年黄河可供水量分配方案和 1998 年的《黄河可供水量年度分配及干流水量调度方案》为基础，以黄河水资源可利用量为前提，统筹考虑水资源量的变化，供需平衡分析成果，南水北调东、中、西线跨流域调水工程等因素，对黄河水资源进行配置。

(三) 要协调好生活、生产、生态用水的关系

生活用水必须优先保证，在此前提下，要以水资源的可持续利用支持工农业生产的发展，但是工农业生产发展的规模和水平要受到水资源量的制约，同时要促进工农业生产提高用水效率。因此，在水资源配置中要统筹兼顾，协调好生活、生产、生态用水的关系。

(四) 要上、中、下游统筹兼顾

黄河流域来水量主要集中在上游，兰州断面天然径流量占全河的62%，而黄河的用水主要集中在兰州以下及下游流域外地区，并且黄河需要一定的输沙入海水量，因此在黄河水资源配置中，应上、中、下游统筹兼顾，综合考虑。

(五) 要地表水、地下水统一配置

鉴于 20 世纪 80 年代以来黄河流域地下水开采量大量增加，部分地区地下水超采严重，因此在水资源配置中，充分考虑地表水和地下水的空间分布，按照地表水总量控制和地下水采补平衡的原则，统一考虑黄河地表水和流域浅层地下水资源的配置，严格限制并逐步削减地下水超采量，最终达到采补平衡，在地下水尚有潜力的地区，适当考虑增加地下水的开发利用。

(六) 要保证干支流主要断面维持一定的下泄水量

黄河的主要特点是水少沙多，水沙异源，来水大部分在上游，而用水主要在中下游。为了保持河道内一定的输沙水量和保障下游河段一定的用水要求，在黄河流域水资源配置中，干流主要断面如河口镇、龙门、花园口、利津以及主要支流的入黄口都要保证一定的流量和水量，并提出主要断面的水量控制指标。

三、特殊情况下水资源调配对策

(一) 特殊情况供需状况

特殊情况包括出现特殊枯水年和连续枯水段的情况，以及出现突发事件的情况。黄河流域 2030 年水平有西线有引汉方案特殊枯水年河道外缺水 146.4 亿 m^3，连续枯水段缺水 93.7 亿 m^3，分别是多年平均缺水的 5.5 倍和 3.5 倍，同时河道内生态环境用水缺水显著增加，对流域经济社会发展和生态环境都有较大影响。

(二) 特殊情况总体对策

特殊枯水年和连续枯水段，水资源量和可供水量比正常年景大幅减少，水资源调配的对策主要是：压缩需求、挖掘供水潜力、增强水资源应急调配能力和制定应急预案。

1. 压缩需求

在保证居民生活和重要行业部门正常合理需求的前提下，适当减少或暂时停止其他部分用户的供水，同时减少河道内生态环境用水，黄河流域在2030年水平有西线有引汉方案特殊枯水年入海水量减少到140.0亿m^3，相当于多年平均的66.2%，连续枯水段平均年入海水量减少到173.9亿m^3，相当于多年平均的82.3%。

2. 挖掘供水潜力

适当超采地下水和开采深层承压水；充分发挥龙羊峡等水库的多年调节作用，增大水库下泄水量，增加向枯水期补水，在特殊枯水年水库补水达到72.5亿m^3，连续枯水段年均水库补水12.2亿m^3；利用供水工程在紧急情况下可动用的水量，适当增加外区调入的水量；对于水质要求不高的用水部门，适当调整新鲜水和再生水的供水比例，增加再生水供水量以替代新鲜水的供水量等。

3. 增强水资源应急调配能力

推进城市和重要经济区双水源和多水源建设；加强水源地之间和供水系统之间的联网，便于进行联合调配；积极安排与建设应急储备水源。

4. 制定应急预案

制定特殊枯水年和连续枯水段等紧急情况下供水量分配方案和水量调度预案，以及重要水库与供水工程应急供水调度预案。

第三节　水资源可持续利用制度建设

制度建设是水资源综合规划的重要组成部分，是保障以水资源的可持续利用支撑经济社会可持续发展的重要措施。要在深化水利改革基础上，重点加强制度建设，逐步形成有利于合理开发、科学配置、高效利用和有效保护的水资源管理体制和机制。

一、建立健全流域与区域相结合的水资源管理体制

《中华人民共和国水法》规定，流域管理机构在所辖范围内行使法律、法规规定和国务院水行政主管部门授予的水资源管理和监督职责。贯彻实施《中华人民共和国水法》，应当对水资源实行统一管理，建立流域与区域相结合的水资源管理体制。

结合黄河流域水资源利用和管理的实际，进一步明确流域与行政区域的管理职责。建立分工负责、各方参与、民主协商、共同决策的流域议事决策机制和高效的执行机制，建立适应社会主义市场经济要求的集中统一、依法行政、具有权威的流域管理新体制，加强流域水资源统一配置、统一调度，在干流已经实施统一调度的基础上，抓紧实施主要支流的统一调度和管理工作。

加强流域机构对流域的统一管理，理顺管理体制，建立权威、高效、协调的流域统一管理体制，有效协调各部门、各省（区）间的关系，更好地解决黄河治理开发中的重大问题。加强行政区域内水资源综合管理，健全完善水资源管理和配套法规、规章，明确流域

管理机构与地方水行政主管部门的事权，各司其职、各负其责，以实现水资源评价、规划、配置、调度、节约、保护的综合管理，推进水务的统一管理。

二、完善取水许可和水资源费制度

按照《取水许可与水资源费征收管理条例》，严格执行申请受理、审查决定的管理程序，加强取用水的监督管理和行政执法。

加强流域建设项目水资源论证管理，除对建设项目实行水资源论证外，国民经济和社会发展规划、城市总体规划、区域发展规划、重大建设项目的布局、工业园区的建设规划、城镇化布局规划等宏观涉水规划，也要纳入水资源论证管理。

相应于取水许可制度实施范围，确定水资源费征收范围；建立水资源费调整机制，适时调整水资源费征收标准，对超计划或超定额取用水累进收取水资源费；完善水资源费征收管理制度，加大水资源费征收力度，加强水资源费征收使用的监督管理。

三、建立科学合理的水价形成机制

继续推进水价改革，对非农业用水合理调整供水价格，对农业用水实行终端水价，改革水费计收方法，逐步建立促进水资源高效利用的水价体系。

按照补偿成本、合理收益、优质优价、公平负担的原则，完善水价形成机制。建立反映水资源供求状况和紧缺程度的水价形成机制，逐步提高水利工程水价、城市供水水价，合理确定再生水中水水价。合理确定水资源费与终端水价关系，提高水费征收标准。做好污水处理费的征收，未开征污水处理费的地方，要限期开征；已开征的地方，要按照用水外部成本市场化的原则，逐步提高污水排污收费标准，运用经济手段推进污水处理市场化进程。

实行差别水价。对不同水源和不同类型用水实行差别水价，使水价管理走向科学化、规范化轨道。逐步推进水利工程供水两部制水价、城镇居民生活用水阶梯式计量水价、生产用水超定额超计划累进加价制度，缺水城市要实行高额累进加价，适当拉开高用水行业与其他行业用水的差价。同时，保证城镇低收入家庭和特殊困难群体的基本生活用水。黄河水源丰枯变化较大、用水矛盾突出，可在部分严重缺水地区实行丰枯水价的试点。

提高水费计收率。充分发挥价格杠杆在水需求调节、水资源配置和节约用水方面的作用。完善农业水费计收办法，推行到农户的终端水价制度。扩大水费征收范围，提高水费计收率。

四、建立和完善黄河流域水权转换制度

要研究和建立国家初始水权分配制度和水权转换制度，综合运用经济杠杆对用水结构进行合理调整；推进节约用水，提高水资源利用效率和效益；解决水资源供需矛盾，实现水资源的有效保护；增加投入，推进水资源合理开发利用。

黄河流域在初始水权分配和水权转换方面取得一定经验和初步成效，应在总结经验的基础上，进一步推进流域水权制度建设和水权转换制度建设，保障流域水资源的有序、合

理利用，促进水资源优化配置，提高水资源利用效率和效益。

五、完善水功能区管理制度

切实加强水资源保护，制定水功能区管理制度，核定水功能区纳污能力和总量，依法向有关地区主管部门提出限制排污的意见。

结合黄河流域实际情况，对已划定的水功能区进行复核、调整，核定水域纳污总量，制定黄河流域水功能区管理条例，制定分阶段控制方案，依法提出限排意见；划定地下水功能区，制定地下水保护规划，全面完成地下水超采区的划定工作，压缩地下水超采量，开展流域地下水保护试点工作。要科学划定和调整饮用水水源保护区，切实加强饮用水水源保护。

完善入河排污口的监督管理。将水功能区污染物控制总量分解到排污口，加强排污口的监督管理；新建、改建、扩建入河排污口要进行严格论证和审查，强化对主要河段的监控，坚决取缔饮用水水源保护区内的直接排污口。

完善取用水户退排水监督管理。依据国家排污标准和入河排污口的排污控制要求，合理制定取用水户退排水的监督管理控制标准。对取用水户退排水加强监督管理，严禁直接向河流排放超标工业污水，严禁利用渗坑向地下退排污水。

六、建立水资源循环利用体系的有关制度

发展循环经济，按照减量化、再利用、资源化的原则，逐步建立健全流域水资源循环利用体系，促进实现流域水资源健康循环和可持续利用。

根据流域水资源和水环境承载能力，按照优化开发、重点开发、限制开发和禁止开发的四类功能区域，合理调配经济结构，实现水资源开发利用的优化布局。

按照循环经济的发展模式，建立流域水资源循环利用体系的发展模式，逐步建立源水、供水、输水、用水、节水、排水、污水处理再利用的综合管理。

按照科学发展观和新时期治水思想的要求，切实转变治水观念和用水观念，以提高水资源利用效率和效益为核心，采取综合措施，依靠科技进步，提高节水水平。加大污水处理能力，增加再生水资源回用规模，推进水资源循环利用。

七、建立黄河水资源应急调度制度和黄河重大水污染事件应急调查处理制度

黄河流域水资源短缺，年内和年际分配不均，特枯水年和连续枯水段时有发生。应从流域水资源安全战略高度出发，建立与流域特大干旱、连续干旱以及紧急状态相适应的水资源调配和应急预案。建立旱情和紧急情况下的水量调度制度，建立健全应急管理体系，加强指挥信息系统，做好生态补水、调水工作，保证重点缺水地区、生态脆弱地区用水需求。推进城市水资源调度工作，开展水资源监控体系建设，完善黄河流域水资源管理系统建设，加强流域和区域水资源监控，提高水资源管理的科学化和定量化水平。

进一步健全抗旱工作体系，加强抗旱基础工作，组织研究和开展抗旱规划，建立抗旱

预案审批制度。继续推进抗旱系统建设，提高旱情监测、预报、预警和指挥决策能力，备足应急物资、专业救灾队伍，以应急需。

完善黄河重大水污染事件应急调查处理制度，进一步加强饮用水源地保护与管理，强化对主要河段排污的监管，完善重大水污染事件快速反应机制，提高处理突发事件的能力。

八、建立水资源战略储备制度

建立水资源战略储备制度是保障国家安全的需要，也是国家水资源安全保障体系的重要组成部分。全球气候变化和人类不合理开发活动已导致我国水资源时空分布不均问题更加突出，北方持续干旱现象更加严重，极端干旱事件的频发加剧了水资源供需的矛盾。面对新时期水资源短缺的严峻态势，在继续加强水资源开发利用和保护基础设施建设的同时，要尽快建立水资源战略储备制度，特别是要尽快建立城乡居民饮用水的应急备用水源制度。采用合理的水资源战略储备模式，包括水源结构的优化配置、高效节约和有效保护，其他水源的利用，战略储备水源的工程建设等，充分发挥水资源的综合效益，提高安全水平和保障能力。

第九章 黄河水利工程管理

第一节 水利工程管理组织建设

一、管理体制现状

集“修、防、管、营”四位于一体的传统管理体制与运行机制是计划经济的产物，曾经在黄河工程管理中发挥过积极的作用。然而，随着社会主义市场经济体制的建立，传统的管理模式因体制单一，机制僵化，缺乏生机与活力，难以适应市场经济发展的要求，深层次问题逐渐暴露，矛盾日益突出，已严重制约工程管理工作的开展。国家的经济体制改革已进入攻坚阶段，机构改革正如期进行，涉及黄河基层近两万人的工程管理队伍，尽快采取“管养分离”的管理运行模式，是国家机构改革的总体要求和发展的必然趋势。

（一）管理机构现状

黄委直接管理的工程（以下简称黄委直管工程）分别由黄河小北干流陕西河务局、山西河务局，陕西省、山西省及河南省三门峡市三门峡库区管理局，三门峡水利枢纽管理局、故县水利枢纽管理局，河南、山东黄河河务局（以下简称陕西局、山西局、陕西库区局、山西库区局、三门峡市库区局、三门峡枢纽局、故县枢纽局、河南局、山东局）等9个单位管理。其中陕西库区局、山西库区局、三门峡市库区局3个单位行政上隶属于地方管理，工程建设与管理由黄委投资。

（二）管理机构职责

黄河水利工程管理的水管单位一般均设有办公室、财务科、水政科、工务科（防汛办公室）等科室，河南局、山东局的水管单位还设有人劳科、服务处、经济办公室、通讯站、工会、纪检监察等科室以及闸管所、工程公司等部门。工程管理职能界定在工务科或防汛办公室。

以上水管单位主要担负黄河中下游及其主要支流渭河、沁河、大清河下游等的河道工程管理、防汛、水政水资源管理等任务。具体职责是：

负责《中华人民共和国水法》《中华人民共和国防洪法》《中华人民共和国河道管理条例》《中华人民共和国防汛条例》等法律、法规的贯彻实施。

协助有关部门编制黄河（包括其主要支流渭河、洛河、沁河等）的综合规划和有关专业规划。

拟订、编报黄河供水计划、水量分配方案，并负责监督管理；实施取水许可制度和水资源费征收制度。

依法进行水政监察和水行政执法，处理职权范围内的黄河水事纠纷，承办水行政诉讼事务。

依法统一管理、保护行政区域内各类黄河防洪工程和设施；协助建设单位做好黄河水利基本建设项目前期工作和建设与管理工作。

负责黄河防汛管理，组织编制防御黄河洪水方案，承担防汛抗旱指挥部黄河防汛的日常工作，协助地方政府对抢险、救灾等工作统一指导、统一调度，指导黄河滩区的安全建设。

负责黄河防洪工程的日常管理、维修养护。

制定黄河水利经济发展计划和经济调节措施；对水利资金的使用进行核算、调节与管理；指导、管理所属单位的经营工作；作为国有资产的代表者，负责国有资产保值增值的管理与监督；负责黄河水利和土地资源的开发规划与经济发展，并开展综合经营。

负责黄河水利治理开发的科技工作，组织黄河水利科学研究和技术推广，不断提高治黄工作科技含量。

（三）管理运行模式

1. 单位分级管理情况

黄河水利委员会是水利部在黄河流域的派出机构，履行黄河的治理规划、工程管理、防汛和水行政管理等职责。黄河水利工程管理实行统一领导，分级分段管理，逐步建立起黄委和省、市、县 4 级比较完善的管理机构。

山东局、陕西局、山西局的水管单位下设有河务段或工区，三个库区管理局下设有工程管理站，设置原则基本是按照行政区划，一个乡镇设置一个，直接从事工程维修养护工作。

2. 工程管理运行模式

陕西局、山西局、陕西库区局的工程管理运行模式是专管与群管相结合，由护堤（坝）专干和群众护堤（坝）员组成管理队伍，负责对工程及其附属工程进行养护和维修；山西库区局和三门峡市库区局所属各单位仍直接担负所辖工程的日常管理和维修养护任务，维修养护任务具体由各基层库区局组织工程管理站完成。

河南局、山东局承担着大部分黄委管理的工程（以下简称委管工程）的管理任务，其工程管理运行模式相近：

堤防（含险工）管理实行专管和群管相结合，即由在职职工组织乡村部分群众承担日常管理和维修养护任务。原则上堤防每 5 km 配备 1 名专职护堤干部，负责组织护堤员开展堤防管护工作，进行管理和技术指导；沿黄村队每 300 ~ 500 m 选派 1 名群众护堤员，吃住在堤，负责堤防日常管护工作。

河道管理、控导（护滩）工程管理方面实行专职专管。主要由在职职工承担日常管理和维修养护任务，实行班坝责任制，根据工程的长短分别确定由一个班或几个班负责维修养护，主要采取行政监督、检查、业务技术指导等措施开展管理工作。

二、管理体制改革

（一）管理体制改革的必要性

黄委直管工程多，管理任务重。长期以来，黄河水利工程在防洪减灾、水资源利用、改善生态环境和保障两岸社会经济发展等方面发挥了不可替代的基础作用。但在长期的计划经济体制下，黄河运行模式是专管与群管相结合，存在着体制不顺、机制不活、经费短缺等问题，严重影响了工程管理工作的开展和工程效益的发挥。这主要表现在以下几方面。

1. 管理体制与市场经济原则相背离

黄河基层水管单位在机构性质上，既是水行政主管部门又是水管单位，在工程管理方面，既是管理者又是维修养护者，水行政职能和繁重的管理及维修养护职能交织在一起，往往是既是监督者又是执行者，外部缺乏竞争压力，内部难以形成监督、激励机制。机构性质定位不明，单位内部政、事、企不分，无论在体制上还是在运行机制上都带有浓厚的计划经济色彩，随着我国社会主义市场经济体制的建立和改革的不断深入，这种管理体制和运行机制已不能适应新形势的要求，严重影响和制约了治黄事业的发展，必须进行改革。

在市场经济条件下，专管与群管相结合运行模式的条件与经济基础已不复存在，护堤员的报酬问题一直没有得到很好的解决，群管队伍已不稳定，专管与群管相结合的管理模式受到很大冲击。

2. 定性不明、测算不清，社会公益性事业得不到经费支撑

黄河防洪工程管理产生的是社会效益，是公益性事业，既然是公益性事业，就应该由政府投资。但长期以来由于国家对工程管理的投入一直维持在较低的水平，20 世纪 80 年代以前黄河防汛岁修经费约 3 400 万元，能够用于堤防管理的经费每公里不足 200 元，90 年代后增加到 8 000 多万元，但用于堤防管理的经费每公里只有 600 元。低水平的投入带来的是低效率的劳动，基层水管单位只好靠综合经营“以堤养堤”，其结果是不但颠倒了主副业的关系，削弱了对工程的管理，同时工程管理人员的收入也难以提高。

在经费的测算上，由于没有一套经国家认可的经费测算办法和定额，单位工程每年维修养护的工程量说不清，究竟需要多少管理经费说不清，尤其是不能依法说清，因此只能是国家拨付多少使用多少，工程管理经费长期靠单位收入来弥补，严重影响到了管理水平的提高。

按照公共财政改革的要求，政府的财政支出主要用于社会公益事业，水利作为社会公益事业，其经费主要应该由财政来负担。因此，水管单位需要正确定位，区分公益性和经营性，内部实行事、企分开，这样才能按照公共财政制度，畅通运行维护经费的来源渠道，使公益性支出得到合理补给。

3. 管理队伍难以适应现代化管理的需要

根据水利部提出的治水新思路，要想完成由传统水利向现代水利的转变，实现工程管理的现代化，现行管理队伍从思想观念、技术手段、知识水平、人员综合素质等方面远远不能适应。就基层水管队伍的现状而言，人员年龄老化，知识层次较低，结构不合理，技术人员所占比例偏低，很难适应黄河工程管理现代化的需要。

上述问题的长期存在，严重制约工程管理工作的正常开展，已影响到基层管理队伍的稳定。不改革就没有出路，不改革就不能生存。改革传统的管理体制，建立新的工程管理体制和运行机制，建立符合社会主义市场经济要求的黄河水利工程管理体制，有利于解决水管单位存在的管理体制不顺、运行机制不活、经费严重短缺等问题，是实现工程管理的良性运行、提高黄河工程管理现代化水平的迫切需要。

（二）管理体制改革的指导思想、目标及原则

1. 改革的指导思想

黄河水利委员会水管体制改革的指导思想是：依据《水利工程管理体制改革实施意见》，结合本单位实际，以“管养分离”为核心，组建专业化的维修养护队伍，建立适应社会主义市场经济要求的水利工程管理体制和运行机制。

2. 改革的目标

水管体制改革的总体目标是：按照精简、效能的原则，明确工程管理职能部门，组建专业化的工程维修养护队伍，强化工程管理，降低养护成本，保证工程安全，增强工程强度，提高工程效益，实现工程管理的可持续化发展，进一步提高黄河工程管理的现代化水平。

第一，建立职能清晰、权责明确的黄河水利工程管理体制。

第二，建立管理科学、经营规范的黄河水管单位运行机制。

第三，建立市场化、专业化和社会化的黄河水利工程维修养护队伍。

第四，建立规范化的资金投入、使用、管理与监督机制。

第五，建立较为完善的政策、法律支撑体系。

近期目标首先是完成水管单位“管养分离”的第一步，即完成体制转变。由护堤专干和群众护堤员组成的管理队伍转变为由职工直接管理的专业化管理队伍，实现机构、人员、经费三项分离。选择有条件的单位进行试点，实行事业单位企业化管理。然后是在水管单位内部进行合同化管理，全面实现水管单位内部管理方与维修方分离，完成改革的第二步。

远期目标是将工程维修养护业务从水管单位中彻底分离出来，独立或联合组建专业化养护企业，使水利工程的维修养护走上社会化、市场化和专业化的道路，初步建立起符合社会主义市场经济要求的黄河水利工程管理体制和运行机制。

3. 改革的实施原则

事、企分开，责权明确。界定“管”“养”双方的权利和责任，在水管单位内部建立有效的约束和激励机制，使管理责任、工作绩效和职工的切身利益紧密挂钩。

水管体制改革工作必须远近结合，正确处理近期目标与长远发展的关系，有利于水管单位的可持续发展。

委属水管单位体制改革是基层单位机构改革的重要组成部分，必须在机构改革的整体框架下进行。同步进行，同时完成。

正确处理改革、发展与稳定的关系。既要从各单位的实际出发，大胆探索，勇于创新，又要积极稳妥，充分考虑各方面的承受能力，合理确定“管养分离”的分步实施目标，确保改革顺利进行。

正确处理黄河水利工程的社会效益与经济效益的关系。既要确保黄河水利工程社会效益的充分发挥，又要引入市场竞争机制，降低水利工程的运行管理成本，提高管理水平和经济效益。

三、黄委水利工程管理职能

（一）宏观控制职能

工程管理工作是一个庞大的体系，要使其成为一个既各自权责分明、运转自如，又便于整体协调和统一指挥的严密完善的整体，需要统筹兼顾，宏观调控。针对黄河河道工程的实际情况和黄河河势、工情特点，制定工程管理工作总体规划，年度实施目标任务，实施目标管理责任制。实现有限资金的最佳安排、管理人员的最佳调配、设施和设备效益的最大限度发挥等，均须从微观入手、宏观考虑。

（二）协调组织职能

工程管理与设计、基建施工、财务计划、科教、水政、防汛、经营以及地方政府有关职能部门等方方面面有着密切联系，只有强化协调组织功能，才能发挥整体效应。

（三）指令监督职能

指令监督职能体现在：保证国家方针、政策、法令、法规以及上级主管部门的指示、规定的贯彻执行，目标任务、项目措施的制定、下达和落实，各种规章制度的制定、修订和颁发施行。

（四）科技管理职能

黄河河道管理工作目前仍采用较为传统和陈旧落后的管理方式，与现代管理的要求相差较远。现代管理是以科学管理（以美国泰罗为代表，法国法约尔、德国韦伯等著名管理学家完善补充所提出的管理阶段、管理理论和制度的总称）为基础，以电子计算机为手段，运用系统工程理论进行系统管理，广泛采用现代自然科学新成果、现代管理方法和手段；注重人才开发、培养及合理使用；重视行为科学的研究和应用，充分调动人的积极性，突出战略与决策问题；不断进行新的项目研究和技术改造，提高科学技术水平。为实现黄河河道技术管理现代化，必须加强河道工程科研管理、收集推广科研新成果及先进的管理经验、筹措科研经费、组织技术攻关等。

（五）服务职能

防洪工程管理是公益性事业，其性质就决定了它的服务性。搞好工程管理，确保防洪安全，服务于社会发展和国民经济建设；搞好工程管理，搞好灌溉放水，搞好放淤改土，搞好工程绿化建设，可以造福一方。

（六）主要任务

黄河防洪工程战线长，管理范围大，内容广泛，项目多。概括而论，工程管理的主要任务是对黄河河道保护范围内干支流堤防、河道整治工程、水闸及其他跨河穿堤建筑物、水库及分滞洪区等工程设施进行检查观测、修理维护、综合经营与管理运用，保持工程完整，提高工程强度，确保运用安全，发挥河道管理的综合效益。

第二节　黄河堤防隐患探测

由于下游大堤是在历史民埝的基础上培修而成的，存在诸多隐患，加上“地上悬河”和特定的沙性堤身堤基，给防洪安全构成了极大的威胁。因此，及时探测堤防隐患，为堤防加固和度汛防守提供依据，是十分必要的。

一、黄河堤防隐患及危害性

堤防隐患是指由于自然或人为等各种因素的作用与影响所造成的堤防裂缝裂隙、松散土体、软弱夹层、獾鼠洞穴等威胁堤防安全的险情因素。黄河堤防由于所形成的历史条件比较复杂，决定了堤防质量参差不齐，存在着“洞、缝、松”等特点。治黄历史表明，黄河决口除堤身高度不足所发生的少量漫溢决口和因河势顶冲造成的冲决外，多数是因为堤防存在隐患而造成的溃决。试验研究堤防隐患探测新技术，推广应用先进的探测仪器，快速、准确地探测判定堤身隐患是工程管理的重要任务。

堤身内部经常发生的隐患主要有裂缝（不均匀沉陷、干缩、龟裂、施工工段接头、新旧堤结合面等）、空洞（动物洞穴、天然洞穴）、人为洞穴（藏物洞、墓穴）、软弱夹层、植物腐烂形成的孔隙、堤内暗沟、废旧涵管等。

隐患探测技术从早期的人工普查、锥探、抽水洇堤等手段逐步引入物探的电法探测，取得良好效果，技术水平有了长足的进步和发展。

二、探测技术的方法

（一）人工锥探

锥探查找堤防隐患是黄河下游工程维修养护的重要内容，其技术发展历来受到河务部门的重视。早在清代就有“签堤”措施。每年春初，用长约 3 尺、上端安有木柄的铁签进行堤身签探，发现情况后“令兵夫刨挖录其根底”。这是历史上工程管理技术的一个创举。

人工锥探方法是由黄河修防工人在工作实践中创造的，它是了解堤身内部隐患的一种比较简单的钻探方法。

人工锥探时，从堤顶或堤坡锥入堤身内部。根据锥头的进入速度（阻力大小）、声音等，凭感觉判断是否存在隐患，如锥探过程遇到沙土、黏土、砖石、树根、空洞等均能凭经验判定。同时，还可以向锥孔内灌入细沙或泥浆，进行验证的同时，也对隐患进行了处理。虽然这种方法显得有些笨拙，但现在仍不失为一种简单易行而有效的方法。

1. 锥探工具主要是钢筋锥，选用碳素工具钢制成

直径 10 ~ 22 mm，长度比预计锥眼深度超出 1 ~ 1.2 m，锥身要顺直。锥深超过 8 m 以上用长锥或活节套丝锥。锥头须加工成三棱尖或四棱尖。锥头的长短、大小与锥身的粗细要相适应，过粗则眼大费力；过细则夹锥难下，感觉不灵。三棱尖适用于沙松土，下锥利，阻力小。锥尖长度可采用锥直径的 1.2 倍。四棱尖适用于黏硬土，不夹锥。锥尖长度可采用锥直径的 1.3 ~ 1.5 倍。钳夹是用以钳紧锥身，便于锥工操作，提高工效。锥架用以稳定锥身，防止摆动。锥身长度超过 8 m 以上的，必须使用锥架。

2. 锥探准备及场地布置在锥探前

首先对被锥探堤段进行勘察、测量，结合调查访问，查找历史资料，了解堤身情况，以确定锥探范围、深度、工作程序等。如利用灌浆或灌沙判断隐患，应对土沙料进行选择，并按照各堤段锥眼数目计算使用量，运储在适当地点。如系沙料，存储时还应注意防潮。锥探现场应设临时维修站，以及时修理锥身和锥头。锥眼排列，一般纵距（顺堤方向）0.5 m、横距 1 m，排成梅花形，如发现隐患还应加密。锥探深度要超过临背河堤脚连线以下 1 m。如果是几个锥眼同时锥探，要相隔一定距离，以免相互影响。遇有坚硬表土或黏土，可在锥眼部位浇少量水，润湿表土，以利下锥。

3. 锥探方法锥探时 4 人扶锥，动作要协调一致

开始将锥提高，照准定位，垂直猛击进入地面，入土深 70 cm 后，高提下打，一次进锥以 30 ~ 50 cm 为宜，过深感觉不灵。在打够深度后拔锥时，即高提猛举，当锥头快要拔出地面时，要轻拔，防止锥杆伤人。不同土质的打法也不相同：①沙松土可用连续下压法；②一般土可用高提深压的打法；③硬土层如系硬淤可用旋转打法。如系堤面硬土或硬板沙可用小提小打法。地面 1 m 以下的硬层，如较薄者，可用高提猛打法。如遇最硬土层，人力打不进或是拔不出锥时，可用钳夹打拔，或顺锥浇少量水。拔锥时，一般松土浅锥可用单手大拔，硬土深锥可用双手小拔。无论采用什么拔法，在拔锥时，4 人要握紧锥杆，防止回锥。

4. 隐患鉴别凭操作者感觉发现隐患

锥工打锥时要集中精力仔细辨别虚实情况，以免漏掉隐患。虚土下锥感觉轻松；腐烂木料虽松软但微发涩；遇洞穴、裂缝下锥感觉空虚，锥身有闪动；遇砖石则发声不下。锥探后要灌注锥眼，目的是：①灌实锥孔，不使堤身内留下锥孔而产生新的隐患；②以注入沙或泥浆量的多少判断洞穴、裂缝等隐患是否存在。

采取人工锥探方法时，一般应注意以下几点：①锥探时应保持锥孔垂直，并达到需要的深度；②为便于进行灌浆处理，应保持锥孔畅通，灌浆前可先用草或树枝塞住孔口；③锥探时如发现堤内有异常情况，应插上明显标志，并做好记录，以便进一步追查和处理。

（二）抽水洇堤

抽水洇堤的基本方法是在堤顶开挖纵向沟槽，槽底锥孔灌水，据渗水、漏水情况，分析判断堤身隐患，然后进行开挖翻修处理。

三、堤防隐患电法探测

电法隐患探测是地球物理勘探的一种方法。它是根据地下岩土在电学性质上的差异，借助一定的仪器装置，量测其电学参数，通过分析研究岩土电学性质的变化规律，结合有关堤身土壤资料，推断堤身内部隐患存在情况的。目前，国内采用地球物理勘探技术探测堤防隐患的方法主要有直流电阻率法（即平常所说的电法）、自然电场法、瞬变电磁法、放射性同位素示踪法、瞬态面波法、地质雷达法等。对不同的隐患，上述方法各有利弊。电法是目前

探测黄河堤防隐患的主要方法。电法中的直流电阻率法对探测堤身横向裂缝、空洞、松散不均匀体效果较好。充电法、自然电场法、激发极化法对探测渗漏通道、管涌效果较好。电磁波法可分为瞬变电磁法和脉冲地质雷达法。瞬变电磁法是根据二次场的衰变特性来确定堤防隐患性质。目前，瞬变电磁法可以探测裂缝、空洞、松散不均匀体（老口门软弱基础）。脉冲地质雷达在沙性土中探测深度较浅，对浅部空洞、松散不均匀体、老口门等杂物反应明显；瞬态面波法是根据弹性波在不均匀介质中传波的频散特性求出堤身介质的横波速度，根据横波速度与剪切模量的关系，确定堤身强度及软弱层分布。目前，堤防隐患探测主要是利用电法探测堤身隐患，这种方法简单易学、直观，图像反映解释容易，实用性强，通过较短时间的培训就能掌握，且仪器价格较便宜，经济快速，便于推广应用。瞬变电磁法目前普及率较低，只有少数单位在应用，它需要探测人员具有一定的电磁波理论基础及相关知识。探测时采用了不接地回线，可以连续进行，探测速度较快，资料解释相对较难，非专业人员很难胜任该项工作。脉冲地质雷达在探测浅部洞穴和松散不均匀体时效果较好，但对单一的裂缝隐患不明显。

总之，电法探测隐患具有经济、快速、成本低的特点。因此，可利用电法进行快速普查，确定隐患位置和埋深。如果需进一步查清隐患性质时，可利用高密度电法结合其他方法进行详查，在较短的时间内，达到快速探测隐患的目的。

（一）ZDT－Ⅰ型智能堤坝隐患探测仪

ZDT－Ⅰ型智能堤坝隐患探测仪（是山东局在对多年应用电法探测堤防隐患技术进行研究总结的基础上，结合电子、计算机技术，完善、提高常规电法仪器的功能和技术指标，研制成功的集单片计算机、发射机、接收机和多电极切换器于一体的高性能、多功能的新一代智能堤防隐患探测仪器。该仪器可现场打印测量结果，不仅可广泛应用于江河水库堤坝工程质量的普查及其隐患和漏水探测，还可用于铁路、桥梁、建筑物地基探测和找水、探矿等工作中，具有显著的社会效益、经济效益和广阔的应用前景。

通过在东平湖围坝、长垣临黄堤、武陟沁河新左堤等多处野外探测试验，表明该仪器

工作稳定可靠，实用性强，能够适应堤防隐患探测的特点和技术要求。

（二）恒流电场法探测堤坝漏水

1. 测量原理

利用坝体相对于漏水通道为高阻体，而漏水通道为相对低阻体的特点，在可疑范围内建立人工电场，则电力线在漏水通道这个低阻体内及其附近相对密集，改变了场强的正常分布，其异常会在电场作用下从地表或水面上以电位变化的形式反映出来。选择适当的布极方式和位置测量电位差，就能观测到这种高、低阻体的差异引起的电位变化，变化相对最大的地方即是漏水的位置。

2. 技术要点

（1）建立恒流电场

用该方法探测堤坝漏水时，测量的是人工电场的电位变化，而这种电位变化是漏水异常改变了电场分布所造成的，漏水通道与被水饱和的坝体之间存在介质差异，但这种差异一般很小，所引起的电位变化也很小。如果用于建立人工电场的电流不是恒定的，则电流的少许变化而引起的电位变化就会掩盖介质差异所造成的电位变化。

（2）仪器需有高灵敏度和高分辨率

由于漏水异常引起的电位变化往往是微弱的，一般在几十到几百微伏之间，所以除恒流供电以外，还要求测量仪器具有很高的灵敏度和分辨率，特别是分辨率至少要达到 10 μV，否则观测不到小的信号变化。

（3）仪器需具有扫描测量（连续性）功能

由于用该方法测量时是将电极在水中移动，对测点进行连续扫描观测，所以要求仪器具有扫描测量功能。

ZDT－Ⅰ型智能堤坝隐患探测仪具有恒流发生控制电路，可建立恒定探测电场；信号接收电路有很高的灵敏度、精度和分辨率（分辨率达 1 μV），且具有用扫描方式测量电位的功能，为进一步试验研究用恒流电场法探测堤坝漏水提供了新的手段。

3. 测量方法

在漏水区域合理布设电极，布极方式大体分为两种：其一是固定测量电极，供电电极在水中移动；其二是固定供电电极，测量电极在水中移动。要根据地形、地物等条件确定电极的布设方式及位置。先在水面上移动电极，当电极处于漏洞进水口上方时，仪器屏幕显示异常电位的数值（也可同时显示曲线），这样即确定了漏洞口的水平位置；接着将电极从水面向纵深移动，当电极移到漏洞口时，电位异常值的绝对值最大。如此，便找到了漏洞进水口。

4. 试验效果

为了验证这一方法，先是在济南市历城泺区围堰探测排水管（铁质）位置，当电极离开排水管进口移动时仪器读数没有突变，屏幕显示曲线平滑；当电极处于排水管进口时仪器读数出现约 50% 的突变，曲线显示负向凸峰。而后又在济南市槐荫区围堰埋设了一根直径为 5 cm 的硬塑料管模拟漏洞进行探测，当电极处于漏洞进口时，仪器读数出现约 40%

的突变，曲线显示正向凸峰。表明试验效果明显。

（三）堤防隐患漏洞电子探测仪

1. 结构原理

电子探测仪是由发送器产生一交流电磁信号（500 Hz），接收器接收堤防微弱电磁信号（500 Hz），由电子探头、电表、耳机和电池盒组成。利用水作为通电导体，在其周围产生磁场的基本原理设计。因此适用于漏洞险情的探测。

2. 操作方法

（1）电子探测仪发送器接线方法

将输出正端放在临河水中，负端接到堤防背河堤外入地；输出正端接到背河出水口，负端接到临河堤坡入地；输出正端接到临河水中，负端在背河堤脚布线，使发送器输出信号构成闭合回路，产生信号电流。

（2）接收器的操作方法

①“峰”点探测法：将探头放在90°定位，探头与探杆成90°，探头自然下垂，顺堤探测，声音最大点即为“峰”点，正下方即为漏洞位置；②“哑”点探测法：将探头搬至0°定位，探头与探杆夹角为0°，探头自然下垂，手提探头，沿堤按一定方向探测，在耳机中声音最小处为“哑”点，正下方即为漏洞或隐患位置，“哑”点探测法是在“峰”点探测法的基础上进行的，这种方法能更准确地确定漏洞位置；③方向探测法：当探测到堤防漏洞位置后，用手转动一下探头方向，会发现探头转动时，声音大小变化，声音最小时探头垂直位置即为漏洞方向；④漏洞深度探测方法：将探头定位于45°，探杆自然下垂，沿漏洞置中心点向左右移动探头，可得到两个声音最小点，漏洞中心到其中一“哑”点的位置即为漏洞深度。

（四）HGH－Ⅲ堤防隐患探测系统

1. HGH－Ⅲ堤防隐患探测系统的技术特点

（1）多功能

HGH－Ⅲ堤防隐患探测系统是集高密度电阻率剖面成像系统、高密度自然电位测量系统、高密度充电电位探测系统以及双频高密度激电成像系统于一体的智能化综合电测站。高密度电阻率成像系统具有单极—单极、单极—偶极、偶极—偶极、温纳和施卢姆贝格尔等装置的测量功能；高密度自然电位和充电电位测量系统具有电位和梯度测量功能；高密度激电系统主要采用频散率进行成像测量。

（2）一体化

计算机与采集主板一体化设计，实现了高速采集、快速处理、实时显示、网络通信、可视化操作等。实现了电极转换开关与电缆一体化（电极转换开关盒本身是电缆的组成部分）设计，减少了设备重量和连接次数，野外作业非常方便。

（3）实时性

实时采集，实时处理，实时通信。使得数据采集实现了实时显示电阻率色谱图，可以形象、直观地给出电结构图像形态，便于实时分析判断堤防隐患；通过无线和有线网络通信，实现野外实测资料的实时传输，为汛期抢险决策提供技术支持。

（4）自动选址

分布式电极转换开关采用无固定地址编码技术，实现电极转换开关随意连接，仪器自动为电极串编码，使得电极转换按程序设定的装置模式、极距和步长自动、有序地转接，从而实现自动寻址。

（5）智能供电

高压供电电源是将仪器统一使用的12 V电瓶通过DC/DC变换器逆变成400 VPP的高压直流电，针对实测样值来实时调整供电电源的输出：在接地电阻高的场地，使用高电压、低电流输出；在接地电阻低的场地，使用低电压、大电流的供电模式。在电源功率没有变化的情况下，可得到非常好的效果，使仪器的供电方式智能化。

2. 现场探测试验

为了检验仪器性能及探测能力是否满足堤防隐患探测的要求，对堤防工程不同种类隐患（洞、缝、松）分别进行了现场试验。

（1）洞穴探测试验

黄河大堤花园口段有一穿堤涵管，直径约1 m，埋深8 m，探测试验采用2 m点距，64根电极，斯龙贝格装置电极隔离系数从1～24，穿堤涵管引起的电阻率异常明显。

（2）裂缝探测试验

在黄河大堤进行裂缝隐患实地探测试验，点距离1 m，电极隔离系数1～20，采用单极—偶极（三极）装置。实测电阻率剖面，有一高阻条，为裂缝异常特征，该裂缝呈直立状，顶部埋深1.6 m。

（3）松散软弱体探测试验

黄河九堡老口门段，堤身是1843年决口后人工填筑而成的。根据有关资料和钻孔揭露，堤身自上而下主要分三层，第一层为堤身填土，人工修筑，厚度7～13 m；第二层为老口门填土，填土中含有秸秆等杂物，厚度3～35 m；第三层为大堤基底，中砂层为主，局部夹有薄层黏土。探测试验采用单极—偶极装置，图中低阻异常为大堤软弱部位。

据实测频散曲线和近似分层算法，把地层等分为N层，每层厚度置为2 m，计算出每个厚度内的面波速 v_r，然后根据不同测点、不同深度的数据绘出色谱图或等值线图，可直观表现大堤各层强度相对变化。从图中看出，剖面自上而下大致可分三层，分别对应堤身填土、老口门填土、大堤基底。表层波速变化区间较大，表明其强度分布不均，中间部位面波 v_r <130 m/s，表明强度较小，剖面中部低速层（即软弱层）较厚，与口门分布位置、形态一致。

四、电法探测技术的推广

（一）技术路线

比选国内先进的堤防隐患新技术与仪器，确定选型仪器，加强应用研究与仪器改进，促进探测工作规范化，按照先重点险工险段、后一般堤段的原则，先普查后详测，确实查清黄河堤身的隐患状况。

首先调研选择仪器，通过试验研究，改进所选定仪器，应用于生产；进而制定探测管理办法，规范探测工作；再将现有设防大堤全部探测一遍，对发现的重大异常点（段）进行详测，并结合堤防加高加固工程建设，优先安排进行除险加固，提高堤防的实际抗御洪水能力。

1. 具体做法

首先制定工作计划，进行参选仪器对比试验。在调研比选国内探测仪器的基础上，选取先进的适宜黄河堤防探测的仪器。同时培训队伍，为推广了解仪器性能积累工作经验。在该阶段主要采取实地比测、灌浆验证、复测、开挖验证等措施，并开展 20 km 的生产性推广。

第二步是根据试验发现的问题，提出仪器改进意见，对选定的仪器进行改进完善。同时制定管理办法，规范探测工作。

第三阶段是推广实施阶段。对黄河下游堤防普遍进行一次探测，全面了解下游堤防质量状况，建立堤防技术档案，为堤防除险加固和工程管理提供依据。

2. 工作组织

为使堤防隐患探测技术推广工作扎实有效，成立了由黄委牵头，黄委科教外事局、规划计划局、财务局以及河南局、山东局、黄委设计院物探总队共同参加的应用试验推广领导小组，黄委河务局和河南局、山东局、各地（市）河务局、县（区）河务局的技术人员组成了项目工作组，将各阶段工作任务分解到人，明确职责，使试验推广按照预定计划逐步实施。

（二）保障措施

1. 技术保障

（1）技术先进优势

堤防隐患探测技术是黄委在“八五”期间的科技攻关成果，该成果经验收认为是国际领先水平，经过不断完善，技术水平得到新的提高。

（2）人才优势

由一批事业心强、专业技术水平较高的人员组成项目工作组。同时黄委设计院物探总队、山东河务局科技处仪器研制人员熟悉黄河堤防情况，直接参加推广应用，便于工作协调和对基层人员的培训提高。

（3）仪器先进优势

推广所选用的仪器无论是功能还是性能都处于目前国内领先水平。国家防汛办公室组织全国 20 多家单位进行的实地探测对比，黄委探测技术和仪器被专家评选为第一。

2. 质量保证措施

在探测过程中，制定了严格的质量保证措施，包括测量精度保证措施和探测精度保证措施。

（1）测量精度方面

规定测线丈量定位使用测绳。每公里以起始公里桩作为零点开始量测，到下一公里桩结束，记下测绳测的实际长度，并在百米桩处记下测绳的距离，以便今后使用其他物探方法探测时，保证测线测段位置相同。选择大堤永久固定的桩号（公里桩、百米桩）作为定位依据，以便堤防加固处理与制订防守预案具有针对性和准确性；在制定堤防工程建设规划时，也便于与其他资料进行综合比较。

（2）探测精度方面

在实施探测工作前，要对所使用的探测仪器进行一致性试验，一致性良好，方可投入使用。接地条件不良时，增大供电电压，重复观测，若读数不稳就改善接地条件，直到读数稳定可靠为止。当读数突然增大或减小时，要重复观测，并且不定时进行漏电检查。每天探测结束后，将当天测得的数据通过仪器配置的RS232接口与计算机连接，回放到计算机，并把电阻率值合并，发现问题及时进行重复探测。野外工作始终进行跟班检查，以确保探测质量。

五、电法探测经济效益分析

黄河堤防隐患探测能及时探测掌握堤防质量状况，发现处理堤身各种隐患。根据堤身土质好坏、隐患分布等因素，及时制订防守预案，有目的地储备防汛料物。对汛期堤防可能出现的各种险情，及时判定，及时抢护，保障防洪安全，确保国家和人民群众生命财产不受损失，对于促进国民经济的持续发展具有重要意义，其社会效益是巨大的，所带来的经济价值无法估量。

近年来，防洪基建加固处理堤防险点隐患的依据多为历史老口门潭坑、渗水段和堤防塌陷、滑坡、裂缝等外部隐患，内部隐患不能及时探明处理，缺乏科学依据。堤防隐患探测为堤防除险加固提供了科学依据，更具针对性，避免造成人力、物力、财力浪费，使有限的资金用于工程最薄弱的环节，达到事半功倍的效果，创造了较大的经济效益。从几年的推广应用和开挖验证结果可以看出，电法堤防隐患探测新技术探测堤防隐患具有技术先进、操作便利、实用性好、探测效率高、不破坏堤防等优点，可较准确地探测出裂缝、洞穴、松散土层等堤坝隐患的部位、性质、走向、发育状况和埋藏深度，同时在堤防总体质量探测分析、堤防渗水段探测分析等方面也取得了较好的应用效果。电法探测隐患经济、快速，成本较低。

六、利用灰色理论综合判断堤防隐患

第一步：构造样本矩阵。

第二步：确定各指标极性，并进行等极性变换。

第三步：确定各指标的类别界限。由于各指标的含义不同，量纲也不同，故不能确定同一界限，而应根据指标的意义，参考各指标数据的分布特征，确定各指标、各灰类界限值。

第四步：构造各指标的白化权函数及权系数计算公式。

第五步：赋予各指标权重。

第六步：计算综合权系数矩阵。

第七步：判断各样点所属灰类，并画三角坐标图。

第八步：根据综合权系数向量评分分值（百分制）。计算公式为

$$f(i) = (0.5 \times f_{i1} + 0.3 \times f_{i2} + 0.2 \times f_{i3}) \times 200$$

依据分值大小，将评估对象排序。

七、黄河堤防隐患探测工作述评

多年来，在堤防隐患探测新技术推广应用方面分阶段、有计划、有步骤地开展工作，技术得到了完善，仪器得到了改进，在黄河及国内其他江河的推广应用中取得一定成效。

（一）主要经验

指导思想正确，措施得力，责任明确，针对性强，有计划、有步骤地开展工作，这是取得推广应用工作成效的前提。

调研选择了国内外先进的堤防隐患探测新技术，制订了定堤段、定测线、对比测试验证，而后选定技术与仪器用于黄河堤防隐患探测的方案，方法客观合理，实用效果好。

通过制定实施《黄河堤防工程隐患电法探测管理办法》，培训了一批技术人员，针对不同情况，提出不同的要求，在堤防工程隐患探测制度化、规范化上是首创，对于促进探测新技术的发展势必起到指导与推动作用。

通过在黄河与国内其他江河堤防上大规模地推广应用探测新技术，检测了大堤内在质量，对于探测到的险点隐患进行分类排序，提高了干部职工及堤防管理人员的思想认识，不仅对更广泛地推动探测新技术有重大作用，而且对堤防加固和汛期防守有重要指导作用。

新技术推广应用离不开生产，科研必须以生产为依托，项目组集科研、管理、生产为一体，着力于新技术转化为生产力，这是取得工作成效的一个重要方面，并为其他科研成果转化为生产力开创了范例。

（二）存在的主要问题

1. 培训工作有待加强

引进推广新技术后，及时制定印发了《黄河堤防工程隐患电法探测管理办法》，并组织了地市县河务局探测人员的技术培训。但由于防洪基建任务重，主要业务技术人员培训较少，外业探测与内业资料分析的技术力量显得较薄弱。

2. 特定的计划管理体制，决定了落后的组织方式

防汛岁修经费不能下达企业管理单位，只能用于基层河务部门，因而不能采用招投标方式，选用相对稳定的专业队伍来实施探测；由市县河务局各负其责，但技术力量薄弱，部分探测人员对探测技术要领还没有真正掌握，探测资料分析整理不够规范，异常点（段）的判定存在差别，缺乏应有的深度，影响探测和资料分析的质量。

3. 普遍存在的重开发轻生产现象，影响了推广应用

以往黄委的科研项目比较多，但真正能应用于生产的比较少，科研与生产脱节。这种思想的普遍存在，使得不少同志对堤防探测技术的效果抱有疑虑，在落实经费、配备仪器、选调人员等工作上出现不少这样那样的问题，对堤防隐患探测的推广范围和运用效果产生了不利影响。

（三）解决途径

在思想认识上进一步重视堤防隐患探测工作，加强探测队伍培训。随着大规模的堤防工程建设竣工，提高堤防内在质量是各级工程管理人员面临的重要课题，近期加固堤防施工发现不少洞缝隐患的情况即证明了这一点。为此，需提高思想认识。探测堤防隐患，加固处理险点是一项长期任务，需要加强探测队伍培训，培养一批技术过硬、操作熟练的探测技术人员，为堤防加固和汛期防守做好前期准备工作。

建立新的堤防探测运行管理模式。为满足黄河堤防工程长期安全运行要求，需要建立适应市场经济运行的现代管理机制，实行探测队伍专业化、管理方式物业化，探测任务按项目划分标段，实行招投标管理，以改变内部任务内部干，技术力量薄弱，探测资料分析较粗放的状况。

注重新技术开发与引进，继续搞好堤防隐患探测新技术推广应用。推广应用堤防隐患探测新技术是工程管理的一项重要工作内容，是反映管理工作技术含量与水平的一个标志，必须引起管理部门人员思想上的高度重视，注意与科研单位、生产一线的同志积极配合，继续完善提高探测技术水平。

第三节　河道整治工程根石探测

河道整治工程是黄河工程管理的重要组成部分。现阶段所进行的整治是指通过修建一系列由坝、垛、护岸组成的险工和控导工程，强化河床边界条件，使变化剧烈的散乱河势得到一定程度的归顺和控制。险工已有 2000 年的历史，它依附大堤，具有控导河势和保护大堤之功能。控导工程修建在滩地前沿，具有控导河势和保护滩地的作用。控导工程从 1950 年开始修建，20 世纪 50 年代整治了弯曲性河道，1966—1974 年重点整治了过渡性河道，1973 年以后重点整治高村以上游荡性河段，这些工程起到了控导河势的作用。通过几十年的河道整治实践，陶城铺以下弯曲性河段的河势已得到了控制；陶城铺至高村的过渡性河段基本成为曲直相间的微弯河型，河势基本稳定；高村以上游荡性河段局部河势也得到初步控制，主溜摆动范围明显减小，“横河”的发生概率有所降低，有效地防止了塌滩、塌村，提高了引黄取水的保证率。

一、河道整治工程结构

（一）土石工程结构

现有黄河下游河道整治工程，通常采用土坝基外围裹护防冲材料的形式，一般分为坝基、护坡、护根三部分。坝基，即丁坝的土坝体，一般用沙壤土填筑，有条件时外围包一层0.5～1 m厚的黏土以防水流冲蚀坝基。护坡用块石抛筑，由于块石铺放方式不同，可分为散石、扣石和砌石三种。护根一般用块石、柳石枕、铅丝石笼等抛筑。由于施工条件的不同，又分为旱工和水工两种结构。旱工结构系在旱滩上先修土坝基，在外围挖槽抛放大块石、柳石枕或铅丝笼进行坝垛根基保护，然后再抛块石护坡。水工结构是在水中修筑坝垛工程，当水流较缓，流速小于0.5 m/s时，可直接往水中倒土进占并及时在坝基上游面一侧抛枕、抛石防冲；当流速大于0.5 m/s时，则需在坝的上游面采用柳石搂厢进占，每占即每段长度5～40 m，占体下游侧可跟进倒土填筑坝基，每占迎水面抛枕、抛石防止倾覆，巩固基础。如此逐占前进，直至设计长度。

由于黄河为沙质河床，易冲易淤，冲淤变幅大，因此无论采用哪种结构或施工方法，工程都不可能一次施工到最大冲刷深度和稳定坡度，工程靠河着溜后，基础将受冲刷而下蛰变形，这时需及时下料抢护，抢险料物常用秸柳、石料等。黄河上有“固坝固根、不抢不固”的经验，即每个坝岸要经过数次抢大险，待根石达到一定深度后，基础才能稳固，但每过几年仍需抛部分石料，对根石进行加固，否则由于根石坡度变陡，不能满足工程稳定要求，在水流的冲击下，工程有塌陷或滑塌的危险。

柳石结构是治黄沿袭保留下来的结构，不但有一套成熟、完善的施工技术及操作规程，而且具有很强的生命力。具体表现在：①结构简单，施工方便，施工技术及施工工艺要求不高，施工质量易满足设计要求；②就地取材，便于施工与抢险，见效快，不需要特别的机械设备；③施工力量强大，广大治黄职工及许多沿黄群众都有比较丰富的施工经验；④新修工程一次性投资少。

河道整治工程作为一种永久性防洪工程，就需要抗冲、少险，需要便于管理，但传统结构的整治工程存在着许多缺陷，主要表现在：①受施工条件限制，工程基础不能一次性施工到设计稳定深度，经常出险，防守被动；②施工所用柳料耐久性差，工程寿命短；③根石易走失，防洪负担重，抢护维修费用高；④施工所用柳料受人为因素和季节影响大，干扰因素多，易影响施工进度；⑤工程修建需要砍伐大量的树木，不利于保护生态环境。

（二）新型坝垛结构

为了减少传统结构因基础浅所造成的抢险被动局面，黄委广大科技人员在黄河下游坝垛修筑及老工程改建中大胆引进和采用新技术、新结构、新工艺、新材料，并进行了许多有益的研究和探索。其中，一些成果或阶段成果已经在坝垛工程建设实践中得到了推广应用。

提高黄河下游新修坝垛抗御洪水的能力，其解决办法有两种：一是深基做坝，即根据坝垛在运行过程中可能遇到洪水的冲击情况，从理论上计算求出坝垛在抗洪过程中可能出现的最大水深和水流对坝垛的最大冲击强度，进而在坝垛设计和施工时，将坝垛基础做到设计最大冲刷坑深度以下的稳定深度，并将坝垛迎水面裹护体做成抗水流冲击而不被水流掀动的结构；二是沉排护底坝。在抗洪过程中，坝垛前之所以能形成危及坝垛基础安全的冲刷坑，一方面是洪水对工程及其基础强烈冲击作用所致，另一方面坝垛修在可动性大、抗冲蚀能力很小的沙土软基上，为坝前冲刷坑的形成提供了可行条件。护底沉排的作用就是在坝垛底部受水流冲刷部位，按最大冲刷深度预先铺放一定宽度的护底材料，让这些材料随冲刷坑的发展逐步下沉，自行调整坡度，达到护底、护脚，防止淘刷河床，也可逼使冲刷坑外移，从而使河床冲刷坑不能对坝基安全构成威胁，不能造成坝垛基础根石下蛰走失，从而达到坝垛不出险或少出险的目的。

二、河道整治工程根石探测的重要性

现有坝垛护岸多为旱地或浅水条件下修建，或虽经抢护，但基础仍较浅。土坝体、护坡的稳定依赖于护根（根石）的稳定。根石是坝、垛、护岸最重要的组成部分，也是用料最多、占用投资最大的部位，它是在丁坝、垛、护岸运用期间经过若干次抢险而逐步形成的，只有经数次不利水流条件的冲淘抢护，才能达到相对稳定。因此，及时掌握根石的深度及相应的坡度，并做好防汛抢险的料物等准备，才能减少抢险被动，保证工程安全。根石深度，黄河河工谚语有“够不够，三丈六”的经验说法。据实测资料分析，当根石深度达到11～15 m，坡度达到1∶1.3～1∶1.5时才能基本稳定。根石完整是丁坝稳定最重要的条件，及时发现根石变动的部位、数量，采取预防和补充措施，防止出现工程破坏，对防洪安全具有重要意义。

长期以来，河道整治工程根石监测与探测技术一直是困扰黄河防洪安全的重大难题之一，解决水下根石监测、探测技术问题，及时掌握根石的分布情况与稳定状况，对减少河道整治工程出险、保证防洪安全至关重要。几十年来，水下根石状况完全靠人工探摸估算。人工探摸范围小、劳动强度大、速度慢、难度大，探摸人员水上作业还有一定的危险性，难以满足防洪保安全的要求。

三、常规探测技术方法

（一）探测方法

目前，在黄河上采用的常规探测方法均是采取直接接触及凭借操作者的经验判断水下工程基础情况的方法。

1. 探水杆探测法

由探测人员在岸边直接用6～8 m标有刻度的竹制长杆探测。

2. 铅鱼探测法

在船上放置铅鱼至水下，用系在铅鱼上标有尺度的绳索测量根石的深度。

3. 人工锥探法（或称锥探法）

在船上用一定长度的钢锥直接触及根石，遇到淤泥层时数人打锥杆穿过淤泥层直至根石，并测量深度。

4. 活动式电动探测根石机

它是模仿人工探测根石的提升、下压、脉冲进给的工作原理设计的。该机采用双驱动的两个同步旋转滚轮，靠一端能自锁的偏心套挤压探杆，两轮滚驱动探杆向下探测根石。

上述几种常规方法，因须直接触及坝岸水下根石面层才能得出结果，所以均受到很多条件的限制，如水流影响；船体定位困难；水流冲击尺杆发生挠曲变形，探测深度估差大；操作不便，感觉判断不准等。另外，第1、2种方法只能探测出水深，遇有淤泥层时，不能探测出真正的根石深度。第4种方法探测效率较高，但只能在旱地上进行。

目前黄河下游根石探测普遍采用的方法仍是人工锥探法，这种方法虽然简捷、直观、易掌握，但存在以下问题：①费工费时，劳动强度大；②探摸深度有限，一般情况下只能达到8~10 m；③水深流急时船只不易定位，探测人员的安全也不易保证；④对新结构坝（如土工织物沉排坝）探摸危害性较大，容易使坝体受到破坏，不便使用。

根石探测可划分为汛前、汛期及汛后探测。汛后探测一般在10~11月进行，探测的坝垛数量应不少于当年靠河坝垛总数的50%。汛前探测在每年4月底前完成。对上年汛后探测以来河势发生变化后靠大溜的坝垛进行探测，探测坝垛数量不少于靠大溜坝垛的50%o汛期探测对靠溜时间较长或有出险迹象的坝垛应及时进行探测，并适时采取抢险加固措施。

（二）根石探测程序

1. 探测断面布设

探测断面布设的原则是上、下跨角各设1个，坝垛的圆弧段设1~2个，迎水面根据实际情况设1~3个。

断面编号自上坝根（迎水面后尾）经坝头至下坝根（背水面后尾）依次排序，坝垛断面编号附后；表示形式为YS+×××、QT+×××等，“+”前字母表示断面所在部位，“+”后数字表示断面至上坝根的距离。

探测断面方向应与裹护面垂直，并设置固定的石桩或混凝土桩，断面桩不少于2根。

2. 断面测量

根石探测必须明确技术负责人，并有不少于2名熟悉业务的技术人员参加。

锥探用的锥杆在探测深度10 m以内时可用钢筋锥；探测深度超过10 m时，为防止锥杆弯曲，采用钢管锥。

根石探测断面以坦石顶部内沿为起点。

断面测点间距水上部分沿断面水平方向对各变化进行测量，水下部分沿断面水平方向每隔2 m探测一个点。遇根石深度突变时，应增加测点。在滩面或水面以下的探测深度应不少于8 m，当探测不到根石时，应再向外2 m、向内1 m各测一点，以确定根石的深度。

探测时，测点要保持在施测断面上，量距要水平，下锥要垂直。测量数据精确到厘米。

探测时，要测出坝顶高程、根石台高程、水面高程、测点根石深度。根石探测断面数据要认真填入附表。高程系统应与所在工程的标高系统一致。

水上作业时要注意安全，作业人员均应佩戴救生衣等救生器具。

3. 资料整理与分析

每次探测工作结束后，都要对探测资料进行整理分析，绘制有关图表，编制探测报告。

根石探测报告包括探测组织、探测方法、工程缺石量及存在问题，并分析不同结构坝垛的水下坡度情况，根石易塌失的部位、数量、原因及预防措施。

根石断面图应根据现场记录，经校对无误后绘制。断面图纵横比例必须一致，一般取1∶100或1∶200。图上须标明坝号、断面编号、坝顶高程、根石台高程、根石底部高程、测量时的水位或滩面高程。

缺石量计算为缺石平均断面面积乘以两断面间的裹护周长。

缺石断面面积绘制出的实测根石断面分别与坡度1∶1.0，1∶1.3，1∶1.5的标准断面（按设计要求考虑标准断面的根石台顶宽，但最宽不得超过2 m）进行比较，计算缺石断面面积。断面面积采用两个相邻实测断面缺石面积的算术平均值。

断面之间裹护周长险工坝垛及有根石台的控导护滩工程其直线段采用根石台外缘长度，控导护滩工程直线段采用坝顶外缘长度；险工、控导工程圆弧段的周长采用根石台或坝顶外缘长度乘以系数2确定。

计算成果应汇总成表，分别按1∶1.0、1∶3、1∶1.5的标准断面测算每处工程的坝垛数和缺石量，以县（市、区）河务局为单位测算缺石总量。

提高科学化管理水平，根石探测资料要及时存档，并尽可能实行计算机存储、分析和成果汇总。

四、水下基础探测技术研究

（一）水下基础探测技术研究的开展情况

河道整治工程的险工为非淹没建筑物；控导工程在大洪水及较大洪水时为淹没建筑物，而在小洪水及中水、枯水时为非淹没建筑物。黄河绝大部分时间为中水、枯水时间，护坡（坦石）位于水上，护根（根石）一般位于水下。因此，河道整治工程的水下基础探测，即河道整治工程的根石探测。

根石位于浑水下面，较深部分的根石又埋于淤泥层之下。根石是在坝前出现水流冲刷坑之后抛投石料（或铅丝笼、柳石枕等）而形成的，位于浑水下面是当然的。由于黄河含沙量大，冲淤变化迅速，并且河势变化快，即使在一处河道整治工程靠主溜的情况下，靠主溜的坝号也会随时发生变化。当原靠主溜的坝号形成较深的冲刷坑并抛投石料后，一旦河势出现上提下挫，该坝受溜作用可能减轻，流速降低，冲刷坑内落淤沉沙，已抛投的根石便埋于新淤积的淤泥层之下。

如何解决河道整治工程的水下基础的探测问题，一直是困扰黄河下游防洪安全的重大难题之一。为了探测坝垛根石状况，历代治黄工作者进行了不懈的努力，国内许多科研单位和技术管理部门为此曾做过大量的工作，试图采用新技术，用非接触的方法解决根石的探测问题。

根石探测技术经历了3个阶段，即从利用摸水杆探摸、铅鱼探测、人工打锥探测，逐步发展到机械探测、仪器探测等阶段，内业资料整理也从手工绘图发展到计算机自动成图，技术水平得到很大提高，精度也越来越高，对工作的指导意义逐步得到体现。

机械探测根石原理和人工探测相同，是通过对坝垛断面探测点的探测，了解根石状况的一种方法。它克服了人工探测费时费力的缺点，探测质量也得到很大改善。

黄委十分重视根石探测技术的试验研究工作，多年来多次组织力量，投入资金开展试验与生产应用研究。主要从以下两个方面入手：一方面是对传统的锥探方法进行改进，以减轻探测工作的劳动强度，提高探测效率；另一方面是开发引进研制具有大能量、高效率的专用设备，实现快速、准确、方便的探测。但由于黄河水沙的特殊性、河势的多变性，根石探测的难度很大，因此在一个相当长的时段内未能取得突破。

1980 年前后，黄委水文局利用水下声呐反射原理研制的 HS－Ⅰ型浑水测深仪，解决了穿透不同含沙量情况下的浑水测深问题。但因该仪器不具备穿透淤泥层的功能及其精度等问题，以后未能推广应用。

1982 年，黄委与中科院声学所合作，利用声呐技术进行根石探测试验研究，经过 6 年试验，在浑水、泥沙、沉积层的衰减系数、散射系数、根石等效反射系数、沉积层声速等方面取得大量资料，但电火花声源、大电流产生的电磁波冲击易使计算机死机及定位系统等技术问题未能解决，故无法投入应用。

1985 年，黄委在调研国内外情况后，引进了美国地球物理勘探公司的 SIR－8 地质雷达，对淤泥层下根石分布情况进行多次探测试验，终因电磁波能量衰减快、散射特性复杂，目标回波和背景干扰混合在一起，增加了识别目标的难度等，未能取得有效的探测结果。

1991 年，黄河水利科学研究院采用双偶极直流电阻率法在花园口险工 87 坝进行了根石探测，试验对比结果表明，此法可测到根石位置和厚度，但因精度较差且只能在滩地上进行而未能推广应用。

从 1992 年开始，丁坝根石探测技术研究被列入国家“八五”重点科技攻关项目。黄委设计院物探总队承担研究任务，选择了多种物探方法进行了研究和试验，如直流电阻率法、声呐探测试验、地质雷达探测试验、瞬变电磁法、浅层反射法。已进行试验的几种物探方法及仪器探测效果都不理想。

1996 年 7 月，黄委将黄河河道整治工程水下基础探测试验研究列入国家“948”计划项目，从美国引进 X－Star 水下剖面仪，其最大特点之一就是能够穿透淤泥层，同时，进行水下根石探测，不受恶劣的水流条件限制。通过对几年来的试验结果分析表明，该仪器基本解决了黄河河道整治工程水下根石探测的难题，探测成果满足根石探测的需要。利用 X－Star 水下剖面仪在河道整治工程根石探测中，与传统的探测方法如锥探、浅层反射等方法相比，具有能够穿透淤泥层、探测速度快、精度高、结果完整直观等优点，并且可以节省大量的人力和物力资源，是目前多泥沙河流河道整治工程根石探测方面最有效的方法和手段。该项技术的应用使根石探测技术实现了质的飞跃，极大地提高了探测的技术含量。目前，黄委开发了用于锥探法的探测资料整理软件根石管理系统以及与 X－Star 水下剖面探测法配套的软件，也基本实现了探测资料的计算机化。目前由于分析软件尚未开发完成，使用受到限制。

2002 年 7 月，黄河水利科学研究院、清华大学利用 WAE2000 全波形声发射检测仪，在枣树沟控导工程对根石走失情况进行了试验，取得了初步成效。

2002年8月，黄委建管局在“数字工管”专题规划报告中指出：“数字工管”建设要以信息化建设为基础，而信息化建设的重点是信息采集，为此对险工控导工程根石走失要建立实时安全监测系统，逐步实现黄河工程管理现代化。总之，河道整治工程水下基础或根石探测的难度，一是穿透浑水，二是穿透淤泥层，尤其是穿透淤泥层。最些年的试验研究表明，穿透淤泥层探测根石是最难的课题。据统计，黄河河道整治工程80%的险情是由于根石走失滑塌造成的，若能监测到根石走失或根石走失的严重程度，及时、准确地掌握水下根石分布状况，对防洪保安全有着至关重要的意义。因此，基坝及根石监测、预测预报是工程抢险、维护，确保防洪安全的最重要工作之一。

（二）水下基础探测仪器简介

1. X－Star全谱扫频式数字水底剖面仪简介

美国EG&G公司研制的X－Star512型全谱扫频式数字水底剖面仪具有良好的水下探测性能，是目前世界上较先进的水下工程基础探测仪器。技术指标：在水深2～15 m、含沙量40～150 kg/m^3、泥沙覆盖层0～15 m、根石厚度3 m、流速0～4 m/s、根石粒径0.2～0.7 m的条件下，可测出坝岸水下基础断面分层图。

该仪器主要由Sparc工作站、DSP数字信号处理机、1 kW信号放大器、水中拖鱼和信号电缆组成。Bottom是在Unix操作系统下Sparc工作站中运行的系统软件，仪器测试通过软件控制完成。测试时首先运行Bottom系统软件，根据拖鱼型号和测试条件，选择一定频带宽度的数字信号。信号被DSP记忆并送到一个20位D/A转换器，生成高精度模拟信号；然后经功率放大器进行放大，并通过拖鱼中的发射阵列向水下发射声波信号，信号在传播过程中如果遇到泥沙、根石等波阻抗界面，则产生向上的反射信号，反射信号被拖鱼中接收阵列采集放大和A/D转换后送到DSP，DSP根据记忆信号对接收信号进行处理。处理后的：反射信号能够清楚地反映地层变化。由于整个过程在水中连续进行，依据各点测试信号即可在显示器上绘出水下地层剖面图像。

2. FB－1型根石探测仪

FB－1型根石探测仪以帕斯卡定律和液体压强原理为主要依据，由探头、导管、水银柱盒、拉绳等4部分构成。对根石实施探测时，人工将探头抛于水下，使探头内的胶囊承受水压力，然后由导管将水压传递到水银盒，再由水银柱显示的不同刻度直接读出水深，从而达到由测水压转换成测水深的目的。通过大量试验，该仪器最大测深达20 m，测量精度为±10 cm，水平距离受人力投掷的限制，也可达到16 m左右。另外，由于含沙量高而引起水的容重加大时，可通过修正系数减小误差。

该仪器重约14 kg（其中探头重6.5 kg），具有体积小、结构简单、操作简便、适应性强、灵敏度高等优点，能有效探测河道工程根石部位水深。由于探头较小，投掷过程中有被根石卡住的可能。如出现卡探头现象，可通过拉绳轻轻拉出，一般情况下对探头无损害。

3. 活动式电动探测根石机

活动式电动探测根石机采用双驱动的两个同步旋转滚轮，靠一端能自锁的偏心套挤压探杆，两滚轮驱动探杆向下探测，人工可随时操纵偏心套使探杆工作或停止。为使探杆产生脉冲下进给，探测机两端设计两个偏心曲柄构件，带动箱体及探杆同时上下振动。当探杆碰到石块时，探杆不能继续下进，会将整个机器顶起，此时操作者立即松开操纵杆，两滚轮与探杆即可自行分离，停止下进给，然后操纵反转开关，使探杆拔出地面，即可完成根石探测工作。

活动式电动探测根石机由电机、变速箱、探石箱、底盘、地轮组成，配用220 V的供电设施。其探杆下进速度为8～12 m/min，脉冲行程50 mm，脉冲次数80次/min，功率为1.1 kW。

该机设有两个喇叭状的导向装置，从而使探杆插进容易，定位导向较准确。该机结构紧凑，体积小，重量轻（约75 kg），搬运方便。根据实地试验，5～10 min可完成一个测点（含移位、接杆等）的作业。劳动强度较人力探测大为减轻，数据准确性高。

以上是当前黄河河道整治工程根石探测工作中正在使用或应用试验的方法，各有优缺点和限制条件。今后应注重全谱扫频式数字水底剖面仪的应用试验推广和船机结合机械式根石探测设备的研究，这应该是个方向，以有效提高探测工效，降低劳动强度。

第四节　工程养护修理

一、概况

工程的养护修理是工程管理的主要工作内容，应遵循“以防为主，防重于修，修重于抢”的原则。首先，要做好经常性的养护和防护工作，防止工程缺陷的发生和发展。其次，工程产生缺陷后，要及时进行养护或修理，做到“小坏小修，不等大修；随坏随修，不等岁修”，防止缺陷扩大，保持工程经常处于良好的工作状态。

工程一旦出现险情，水管单位应按照预案立即组织抢修，防止险情扩大。抢修时，要首先弄清出险情况，分析出险原因，慎重研究抢修措施，制订周密的抢修方案。抢修方案须充分考虑当时的人力、物力及技术条件，因地制宜，就地取材。首先要尽快使险情稳定，不再继续发展，然后采取进一步的措施，消除险情。为争取工程抢修的主动，平常应根据所管工程的实际情况，分析预测可能出现险情的种类、地点，针对不同情况编制工程抢修预案。预案中应包含抢修的方法措施、人员组织、物料供应、工具器材、交通通信、供电照明、后勤保障、安全医护等内容。

由于堤防工程建设受各种因素的影响，工程质量存在先天性不足，内部存在多种隐患，如裂缝、孔洞、松软夹层等，也有的存在堤身断面不足，堤防高度不够，堤基稳定、抗渗性能差等病险问题。这些问题通过一般性的养护修理或岁修项目难以解决，也不是堤防管理单位所能够解决的。类似这样的大修或除险加固项目，应报经上级主管部门，交由设计、施工单位研究确定处理措施，进入基本建设程序加以解决。

需要说明的是，工程管理工作绝不是在工程竣工验收后才开始的，而是在工程建设的前期工作时就已经开始。在工程建设的勘测、设计、施工、运行的各个层次、各个环节，管理单位都应该介入其中。作为管理单位或部门，应积极主动地参与工程建设各个环节的工作，尤其是重建设、轻管理的思想根深蒂固，近年来虽有很大改善，但仍未完全消除，更应积极参与工程建设的各个环节，发现问题及时协调处理，为以后的工程管理工作争取主动。

事实上，参与工程建设各环节的工作也十分必要，例如，在工程设计中应布置完善的各类管理设施（工程观测设施、管理工器具、交通设施、通信设施、照明设施、管理房舍、管理组织机构等），为工程的运行管理创造必要的条件。在工程施工中要严格评定工程质量，详细记载各部分的检查结果，尤其对隐蔽工程部分，更应加强检测，了解工程质量情况。施工期还要注意工程的观测，并做好观测记录，及时进行整理分析，发现问题及时加以解决。工程完工后要进行全面、细致的工程验收，并将全部工程技术资料（包括工程设计、工程监理、工程施工、施工期工程管理、工程竣工验收等）移交给管理单位。堤防工程的养护与修理，其对象包括堤防工程本身及其附属设施，堤防工程又分为堤顶、堤坡、护堤地，附属设施包括观测设施、堤身排水设施、生物防护工程（草皮护坡、防浪林带、护堤林带、工程抢险用材林等）、交通与通信设施、防汛抢险设施、生产管理与生活设施等。

堤防、水闸养护修理工作分为养护、岁修、抢修和大修。其划分界限符合下列规定。

（一）养护

对经常检查发现的缺陷和问题，随时进行保养和局部修补，保持工程及设备完整清洁，操作灵活。

（二）岁修

根据汛后全面检查发现的工程损坏和问题，管理单位每年编制岁修计划，报相应主管部门批准后实施。

（三）抢修

当工程及设备遭受损坏、危及工程安全或影响正常运用时，制订抢护方案，报上级主管部门批准后实施。必须立即采取抢护措施的，可采取边上报边抢护的方法处理。

（四）大修

工程发生较大损坏或设备老化，修复工程量大，技术较复杂，在岁修计划中包括不了的，须报请上级主管部门组织有关单位研究制定专项修复计划，有计划地进行工程整修或设备更新。

各种养护修理均以恢复和保持工程原设计标准为原则，如需变更原设计标准，应做出改建或扩建设计，按基建程序报批后进行。

各种养护修理情况均应详细记录，载入大事记及存入技术档案。抢修工程应做到及时、快速、有效，防止险情发展。岁修、大修工程应严格按批准的计划施工，影响汛期使用的工程，必须在汛前完成，完工后应进行技术总结，并由建设单位或主管部门组织竣工验收。

二、工程养护与修理

(一) 土质堤顶养护与修理

土质堤顶养护的一般要求是：保持堤顶平坦归顺，无坑、无明显凹陷和波状起伏，堤肩线直、弧圆，雨后无积水。

土质堤顶宜用黏土覆盖，整平压实。为便于排水，堤顶一般修成向一侧或两侧倾斜，坡度1:30～1:50。堤顶排水分集中排水和分散排水两种形式。分散排水比较简单，即堤肩不设集水小堰，堤顶雨水沿堤肩漫溢分散，经堤坡排出堤身。分散排水要求堤肩、堤坡有较强的抗冲刷能力，适应于堤防土质及植被条件好、年内降雨比较均匀、降雨强度不大的地区。集中排水一般是堤肩挡水小堰配合堤身排水沟，由堤肩小堰集水，汇流于排水沟，排出堤身。堤肩小堰一般顶宽、高各为30～40 cm。为防止一沟排水不畅，增加另一沟的排水负担，在两排水沟之间设分水魏。

对于土质堤顶，养护的主要内容是及时进行堤顶整平，有堤肩小堰的，经常整修堤肩小堰。无论分散排水还是集中排水，都要求在降雨时坚持进行堤顶顺水、排水，及时排除堤顶积水。如降雨过程中出现较大冲沟，应先在沟口筑埂圈围，阻止雨水进入，避免冲沟扩大，并将周围积水排走，待雨后再行整理修复。经验表明，雨后及时整修堤顶，效率高，效果好。因此，雨后要抓住有利时机，及时进行堤顶整修，恢复堤顶原貌，保持堤顶完整。

天气干燥或土质不好时堤顶出现的局部坑洼等缺陷，应随时洒水湿润，填平压实。冬季堤顶积雪应及时清扫。

硬化堤顶（非土质堤顶）的养护，应根据其结构和采用材料的不同，采取相应的养护方法和措施。如沥青混凝土堤顶，可按照公路的养护方法；砂石路面应经常整理石硝，并及时补充石硝，等等。

(二) 土质堤坡养护与修理

土质堤坡养护的一般要求是：坦坡平顺、完整，上堤坡道不得侵蚀堤身、削弱堤防断面。要及时发现并正确修复处理堤坡上的雨淋冲沟、浪坎、残缺、塌陷、洞穴、裂缝等缺陷，保持堤身经常处于完整无缺的状态。

堤坡出现破损、产生缺陷的主要因素是人为破坏、工程施工影响、风雨侵蚀、河道水流冲刷、风浪淘刷、工程地质和其他自然因素等。因此，对于人为破坏要依法进行制止，并根据情节轻重程度进行适当的水行政处罚。对于因工程施工造成的堤防破坏，应要求施工单位在工程完工后，按照有关标准要求，恢复堤防工程原貌（包括草皮及其他附属工程设施），或将恢复工程所需费用交给堤防管理单位，由堤防管理单位代为恢复。对于因自然因素造成的损坏，要分析产生的原因，对症进行处理，以求从根本上解决问题。

对各种缺陷要及时进行修复处理。修复处理一般采用开挖回填的方法：首先对缺陷进行开挖清除，并超挖缺陷以外0.5 m，开挖较深时，应开挖成高20～30 cm的阶梯状，以保证新老土壤结合面的施工质量；回填时，应按照《堤防工程施工规范》要求进行施工，分层填筑夯实，表面要略有超高，以防止雨水侵入。

（三）排水沟的养护

堤防工程一般采用堤顶两侧排水的方式，堤防排水沟常用混凝土、砖石、石灰黏土、草皮等材料修筑。排水沟的布局，一般平均 30 ~ 50 m 布设一条，两侧交错布置，每条排水沟控制堤顶面积 300 m^2左右。排水沟进口设成喇叭口，排水沟断面尺寸应根据当地降雨强度确定，与排水量相适应，以不使堤顶积水为度。断面一般设为梯形（石灰黏土和草皮排水沟一般修成弧形），断面尺寸顶宽 40 ~ 50 cm，深 20 ~ 30 cm，底宽 15 ~ 20 cm。排水沟出口应延伸到堤脚外一段距离，铺一层黏土或用砖石砌筑，以消力防冲，避免冲蚀堤脚。

排水沟的养护内容一般是：及时清理沟内杂物，避免堵塞，保持排水通畅。如有轻微损坏，应及时进行修补。如有严重冲蚀或损毁，应分析损坏原因，是因排水断面不足，还是因布局不合理，或是其他原因，视情况及时进行改建或修补恢复。

（四）生物工程养护

生物工程是堤防工程的重要组成部分，起到保护堤防安全和生态环境的作用，主要有护坡草皮、防浪林带、护堤林带、抢修用材林等。其主要作用是：消浪防冲，防止暴雨、洪水、风沙、波浪等对堤防工程的侵蚀破坏，保护堤防和护岸工程，为防汛抢险提供料源，涵养水土资源，绿化美化堤容堤貌，优化生态环境。生物工程建设应在有利于防汛抢险的原则下，统一规划、统一栽植、统一标准规格、统一间伐更新。

1. 草皮养护

堤防草皮应选用适应当地气候环境、根系发达、低矮匍匐、抗冲效果好的草种。在临靠城镇的堤段，亦可种植一些美化草种。其养护内容主要是清除杂草、平茬、洒水保墒，保持草皮生长旺盛。还应根据草皮生长周期，当草皮出现老化迹象时，要适时进行草皮更新或复壮。

2. 树木养护

堤防植树以临河防浪、背河取材为原则。栽植新树时，应根据堤防的具体条件和植树目的（防浪、取材、美化环境等）按照适地适林的原则，宜选择容易存活、生长快、防护效益好、兼顾经济效益的乡土树种，或经过引进试验，推广适宜栽植的树种。同一堤段最好选用同一树种，并按树身长短依次栽植，以防造成人为林木分化，影响树木生长，影响整齐美观。根据林木营造技术要求，有些树种宜混交栽植，可防止树木病虫害，有利林木生长。此时应分行相间栽植，做到混而不乱。根据树木生长情况，应适时进行更新。更新时，在防浪要求高、林带宽度大的地方，不宜一次全部砍伐，应分期分批进行，以满足防浪要求。否则，宜一次全部更新。树木更新宜在冬季进行。

幼树从栽植成活到树木成材常需要很长时间，速生树木一般也要 10 ~ 15 年，一般树种需要几十年甚至更长时间。期间必须加强抚育管理，保持树木生长旺盛，才能起到对堤防的防护作用。抚育管理的主要内容包括防止人为破坏、抗旱排涝、合理整枝打杈、防治病虫害及时间伐和更新等。

三、堤防隐患修理

常见的堤防工程隐患可分为两类：一类是堤身隐患，主要是“洞”“缝”“松”等；另一类是堤基隐患，主要是基础渗流和接触渗流等。

（一）堤基隐患处理

堤基隐患处理措施就是截渗和排渗。截渗措施一般采用抽槽换土法和黏土斜墙法；排渗措施是修做砂石反滤和导渗沟排除渗水。

1. 抽换土

抽槽换土就是在临水堤脚附近开挖沟槽，将地基中的透水土层挖除，换填黏土，分层夯实，用以截堵基础渗流。开槽深度应尽可能挖断透水层，根据施工排水条件，一般开挖深度为 2～5 m，构成黏土防渗齿墙，并与防渗斜墙连成一体，共同发挥截渗作用。

2. 黏土斜墙

黏土斜墙就是在堤防临水坡用黏土顺坡修筑一层截渗墙，用以减少入浸堤身的渗水。斜墙顶部应高于设计洪水位 0.5～1 m，斜墙的垂直厚度 1～2 m，外表设保护层，垂直厚度不小于 0.8 m，以保护黏土斜墙不干裂、不冻融及不受其他侵害。

3. 反滤导渗

配合截渗措施，根据情况和现场条件，还可在背水堤脚处采取反滤导渗措施，即在背水堤坡近堤脚处铺筑反滤体，或在堤脚附近开挖导渗沟，降低浸润线高度，减小渗水出逸比降。

（二）堤身隐患处理

堤身隐患处理措施一般有翻修、抽水洇堤和充填灌浆等方法，有时也可采取上部翻修下部灌浆的综合措施。

1. 翻修

翻修措施即开挖回填，先将隐患挖开，然后按照土方施工质量要求，分层回填夯实。这是处理隐患比较彻底的最简单的方法，一般使用于埋藏不深的隐患处理。

2. 抽水洇堤

抽水洇堤是在堤顶开槽蓄水，槽内打有锥眼，水由锥眼渗入堤身。抽水洇堤处理隐患的原理是，通过对堤身土壤洇水饱和、排水固结过程及水对土的渗压作用，使土粒结构重新结合，增加土体密度，提高堤身土壤密度。实践表明，抽水洇堤措施对沙性土堤效果明显，而对黏性土，由于土体崩解和排水固结缓慢，土体加密效果甚微。

3. 充填灌浆

堤防充填灌浆是利用人工打锥或机械打锥机在堤身造孔，将配制一定浓度的泥浆浆液以一定的压力注入锥孔内，充填堤身的内部隐患，并在浆液的作用下，挤压土壤颗粒，达到充填密实的目的。充填灌浆又分为自流充填灌浆和压力充填灌浆。

充填灌浆的工序一般是造孔和灌浆。前面已对造孔进行叙述，这里简单谈谈灌浆。灌浆过程可分为制浆、输浆、注浆和封孔。堤防充填灌浆的主要材料是泥浆，由土料和水拌制而成。为达到较好的灌浆效果，要求拌制的泥浆要浓度高、流动性好、稳定性强、失水性好。输浆由泥浆泵和输浆管完成。注浆是一关键工序，注浆管通过分浆器与输浆管连接，注浆管上部装有压力表，用以控制灌浆压力。锥孔注满浆液，拔出注浆管后，一般锥眼上部仍有空隙，需补灌、填土、捣实封住孔口。

四、工程险情抢修

堤防工程抢修是保证堤防工程安全的重要方面，也是堤防工程管理单位的重要工作内容之一。工程抢修具有时间紧、任务急、技术性强等特点，既要有宏观控制意识，又要有微观的可操作性强的实施办法。长期的工作实践证明，要取得工程抢修的成功，首先要及时发现险情；其次要有正确的抢护方案；第三要人力、物力充足；四要组织严密、指挥得当。工程的抢修工作是一项系统工程，涉及社会的各个方面，要求各方面要密切配合，通力协作。

堤防工程抢修包括渗水抢修、管涌（流土）抢修、漏洞抢修、风浪冲刷抢护、裂缝抢修、跌窝（陷坑）抢修、穿堤建筑物及其与堤防结合部抢修、防漫溢抢修、坍塌抢修等。

（一）渗水抢修

汛期高水位下，堤身背水坡及坡脚附近出现土体湿润或发软，有水渗出的现象，称为渗水，也称散浸或洇水。渗水是堤防较常见的险情之一，可从渗水量、出逸点高度和渗水的浑浊情况等三方面加以判别险情的严重性。严重的渗水险情应立即采取抢护措施。抢护渗水险情，应尽量减少对渗水范围的扰动，以免加大加深稀软范围，造成施工困难和险情扩大。

当水浅流缓、风浪不大、取土较易的堤段，宜在临水侧采用黏土截渗，并符合下列要求：①先清除临水边坡上的杂草、树木等杂物；②抛土段超过渗水段两端 5 m，并高出洪水位约 1 m。

当水深较浅而缺少黏性土料的堤段，可采用土工膜截渗。在下边沿折的卷筒内插钢管的作用在于滚铺土工膜时使土工膜能沿边坡紧贴展铺。在土工膜上所压的土袋，作为土工膜保护层，同时起到防风浪掀起的作用。

当缺少黏性土料、水深较浅时，可采用土工膜加编织袋保护层的办法，达到截渗的目的。防渗土工膜种类较多，可根据堤段渗水具体情况选用。具体做法是：①土工膜的宽度和沿边坡的长度可根据具体尺寸预先黏结或焊接（采用脉冲热合焊接器），以满铺渗水段边坡并伸入临水坡脚以外 1 m 以上为宜，边坡宽度不足时可以搭接，但搭接长度应大于 0.5 m；②铺设前，一般先将土工膜的下边折叠粘牢形成卷筒，并插入直径 4 ~5 cm 的钢管加重（如无钢管可填充土料、石块等），然后在临水堤肩将土工膜卷在滚筒上进行展铺；③土工膜铺好后，应在其上排压一两层内装砂石的土袋，由坡脚最下端压起，逐层错缝向上平铺排压，不留空隙，作为土工膜的保护层。

堤防背水坡大面积严重渗水的险情，宜在堤背开挖导渗沟，铺设滤料、土工织物或透水软管等，引导渗水排出。在背水坡及其坡脚处开挖导渗沟，对排走背水坡表面土体中的渗水虽有一定效果，但要制止渗水险情，还要视工情、水情、雨情等确定是否采用抛投黏土截渗、修筑透水砂土后俄压渗等方法。抢筑透水砂土后戗既能排出渗水，防止渗透破坏，又能加大堤身断面，达到稳定堤身的目的。如渗水堤线较长，全线抢筑透水砂土后戗的工作量太大时，可结合导渗沟加间隔土工织物透水后俄压渗的方法进行抢护。

（二）管涌（流土）抢护

在渗流作用下无黏性土体中的细小颗粒通过粗大颗粒骨架的空隙发生移动或被带出，致使土层中形成孔道而产生集中涌水的现象，称管涌。在渗流作用下，黏性土或无黏性土体中某一范围内的颗粒同时随水流发生移动的现象，称流土。抢修中难以将管涌和流土严格区分，习惯上将这两种渗透破坏统称为管涌险情，又称翻砂鼓水、泡泉。

管涌是最常见的多发性险情之一。险情的严重程度可从以下几方面判别：管涌口离堤脚的距离、涌水浑浊度及带沙情况、管涌口直径、涌水量、洞口扩展情况、涌水水头等。管涌抢护时，不应用不透水材料强填硬塞，以免截断排水通路，造成险情恶化。

根据所用滤料的不同，可采用砂石反滤、土工织物反滤、梢料反滤等形式的反滤围井。对严重的管涌险情应以反滤围井为主，并优先选用砂石反滤围井。根据所用滤料的不同，可采用砂石铺盖、土工织物铺盖、梢料铺盖等形式的反滤铺盖。

应用土工合成材料抢护管涌、流土的方法一般是：抢修土工合成材料反滤围井及编织土袋无滤层围井。主要是利用土工合成材料的透水保土特性，代替砂石、柴草反滤等，以达到反滤导渗、防止渗透破坏的目的。

1. **土工织物反滤围井**

修筑土工织物反滤围井时，除按常规方法外，还应先将拟建围井范围内一切带有尖、棱的石块和杂物清除干净，防止土工织物扎破而影响反滤效果。铺设时块与块之间要互相搭接好，四周使土工织物嵌入土内，然后在其上面填筑 40 ~ 50 cm 厚的砖、块石透水料以压重。

2. **无滤减压围井**

无滤减压围井（或称养水盆），是利用围井内水位减小水头差的平压原理，抬高井内水位，减小水头差，降低渗透压力，减小渗透坡降以稳定管涌险情。此法适用于当地缺乏反滤材料、临背水位差较小、高水位历时短、出现管涌险情范围小、管涌周围地表较坚实且未遭破坏、渗透系数较小的情况。

（1）无滤层围井

在管涌周围一定范围内用编织土袋排垒无滤层围井，随着井内水位升高，逐步加高加固，直至制止涌水带沙，使险情趋于稳定为止。为防止产生新的险情，围井高度一般不宜超过 2 m。

（2）背水月堤

当背水堤脚附近出现范围较大的管涌群时，可采用编织土袋在堤背出险范围外抢修月堤（又称围堰），截蓄涌水，或抽蓄附近坑塘里的水抬高水位。月堤可随水位升高而加高，一般不宜超过 2 m。

（三）漏洞抢修

堤防漏洞水流常为压力水流，流速大，冲刷力强，漏洞险情发展很快，特别是出现浑水后，将迅速危及堤防安全，是堤防最严重的险情之一。因此，漏洞抢修一定要行动迅速，尽快找到漏洞进水口，临背并举，充分做好人力、材料准备，力争抢早抢小，一气呵成。塞堵法是最有效、最常用的方法，尤其在洞口周围地形起伏，或有灌木杂物时更适用。所用的软性材料有土工织物、草捆、棉被、棉衣、编织袋包、网包、草包、软楔等。

1. 水充袋

水充（水布）袋是借助水压力堵塞洞口。采用耐压不透水土工布或采用柔软、轻薄、不透水尼龙布料加工制成的楔形布袋，长度在 1 m 以上，袋口固定一个阻滑铁环即可。阻滑铁环直径一般在 0.5 m 以上，圆形最佳，使用直径 16 mm 以上的钢筋或采用直径 18 mm 以上的空心钢管制作。将水充袋塞入洞口，或接近洞口，靠水的吸力吸进洞内，水充袋迅速膨胀，使水袋与洞壁挤压紧密，阻滑铁环覆盖洞口，达到密封洞口之作用。

2. 土工布胶泥软楔

土工布胶泥软楔前段为实体，后段为空袋。实体部分以长 1 m 多的柔性橡胶棒为中心，裹以胶泥、麻匹等，外裹土工布。直径从 5 ~ 8 cm 渐变到 15 ~ 20 cm，再接 0.5 m 长的空袋，袋口设一直径 30 cm 的钢筋环，总长度 1.5 m。

3. 圆锥形橡皮囊软楔

圆锥形橡皮囊软楔，利用橡胶柔软可变形的特性，能很好地适应漏洞的形状。它的圆锥部分起软楔作用，圆锥底橡胶圆盘起软帘作用，是一种软楔和软帘结合的堵漏工具。

（四）风浪冲刷抢护

对于吹程大、水面宽、水深大的江、河、湖、海堤岸的迎风面，风浪所形成的冲击力强，容易发生此种险情。对临水面尚未设置护坡的土堤，应采取削减风浪冲刷能量、加强堤坡抗冲能力的措施，防护风浪冲刷。

铺设土工织物或复合土工膜防浪具有速度快、灵活、效果好等特点，宜大力推广应用。

挂柳防浪方法适用于风浪拍击，堤坡开始被淘刷的险情，且柳料充足的堤段。

土袋防浪方法适用于土坡抗冲性差，当地缺少秸、柳等软料，风浪冲击较严重的堤段。

草、木排防浪的方法是一些湖区和部分中等河流上常采用的一种防浪方法，具有就地取材、费用小、做法简便的优点。

1. 编织土袋防浪

编织土袋防浪适用于土坡抗冲性能差，当地缺少秸、柳等软料，风浪冲击较严重的堤段。具体做法：用土工编织袋装土或砂石缝口，装袋饱满度一般为 70% ~80%，以利于搭接密实；根据风浪冲击的范围将编织土袋码放在堤坡上，互相叠压，袋间排挤严密，上下错缝。一般土袋以高出水面1 m或略高出浪高为宜。堤坡较陡时，则需在最下一层土袋底部打一排木桩，以防止土袋向下滑动，也可抛投土袋进行缓坡。为防止风浪淘刷堤坡，也可在编织土袋下面先铺设土工织物反滤层。

2. 土工织物（膜）防浪

用土工织物或土工膜铺设在堤坡上，以抵抗波浪对堤防的破坏作用。使用这种材料，造价低，抢险工艺简单，便于推广。

在土工膜铺设前，应清除铺设范围内堤坡上的块石、树枝、杂草和土块等，以免损伤土工织物。当土工膜尺寸不够时，可进行拼接。宽度方向上的拼接应黏接或焊接，长度方向可搭接，搭接长度0.5～1 m，并压牢固以免被风浪掀起。

铺设土工膜时，其上沿一般应高出洪水位1.5～2 m，或根据风浪爬高而定。土工膜用平头钉固定（也可用编织土袋压重固定），平头间距为2 m×2 m。

3. 土工织物软体排防浪

应用聚丙烯编织布或无纺布缝制成简单排体，单幅宽度按5～10 m，长度根据风浪高和超高确定，一般5～10 m，在编织布下端横向缝上直径0.3～0.5 m的横枕长管袋。铺放时，将排体置于堤顶，横枕内装土（装土要均匀）封口，滚排成卷，沿堤坡推滚展放，下沉至浪谷以下1 m左右，并抛压载编织土袋或土枕，防止土工织物排体被卷起或冲走。当洪水位下降时，仍存在风浪淘刷堤坡的危害，应及时放松排体挂绳下滑。

视风浪情况，可在排体上每隔3～5 m放一组编织土袋压载。排体与排体之间的搭接宽度不小于1 m，沿搭接缝必须有压载。

（五）裂缝抢修

裂缝的抢修应根据裂缝的性质、成因及危害程度，分轻重缓急，采取相应的抢护措施。漏水严重的横向裂缝，在险情紧急或河水猛涨来不及全面开挖时，可先在裂缝段临水面做前戗截流，再沿裂缝每隔3～5 m挖竖井并填土截堵，待险情缓和，再采取其他处理措施。

裂缝险情，可采用土工膜封堵缝口、土工膜中间截堵及经编复合布加固等。对于横向裂缝，主要是利用土工膜的防渗作用阻断水流穿过堤身，避免裂缝冲刷扩大。对属于滑坡的纵向裂缝或不均匀沉陷引起的横向裂缝，主要是利用经编土工布对滑坡土体的加筋及反滤功能，来增强堤身的稳定性。

1. 土工膜盖堵

对埋深较大的贯穿性裂缝及裂缝隐患，可在临水堤坡铺设防渗土工薄膜或复合土工薄膜，并在其上用土帮坡或盖压高摩擦编织土袋、沙袋等，隔离截渗。在背水坡采用透水土工织物进行反滤排水，保持堤身土体稳定。

2. 土工膜中间截堵

对贯穿性横缝也可用中间截堵法。即用插板机将土工薄膜或复合土工薄膜从堤顶打入堤身，截裂缝。也可利用高压水流喷射结合振动器使土松动，将土工薄膜插入堤身。

3. 经编土工布抢护堤防滑坡

采用经编土工布进行抢护堤防滑坡，根据险情情况可先在滑裂缝上覆盖不透水的土工膜，防止雨水灌入而加剧险情。然后在滑坡体范围内，进行缓坡、清理杂物、整理平顺，应先铺放直径约10 cm的苇把，底部与集水沟相连，再铺设经编土工布，四周及搭接缝处进行锚固，并用编织土袋压载。为进一步加固滑坡体，也可用编织砂石袋抢修透水土撑，一般间隔5～10 m修一道，土撑宽度3 m左右，边坡应缓于1∶3。

（六）跌窝（陷坑）抢修

跌窝（陷坑）是在大雨、洪峰前后，或高水位情况下，经水浸泡，在堤顶、堤坡、戗台及坡脚附近，突然发生局部凹陷而形成的一种险情。跌窝险情发生的主要原因是：①施工质量差；②堤防本身有隐患；③堤防渗水、管涌或漏洞等险情未能及时发现和处理。这种险情既破坏堤防的完整性，又常缩短渗径，有时还伴随渗水、漏洞等险情同时发生，严重时有导致堤防突然失事的危险。

跌窝（陷坑）抢修应根据险情出现的部位及原因，采取不同的措施，以“抓紧翻筑抢护，防止险情扩大”为原则，在条件允许的情况下，宜采用翻挖、分层填土夯实的方法予以彻底处理。当条件不允许时，如水位很高、跌窝较深时，可进行临时性的填土处理。跌窝处伴有渗水、管涌或漏洞等险情，可采用填筑反滤导渗材料的方法处理。如跌窝（陷坑）发生在堤顶或临水坡，宜用防渗性能不小于原堤身土的土料回填，以利防渗。如跌窝（陷坑）位于背水坡，宜用透水性能不小于原堤身土的土料回填，以利排渗。

（七）穿堤建筑物及其与堤防结合部抢修

穿堤建筑物受损而不及时抢修，则将危及穿堤建筑物和堤防的安全，甚至引起工程失事。因此，穿堤建筑物发生损坏时，应立即停止运行，按有关规定进行修理。

穿堤建筑物与堤防结合部是堤防的薄弱环节，容易发生渗漏、接触冲刷，渗水险情的抢修应特别予以重视。

闸前有滩地、水流速度不大而险情又很严重时，可在闸前抢筑围堰。围堰临河侧可堆筑土袋，背水侧填筑土戗，或者两侧均堆筑土袋，中间填土夯实，以减少土方量。两侧均用散土填筑的，临水坡可用复合土工膜上压土袋防护。围堰填筑工程量较大，且施工场地较小，短时间内抢筑相当困难，因此宜在汛前就将围堰两侧部分修好，中间留下缺口，并备足土料、土袋、设备等，根据洪水预报临时迅速封堵缺口。

临水侧水不太深、风浪不大，附近有黏性土料，且取土容易、运输方便的情况下可采用黏土截渗的方法抢修。临水截渗时注意：①靠近建筑物侧墙和涵管、管道附近不要用土袋抛填，以免产生集中渗漏；②切忌乱抛块石或块状物，以免架空，达不到截渗目的。背水反滤导渗时，切忌用不透水料堵塞，以免引起新的险情。采用闸后养水盆在堤防背水侧蓄水反压时，水位不能抬得过高，以免引起围堰倒塌或周围产生新的险情。穿堤管线是穿堤管道和线缆的总称。穿堤线缆与堤防结合部发生渗水时，除采取临水封堵、背水导渗措施外，还可采取中间截渗措施。

（八）防漫溢抢修

当确定对堤防或土心坝垛漫溢进行抢护时，应根据洪水预报和江、河、湖泊实际情况，抓紧时间实施抢护方案，务必抢在洪峰到来之前完成。

堤防防漫溢抢护，常采取以抢筑子堤为主的临时性工程措施来加高加固堤防，加强防守或增大河道宣泄能力。

防漫溢抢修时间紧、战线长，为节省工程量，加高堤防和坝垛顶部常采用修筑子堤的形式。常见的子堤有纯土子堤和土袋子堤等。应用土工合成材料抢护漫溢险情，主要是利用编织袋代替麻袋抢险，常用的方法是修筑子堤，如编织袋及土混合子堤、编织袋与土工织物软体排子堤、土工织物与土子堤等。具体方法与一般麻袋相同。

抢修纯土子堤适用于堤顶宽阔、取土容易、风浪不大、洪峰历时不长的堤段。抢筑时，应在背河堤脚 50 m 以外取土，宜选用亚黏土或取用汛前堤上储备的土料堆，不宜用沼泽腐殖土。万不得已时，可临时借用背河堤肩浸润线以上部分土料修筑，但不应妨碍交通并应尽快回填还坡。此法具有就地取材、修筑快、费用省的优点，汛后可加高培厚使子堤成为正式堤防。

抢修土袋子堤是抗洪抢险中最为常用的形式。土袋子堤适用于堤顶较窄、风浪较大、取土困难、土袋供应充足的堤段。一般用草袋、麻袋或土工编织袋装土，土袋主要起防冲作用。要避免使用稀软、易溶和易被风浪淘刷的土料。不足 1 m 高的子堤，临水叠砌一排土袋，或一丁一顺。对较高的子堤，底层可酌情加宽为两排或更宽些。还可采取组合式机动防洪设施的建造模式。

预报洪水位较高，子堤抢护难以奏效时，漫溢不可避免。为防止过坝水流冲刷破坏，可在坝顶铺设防冲材料防护，常用方法有柴把、柴料护顶和土工织物护顶。

（九）坍塌抢修

堤防坍塌是堤防临水面土体崩落的重要险情。坍塌险情的前兆是裂缝，因此要密切注意裂缝的发生、发展情况。坍塌险情抢护以护脚和缓冲防塌为主。一旦发生堤防坍塌险情，宜首先考虑抛投料物，如块石、土袋、石笼、柴枕等，以稳定基础、防止险情的进一步发展。

对于大溜顶冲、水深流急，水流淘刷严重、基础冲塌较多的险情，如采用抛块石抢护，往往效果不佳，采用柴枕、柴石搂厢等护岸缓流的措施则对减缓近岸流速、抗御水流冲刷比较有效。对含沙量大的河流，效果更为显著。

以块石等散状物为护脚的堤岸防护工程，在水流冲刷下，护脚料物走失，局部出现沉降的现象称为坍塌险情。坍塌险情有以下 3 种表现形式：护脚坡面轻微下沉、护坡在一定长度范围内局部或全部失稳坍塌下落、护坡连同土心快速沉入水中。

护脚坡面轻微下沉的现象也称为塌陷险情，一般采用抛石、抛石笼的方法进行加固，即使用机械或人工将块石（混凝土块）或石笼抛投到出险部位，加固护脚，提高工程的抗冲性和稳定性，并将坡面恢复到出险前的设计状况。

护坡在一定长度范围内局部或全部失稳坍塌下落的现象，称为滑塌险情。滑塌险情的抢护要视险情的大小和发展的快慢程度而定。一般的护坡块石滑塌宜抛石、抛石笼、抛土袋抢修。当土心外露时，应先采用柴枕、土袋、土袋枕或土工织物软体排抢护滑塌部位，防止水流直接淘刷土心，然后用石笼或柴枕固基，加深加大基础，提高坝体稳定性。

护坡连同部分土心快速沉入水中的险情，是最为严重的一种险情。当发生这种险情时，应先对出险部位进行保护，防止土心被进一步冲刷。对土心的冲刷防护，可根据出险范围的大小，采用抛土袋、柴枕或柴石搂厢的方法。在加固坍塌部位后，应抛块石、石笼或柴枕固基。

对于大溜顶冲、水深流急、堤基堤身土质为砂性土、险情正在扩大的情况，宜采用柴石搂厢抢修。柴石搂厢是以柴（柳、秸或苇）、石为主体，以绳、桩分层连接成整体的一种轻型水工结构，主要用于堤防坍塌及堤岸防护工程坍塌险情的抢护。常用的有三种型式：层柴层石搂厢；柴石混合滚厢；柴石混厢。此处所指的柴石搂厢为层柴层石搂厢。柴石搂厢的作用是抗御水流对河岸的冲刷，防止堤岸坍塌。它具有体积大、柔性好、抢险速度快的优点，但操作复杂，关键工序应由熟练工人操作。

土袋枕是由织造型土工织物缝制而成的大型土袋，装土成形后可替代柴枕使用。空袋可预先缝制且便于仓储和运输。用土袋枕抢险，操作简单，速度快。对袋中土料没有特殊要求，与抛石相比节省投资。

（十）滑坡抢修

堤防滑坡又称脱坡，系指堤坡（包括堤基）部分土体失稳滑动，同时出现趾部隆起外移的险情。一般是由于水流淘刷、内部渗水作用或上部压载等所造成的。滑坡后堤身断面变窄，水流渗径变短，易诱发其他险情。发现滑坡险情后，应查明原因，按“减载加阻”的原则，采取切实可行的综合处理措施。

堤岸防护工程在自重和外力作用下失去稳定，使护坡、护脚连同部分土心从顶部沿弧形破裂面向河槽滑动的险情称为滑动险情。滑动情况可分为缓滑、骤滑两种。缓滑险情发展较慢，抢修的方法是：加固基础，增加阻滑力；减轻上部荷载，减小滑动力。发生裂缝、出现缓滑情况时，可迅速采取抛块石、柴枕、石笼等措施加固根基，以增大阻滑力；与此同时，移走坝顶重物，以减小滑动力。骤滑险情突发性强，历时短，易发生在水流直接冲刷处，因此抢护困难。堤岸防护工程发生骤滑，宜采用柴石搂厢或土工织物软体排等保护土心，防止险情进一步发展。

对渗流作用引起的滑动，可在滑坡范围内全面抢筑导渗沟，导出滑坡体渗水，以减小渗水压力，降低浸润线，消除产生进一步滑坡的条件。当滑坡面层过于稀软不易做导渗沟时，可在滑坡面层满铺反滤层，使渗水排出，以阻止险情的发展。

在堤防背水坡排渗不畅、滑坡范围较大、险情严重的堤段，抢筑滤水土撑和滤水后戗能导出渗水，降低浸润线，又能加大堤身断面，可使险情趋于稳定。取土困难的堤段，宜修筑滤水土撑；取土容易的堤段，宜修筑滤水后戗。滤水土撑和滤水后戗的抢筑方法基本相同，其区别在于：滤水土撑是间隔抢筑，而滤水后戗是全面连续抢筑；滤水土撑的顶面较宽，而滤水后俄的顶面较窄。

水位骤降引起临水坡失稳滑动的险情，可采用抛石或抛土袋的方法抢护。其作用在于增大抗滑力，减小滑动力，制止滑坡发展，以稳定险情。抢险时一定要探清水下滑坡的位置，然后在滑坡体外缘进行抛石或抛土袋固脚。

实际上，处理堤防隐患就是对堤防工程的加固。堤防工程的加固除上述措施外，还有黏土铺盖、前戗后戗、吹填固堤、压渗平台、减压井、截渗墙、铺塑截渗、劈裂灌浆等措施，应根据堤防工程的实际情况，进行加固方案比选后，通过工程设计，确定选用的具体措施，并应选择专业施工队伍，严格控制施工质量。

五、河道整治工程管理及养护

（一）管理制度

河道整治工程险工、控导、护滩（岸）工程，管理主要实行管理工日制、班坝责任制和管理人员奖金、施工补助浮动制等。

1. 管理工日制

是在险工、控导、护滩（岸）工程的经常性管理中，对一些具有实物工程量的管理任务（如坝岸坦石排整，坦石小量拆改，根石、护脚石的拾整，备防石料整理，坝面整修，高秆杂草铲除等），不投资只投劳的一种管理形式。各基层单位根据工程量参照施工定额，定出完成任务所需的工日，把具体工作任务、所需管理工日、质量要求落实到每个管理职工身上，促使职工积极参与工程管理，保证各项管理任务的完成。

2. 班坝责任制

长期以来，黄河各基层河务部门在体制上属于“修、防、管、营”四位一体的建管模式，在基建和防洪任务较重的情况下，从思想认识到工作安排，很难从根本上解决重建轻管的问题。因此，河道整治工程管理存在着管理人员不固定、责任不落实、管理水平低、安全无保障等问题。随着工程管理正规化、规范化建设及工程管理达标活动和河道目标管理上等级活动的深入开展，河道整治工程管理在黄河普遍实行班坝责任制。班坝责任制一是明确管理人员管理班坝的数量（坝、道、段）；二是明确管理的目标任务和要求。管理人员与水管单位或分段（河务段）签订责任承包任务书。

管理人员的主要任务是：负责埽面、坦石、根石、排水沟的日常维修和养护；搞好坝顶、坝基顺水，及时填垫水沟浪窝；每年汛前、汛后两次排拣根石、护脚石，保持根石坡度、宽度符合工程标准；整理备防石垛，保持坝面整洁、无乱石杂物；搞好绿化美化；管理好各种工程标志，保证坝牌、标桩、测量标志齐全、醒目；负责河势工程观测，整理水情资料和根石断面图，及时分析预测险情。要求达到“五知”“四会”，即知工程沿革和现状、知坝岸着溜情况、知抢险用料情况、知根石状况、知险工备料情况；会整修、会抢险、会探摸根石、会观测河势。为加强险工、控导工程的管理和班坝责任制的组织实施，水管单位由 1 名副局长负责，工务科由 1 名副科长和 1 ~ 3 名专职干部负责，河务段由 1 名段长负责，组织实施班坝责任制，不但管理人员责任明确、任务具体，而且把职工的经济利益同任务完成的好坏结合起来，因此出现了两个面貌变化：一是管理职工的精神面貌发生了变化；二是工程面貌发生了变化。

3. 以百分考核为基础的工资（奖金和施工补助）浮动制

为了改变过去“吃大锅饭”的平均主义分配办法，调动管理职工的积极性，各基层单位在实行管理工日制、班坝责任制的基础上，建立了以百分考核为主要内容的部分工资浮动制。多数单位只把奖金和施工补助加以浮动，也有部分单位从每人每月的基本工资中抽出一小部分（一般为基本工资的3%～5%），连同奖金和全额施工补助捆在一起进行浮动。

（二）整修加固

河道整治工程是抗洪的前沿阵地，加强经常性的维修养护是保持工程稳定和提高工程抗洪强度的主要管理措施，包括坝基土方补残，墙面整修和绿化美化，坝身坦石整修，根石（护脚石）排整加固，修补堤身裂缝，整修排水沟，检查处理獾狐洞穴，整理备防石垛，汛前、汛后根石探测等。汛期坚持冒雨顺水查险摸水，观测河势流向和工情变化，填报管理日志、大事记，实行险情汇报制度。工程管理长期坚持以防洪保安全为中心、以提高工程抗洪强度为重点，强化工程经常性维修养护，使险工、控导（护滩）工程在历次抗洪斗争中发挥了控导主溜、稳定河势、护滩护堤的重要作用。

六、涵闸工程管理及养护

（一）涵闸工程常出现的问题及原因

任何一座涵闸工程，不论其规模大小或结构繁简，均有其一定的任务。为使涵闸工程达到预定的目的和要求，除了正确的规划设计和良好的施工质量外，其建成后的正确运用和科学管理养护至关重要，绝不允许忽视此项工作。通过对工程观测资料整理和经常系统的工程检查，可以随时了解涵闸工程出现的问题，分析原因，采取相应的措施，从而能够防微杜渐，减少或避免发生工程事故及其他破坏现象，达到延长寿命、发挥其最大效益的目的。

1. 常出现的问题

水闸工程由于设计、施工和管理方面的原因，在实际运用中常出现以下几种问题。

（1）不均匀沉陷

黄河下游两岸引黄闸是建筑在冲积层软基上的，由于地基的土层分布不均，层次复杂，受荷后引起工程的不均匀沉陷，通常会使混凝土块体之间的接缝止水发生破坏，严重的会使混凝土产生裂缝。

（2）混凝土工程的裂缝

有少数工程由于建筑物的布置未能适应沉陷的要求而引起裂缝，这些裂缝的产生降低了工程的整体性，有些裂缝发生在铺盖、闸底板、洞身或消力池中，形成冒水、冒沙的危险。

（3）止水设施失效

混凝土建筑物块体之间伸缩缝的止水设施，由于施工质量不良、材料不好等，以致止水破坏，降低了建筑物的防渗效果，给工程管理带来较繁重的维修任务。

（4）混凝土的渗水

由于混凝土振捣不实，在运用期间发现混凝土体有渗水现象。有的闸底板，由于渗水的原因，使混凝土体中的游离钙质析出，降低了混凝土强度。

（5）闸门震动

闸门震动是建筑物上经常碰到的问题。

（6）闸门漏水

闸门水封由于设计不妥、施工质量不好、安装不牢固或漂浮物卡塞等原因而漏水。

（7）下游消能破坏

由于运用不当，造成下游防冲槽、海漫、护坡受集中水流、折冲水流冲刷，蛰陷、断裂、塌坡以致破坏。

2. 出现问题的原因

（1）设计方面的原因

①工程布置不当：如因消能和防冲设施布置不当，使建筑物下游发生危害性的水流，引起下游冲刷现象，使工程遭受破坏或发生严重事故；或工程在布置上未采取适当（分块或分节）的分缝措施，在工程建成后的运用过程中，使建筑物产生危害的裂缝；或荷载布置不当，产生不均匀沉陷，造成整体性破坏等。

②防渗设施设计不足：设计时对渗透水流的危害性估计不足，对地基的渗透性能未能很好地了解，因而在设计地下防渗排水系统时，凭经验估算，采用防渗的措施过简，与实际情况不符，使建筑物下部产生较大的渗透压力，或因渗流末端出逸比降大，引起地基土壤渗透变形。此外，地下不透水部分接头处的止水采取简单措施，起不到应有的止水作用，也是造成工程发生事故的原因。

③工程观测设计不全面：在工程运用期间，由于缺少必要的观测设备，不能及时发现不正常现象的发生，也常因此导致工程失事。

（2）施工方面的原因

在混凝土工程施工中，为操作方便，对水灰比控制不严；砂石没有进行严格的筛分和冲洗；浇筑时振捣不实；混凝土养护不好等，造成施工质量差，以致发生裂缝、渗水、蜂窝等现象，影响工程强度。

钢筋未按照设计要求加工制作和布筋，受力钢筋在混凝土浇捣时下沉或被压弯，不仅减小了钢筋混凝土的有效厚度，并且削弱了钢筋的应有作用，往往在很大程度上降低了钢筋混凝土的设计标准和抗弯强度。

对防渗、反滤工程施工质量重视不够。如截短防渗板桩、板桩间缝隙过大，铺盖土料选择或压实不符合要求，止水设施铺设不平、黏结不牢、填料不实、搭接不严等；如反滤料级配不当、铺设时任意踩踏、层次混杂，都会降低工程防渗、反滤效能，给工程运用带来严重后果。

（3）管理方面的原因

闸门运用不按规定程序操作，人为地使水流集中，往往使下游的消能、防冲设施和下游渠道遭受冲刷，甚至造成严重事故。

没有进行经常的养护和检修，使一些本来可以避免和补救的缺陷不断地发展和扩大，以致造成工程事故，影响建筑物的使用和安全。

因观测和资料整理分析不经常化，不能及时了解工程动态、发现不正常现象，对闸门盲目运用，致使工程受到损坏。

（二）控制运用

黄河涵闸控制运用，分为引水兴利与分洪分凌。涵闸控制运用又称涵闸工程调度管理，按照工程的设计指标和所承担的任务制定相应的控制运用操作规程，有计划地启闭闸门，以达到调节水位、控制流量、发挥工程效益的目的。黄河的涵闸分引黄闸、分泄洪闸和排灌闸三类。

涵闸的控制运用，不得超过工程设计中规定的设计防洪水位、最高运用水位、最大水位差及相应的上下游水位、最大过闸流量及相应的单宽流量、下游渠道的安全水位和流量、灌溉引水允许最大含沙量等各项指标。当花园口水文站测报超过5 000 m^3/s 流量时，所有涵闸停止引水；确需引水的，须进行技术论证，报经上级主管部门批准后实施。涵闸的控制运用必须做到以下几点：确保工程安全；符合局部服从全局、全局照顾局部、兴利服从防洪的原则，统筹兼顾；综合利用水资源；按照批准的运用计划、供水计划和上级的调度指令等有关规定合理运用；与上、下游和相邻有关工程密切配合运用。由于黄河河床逐年淤积抬高，当涵闸防洪水位超过原工程设计防洪水位时，应于汛前采取围堵、加固等有效度汛措施。

在冰冻期涵闸的运用应符合下列要求：①启闭闸门前，必须采取措施，消除闸门周边和运转部位的冻结；②冰冻期间，应保持闸上水位平稳，以利上游形成冰盖；③解冻期间一般不宜引水，如必须引水时，应将闸门提出水面或小开度引水。

闸门操作运用的基本要求如下。

（1）做好启闭前的准备工作，检查管理范围内有无影响闸门正常启闭的水上漂浮物、人、畜等，并作妥善处理。检查闸门启闭设备状态，有无卡阻现象，检查电源、机电设备是否符合启闭要求；观察上、下游水位、流态，查对流量等。

（2）过闸流量必须与下游水位相适应，使水跃发生在消力池内，可根据实测的闸下水位一安全流量关系图表进行操作。过闸水流应平稳，避免发生折冲水流、集中水流、回流、旋涡等不良流态。关闸或减小过闸流量时，应避免下游河道水位降落过快，避免闸门停留在发生震动的位置。闸门应同时分级均匀启闭，不能同时启闭时，应由中间孔向两边依次对称开启，由两边向中间孔依次对称关闭。应避免洞内长时间处于明、满流交替状态。

（3）应由熟练业务的人员进行闸门启闭机的操作和监护，固定岗位，明确职责，做到准确及时，保证工程和操作人员安全。闸门启闭过程中如发现沉重、停滞、杂声等异常情况，应及时停车检查，加以处理。当闸门开启接近最大开度或关闭接近闸底时，应减小启闭机运行速度，注意及时停车，严禁无电操作启闭机。遇有闸门关闭不严现象时，应查明原因并进行处理。

（4）闸门操作应有专门记录，并妥善保存。记录内容包括启闭依据，操作时间、人员，启闭过程及历时，上、下游水位及流量、流态，操作前后设备状况，操作过程中出现的不正常现象及采取的措施等。

涵闸工程管理单位应按年度或分阶段制订控制运用方案，报上级主管部门审批。制订汛期控制运用计划、防御大洪水预案和各类险情抢护方案，报相应人民政府防汛抗旱指挥部黄河防汛办公室备案，并接受其监督。

分泄洪闸根据花园口洪水预报确定需要分洪时，各闸的爆破人员必须立即上堤，待花园口报峰、省防汛抗旱指挥部确定运用方案后，首先在围堤破口处削弱围堤断面，接到分洪命令时迅速进行全面破除，闸门启闭时机和开度（或泄流指标）必须严格按照上级防指下达的命令执行，保证完成。

（三）养护修理

1. 环境与设施管理

水闸的维修养护工作应本着“经常养护、随时维修、养重于修、修重于抢”的原则进行。加强经常养护和定期检修，保持工程完整，安全运用。

水闸管理范围内环境和工程设施的保护，遵守以下规定：①严禁在水闸管理范围内进行爆破、取土、埋葬、建窑、倾倒和排放有毒或污染的物质等危害工程安全的活动；②按有关规定对管理范围内建筑的生产、生活设施进行安全监督；③禁止超重车辆和无铺垫的铁轮车、履带车通过公路桥。禁止机动车辆在没有硬化的堤顶上雨雪天行车；④妥善保护机电设备、水文、通信、观测设施，防止人为损坏；⑤严禁在堤身及挡土墙后填土区上堆置超重物料；⑥离地面较高的建筑物，应装置避雷设备，并定期检查，保证完好有效；⑦工程周围和管理单位驻地应绿化美化、整洁卫生，各种标志标牌应齐全、标准、美观大方。

2. 土工建筑物的养护修理

堤（坝）出现雨淋沟、浪窝、塌陷和岸、翼墙后填土区发生跌塘、下陷时，应随时夯实修补。

堤（坝）发生渗漏、管涌现象时，应按照“上截、下排”的原则及时进行处理。

堤（坝）发生裂缝时，应针对裂缝特征按照下列规定处理：干缩裂缝、冰冻裂缝和深度小于0.5 m、宽度小于5 mm的纵向裂缝，一般可采取封闭缝口处理。

深度不大的表层裂缝，可采用开挖回填处理。

非滑动性的内部深层裂缝，宜采用灌浆处理；对自表层延伸至堤（坝）深部的裂缝，宜采用上部开挖回填与下部灌浆相结合的方法处理。裂缝灌浆宜采用重力或低压灌浆，并不宜在雨季或高水位下进行。当裂缝出现滑动迹象时，应严禁灌浆。

堤（坝）出现滑坡迹象时，应针对原因按“上部减载、下部压重”和“迎水坡防渗、背水坡导渗”等原则进行处理。

堤（坝）遭受白蚁、害兽危害时，应采用毒杀、诱杀、捕杀等办法防治；蚁穴、兽洞可采用灌浆或开挖回填等方法处理。

河床冲刷坑已危及防冲槽或河坡稳定时应立即抢护。一般可采用抛石或沉排等方法处理；不影响工程安全的冲刷坑可不作处理。

河床和涵洞淤积影响工程效益时，应及时采用人工开挖、机械疏浚或利用泄水结合机具松土冲淤等方法清除。

3. 石工建筑物的养护修理

干砌石和浆砌石表面应平整严密、嵌接牢固，如发现塌陷、隆起、错动等情况，应重新翻砌整修。灰浆勾缝脱落或开裂，应冲洗干净后重新勾缝。

浆砌石岸墙、挡土墙出现倾斜或滑动迹象时，可采用降低墙后填土高度等办法处理。

对抛石防冲槽和闸前两侧裹头护根石应经常进行探摸，发现蛰陷、走失等情况，应及时填补、整修。

工程本身的排水孔、排水管及其周围的排水系统要保持畅通，如有堵塞或破坏，应及时修复或补设。

（四）水闸工程抢修

水闸工程在紧急防汛期或突然发生如下险情时，应立即进行抢修（护）：上游铺盖断裂或其永久缝止水失效；上游翼墙变位、渗漏或其永久缝止水失效；闸体位移异常；护坦变位或有隆起迹象；下游翼墙变位；闸下消能设施被冲坏；闸门事故（不能开启或关闭）；上、下游护坡破损；上、下游堤岸出险；穿堤闸涵事故等。

经检查或根据实测扬压力、渗水量及水色分析判定，软基上的水闸上游铺盖断裂或其永久缝止水失效，将危及水闸安全，应立即抢护：①尽可能降低闸前水位，疏通护坦和消力池的排水孔并做好反滤；②在上游铺盖截渗处理，可采取大面积沉放加筋防渗土工布并压重、抛土袋及新土。

上游翼墙变位、渗漏或其永久缝止水失效，应采取如下措施：①墙后减载、做好排水并防止地表水下渗；②尽可能嵌填止水材料修复永久缝止水（如有可能，应抢筑围堰处理止水）；③贴墙敷设加筋防渗土工布并叠压土袋；④抛石支撑翼墙等。

发现闸体位移异常，经验算分析确认水闸抗滑稳定或闸基渗流存在问题时，应立即抢护：①尽可能降低闸前水位，疏通护坦和消力池的排水孔并做好反滤；②可在水闸上压载阻滑；③可在闸室打入阻滑桩；④在下游打坝，抬高下游水位，保闸度汛。

护坦变位或有隆起迹象，分析诱发原因并采取相宜措施，同时可采取如下措施：①尽可能降低闸前水位，疏通护坦和消力池的排水孔并做好反滤；②抛填块石、石笼镇压。

下游翼墙变位，应采取如下措施：①墙后减载、做好排水并防止地表水下渗；②抛石支撑翼墙等。

闸下消能设施冲坏，应采取如下措施：①如允许关闸时，宜关闸抢护（砌护或抛填块石、石笼等）；②不能关闸时，在抛填块石、石笼的同时，可在海漫末端或下游抛筑潜坝。

闸门事故，应按具体情况处理。泄洪闸门不能开启的应急措施如下：①启闭系统故障，抢修不成功时，改用其他起吊机械或人工绞盘开启；②污物卡阻闸前或闸门槽，设法清除；③闸门吊耳、绳套或启闭机具与闸门连接处故障，及时抢修，必要时由潜水工作业，如原有机具不便连接，可改用其他方式，以吊起闸门泄流为原则；④埋件损坏（特别是主轨），设法抢修，抢修无效时，放弃该孔闸门泄流，并采取措施防止险情扩大。

闸门不能关闭的应急措施，由于闸门变形、埋件损坏、杂物卡阻等，经抢修及清理仍不能奏效时，采取封堵闸孔的办法：①框架沙土袋封堵闸孔，即将钢木叠梁、型钢及钢筋网、钢筋混凝土预制管穿钢管等沉在门前、卡在闸墩或八字墙，再抛填砂石、土袋及土料闭气；②抢筑围堰封闭闸孔。③如水泥薄壳闸门脆性破坏，相当于闸门不能关闭，可用前法封堵闸孔（也有用沉船、抛汽车代替框架的）。

上、下游护坡破损，应采取如下措施抢护：①局部松动，砂石袋压盖；②局部塌陷，抛石压盖，冲刷严重时，应抛石笼压盖；③垫层、土体已被淘刷，先抛填垫层，再抛压砂石袋、块石或石笼等。

上、下游堤岸出险，应采取相应的措施抢护。①水下部位塌坑，可抛投土袋等材料填坑，抛投散料封闭；②堤岸风浪淘刷严重，应按“提高堤岸抗冲力、消减风浪冲刷”的原则采取土工织物、土袋防浪及柴排消浪等措施；③堤岸发生崩塌时，在“缓流挑流、护脚固基、减载加帮”的原则下，可采用抛石（石笼、土袋）护脚、抛柴石枕护岸等方法抢护。

穿堤（坝）闸涵事故，应按具体情况处理。建筑物与堤（坝）结合部出现集中渗漏（接触冲刷），应按上堵下排的原则处理：①可采用上游沉放加筋防渗土工布并压重、抛土袋及新土等措施防渗；②下游反滤导渗（如开沟导渗、贴坡反滤、反滤围井等），以渗清水为原则，同时，回填洞顶及出口的陷坑；③如险情严重，宜在其下游河道（渠）打坝（必要时加修侧堤），抬高下游水位，缓解险情；④可在上游抢筑围堰保住闸涵。

穿堤（坝）涵洞（管）裂缝、断裂或接头错位，水流向堤（坝）渗漏，应立即关闭闸门或堵闭闸孔，同时回填洞顶及出口等部位的陷坑。

穿堤（坝）闸涵下游出现管涌（流土），应在其下游河道（渠）打坝（可筑多道），抬高下游水位，缓解险情。

第五节　工程除险加固

一、安全管理中存在的突出问题

对安全管理中存在的突出问题从以下几方面阐述。

（一）堤防工程

在黄河下游防洪工程体系建设中，堤防占有十分重要的地位。堤防工程长度大、历史长，受影响的自然因素和社会因素比较复杂，造成堤身、堤基存在较多的安全隐患，对防洪安全构成很大威胁。

1. 堤基存在的主要问题

（1）历史溃口口门

在堵口时堆筑了大量的秸料、木桩、麻料、砖石料等，埋在堤身下，形成强透水层。口门背河处遗留有潭坑或洼地，汛期高水位时，易形成过水通道，对大堤安全威胁很大，成为黄河大堤的隐患。

（2）双层及多层地基

黄河大堤堤基多数为复杂的多层结构。地面下 7 ~ 18 m 多为粉细沙、沙壤土、壤土、黏土互层，其下为沙土。这种地质结构，存在着渗透变形、液化、沉降和不均匀沉降等问题。

2. 堤身存在的主要问题

（1）断面不足

黄河大堤断面不能满足设计浸润线不在背河堤坡出逸的要求，当发生大洪水时，可能会造成堤坡下滑。

（2）土质不良

黄河堤防是在原民堰上逐步加高培厚修筑起来的。受设备和地理环境等条件制约，历史上修筑的堤防普遍存在用料不当问题，筑堤都为就近取土，土质复杂。现黄河大堤堤身大多为沙壤土和粉细沙，少数为壤土和黏土。沙壤土、粉细沙的渗透系数大，洪水期易发生渗水、管涌等险情。局部用黏土修筑的堤防，易形成干缩裂缝，特别是贯穿性横缝，易形成过水通道威胁堤防安全，还存在施工接头裂缝、不均匀沉陷裂缝等。

（3）填筑不实

受当时施工技术等条件的限制，有些没有夯实，夯实者也多没有达到目前的设计要求。据堤身检查试验，部分老堤的干容重仅 1.3 t/m^3，有些还是用生淤土块堆筑而成的，这些堤段易发生裂缝、松土层，遇高水位渗流量大，严重时甚至形成渗水通道。

（4）洞穴及空洞

獾、狐、鼠类等动物在堤防上打洞，造成堤防上洞穴隐患较多，每年堤防检查都发现不少獾、狐、鼠洞穴，在堤身内还有战壕、防空洞、藏物洞、墓坑、树坑等空洞，这些洞穴较为隐蔽，不易被发现。堤身存在洞穴及空洞，严重削弱堤防的抗洪能力，尤其易形成漏洞，造成堤防失事。

（二）水库工程

黄委直属的三门峡、故县水库枢纽，是黄河中下游与小浪底、陆浑水库实现四库联合调度的上拦工程的组成部分，也存在一些不容忽视的安全隐患，需要引起思想上的重视。如两水库大坝安全监测系统技术装备水平低；机电金属结构更新改造步伐慢，防汛供电系统设备老化陈旧、缺陷故障多；水工建筑物部分，三门峡两条泄水隧洞磨损严重，故县水库存在严重坝基漏水，坝下游右岸护坡淘刷等病害尚未彻底根除等问题。

二、堤防加固技术

堤防除险加固由早期的人工锥探、抽水洇堤和开挖回填等较简易手段逐步发展成为机械筑俄、压力灌浆、放淤固堤、截渗墙等多种加固措施并举的新阶段，在工程加固取得巨大成效的同时，加固技术也有了长足的进步和发展，尤其在放淤固堤和截渗技术上有许多创新。

（一）抽水洇堤

抽水洇堤是一种简单易行的传统固堤和查找隐患的方法。20 世纪 70 年代以前黄河下游多有应用，其主要作用是通过对堤身土壤洇水饱和、排水固结过程及对水的渗压作用，使土粒结构重新结合，增加土体密度，提高堤身干容重。工程实践证明，抽水洇堤对堤身内存在的松土层、施工界沟和生物洞穴等隐患的加固有一定成效。经现场测试，对沙性土堤，洇水后堤身内土的干容重可提高 5% ~10%；对黏性土，由于洇水崩解和排水固结缓慢，加密效果甚微。

（二）灌浆加固

自 50 年代的人工锥探发现隐患，进行开挖回填，到 60 年代发展为半机械锥探，自流充填灌浆；70 年代以来，随着先进的锥探机和压力灌浆机组的创造成功，压力灌浆处理堤身隐患技术在深度和广度上有了飞跃发展，大大提高了劳动生产效率和加固效果。在压力灌浆过程中，多次进行开挖检验灌浆效果，检验结果表明：①所有裂缝（包括小至 1 mm 宽的缝）都被泥浆充填密实，所有连通的缝可 40 m 远一次灌实；②对各种洞穴、小碎石层、树根洞均可灌实；③对散抛石基础和土石结合部空隙均能灌实；④经取样试验，灌进土体与周围结合密实，且干容重达 1.5 t/m^3；⑤松土层、沙土层不易灌实，钻孔未穿过的洞穴不进泥浆。由于灌浆效果密实，故自 1970 年以后，不再进行人工开挖，全部用压力灌浆消灭隐患，它解决了以前人工开挖法无法解决的诸如细裂缝、碎石层和锥探深度不足的问题，使消灭隐患技术在深度和广度上进一步提高。此项技术不仅在我国长江、汉江、淮河等流域推广，还在援外工程上使用，都取得了良好的效果。

（三）放淤固堤

放淤固堤是指在黄河下游利用水流含沙量大的特点，将浑水或人工制造的泥浆引至（或扬至）沿堤洼地或人工围堤内，降低流速，沉沙落淤，加固堤防的一种措施，几十年来得到了快速发展。先后采用了自流放淤固堤、扬水站放淤固堤、吸泥船放淤固堤、泥浆泵放淤固堤以及组合式放淤固堤等形式，设备和技术的改进、提高，大大提高了生产效率，已成为黄河堤防加固的主要措施，取得了很大成效。

黄河难治在于泥沙。把有害的泥沙用于加固堤防是治黄中的一项伟大创举。通过放淤固堤抬高了背河地面，减小了临背悬差，消除了历史决口老口门、潭坑和多处堤防险点、险段，显著地提高了堤段的抗洪能力。其主要作用如下：

1. 改善堤防的防洪环境

放淤固堤淤填了黄河下游背河历史上决口造成的口门和潭坑，起到了填塘固基的作用；淤填了常年积水的背河洼地，缩小了临背悬差，背河地面普遍淤高了 1 m 以上，疏浚了河槽，引出了泥沙，起到了减缓河床淤积的作用。

2. 增大了堤防断面

淤背使大堤断面宽增加了 50 ~100 m。淤背部分的土质渗透性较强，淤背固堤符合背河导渗的要求。大堤断面加宽，使堤身、堤基内部隐患可能发生的险情得到有效遏制，大堤淤宽大大增加了防洪的安全度。

3. 提高了堤防抗震能力

试验和计算结果表明，在地震情况下，堤身和基础将会部分失稳滑动。通过淤背加宽堤身50～100 m，即使地震作用下发生下滑，淤背区还有相当的宽度可以抵御洪水，并能争取抢护时间，保证大堤安全。

4. 减少了修堤与生产的矛盾

放淤固堤比人工修堤，可节省劳力，节约投资，少挖耕地。

5. 为多种经营创造了条件

放淤固堤为植树造林、绿化堤防、开展综合经营提供了基地。

（四）砂石反滤与减压井

按照背河导渗的原则，在背河堤坡近堤脚处铺筑反滤体，或在堤脚处开挖导渗沟，打减压井降低堤后水位，减小出逸比降。在20世纪60、70年代，黄河下游少部分堤段采取了这种措施，效果良好，但由于早期井管材质较差和施工方法简单，加上连年干旱枯水，年久失修，除少量井尚保存外，大都破坏失效。

黄河堤防和长江荆江大堤修建减压井的运用经验和室内试验研究表明，减压井在运用中普遍存在化学淤堵、减压排水效率衰减以及难以管理维护等缺陷。尤其对我国北方像黄河这样枯水期很长的河流，堤防偎水时间短，修建减压井实用价值低，而维护费用较高。因此，堤防管理单位已不采用。

（五）截渗加固

黄河堤防战线长，施工条件复杂，有些堤段不适宜采用上述方法或采用上述方法存在投资大、工期长、施工难度大、工艺复杂等问题，选用截渗技术进行加固处理。按截渗材料的不同，截渗技术可分为土工膜截渗、混凝土截渗墙、水泥土截渗墙和黏土斜墙截渗。

1. 土工膜加固

采用土工膜加固大堤，就是在堤身或堤基修建以土工膜为主体的防渗体。按其铺设方向的不同，分为斜铺防渗、垂直防渗和水平防渗；按其位置的不同，分为堤身防渗和堤基防渗。

应用土工膜防渗技术加固堤防具有以下优点：①投资少；②工期短、用工少，减少挖耕地面积；③施工技术简单，操作简便；④料源充足，运输量少。

2. 混凝土、水泥土截渗墙加固

黄河下游自20世纪60年代以来，在截渗墙的施工方法和机具的创新以及材料的使用方面，进行了大量的研究，取得了可喜的成绩，于1997年开始在黄河下游实施大规模的截渗墙加固堤防。

（1）截渗墙位置

一般情况下，截渗墙均布置在堤顶，嵌入到堤基相对不透水层中，截断堤防所有贯通裂缝、洞穴及堤基的透水层，防止动植物对大堤的穿透破坏。对深层透水地基考虑到机具、施工等方面的因素，可将截渗墙设置在临河，上接土工布防渗护坡。

（2）截渗墙厚度

截渗墙体设计厚度主要是考虑抗渗能力的要求。截渗墙的抗渗能力不是由它的厚度而是由它的均匀性所决定的，即墙体的薄弱点如蜂窝、接头情况等的有无、多少及程度大小是影响墙体抗渗能力的主要因素。当墙厚为0.22 m时，经渗透计算满足渗流稳定要求。

在机具方面，射水法造墙设备的设计厚度为0.22 m、0.35 m，锯槽法造墙设备的设计厚度为0.2～0.6 m。

（3）截渗墙深度

截渗墙一般应嵌入到隔水层或相对不透水层中；对于双层结构地基，若下卧土层的渗透系数比上覆土层的渗透系数小100倍以上时，将下卧土层视为相对不透水层；若地基的表层渗透系数比堤身的渗透系数大100倍以上时，则视堤身为不透水层。黄河大堤地基大多数为双层结构或多层结构，粉细沙层中有一天然隔水层，截渗墙一般应嵌入到此隔水层中1 m，对于老口门处，由于隔水层被局部冲掉，使得老口门秸料层与粉细沙层贯通，变成了单一结构，强透水层局部增厚，处理这些堤段时，截渗墙应嵌入到深层（粉细沙层）之下的粉质黏土层和壤土层中1 m，以保证截渗效果。

采用截渗墙加固堤防，可有效阻断堤身的横向裂缝、洞穴，也能阻止树根横穿堤身，且害堤动物不能对墙体造成破坏，防止新的隐患产生；与增大堤防断面相比，技术先进，又能有效地消除堤防隐患，征地赔偿问题较小，且连续墙系隐蔽工程，维护及管理费用很低。

第六节 黄河堤防獾鼠危害与防治

黄河大堤獾鼠动物影响堤防完整与运用安全，每年需投入大量人力、财力、物力捕捉獾鼠，处理隐患，如何有效地防治獾鼠及南方的白蚁，是黄河堤防工程面临的课题之一。千里金堤，溃于蚁穴。据近代历史记载，黄河历次决口除堤身高度不足所发生的少量漫溢决口外，多数是洞穴隐患所造成的溃决。獾鼠是造成大堤（坝）洞穴隐患的主要原因。

一、獾鼠习性

（一）獾

獾亦称“猪獾”，属哺乳纲，啮齿目，鼬科，广布于欧亚大陆。体长约0.5 m，尾长0.1 m有余，头长、耳短、身体粗胖，皮下脂肪较厚，成獾体重15 kg左右；毛呈灰色，有时发黄，夏秋灰褐，冬春灰黄，形成保护色；头部有3条宽白纵纹，耳沿亦白色，胸、腹、四肢呈黑色；腿较短，前蹄宽、短、爪长，后蹄窄、长、爪短，形似小孩脚丫，俗称“人脚獾”。前爪长约6 cm，善掏洞穴，一夜可掏7～8 m，速度惊人。掏洞穴时，前爪挖，后蹄刨，屁股推。獾视觉一般，但听觉、嗅觉灵敏，凭借灵敏的听觉和嗅觉，它可以较快地发现猎取目标，又能实时地辨别险情，藏匿或逃遁。獾生性胆怯，疑心颇大，特狡猾，只要发现洞前有天敌活动的迹象，会长时间藏匿不再出入，因此捕捉时应十分小心。

獾是食肉性动物，食性又较杂，几乎是捕到什么吃什么，其中主要以老鼠、青蛙、蛇、刺猬、昆虫等小动物为食；在动物食源不充足的情况下，瓜果农作物、草根等也用于充饥。獾是游击性觅食，且喜欢吃鲜食，不吃死掉的动物，因而人们设想以死烂动物为诱饵进行捕捉很难奏效。

獾喜欢夜晚活动，昼伏夜出；獾奔跑速度不快，走动时脚尖着地重，脚跟着地轻，爪印相当突出，多走熟路，线路弯曲；獾饮水游泳，其生活环境中多有水源。獾一般都有几处住所，以一处为主，每处数个洞口，通常只在一两个洞口出入，单口洞穴不会住獾。獾善冬眠，每年立冬至惊蛰期间，穴居洞内，不吃不喝，惊蛰后开始行动，此时其身体虚弱，行动迟缓，为尽快恢复体质，活动相当频繁。

獾每年9~10月中旬交配，翌年4~5月生育，每窝产3~4只，产崽后，觅食频繁，易被发现，是全窝捕捉的好机会。

（二）鼠

鼠别称耗子，属脊椎动物，哺乳纲，鼠科，种类极多（全世界约450种以上），分布极广，繁殖及适应性特强。有关资料表明，黄河下游堤防工程范围内主要分布褐家鼠、大仓鼠、大家鼠、小家鼠、黑线姬鼠、黑线仓鼠、田鼠、鼢鼠（盲鼠）和麝鼠等9种，约占全国迄今发现鼠类184种的5%。鼢鼠身体粗圆，毛呈黑灰，尾短眼小，视觉感官不灵，以植物根茎为食，常活动在地表以下0.1~0.3 m深度。其余鼠种具有如下共性：体小头圆，口吻突出，唇有须，眼圆，耳小，门齿发达，无犬齿，躯干圆长，四肢细短，尾巴长，前肢比后肢短，有五趾，各趾有钩爪，第一趾特别小，毛柔，背暗褐，腹灰白。老鼠寿命2~3年，幼鼠2~4个月便情窦大开，一个月左右又产幼子；鼠一般有5对乳房，褐家鼠有6对乳房，每年生育5~8胎，每胎4~7只，妊娠期短，发育迅速，致使繁殖力非常旺盛，尽管有獾、狐、猫、鹰及人类的大量食杀，也难以将其驱除消灭。凡鼠多穴居食物丰盛、地形地貌复杂多变、沟壑较多、杂草丛生处，且洞穴有数口门，易于逃遁。老鼠生性敏锐、多猜疑、智商高、善攀越、会游泳，加之食性杂，对环境的适应性特强。目前已发展到世界各地无处没有鼠的状况，捕杀难度很大。

（三）狐

危害黄河堤防的有害动物主要有獾、狐、鼠，并历来作为防治重点。我们认为，这种传统观念和提法似有不妥。獾的洞穴大，鼠的洞穴多，会造成堤坝工程的大量隐患，对水利工程完整与安全运用十分不利，必须加强防治，但狐则不同。狐属脊椎动物，哺乳类，犬科。狐有近10种，我国主要分布有赤狐、十字狐，其生理习性相同，形貌相近。形似犬而瘦小，躯干长，四肢细，口吻尖突，有黑须；耳朵呈小三角形；听、嗅两器官皆灵敏，瞳孔椭圆形；体长1.2 m左右，尾巴长达躯干之半。狐常捷居山林、土岗、沟坡等地形多变处，因无刨掏洞穴的习性，其洞穴多为袭居，昼伏夜出，掳食鼠、鼬、蛙、鸟及昆虫等，时而也掠食家禽。初春交配，妊娠期60天，每胎产崽5~8只，2年成熟，寿命10~15年。狐生性敏锐、多猜疑、极狡猾，逢敌则从肛门旁臭泉放出恶臭而逃跑。其肉臭、味不美；毛皮蓬松柔软，是制裘的好原料。

从狐自身的能力讲，它不会刨挖洞穴，多袭居貛洞或穴居沟槽，有捕食老鼠的本能，无危害堤身的行为，不宜列为害堤动物。从生态角度讲，大自然中存在许多鼠类的有力天敌，除猫、黄鼠狼、獾和鹰外，狐也是其中之一。据资料介绍，一只狐一昼夜可捕食老鼠20多只，正是这些天敌的存在，才大大减轻了人类防治鼠害的负担。因此，从维持生态循环及环境的意义讲，应保护狐，不再捕捉。

二、堤防獾鼠活动规律

黄河下游堤防从孟津铁谢至垦利入海口、沁河五龙口以下、大清河戴村坝以下，计有设防大堤1 954 km、险工坝垛1万余道，各地均有老鼠出没行迹，造成大量洞穴隐患和水沟浪窝，不同之处是不同堤段种群数量不同，危害大小有差异。獾活动的堤线主要在沁河口以下至艾山以上，临黄堤、北金堤及东平湖堤均有獾的行迹，其中在邙金、长垣、濮阳、兰考、东明、阳谷及东平湖等堤段活动猖獗，其他堤段基本上没有獾的活动和危害。

獾洞在堤身分布与堤身坡形、植被好坏以及近堤的生态环境有关。一般堤坡不平顺、备防石料堆放不齐整、堤身杂草杂树多、人迹罕至偏僻、近堤低洼有饮水、好隐蔽易逃遁的堤段，为獾提供了天然的生态环境，獾活动猖獗，洞穴隐患较多。獾洞多分布在堤坝坡中部。洞道处于设防水位以下，洞口位于背风朝阳的地方。

堤身鼠洞一般分布在堤坝身中上部，鼠食居洞穴要求土质疏松干燥，以利其居住和存放食物。堤根地势低洼，地下水位普遍较高，串沟、漫滩洪水及连绵降雨影响，增大了堤根积水的概率，会导致鼠洞上移；堤身中上部废弃土牛、房台多，打场晒粮堆垛多，为便于觅食，老鼠则要就近挖洞居食。从堤段上划分，临村堤防、上堤路口，人畜活动频繁，鼠洞明确减少，反之则鼠害较多。獾个体数量有随鼠个体数量增减而变化的现象，这种现象可能与獾以鼠为主要食源之一有关。

三、灌鼠防治方法

（一）黄河堤防常用的捕耀方法

1. 踩夹夹撞法

踩夹形如鼠夹，但比鼠夹大，是捕獾的好工具，这种工具简便实用，操作方便，不用诱饵，易于伪装，效果良好。它由半径为15 cm的两个半圆形夹丝、四段弹簧、踏板和保险等部件组成，夹丝是夹獾的主体，弹簧提供动力，踏板是制动机关，保险可防獾挣脱逃跑。夹子布置在洞口前或进出路径上，只要獾踩住踏板，触动机关，夹子会迅速合拢，夹捕猎物；夹子用铅丝系在铁棍上，铁棍深插土中起保险作用，以免獾将夹子带走。踩夹机关灵敏，放置时应十分小心，放好后应经常查看，以免误伤人畜。

2. 开挖捕捉法

已探明獾在洞中，先用捕网或铅丝笼将洞口围好，然后可结合开挖翻填洞穴捕捉。该法主要有两种：一种是顺洞开挖，逐节逼近，直至捕住。该法进度慢，耗时长，适用于洞道短、埋深浅的洞穴。另一种是竖井拦截，先探明洞道走向，然后在洞顶开挖井径0.7～0.8 m的竖井；若洞道长，转弯多，可多段同时进行，逐渐逼近时，当挖至獾藏身处时，采用网捕或钗扎捕杀。此法进度快，效率高，适用于洞道长、埋藏深的洞穴。

开挖捕捉法尽管用人多、耗时长，需要日夜不停地开挖，但结合了翻填洞穴，成功率又较高，因而在黄河上得到了较广泛的应用。

3. 烟熏网捕法

探明獾在洞中时，只留其中一个洞口，其余封堵，可在洞口布下捕网，然后在洞内点燃沾油的布棉、辣椒、硫黄和秸秆易燃物，产生有害气体熏杀于洞中或网捕捉拿。该法适用于洞道浅短的简单洞穴。

4. 枪击法

在獾洞口附近挖掩体，猎人藏入加以伪装，夜间待机将獾击杀。此法简便易行，适用于该地有狩猎爱好者，獾又频繁出没的情况下。

鼠害防治黄河多年沿用的是依靠堤坝管护人员人工捕捉法，特别是盲鼠，人工捕捉成功率很高，同时也涌现出不少捕鼠能手。化学药物灭鼠、生物方法灭鼠、毒气弹炸鼠等方法仅在小范围内试验，尚未取得大的成效，还需进一步研究。

（二）加强技术研究与探索，依法保护工程

獾鼠危害有目共睹，防治难度很大，传统的方法需要完善，新的方法更需要探索研究，同时也要注意以下几个方面。

（1）獾属于野生动物，受《中华人民共和国野生动物保护法》保护。在新的历史条件下，要依法办事，要在确保堤防工程安全运用的前提下，采取科学有效的防治方法，捕捉或驱赶是行之有效的，但务必要保护野生动物，达到保护堤防工程与野生动物两个目的。

（2）工程防治与社会防治相结合，重点研究与综合防治相结合，因地制宜，减少獾鼠害数量。獾鼠危害不仅仅局限于防洪堤坝，社会各行业乃至人类本身也深受其害，防治具有社会性，应从社会整体利益出发开展工程獾鼠防治，力求减少其在工程范围内的种体数量，控制危害至最低限度。就工程的危害而言，獾鼠在各堤段表现不同，有些堤段有鼠无獾，有些堤段獾鼠并存，数量种类也有差异，而每一种防治方法又都有它的特点和局限性，这就要根据各堤段实际，制订切实可行的防治方案，坚持综合防治与重点研究相结合，达到有效灭害的目的。如对鼠害猖獗堤段，可以化学药物、生物工程方法防治为主，辅以驱除杂草，严禁打场堆垛、整治堤身坝坡、更新草皮树木等；对獾鼠并存堤段，亦可从环境治理入手，探索生化方法灭鼠和捕捉堤獾的新方法。

（3）工程环境治理是驱除獾鼠、减少危害的重要防治措施，应该深化加强。某些动物或濒于灭绝或已经灭绝，另一些动物可能泛滥成灾。首先是弱肉强食、优胜劣汰的动物进化原则起主导作用；其次则是环境，环境改变与否是动物能否生存发展的主要原因之一。动物的形态、生理特征都与环境息息相关，如环境不适于鼠类生存，它们会迁徙；季节变化獾狐毛色会变更，环境条件遭受破坏，动物便难以生存，即便不捕杀，也会自行减少。

反之，若只注重毒灭捕杀，忽视治理其栖息环境，则只能使獾鼠数量暂时减少，一旦停止杀灭活动，獾鼠数量又会很快恢复并增加。因此，清除堤身坝岸树丛、杂草，整修堤坝坡，更新草皮，平整废土牛、旧房台，排整备防石料等，是破坏獾鼠栖息环境、减少獾鼠危害的重要措施。

（4）把防治獾鼠作为工程管理的一项经常性工作来抓，达到长期控制獾鼠害至最低限度的目的。獾食性杂、适应性强，鼠分布范围广又呈几何级数递增，彻底消灭似乎是不可能的，必须把防治獾鼠害作为工程管理的一项经常性工作来抓，制定必要的管理制度和奖罚办法，提高管护人员的思想认识，规范其管理行为，促进除害灭患工作的持续、深入发展。

（5）从生态系统整体观念出发，把眼前实际防治效果与社会生态效益结合起来，在利用生化方法除害灭患的同时，防止造成益鸟、益兽和人畜伤亡。如鹰、猫、蛇等动物是鼠类的天敌，其繁殖能力又远赶不上鼠类，两者比例失调时，鼠类增加更快更多，对工程、对社会危害更严重，损失也更大。

（6）獾鼠危害范围广，工程防治难度大，鉴于北方河流长期遭受獾鼠困扰，建议由水利部建管司牵头，成立北方河流獾鼠害防治中心，加强技术协作交流，推动防治工作的深入发展。

第七节　水利工程资产管理

一、工程及管护土地确权划界

工程及管护土地是水利工程的重要资产。为了加强水利工程管理，充分发挥水利工程效益，自1989年黄委开展了水利工程土地确权划界工作。1992年前，由于沿黄县级土地管理部门尚处于筹建阶段。黄委只有部分单位进行了登记申报，多数单位是自己进行调查摸底，整理资料，收集有关文件，查找购地手续、土地文书、划拨协议等证明材料，而没有进行实质性工作。随着各地土地管理部门工作的深入，黄委土地划界工作也有了实质性进展，各基层管理单位加强了与当地政府和土地管理部门的联系，主动接触，积极配合，进行土地权属调查、勘定边界和地籍测量工作。

二、引黄供水工程

黄河下游现有引黄涵闸94座，设计引水能力4 016.7 m^3/s。引黄渠首工程承担着向河南省的洛阳、郑州、焦作、新乡、开封、商丘、濮阳和山东省的菏泽、聊城、济宁、泰安、德州、济南、滨州、淄博、东营、青岛以及河北省的沧州等地（市）工农业用水的供水任务，向中原、胜利两大油田供水，此外，还多次通过引黄济津向天津供水。

引黄渠首供水工程由黄河各级河务部门负责管理。

引黄渠首供水工程及相关工程由黄委统一管理，下设河南、山东两省河务局，负责两省的黄河工程管理与防汛工作，在两省河务局下设涵闸科，沿黄地（市）均设地（市）

级河务局，地（市）河务局下设县（市、区）河务局。负责工程的规划设计、建设、运行、养护、维修、闸前闸后100 m范围内的清淤、闸体洞身的清淤检查、防汛、水质监测、调水配水、供水计量、水费计收等工作。

三、土地资源开发

堤防淤背区和工程护堤、护坝地是管理单位的宝贵土地资源。20世纪80年代开始，基层水管单位在土地资源开发中研究试行了职工承包、与户联营、与村联营等经济合同的办法。济阳县河务局等单位采取挖坑、挖槽换土，引进矮化优良果树品种等技术，开发了数百亩果园，取得了显著成效，为淤区开发积累了经验。河南局研究提出了因河道整治而新淤出滩地的经营管理办法，部分新淤滩地由河务部门经营，为水利产业开发走出了一条新路子。

四、水利工程景观资源开发

（一）水利工程景观开发思路

按照“人与自然和谐相处，维持黄河健康生命”的原则，坚持生态与文化并重，自然与人造并举，点线结合，以点带线，带状布局，全面发展。即结合沿黄区域自然、生态和文化旅游资源，以黄河郑州花园口、开封柳园口、济南泺口（简称“三口”）及各县（区）局工程管理示范点建设为依托，借助三门峡、故县水库等景点旅游发展优势，以宣传黄河文化底蕴、展示生态黄河成就、造福人民群众为宗旨，建设黄河中下游水库、水闸、堤防及河道整治工程的旅游景观带，实现点因线活畅、线因点生辉的旅游开发良性循环。

水利工程景观资源开发，造福沿黄人民群众，并发展水利旅游业，尽管有“三口”景观旅游的部分经验，但对黄河系统广大职工来说是一项新的工作，也是一个新的挑战，还有许多问题和矛盾需要我们在实际工作中解决。

（二）黄河水利旅游开发的特点

水利旅游的载体是水利风景区，顾名思义，是依托水利工程而建的风景区。它以山清水秀、环境优美、揭示了人与自然和谐共处的深刻内涵，满足了社会文明进步和人民生活对优美环境、良好生态的迫切需要。除了具备旅游业共性外，还有以下特点：

第一，黄河发展水利旅游有着得天独厚的条件，沿黄各地有无数文化遗迹和历史名胜，委属水利工程包括2 200多km堤防、100多座水闸、1100多道坝岸工程和2座大型水库，分布点多面广，知名度较低，鲜有人问津，但开发潜力极大。

第二，黄河水利旅游景点大多远离喧闹的都市，地处幽静山川，依山傍水且水域宽广，非常适合于开展水上旅游及休闲垂钓。

第三，随着标准化堤防的建成，与水利旅游景点配套的餐饮、住宿将逐步形成，带有浓郁的地域色彩，可让游客尽情享受大自然赐予的生态环境与美味。

黄河水利工程的景点建设和环境美化，可以做到寓教于乐，使游人在享受现代水利、体味优美环境的同时，进一步认识水利、了解治黄文化成就、提高热爱黄河的意识，对沿黄群众保护环境和节约利用水资源起到示范作用，成为展示现代治黄风貌的“窗口”。

（三）创新思维，做好黄河景点的建设

创新思维包括体制、机制、设计、建设、管理、技术创新等多个方面。在黄河水利景点开发上，要以水库、水闸、堤防（“三口”建设、管理示范工程、管护基地）等工程为依托，注重工程景观、生态景观，注入新的文化内涵和科技含量。只有这样才能形成黄河自己的特色，创出水文化特色品牌，造福沿黄群众，并吸引各种类型的旅游者。

黄河水利工程景点建设也应该创新思维，在注重工程景观、生态景观、治黄文化宣传的基础上，按照人无我有、人有我精的方针选建景观项目，走出一条有黄河特色的新路子。如河南局把花园口、柳园口景区建设作为重点工程安排，2002 年专门设立了花园口旅游开发公司，使花园口景区乃至全局水利风景旅游业步入良性、规范发展的轨道。

第十章　黄河流域节水型社会建设目标与措施

第一节　概述

黄河流域资源型缺水，水资源供需矛盾日趋尖锐。黄河流域土地、光、热和矿产资源丰富，是我国重要的农业生产基地和能源化工基地。随着经济社会快速发展和人口不断增长，水资源短缺已成为制约黄河流域经济社会持续稳定发展的瓶颈。黄河流域水资源紧缺的同时，流域内各用水行业，尤其是农业用水效率仍然较低，尚具有一定的节水空间。按照科学发展观的要求，黄河流域节水型社会建设是流域有效缓解水资源供需矛盾，支撑经济社会可持续发展的战略措施之一。

一、节水型社会建设的必要性

（一）经济社会发展与流域用水增长趋势分析

黄河流域土地、光、热资源丰富，雨热同期，有效积温高，有利于农业生产发展。宁蒙灌区、汾渭盆地和下游沿黄平原，已经成为我国重要的商品粮棉基地。

改革开放以来，黄河流域经济社会得到快速发展。黄河流域已经初步形成了产业结构齐全的工业生产格局，建立了一批能源工业、基础工业和新兴城市，为进一步发展流域经济奠定了基础。煤炭、电力、石油和天然气等能源工业，已成为流域内的主要工业部门。黄河流域经济发展主要特点如下：①矿产、能源资源丰富，在全国占有重要地位，开发潜力巨大，随着国家经济发展对能源需求的增加，能源、重化工等行业在相当长的时期仍要快速发展；②黄河流域土地资源丰富，黄河上中游地区还有宜农荒地约 3 000 万亩，占全国宜农荒地总量的 30%，是我国重要的后备耕地，只要水资源条件具备，开发潜力很大。目前黄河流域人均经济指标低于全国平均水平，随着国家经济发展战略的调整，国家投资力度将向中西部地区倾斜，为黄河流域经济的发展提供了良好的机遇，发展速度将高于全国平均水平。

（二）流域供需形势分析

黄河流域多年平均天然径流量仅占全国河川径流量的 2%，却承担全国 15% 的耕地面积和 12% 人口的供水任务，同时还有向流域外部分地区远距离调水的任务。黄河又是世界上泥沙最多的河流，承担一定的输沙任务，这都使可用于国民经济的水量进一步减少。

黄河水资源短缺已经给流域经济社会发展造成不利影响，并加剧了泥沙淤积和河道萎缩，使河流生态环境趋向恶化，并且，随着经济社会的进一步发展，黄河流域缺水形势将更加严峻，缺水矛盾亦将更加尖锐。

（三）节水型社会建设的必要性

1. 节水型社会建设是缓解黄河流域水资源供需矛盾的需要

黄河流域水资源短缺，时空分布不均匀，水资源问题已经成为影响流域经济社会发展的重要制约因素。由于水资源短缺的制约，尚有约1 000万亩有效面积得不到灌溉、部分灌区的灌溉保证率和灌溉定额明显偏低，部分计划开工建设的能源项目由于没有取水指标而无法立项，部分地区的工业园区和工业项目由于水资源供给不足而迟迟不能发挥效益。随着国家西部大开发战略的实施，未来一段时期将是黄河流域经济建设的重要时期，工业化进程快速发展，城市化水平和人民生活水平大幅度提高，带来居民生活方式的转变和对生活环境质量要求的提高。这些发展和变化对水资源的量和质都将提出更高的需求，而水资源的供水能力增加潜力有限，这就在一定程度上加剧水资源的供需矛盾。

另一方面，黄河流域水资源利用方式还比较粗放，用水效率较低，浪费仍较为严重，具有较大节水潜力。黄河流域节水管理与节水技术还比较落后，主要用水效率指标与全国先进水平和发达国家尚有较大差距。由于部分灌区渠系老化失修、工程配套较差、灌水技术落后及用水管理粗放等原因，造成了灌区大水漫灌、浪费严重的现象。工业用水重复利用率只有61%，与国内外先进城市相比差距较大。水价严重背离成本也是造成浪费水现象的重要原因，流域内大部分自流灌区水价不足成本的40%，由于水价严重偏低，丧失了节约用水的内在经济动力，阻碍了节水工程的建设和节水技术的推广使用，水资源利用方式粗放、用水效率较低、浪费严重，与流域水资源短缺、供需矛盾突出的形势形成强烈反差。

因此，只有通过建设节水型社会，才能从整体上提高群众节水意识，促进水资源的统一管理，培育和完善水资源市场，明晰水权，引导人们自觉调整用水数量和产业结构，推动节水产业发展，把有限的水资源配置到最需要的地方和效率更高的环节，实现水资源在全社会的优化配置和可持续利用，从而在一定程度上缓解黄河流域水资源矛盾。

2. 节水型社会建设是改善区域生态环境的需要

黄河上中游地区的主要生态问题是土地退化，包括土地沙化、水土流失和土壤盐碱化。水资源短缺是黄河流域上中游区生态环境保护和改善的主要制约因素。黄河流域上中游区生态建设和环境保护最重要的任务是解决水的问题依存于稀缺水资源的生态系统十分脆弱，水资源一经开发，必然打破自然条件下的生态平衡，要维持荒漠绿洲的有限生存环境，保持生态平衡，必须补充生态水量。降雨稀少、蒸发强烈的气候特征决定了黄河西北地区土壤受到的天然淋洗作用十分微弱，土壤盐碱化的威胁普遍存在。不合理的灌溉方式造成灌溉用水过多，引起高矿化度的地下水位上升，加速土壤蒸发积盐。例如，宁夏引黄灌区年灌溉用水量高达1 200～1 500 mm，加之排水不畅，盐碱化面积不断扩大。

城镇和工业节水可有效减少污染物排放，保护环境，且部分节水量可供生态系统使用，改善了生态环境。发展节水灌溉可减少用水过程中的无效消耗，有效节约水资源，改善灌溉和排水条件，对遏制井灌区地下水的进一步超采、促进渠灌区地表水与地下水合理联用、合理控制地下水位、遏制灌区土壤次生盐渍化、维护和改善区域生态系统等具有重要作用，近几年实施的黑河流域和塔里木河流域综合治理工程实践表明，节水对生态环境保护和改善作用十分显著。其中黑河通过中游灌区节水改造、种植结构调整等一系列节水型社会建设措施的实施，节约了灌溉用水量，增加了向下游河道的下泄水量，下游河道两岸地下水位得到回升，尾闾湖泊水面得到一定程度恢复，下游绿洲生态环境得到明显改善，生态作用十分显著。因此，节水建设也是黄河流域生态环境建设的重要组成部分。

综上所述，节水型社会建设是一定程度上缓解黄河流域水资源供需矛盾、支撑流域经济社会可持续发展和生态环境保护的重要措施之一。

二、研究目标与意义

开展黄河流域节水型社会建设目标与措施研究，旨在总结和分析黄河流域节水型社会建设主要经验和存在问题，以节水型社会建设实际需求为导向，对节水型社会建设中诸如节水内涵和节水潜力评价等关键技术进行研究，提出适宜的黄河流域节水型社会建设目标与相应的节水措施。

三、研究内容

黄河流域节水型社会建设规划和黄河流域水资源综合规划等相关成果为黄河流域节水型社会建设目标与措施研究提供了大量资料和研究基础，在此基础上，根据研究目标要求，主要内容包括以下几个方面。

（1）结合黄河流域节水型社会建设现状调研，分析流域现状用水水平，总结节水型社会建设经验和存在的主要问题。

（2）结合黄河流域水资源调度与管理的实际需要，分析研究黄河流域主要用水行业用水定额确定方法，计算提出流域主要用水行业用水定额成果。

（3）在国内外关于节水内涵研究现状的基础上，重点分析节水内涵，总结提出节水潜力评价方法，并计算提出黄河流域节水潜力、规划节水量。

（4）针对黄河流域水资源短缺状况，建设节约型社会要求以及经济社会发展水平、技术水平等实际情况，通过对节水型社会建设目标进行多方案比较，提出黄河流域适宜的节水型社会建设目标。结合调查和分析，提出黄河流域节水型社会建设的适宜措施。

第二节　节水内涵及节水潜力评价

一、节水潜力内涵研究

目前，在诸多的节水研究中，对节水潜力尚未形成一个统一、公认的定义和概念。具有代表性的《全国水资源规划大纲》实施技术细则中认为节水潜力是以各部门、各行业（或作物）通过综合节水措施所达到的节水指标为参考标准，现状用水水平与节水指标的差值即为最大可能节水数量。可见，传统意义下的节水潜力主要是指某单个部门、行业

（或作物）在采取一种或综合节水措施以后，与未采取节水措施前相比，所需水量（或取用水量）的减少量。

随着节水工作的深入研究，又有学者指出并不是所有取用水的节约量都是节水量，只有所减少的不可回收水量才属于真实意义上的节水量，中国水利水电科学研究院在1999年提出了以区域耗水量的变化作为水资源高效利用的评价指标。2000年中国水利水电科学研究院提出了“真实节水”的概念，认为真实节水是节约水量中所消耗的不可回收水量，包括蒸发蒸腾量、无效流失量以及作物增产部分所增加的净耗水量，这些全新节水概念的提出为正确认识区域节水潜力提供了新的认知基础和科学理念。

实际上，区域内某部门或行业通过各种节水措施所节约出来的水资源量并没有完全损失，部分仍然存留在区域水资源系统内部，或被转移到其他水资源部门或行业。因此，从单个用水部门或行业来看，节约了取用水量，但就区域整体而言，取用水的减少量并没有实现真正意义上的节水。因此，传统意义下计算节水潜力的方法根本不能真实地反映该地区实际的水资源节约量，需要从水资源消耗特性出发，研究区域真正节水潜力。

为统一起见，将传统意义上的节水潜力称为“毛节水潜力”，在总结之前研究成果的基础上，界定毛节水潜力的内涵为在可预知的技术水平条件下，通过采取一系列的工程和非工程节水技术措施，同等规模下未来预期需要的用水量比基准年减少的水量称为毛节水潜力。毛节水潜力是技术可行条件下可以实现的最大理论节水潜力。

目前多数规划研究成果中提到的节水潜力均属于毛节水潜力范畴。毛节水潜力已普遍被很多专家学者所接受，认为采用未来节水条件下需水定额与基准年用水定额之差计算出来的就是毛节水潜力。近年来，随着黄河流域水资源紧缺形势的发展，黄河流域水资源管理中毛节水潜力的内涵受到越来越严重的挑战。究其原因主要是毛节水潜力忽略了用水区域上下游之间、地表与地下之间的水量转化关系和重复利用关系。以农业灌溉为例，提高灌溉水利用率无疑将节约出一部分可供水量，但也会因此减少一部分深层渗漏量和一部分灌溉回归水量。深层渗漏量是灌区地下水的主要来源之一，灌区灌溉回归水量既可作为下游灌区可供水量，也可回归到下游河流。综上可知，通过提高灌溉水利用系数，在减少灌区取水量的同时也减少了一部分本灌区之外可供水量的来源。因此，毛节水潜力估算没有考虑其中因节水而减少的可重复利用的地表回归水量和地下水补给量的影响，在实际水资源管理工作中存在明显问题。

结合国内外各界对节水潜力的争议和认识，在毛节水潜力分析的基础上，净节水潜力是指在可预知的技术水平条件下，通过采取一系列的工程和非工程节水技术措施，同等规模下未来预期需耗水量与基准年耗水量的差值。净节水潜力是从区域水资源系统整体出发，考虑水资源在系统中的消耗规律，通过各种可能节水措施所能够减少的耗水量。净节水潜力实际上是从水循环中夺取的无效蒸腾蒸发量和其他无效流失量。净节水量可以作为区域新增水资源量被其他用水部门利用消耗。可见，分析评价区域净节水潜力对认识区域所采取节水措施的节水效果、评价区域水资源开发潜力和承载能力具有重要意义。

农业灌溉毛节水量主要由两部分构成，一是减少的渗漏损失量；二是减少的无效消耗量。其中渗漏损失量包括二部分：①可利用的地表水回归量；②可利用的地下水回归量；③不可利用的无效流失量（如流入无法重复利用的水体等）。从区域水平衡的观点来看，地表水回归量和地下水回归量是可以被重复利用的，因此，从区域可利用水资源角度分析可以看出，这部分损失的水量原本就是可以回用的水量，这部分的节水并不能增加可利用的灌溉总水量，而无效流失量主要是指被污染或其他因素影响而成为不可回用的水量，如果减少这部分损失，则可以增加可利用的水资源总量。对于无效消耗量部分，无论是田间土面蒸发、渠系水面蒸发还是无效潜水蒸发，这部分水是真正被消耗掉的不可回收的水量，减少这部分耗水实际上增加了可利用水资源总量。由此可以得出，净节水潜力是减少的无效耗水量与减少的无效流失量之和。

二、节水潜力评价方法

节水潜力评价方法因适用目的和对象不同而有所区别，对评价单项工程节水措施节水潜力时，计算方法通常考虑的因素较多，计算过程具体；在评价区域综合节水潜力时，定额和用水效率的评价方法在水资源规划中被广泛采用。

（一）农业节水潜力评价方法

根据毛节水潜力的概念，挖掘农业节水潜力主要通过3个途径：一是调整农业种植结构，减少高耗水作物种植比例，降低亩均灌溉定额；二是依靠农业技术进步，采取先进灌水技术和科学灌溉制度，提高灌溉水利用率；三是通过工程节水措施，有效地降低灌溉定额，提高灌溉水利用系数，达到节水目的。采用全国水资源综合规划技术细则中农业节水潜力的评价方法，其公式为

$$\Delta W_{农} = A_0 \times Q_0 \times (1 - \eta_0/\eta_1)$$

式中，$\Delta W_{农}$ 农为农业节水量（亿 m^3）；A_0 为现状实灌面积（万亩）；Q_0 为现状实灌定额（m^3/亩）；η_0、η_t 孔为现状、未来灌溉水利用系数。

该方法的优点是概念基本清楚、计算简便，适用于区域和流域节水潜力评价，但该方法从需水角度出发，评价结果为毛节水潜力。

（二）工业节水潜力评价方法

工业节水潜力的大小主要体现在3个方面：一是调整产业结构，减少高耗水、高耗能、高污染的企业；二是采用先进工艺技术、先进设备等，减少单位增加值取水量；三是提高用水重复利用率，减少新鲜水取用量。采用全国水资源综合规划技术细则中工业节水潜力的评价方法，其公式为

$$\Delta W_{工} = W_1 \times (\eta_t - \eta_0) + W_0 \times (L_0 - L_t)$$

$$W_t = P_0 \times Q_t/(1 - \eta_t)$$

式中，$\Delta W_{工}$为工业节水量（亿 m^3）；W_0 为现状非自备水源用水量（亿 m^3）；W_t 为未来节水指标下工业用水量（等于取水量与重复水量之和）；P_0 为现状工业增加值（亿元）；Q_t 为未来工业增加值综合万元产值定额（m^3/万元）；η_0、η_t 为现状、未来重复利用率；L_0、L_t 为现状、未来管网漏失率。

该公式中，工业节水潜力由工业用水环节节水潜力和非自备水源工业输水环节节水潜

力组成，工业用水环节节水潜力通过企业节水前后工业用水重复利用率的变化分析，非自备水源工业输水环节节水潜力通过节水前后供水管网漏失率的变化分析。

（三）城镇生活节水潜力评价方法

城镇生活节水潜力主要是从降低供水管网综合损失率和提高节水器具普及率两方面着手。采用全国水资源综合规划技术细则中的城镇生活节水潜力评价方法，其公式为

$$\Delta W_{城} = W_{城0} \times (L_0 - L_t)$$

式中，$\Delta W_{城}$为城镇生活节水量（亿 m^3）；$W_{城0}$ 为现状城镇生活用水量（包括建筑业和第三产业）；L_0、L_t 为现状、未来管网损失率。

（四）净节水潜力评价方法

根据净节水潜力概念，净节水潜力分析应建立在区域水资源利用和消耗机理的基础上，认识水资源利用系统采取节水措施前后的取水、输水和用水等各个环节的耗水特性和规律，进而分析采取节水措施后减少的耗水量。例如对农业灌溉来说，灌区净节水潜力是在掌握灌区耗用水规律的条件下，计算采取节水措施后灌区耗水量的减少量。基于耗水机理的净节水潜力计算公式可用下式所示：

$$W_{净} = W_t - W_0$$

式中，$W_{净}$为净节水潜力（万 m^3）；W_t 为节水条件下的耗水量（万 m^3）；W_0 为现状条件下的耗水量（万 m^3）。

从耗水机理角度出发计算净节水潜力，关键在于确定节水措施前后各个用水环节耗水规律的变化。在目前水平下，要详细认识黄河流域各地区、各部门以及不同用水环节的耗水机理难以实现。

耗水系数是区域用水过程中各个环节耗水规律的综合反映。毛节水潜力是节约下来的需用水量，其组成包含减少的耗水量（即净节水潜力）和回归水量两部分。在目前情况下，区域净节水潜力在毛节水潜力中所占比例可用区域耗水系数近似代替。因此，采用耗水系数转换法估算流域净节水潜力。计算公式为

$$W_{净} = W_{毛} \times \alpha$$

式中，$W_{净}$ 为净节水潜力；$W_{毛}$ 为毛节水潜力；α 为综合耗水系数。

据上式可知，采用毛节水潜力估算净节水潜力的关键在于确定合理的耗水系数。

三、流域节水潜力评价

毛节水潜力分析关键在于合理选取节水条件下的节水指标和节水标准。节水标准以国家制定的有关节水政策、技术标准为依据，考虑各省（区）现状用水水平和将来节水标准实现的可行性综合确定。

（一）节水指标

农业节水指标采用灌溉水利用系数和灌溉定额。工业节水指标采用万元工业增加值取

水量和工业用水重复利用率。城镇生活节水指标选取供水管网综合漏失率。

（二）节水标准及其合理性分析

黄河流域工业单位增加值用水量规划节水标准为24 m^3/万元，全国平均为40 m^3/万元，代表国内先进用水水平的海河流域为18 m^3/万元。横向比较来看，黄河流域工业单位增加值用水量节水标准是全国平均的60%，是海河流域的1.33倍。可见，黄河流域工业节水标准已处于国内较高水平，但同时考虑到流域自身经济技术水平等因素，与国内先进节水水平相比，尚存在一定距离。

（三）流域规划毛节水量

规划节水量计算是流域水资源规划的重点内容和重要基础。根据前面毛节水潜力概念，毛节水潜力表示为技术可行条件下的最大理论节水量。结合黄河流域经济发展等实际情况，考虑到节水措施的经济合理性，规划节水量一般要小于节水潜力。

第三节　黄河流域节水型社会建设目标

一、流域节水面临的基础和条件分析

黄河流域水资源特点、经济技术水平等因素构成了流域独特的节水基础和条件，准确认识黄河流域节水基础是合理制定流域节水型社会建设目标的重要基础。

黄河流域水利设施薄弱和经济社会发展水平低是流域节水的现实基础。一方面，黄河流域经济基础相对薄弱，现状水利基础设施陈旧老化严重、配套差；另一方面，黄河流域节水是一项庞大的基础工程，节水对资金投入的需求巨大，节水资金不足是黄河流域节水工作的主要制约因素。

黄河流域内部分灌区土壤盐碱化是流域节水面临的基本问题之一。由于土壤母质、气候干旱、蒸发强烈以及不合理的灌排方式等原因，黄河流域上中游区的宁夏和内蒙古灌区长期以来存在较为严重的土壤盐渍化问题。有些地区（如河套灌区）在灌区大规模兴建之前，当地土壤盐碱化已相当严重。随着灌区的大规模建设，灌区引水量迅速增加，而由于灌排工程不配套、重灌轻排等原因，使地下水位上升并超过临界水位，加剧了土壤的盐碱化。灌区盐碱化土壤改造的关键是使土壤脱盐，水利措施仍是当前最主要的盐碱土壤改良措施。例如，宁蒙灌区的"秋浇"和夏灌第一水除了保墒作用外，还起到使土壤淋盐的作用综上可知，土壤盐碱化问题使得宁蒙灌区灌溉与节水相对复杂，该地区灌溉与节水措施的选择需要充分考虑土壤盐碱化的调控和改良，在减轻或避免土壤盐碱化的基础上实现节水。

黄河流域水资源高含沙的特性也是节水面临的基本问题之一。黄河泥沙含量高举世闻名，多数情况下引水意味着引沙，泥沙很容易对渠系等设施造成淤堵，并且，水流高含沙的特点在技术上也为推广和使用喷灌、微灌等高效节水技术带来了困难，对泥沙的处理将进一步增加高效节水措施的成本，降低高效节水措施的效益，从而限制部分高效节水措施

在黄河流域内的推广和使用，

公众节水意识淡薄是流域节水面临的又一现实基础和限制条件。节水是集约化生产的重要方面之一，是先进生产技术和生产意识的集中体现。黄河流域农业生产经营分散，生产方式粗放，农民用水节约意识、生态意识和投入产出意识比较淡薄。节水意识薄弱制约当地农民对节水的认识和需求，从而在一定程度上制约了流域节水建设。

综上所述，黄河流域节水基础较差，流域节水受到当地土壤盐渍化、黄河泥沙含量高、经济社会发展相对落后、节水意识淡薄等主客观条件限制。黄河流域上述节水基础和条件是确定流域节水型社会建设目标需要考虑的重要因素。

二、建设目标拟定

从国家政策导向、黄河流域缺水形势和节水面临的制约条件等方面综合分析，黄河流域节水型社会建设目标设置既不能太低，太低则达不到提高用水效率、挖掘节水潜力的目的；也不能太高，高到脱离实际，超出流域经济社会等各方面承受能力。

三、建设目标比选

（一）低目标方案

该方案总体特点是需水外延式增长。在该方案情形下，预计 2030 年黄河流域内河道外需水总量将达到 623.78 亿 m^3，比基准年增加 137.99 亿 m^3，规划期间需水年均增长率为 0.84%，和 1980 年到现状的用水增长率持平。为了满足该模式需水量，全流域需新增供水量 201.78 亿 m^3，废污水排放量为 73.97 亿 m^3，无论是增加供水还是治理水污染，均投资巨大，国民经济难以承受。该方案下的需水增长量明显超出了黄河流域水资源与水环境的承受能力，即使考虑外流域调水也很难满足该方案下的水资源需求，且该方案不符合“资源节约、环境友好型”社会建设的要求，与黄河流域水资源短缺形势和国家建设资源节约型社会的政策要求不相适应。

（二）中目标方案

本方案按照建设节水型社会的要求，加大节水投入力度，强化需水管理，抑制需水过快增长，大力提高用水效率和节水水平。该方案总体特点是实施严格的强化节水措施，着力调整产业结构，加大节水投资力度。该方案下预计 2030 年黄河流域需水总量达到 547.33 亿 m^3，规划期间需水年均增长率为 0.40%，属于需水低速增长阶段。该方案既体现了强化节水和大力减污的要求，供水和治污投资均较小，节水投资为 717.9 亿元，单方水投资为 9.4 元。该方案在考虑南水北调西线调水量的情况下，通过多次协调和反馈，能够基本实现水资源的供需平衡。

（三）高目标方案

该方案下，2030 年黄河流域需水总量预计为 540.23 亿 m^3，规划期间需水年均增长率为0.35%。高目标方案体现了超强节水和大力减污的要求，供水和治污投资均较小，但节水投资达到861.55亿元，与中目标方案相比，新增节水量的单方水投资为21.96元，节水投资比低、中目标方案下的节水投资有大幅度增加；在该方案下，必须加大产业结构调整力度，甚至在很多地区需要强制性地关、转、并、停部分企业，增大了社会成本，影响到经济社会持续、稳定发展。

（四）推荐方案

根据上述分析，中目标方案下的水资源需求总体上呈现低速增长态势，符合建设“资源节约、环境友好型”社会的要求，水资源利用效率总体达到全国先进水平。该方案反映了今后相当长的时期内流域国民经济和社会发展长期持续稳定增长对水资源的合理要求，在考虑各种措施后，能够基本达到水资源供需平衡，保障了流域经济社会的可持续发展。

综上所述，黄河流域节水型社会建设目标的量化指标如下：农业方面，2030年流域灌溉水利用系数提高到0.59，农田灌溉定额减少到361 m^3/亩；工业方面，工业万元增加值取水量减少到30.4 m^3，工业用水重复利用率提高到79.8%；城镇生活方面，供水管网漏失率减少到10.9%。

第四节　节水型社会建设措施研究

一、农业灌溉节水措施

针对以上提出的黄河流域节水型社会建设中目标的农业节水的量化指标，因地制宜地提出黄河流域的农业节水措施。

（一）农业主要节水措施节水效率分析

1. 主要工程节水措施

（1）渠道防渗措施

渠道不同的防渗标准直接影响到灌溉水利用率。目前黄河上中游防渗衬砌的材料主要有灰土、砌石、水泥土、沥青混凝土、复合土木膜料等，其中混凝土材料所占比重较大。根据国内外的实测结果，与普通土渠相比，一般渠灌区的干、支、斗、农采用黏土夯实能减少渗漏损失约45%，采用混凝土衬砌能减少渗漏损失70%～75%，采用塑料薄膜衬砌能减少渗漏损失80%左右。对大型灌区渠道防渗可以使渠系水利用系数提高0.2～0.4，减少渠道渗漏50%～90%。

（2）管道输水

管道输水是指用管道代替明渠输水，将灌溉水经配水口直接送入田间，是近似于全封闭的输水系统。该系统取代了垄沟、节省土地，并且可以重复使用，降低了单位面积投资。配水口的出流量可以根据沟（畦）规模和土壤特性，通过闸板进行调节，从而提高灌水均匀度。闸管灌溉系统既可以与渠灌区、井灌区的管道输水配套使用，也可用做全移动管道输水，替代田间农、毛渠，还可用作波涌灌溉的末端配水管道。利用管道输水技术，可以将输水效率提高到90%以上。低压技术虽然用管道代替了明渠，但从输水口到田间仍需要一段垄沟输水。

（3）改进地面灌

改进地面灌主要指通过土地平整，畦灌、沟灌等措施将原来的大水漫灌改为更合理、效率更高的灌溉方式。适宜的畦田规格是提高灌水效率、减少深层渗漏损失的一项重要措施。其内容包括畦田长度、宽度和入畦单宽流量，它们受灌水定额、土壤质地、地面坡度等因素的影响。畦田有方畦和长畦之分。根据田间试验测定，低压管道可降低蒸腾蒸发量24.4 mm，地面闸管和小畦灌溉可降低蒸腾蒸发量38.6 mm，另外，采用水平畦灌、隔沟灌溉和间歇灌溉等灌水方法，也可起到ED间灌溉节水效果。

（4）喷灌技术

喷灌全部采用管道输水，输水损失很少，并能按照作物需水要求，做到适时适量，田间基本不产生深层渗漏和地面径流，灌水比较均匀，可比传统地面灌省水30%～50%。达到设计标准的喷灌工程，其灌溉水利用率可达85%以上。

（5）微灌技术

微灌包括微喷灌、涌泉灌和地下渗灌，可以根据植物的需水要求，通过管道系统与安装在末级管道上的灌水卷，将植物生长中所需的水分和养分以较小的流量均匀、准确地直接送到根部附近的土壤表面或土层中。相较于传统地面灌和喷灌而言，微灌属于局部灌溉、精细灌溉，输水损失和田间灌水的渗漏损失极小，水的有效利用程度最高，约比地面灌溉节水50%～60%，比喷灌节水15%～20%。达到设计标准的微灌工程，其灌溉水有效利用系数可达到90%以上。

2. 非工程措施

（1）非充分灌溉和调亏灌溉技术

非充分灌溉是在供水量有限的条件下优化灌溉水的分配，即在作物需水临界期及重要生长发育时期灌“关键水”。调亏灌溉是根据作物对水分亏缺的反应，人为地施加一定程度的水分胁迫，通过控制土壤的水分供应对作物的生长发育进行调控，控制其形态生长从而促进产量的形成。非充分灌溉和调亏灌溉均可减少作物实际耗水量。调亏灌溉不需大量工程投入，是一种经济有效的农业节水技术。综合各地推广调亏灌溉的实际测定结果，采取调亏灌溉可以降低蒸腾蒸发量45 mm左右。

（2）秸秆覆盖保水技术

秸秆覆盖对土壤的物理特性及水分环境可产生有利的影响，有利于作物的生长。中国水利水电科学院于1995—1997年在北京大兴进行了“秸秆覆盖对土壤水分及夏玉米产量的影响”试验研究。试验结果表明，采用秸秆覆盖可以防止土壤表面板结和干裂，保持表层土壤松散湿润，增加土壤对雨水的吸收入渗能力，显著降低土壤水分的蒸发损失，因而可起到保水保墒作用，玉米地麦秸秆覆盖可降低蒸腾蒸发量节水17.6 mm，小麦地玉米秸秆覆盖可降低蒸腾蒸发量32 mm，少耕覆盖可降低蒸腾蒸发量36 mm。

（3）抗旱节水作物品种选择

由于品种的不同，作物水分生产率存在较大的差异。有实验结果证明：不同冬小麦和夏玉米品种的耗水量、水分生产率和产量差异较大，节水品种可比普通品种节水10%以上，因此培育和选择抗逆性好、产量高的优良品种也是有效的节水途径。

(4) 加强用水管理

当前我国农业灌溉在末级渠系存在的主要问题集中体现在两个方面：一是灌溉管理秩序混乱，农民无序用水，加剧了灌溉用水的紧缺和浪费；二是灌溉水价过低，无法起到对用水户节水的激励作用，进一步加剧了水资源的浪费。科学合理的灌溉管理体制和措施具有很大的节水潜力。据国内外相关课题研究统计，设计合理可行的灌溉管理体制能够提高灌溉用水效率15%~30%。主要的灌溉管理措施改革包括农田水利工程承包、租赁，农业用水户协会参与灌溉管理，水价改革，按方收费、计量到户、阶梯水价、累进加价等。

(二) 农业高效节水措施在黄河流域适宜性分析

农业高效节水措施是指低压管道输水、喷灌和微灌等节水措施。高效节水措施节水效果相较于传统节水措施，具有占地少、自动化管理程度高等特点。以色列干旱缺水，通过大量采用滴灌等高效节水技术，用极其有限的水资源量创造出惊人的农业产值，形成了举世闻名的以色列节水模式。以色列模式也因此成为先进节水模式的典型代表，给许多节水专家和管理者留下深刻印象。

黄河流域多年来的节水经验表明，常规节水模式符合黄河流域实际：黄河流域开展了多年节水工作，区域各地在节水工作中均总结出很多有益经验。比如，黄河上游宁蒙灌区近年来开展的大型灌区节水改造工作和水权转换尝试，主要节水措施是渠道防渗衬砌和渠系建筑物改造，结合管理措施的加强，实现了农业节水、农民增收和部分工业新增用水得到保障等多重效益，节水效果显著；黄河中游的陕西关中灌区，摸索出以渠道衬砌防渗和渠系建筑物改造为主，辅以井渠结合灌溉和非充分灌溉、局部采用高效节水技术的节水模式，灌溉水利用系数提高达0.6以上。黄河流域多年来的节水实践表明，以渠道衬砌防渗等为主的常规节水措施能够较好地在黄河流域内推广普及，符合黄河流域实际情况，而农业高效节水模式仍处于局部示范阶段，仅适合局部经济价值高的作物和流通条件好的地区。

综上所述，高效节水措施不适合在黄河流域推广普及，黄河流域应结合自身特点，发展以渠道衬砌防渗和渠系建筑物更新改造为主，以井渠结合灌溉、管道输水、喷微灌等高效节水措施为辅的节水模式。

(三) 农业适宜节水措施

黄河流域农业近期节水改造的重点区域如下。一是现有灌溉面积中的大中型灌区，主要是渠系配套差、用水浪费、节水潜力大的宁夏、内蒙古河套平原引黄灌区及下游河南、山东灌区；二是水资源严重缺乏，供需矛盾突出，通过节水改造、配套可以提高灌溉保证率的晋陕汾渭盆地灌区。此外，对青海湟水河谷、甘肃东部等集中连片灌区也适当安排部分节水改造工程。

上述农业节水工程和非工程措施实施后，与现状年相比，到2030年全流域累计可节约灌溉用水量54.2亿m^3。

二、工业节水措施

黄河流域工业行业门类繁多，用水情况复杂，各行业之间节水技术设备差异较大，但工业节水具有节约用水和减少污水处理量的双重性，同时具有社会、经济和环境三重效益。黄河流域工业节水的主要措施如下。

(1) 合理调整工业布局和工业结构，限制高耗水项目，淘汰高耗水工艺和高耗水设备，形成“低投入、低消耗、低排放、高效率”的节约型增长方式；

(2) 鼓励节水技术开发和节水设备、器具的研制，推广先进节水技术和节水工艺，重点主抓高用水行业节水技术改造；

(3) 加强用水定额管理，逐步建立行业用水定额参照体系，强化企业计划用水，建立三级计量体系，开展达标考核工作，提高企业用水和节水管理水平；

(4) 建立工业节水发展基金和技术改造专项资金，或向工业节水项目提供贴息贷款，以此引导企业的节水投入，运用经济手段推动节水的发展；

(5) 对废污水排放征收污水处理费，提出实现污染物总量控制指标，促使企业治理废水，循环用水，节约用水。

三、城镇生活节水措施

(一) 降低城镇供水管网漏失率

从设计、施工、管材选用和管理等方面保证新建管网的工程质量，并安排资金有计划地改造旧管网，通过改造供水体系和改善城市供水管网，可以有效减少渗漏，提高城镇供水效率。

(二) 推广应用节水型用水器具

原有建筑的用水器具逐步改造，将跑、冒、滴、漏等浪费严重的用水器具淘汰；对于新建民用建筑节水器具的普及率要达到100%，城镇公共设施中节水器具普及率最终达到100%。全面推广节水器具，可以有效减少生活用水量。

(三) 市政环境节水

发展绿化节水和生物节水技术，提倡种植耐旱性植物，并采用非充分灌溉方式进行灌溉作业；绿化用水应优先使用再生水；使用非再生水的，应采用喷灌、微灌等节水灌溉技术。发展景观用水循环利用，推广游泳池用水循环利用，发展机动车洗车节水技术，大力发展免冲洗环保公厕设施和其他节水型公厕。

(四) 通过节水宣传与提高水价，可有效减少用水的浪费

进一步调整水价政策，利用经济手段促进节水发展；提高分户装表率，计量收费，逐步采用累进加价的收费方式。

第五节　黄河流域节水型社会建设管理体制研究

一、加强水资源统一管理

建设节水型社会是对生产关系的变革，重在制度建设，前提是加强水资源统一管理，以促进体制保障。

进行水资源统一管理，首先应该完善流域与区域相结合的水资源管理体制，严格分离政府公共管理和经营管理职能，合理划分流域管理与行政区域管理和监督的职责范围，依法界定流域和行政区域的事权，将各部门具体职能落实到位，实现地表水与地下水资源，常规水资源和其他水资源的统一规划、统一配置、统一调度，积极开展流域管理体制试点，推进供水、配水、节水、排水、污水处理和回用等公共服务部门的市场化改革，完善特许经营机制，建立水务市场化经营管理体制。

自黄河水量统一调度实施以来，在来水特枯和合理安排生产用水的情况下，实现黄河干流连续 8 年未断流，表明黄河水资源统一调度和管理是防治河道断流和优化配置水资源的重要措施。

其次，应该加强行政区域内水行政主管部门的水资源统一管理。各行政区域内水行政主管部门依法负责本行政区域内水资源统一管理和保护工作，实行当地水与外调水、地表水与地下水、水量与水质、城市与农村水资源的统一规划和统一调配，组织实施取水许可制度和水资源有偿使用制度，负责辖区内水资源保护，组织开展和实施水功能区划、河道纳污能力总量控制和入河排污口管理等，最终实现城乡水资源评价、规划、配置、调度、节约、保护的统一管理，推进城市涉水事务的一体化管理。

二、建立政府调控、市场引导、公共参与的节水型社会管理体制

进行节水型社会制度建设，必须首先加强节水工作领导，强化政府宏观调控的主导作用，进一步落实领导负责制。各级政府要高度重视节水型社会建设工作，对本地区建设节水型社会负责，要把建设节水型社会的责任和实际效果纳入各级政府目标责任制和干部考核体系中，明确目标，落实责任，确保建设节水型社会的各项措施落到实处。流域部门及有关的省、市、区（盟）的节水用水机构管理机构，应明确节水的目标和任务，提出实施节水的总体布局和重点任务，制定相应的节水措施和管理措施，真正做到责任到位、措施到位和投入到位，大力推进节水工作。同时，要增强政府对社会经济转型的调控与管理能力：一是增强政府对于经济结构调整的宏观调控能力，确定科学的调整方向和调整步骤，完善制度，健全体制和机制，如土地管理、农产品标准化生产等；二是提高政府对于市场经济的判断、管理和驾驭能力；三是增强政府对于经济转型的服务意识与能力，包括信息服务、科技服务等。

通过深化改革，充分发挥市场机制和经济杠杆的引导作用，建立以水价机制改革为龙头，以激励制度建设为引导，以节水资金市场化为基础的多元化节水经济市场调控体系。

首先要积极稳妥地推进水价改革，建立健全科学的水价制度，按照补偿成本、合理收益、优质优价、公平负担的原则，制定水利工程供水价格和各类用水的价格，形成“超用加价、节约奖励、转让有偿”的水价政策，逐步形成以经济手段为主的节水机制；其次应制定积极有效的节水激励制度，建立其他水资源利用的鼓励政策体系，如优惠投资、产权归属、优惠税收和贷款等；最后应拓宽节水投资渠道，通过加大节水项目的市场融资力度和水权有偿转换力度，充分利用市场运作，改变传统节水主要依靠政府投入的局面，探索建立用水权交易市场，注重运用价格、财税、金融等手段促进水资源的有效利用。

建设节水型社会是全社会共同的责任，需要动员全社会的力量积极参与。要在政府主导下，通过合理的制度安排来规范水资源供需关系变化所带来的经济利益关系的变化，形成以利益主导的节水机制，使节水成为全体社会成员的共同行为。对于水资源紧缺的黄河流域，要逐步建立以农村为主体，以城市为补充，以用水者协会为主要形式，以平台建设为基础，整体推进公众参与式管理。首先应健全农民用水者协会，通过全民推行农业供水管理体制改革，推进公众参与式管理，建立农业节水内在激励机制。其次应通过建立城市用水行业协会的形式，建立公众参与用水权、水价、水量的分配、管理和监督的制度，实现用水户的自主管理和监督管理，引导公众广泛参与。最后应搭建公众参与平台，以网络为平台，及时向社会发布节水型社会各类信息，同时定期公布各省（自治区）有关用水效率指标，公布用水量浪费严重的城市，发挥社会团体的作用，鼓励检举和揭发各种浪费水资源、破坏水环境的违法行为，推动环境公益诉讼。对涉及公众水权益的发展规划和建设项目，通过听证会、论证会或社会公示等形式，听取公众意见，强化社会监督。

三、建立和完善水权管理制度

黄河流域在水权分配和水权转换方面已取得一定经验和初步成效，下一阶段应在总结经验的基础上，进一步推进流域水权制度建设和水权转换制度建设，保障流域水资源的有序、合理利用，促进水资源优化配置，提高水资源利用效率和效益心在水权管理方面的主要任务是逐步建立政府调控、市场引导、公众参与的水权管理体系；进一步完善取用水权的管理，从管理权限、审批程序和总量控制等方面完善取水许可制度；积极探讨用水权的管理和生态用水权益的法律界定问题，建立水权的二次分配制度。在制定水权转换的管理办法方面，应明确水权转换的审批程序和监督管理，规范水权转换行为；积极培育水市场，通过市场手段优化水资源的配置：

四、建立健全总量控制和定额管理相结合的制度

目前，《黄河取水许可总量控制指标细化研究》已经将黄河流域分水指标细化到地市。各省（区）均开展了制定不同行业用水定额的工作，并抓紧成果的核定和颁布实施，使其尽快落实到用水定额管理中。

对于工业，应制定工业行业用水定额和节水标准，对企业用水实行总量控制，实行计划用水、定额管理，实行目标管理和考核；促进企业技术升级和节水技术改造，提倡清洁生产，逐步淘汰耗水量大，技术落后的工艺和设备；同时要加强对工业企业、自来水公司

等用水大户的监督管理，提高用水效率，降低供水及配水管网的漏失率，有条件的逐步建立中水系统。

农业用水实施总量控制和定额管理。对水资源紧缺的黄河流域，各级政府要组织力量科学制订各类农业用水定额，并实行有效的监督和管理；严格限制灌溉面积，压缩耗水量高的作物种植比例；要因地制宜地推行各种农业灌溉节水措施，实行科学灌溉制度，通过节约用水增产、增效、增收。

总之，宏观用水总量控制指标和用水定额应通过层层分解，明确到区县、乡镇、灌区、用水户，做到层层有指标，对各级用水总量和用水定额进行控制。

五、健全水资源论证、取水许可和水资源有偿使用制度

按照便民、公开、公正和公平的原则，改革取水许可审批方式，配套完善取水许可制度。

全面实施水资源有偿使用制度。与取水许可制度实施范围相应，应根据《取水许可和水资源费征收管理条例》提高水资源费标准，扩大水资源费征收范围，提高水资源费在水价中的比重。针对不同用水对象实施差异化水价政策，对用水浪费、污染严重等社会成本较高的用水户，实行阶梯式水资源费，制定更加严格的收费标准；对于农业用水应该根据不同区域的水资源紧缺程度和用水对象，征收不同标准的水资源费；同时应该加强计划用水指标管理。用水指标持有者只有办理取水许可证，并交纳水资源费的情况下，采取节水措施后才能进入市场转让节余的指标。

全面推行水资源论证。国民经济和社会发展规划以及城市总体规划的修编、重大建设项目的布局，应当与当地水资源条件和防洪要求相适应，并进行科学论证；在水资源不足的地区，应当对城镇规模和耗水量大的工业建设项目加以限制和论证，提出其他水资源的利用或替代方案。

六、建立健全科学的水价制度

按照补偿成本、合理收益、优质优价、公平负担的原则，完善水价构成体系，逐步将资源水价、环境水价纳入水价核算中。合理确定水资源费与终端水价比价关系及水利工程、城市供水及再生水水价，提高水费征收标准。未开征污水处理费的地方，要限期开征；已开征的地方，按照用水外部成本市场化的原则，提高污水排污收费标准，运用经济手段推进污水处理市场化进程。

建立合理的水价调整机制，根据成本和水资源供求关系的变化，适时调整供水水价。目前黄河流域水价低于全国平均水平，水价与缺水状况不相适应，不仅不能形成良性循环，而且不利于节约用水。因此，要按照社会主义市场经济要求，建立合理的水价形成机制，建立有利于促进节约用水的良性运行的供水水价体系，各级物价主管部门要按照补偿成本、合理收益、公平负担的原则，核定供水水价，逐步使水价到位。

政府要改革供用水管理体制，减少中间环节，提高水费计收的透明度，全面实行按用水量计收水费的办法，提高水费的实收率。对不同水源和不同类型的用水实行差别水价，

缺水城市要实行高额累进加价，适当拉开高用水行业与其他行业用水的差价。同时，保证城镇低收入家庭和特殊困难群体的基本生活用水。水源丰枯变化较大、用水矛盾突出的地方，要实行丰枯水价，使水价管理逐步走向科学化、规范化的轨道。

七、建立用水计量与统计制度

为准确反映用水计划的执行情况，需建立起顺畅的用水统计渠道和水资源公报制度，适时发布流域或省（区）用水情况和年度水资源状况，以便于公众了解水资源开发利用情况和省（区）间相互监督年度用水计划和水量调度执行情况。

对于黄河流域来说，应该切实推进抄表到户工作，以确保阶梯水价的实施。加强农业用水的计量以及计量设施的建设与管理，同时把用水统计纳入统计系列，做好各行业的用水量、用水效率和效益的统计工作。

八、建立排污许可和污染者付费制度

实行排污总量控制制度，根据水体纳污总量确定和分配排污量以及排污口设置。同时建立排污许可制度，试点发放排污许可证。对能源、冶金、造纸、建材等重点排污行业和企业可以考虑实施强制环境责任保险，分散风险、消化损失。政府要加强排污监管，进一步提高污水处理费和排污费标准，对超标、超量排污的企业要采取更加严厉的惩罚措施。

规范污水处理费和排污费征收。对建立并正常运行的中水回用系统的用户，应减免污水处理费，切实加大对自备水源用户污水处理费和排污费的征收力度。

九、其他

节水型社会建设管理是一个比较广泛的概念，涉及社会发展的各个方面，除了前面一些建设内容外，还应该在此基础上建立水产品认证与市场准入制度，以鼓励和推广节水器具的使用。另外，可以通过建立水市场监管制度、建立用水审计制度、加强入河排污口管理等内容来促进节水型社会制度建设的深入开展。

第六节　黄河流域节水型社会建设展望

一、节水对缓解黄河流域水资源紧缺形势的作用

（一）节水投资

黄河流域节水基础薄弱，节水型社会建设需要的投资巨大。根据黄河流域水资源综合规划分析，为实现76.4亿m^3毛节水量的规划节水目标，到2030年黄河流域需要的节水投资约717.9亿元，单方水节水投资约9.4元，若按净节水量计则单方节水投资约17.5元。并且，节水工程折旧和维护等运行期还需要大量的费用。因此，节水型社会建设是一项工程艰巨和投资巨大的系统工程，需多渠道筹集节水型社会建设资金，逐步推进各项节水措

施建设，保障流域节水型社会建设目标的实现。

（二）提高水资源利用效率

黄河流域，尤其上中游地区现状总体用水效率较低，特别是农业灌溉水利用系数较低。近年来，黄河流域开展的以大型灌区节水改造和宁蒙灌区水权转换等为代表的节水型社会建设工作，显著提高了灌区水资源利用效率，并为当地重点工业项目用水创造了条件，促进了区域水资源配置向合理、高效方向发展。

（三）缓解流域缺水问题

黄河流域水资源供需矛盾日益尖锐，全面建设节水型社会，提高流域水资源利用效率，可以在一定程度上抑制用水需求的快速增长，缓解黄河流域经济社会发展、生态环境保护带来的水资源供需压力。

黄河流域节水型社会建设对缓解流域缺水形势作用显著，能够在一定程度上缓解流域2030年水资源供需矛盾，一定程度上促进流域水资源可持续利用和经济社会可持续发展。

二、节水不能根本解决黄河长远缺水问题

黄河流域属于资源性严重缺水地区，节水虽然可以通过抑制水资源需求过快增长，在一定程度上和一定时期内缓解流域水资源供需矛盾，但由于黄河资源型缺水、流域经济社会发展和生态环境改善对水资源需求旺盛，仅靠节水不能根本解决黄河流域缺水问题。

枯水年份黄河流域缺水形势更加严峻。黄河流域水资源综合规划水资源供需成果表明，中等枯水年份黄河流域内河道外缺水量137.5亿m^3，特枯水年份缺水量191.9亿综上所述，在强化节水的条件下，2030年黄河流域国民经济水资源供需缺口仍然较大，供需矛盾突出。因此，单靠节水措施不能从根本上解决黄河流域长远缺水问题。

综上所述，黄河流域通过节水型社会建设，将逐步建立和完善流域水资源优化配置工程体系、技术体系和管理体系，并将显著提高流域水资源利用效率，一定程度上缓解流域缺水形势。但由于黄河流域资源性严重缺水，流域经济社会发展对水资源需求旺盛，节水型社会建设不能从根本上解决流域长远缺水问题，水资源短缺仍然是制约流域经济发展和维持河流健康的短板。从解决流域长远缺水问题的战略层面出发，在立足节水型社会建设的基础上，黄河流域必须依靠调水等有关措施合理增加流域内水资源总量，保障流域经济社会持续发展和生态环境改善对水资源的合理需求。因此，建议积极开展能根本解决黄河流域缺水的各种措施研究，特别是加快相关调水工程的前期工作步伐和建设进程，尽早实现向黄河流域调水。

第十一章　黄河流域水权转让机制

第一节　黄河流域可转换水权

一、黄河水权概念

我国《水法》规定，水资源属于国家所有，因此，目前所说的水权一般指依法对地表水、地下水所取得的使用权及相关的转让权、收益权等。

为了对水资源进行有效管理，《水法》第七条规定，国家对水资源依法实行取水许可制度和有偿使用制度，按照国务院制定的《取水许可和水资源费征收管理办法》申请取水许可证，并依照规定取水。《水法》第四十八条规定，直接从江河、湖泊或者地下取用水资源的单位和个人，应当按照国家取水许可制度和有偿使用制度的规定，向水行政主管部门或流域管理机构申请领取取水许可证，并交纳水资源费，取得取水权。

二、黄河初始水权体系构成

（一）初始水权的概念及分配原则

初始水权是指在第一次分配时所取得的水资源使用权，即国家及其授权部门通过法定程序实施水量分配和取水许可制度，为某个地区或部门、用户分配的水资源使用权。初始水权的分配原则：①充分保障现有合法取水人用水权益，尊重以前水行政主管部门和流域管理机构对取水许可的审批，尊重现状用水；②考虑未来经济社会可持续发展用水需求的原则；③生活用水优先原则；④公平、公正、公开原则；⑤效率原则：促进水资源的高效利用；⑥统筹考虑干、支流用水和兼顾地下水开发利用的原则；⑦民主协商原则；⑧水资源可持续利用原则。要考虑必需的生态用水和河道输沙用水量，并预留必要的政府预留水量。

因此，初始水权是政府部门在可利用水资源范围内，保证水资源可持续发展的前提下，为获得经济社会和谐发展，第一次分配到下级行政区和用水户的基本用水量。

（二）黄河初始水权体系构成

1. 经济社会发展用水水权

为了协调流域各省（区）之间的用水关系，保证经济社会持续、稳定、协调发展，1987 年国务院批准了《黄河可供水量分配方案》，将流域可供水量分配到沿黄各省（区），以河段耗水量作为各省（区）用水量，在流域水资源宏观控制中发挥了重要作用。依据我国现行的法律框架和水资源管理体制的分工，在一个流域内，水权的取得及流转需要经历下列步骤：先是水权在地区之间逐级分配，然后将水权落实到用水户，即用水户通过某种法定方式取得水权。黄河流域经济社会发展初始水权的分配具体可分为以下几个阶段：流域—省级、省级—市级、市级—用户级的初始水权分配。

（1）流域—省级初始水权分配

为了协调黄河流域各地区、各部门的用水要求，保证经济社会稳定、协调发展，黄河水利委员会认真研究了沿黄省（区）灌溉发展规模、工业和城市用水增长以及大中型水利工程兴建的可能性，提出了《南水北调工程生效前黄河可供水量分配方案》。该方案是流域内各省（区）经济社会发展用水的宏观控制指标，在国务院的《黄河可供水量分配方案》的批示意见中，明确要求流域内各省（区）以黄河可供水量分配指标为控制，合理安排本省的经济社会发展规模和经济发展布局。

（2）省级—市级初始水权分配

随着流域经济社会的快速发展和黄河水资源管理调度水平的不断加强，为适应当前黄河水资源管理和调度的需要，迫切需要以《黄河可供水量分配方案》为基本依据，对该方案进行补充和完善。2006 年 6 月，水利部《关于开展黄河取水许可总量控制指标细化工作的批复》同意在黄河流域开展取水许可总量控制指标细化工作，并要求黄河水利委员会组织指导协调流域内有关省、自治区、直辖市开展此项工作。

流域内各省（区）内部总量控制指标细化工作由省级人民政府水行政主管部门商有关市级人民政府制定，在征求黄河水利委员会意见后，报省级人民政府批准后执行。

（3）市级—县级和用水户的初始水权分配

初始水权最后还要逐级分配到县级和各用水户。根据水利部“关于实施《取水许可和水资源费征收管理条例》有关工作的通知”要求，各省（区）水利厅应在省级—市级初始水权分配的基础上，将初始水权进一步分解到各县（旗）。而用水户才是水资源的真正使用者，因此需在县（旗）初始水权分配的基础上具体分解到各用水户，真正完成初始水权的分配。

2. 维持黄河自然功能用水水权

黄河不仅要保证流域内各省区的经济发展，还要维持其自然功能的良好发挥。在黄河多年平均天然河川径流总量 580 亿 m^3，还包括了 210 亿 m^3 的输沙用水、生态基流、河道损失等维持黄河自然功能的用水。

2007 年颁布的《黄河水量调度条例实施细则（试行）》，确定了黄河干流省际和重要控制断面预警流量以及黄河重要支流控制断面最小流量指标及保证率，这一法规形成了维持黄河自然功能用水的水权。建设黄河的生态文明对黄河水量调度提出了更高的要求，而维持黄河自然功能用水的水权分配是非常复杂的，同时其各用水组成也是相互交叉联系的，需要考虑的目标更多，范围更广，系统性更强，技术更复杂。目前还没有进一步确认维持黄河自然功能用水水权分配的用户，也没有细化每个用户具体分配指标，需要进一步研究。

三、黄河流域可转换水权的内涵

（一）可转换水权的定义

理论上讲，只要用水户具有初始水权，取得地方水行政主管部门或者流域管理机构颁发的取水许可证，并按照有关规定及时足额缴纳水资源费，那么，该用水户就有取水权，就可以出让自己的水权。但是，结合黄河流域水资源管理的现状，实际操作过程中，取得取水权的用水户不一定都可以出让自己的水权，必须满足一定的条件才可以出让水权，因此，可转换水权是在一定条件下被允许转换的水权。一般情况下应满足以下条件。

（1）用水户的实际用水量小于批准的取水许可量时，才具有出让水权资格；一个行政区包括省（自治区）、市实际用水量小于批准的经细化的初始水权时，才具备出让水权资格。

（2）取得生活用水水权的用户，不具备出让水权的资格。

（3）取得农业用水水权的用户，在通过节水工程将实际取用水量减少到小于批准的取水许可量以内时，才具备出让资格，出让水量要小于实际节水量。

（4）取得工业用水水权的用户，通过改进用水工艺节约的用水量，具备出让资格，出让水量要小于实际节水量。

（5）通过水土保持工程措施，减少的入黄泥沙量，允许实验性地置换部分输沙水量。

（二）可转换水权的实施范围

目前宁夏、内蒙古两区水权转换项目的灌区节水工程主要节水措施是渠道衬砌根据有关资料，喷灌、滴灌等高效节水技术可使水的利用率达到80%以上，是比渠道衬砌节水效果更好的节水措施。因此，可以在有条件的灌区启动水权转换现代高效集约农业节水试点，推进以喷灌、滴灌等高效节水技术为主的节水工程建设，使水权转换节水工程的节水效果更加显著。上述水权转换的思路是通过工业企业投资灌区节水改造工程建设，节约出水量出让给工业企业，具有水权转换出让方和受让方明确的特点，我们称之为灌区节水水权转换。因此，灌区节水水权转换满足可转换水权的条件。

目前，有部分省（区）超年度分水指标用水，挤占了部分维持河流自然功能的水量，客观上造成了维持河流自然功能水量向省（区）用水置换的事实维持河流自然功能的水量严格意义上是不能进行转换，但是结合黄河的特点，黄河的突出问题之一是“沙多”，维持黄河自然功能水量中的大部分是黄河下游的输沙用水，在采取措施有效减少进入黄河下游的泥沙量的前提条件下，置换部分维持黄河自然功能的水量，在理论上是一个成立的命题，因此，有条件地在流域机构和省（区）之间进行水土保持水权转换也是成立的。

另外，省（区）之间三种形式水权转换和用户之间水权转换也满足可转换水权的条件。

1. 省（区）之间水权转换

在“87分水方案”分水指标总量控制和丰增枯减的前提下，年度有剩余取水指标的省（区）通过水权转换，将剩余取水指标转让给年度没有取水指标的省（区），从而促进水资源更有效地进行配置。该种形式的水权转换称为黄河取水权指标有富裕和指标不足省（区）之间的水权转换。

黄河流域跨越干旱、半干旱和半湿润地区，西部、北部干旱，东部、南部相对湿润。全流域多年平均降水量447.1 mm，降水量最少的是流域西北部，如河套平原年降水量只有200 mm左右。降水量小于400 mm的干旱、半干旱区面积占流域面积的32%以上。当黄河流域发生旱涝分布不均情况下，有关省（区）之间进行年内短期的水权转换是必要和可行的，有利于流域上下游之间的丰枯互补，是对现行依靠行政措施、实施应急水量调度模式的补充和完善，可以充分发挥市场机制在资源配置中的功能。该种形式的水权转换称为旱涝分布不均年份的省（区）之间的水权转换。

目前流域内有些省（区）年均实际引黄耗水总量超年度分水指标，部分地挤占了维持河流基本功能水量或其他省（区）水量，客观上造成了水权权属转换的事实。但是，对于该种情况目前行政管理手段短期失效。因此，在年度水量调度结束后，应按照市场要求和超用水量，对超用水部分予以付费，进行水权转换，该种形式的水权转换称为超黄河用水指标和指标有富裕省（区）之间的水权转换

2. 灌区节水水权转换

灌区节水水权转换的总体思路是企业投资灌区节水改造工程，节约出水量出让给工业企业。灌区节水水权转换的出让方为灌区水管单位，受让方为工业企业

对于出让方来说，就是通过采取节水措施，节约下来的可以转让给其他用水户的那部分水量。可转换水量应具备以下条件：①对于目前已经超用黄河省际耗水水权指标的省（区），节约水量不能全部用于水权转换，要考虑偿还超用的耗水水权指标；②节约的水量必须稳定可靠，能够满足水权转换期（一般小于25年）内，持续产生转换水量所必需的节水量的要求；③为保护农民的合法用水利益，任何形式违背农民意愿的水权用途转变均应受到严格禁止；④可转换水量确定应充分考虑水权出让区域的生态环境用水要求，避免因水权转换对水权出让区域的生态环境造成不利影响。现阶段为了保护农民的合法用水权，将可转换水量界定为灌区工程措施节水量。

对于受让方来说，可转换水权就是受让方的需水量，即在建设项目水资源论证报告书中，经过论证并通过专家评估和水行政主管部门或者流域管理机构审批的建设项目需水量。在水资源所有权属国家所有的背景下，受让方可转换水量需具备以下条件：①可转换的水量需要符合国家的产业政策，符合省级以上发展改革委员会的核准意见中的用水要求和用水总量控制意见；②可转换水量应符合节水减污的政策要求，禁止向高耗水、重污染行业转换水量；③可转换水量必须在政府的宏观调控下进行，严禁企业以任何行为占有可转换水量，待价而沽。

3. 水土保持水权转换

水土保持水权转换的总体思路是企业投资水土流失区水土保持工程建设，实现减少入黄泥沙量，从而置换出部分黄河输沙用水量出让给工业企业。水土保持水权转换的出让方为流域机构，受让方为工业企业。

水土保持水权转换的出让方如何确定，是一个十分敏感的问题，但是，从水土保持工程对黄河治理开发作用分析，水土保持措施有利于减少入黄泥沙量；有利于加快黄土高原水土流失治理。减少入黄泥沙量从理论上讲可以置换出部分用于维持河流基本功能的生态用水水权，流域机构作为维持河流健康的代言人，应为河流生态用水水权代表国家的权属人。因此，流域机构应为水权的出让方，工业企业作为水土保持工程的出资方，应为水权的受让方。

对于出让方来说，就是通过采取水土保持工程措施，减少的入黄泥沙量，从而可以置换出的输沙水量，允许转让给其他用水户的那部分水量。水土保持水权转换可转换水量应具备以下条件：①水土保持水权转换工程必须符合黄河流域水土流失区治理的有关总体规划和专项规划；②水土保持水权转换工程必须位于黄土高原多泥沙来源区或粗泥沙集中来源区，以加快水土流失区的治理；③水土保持工程措施减少的入黄沙量必须稳定可靠，能够满足水权转换期（一般小于25年）内，持续产生转换水量所必需的减少入黄泥沙量的要求。

对于受让方来说，水土保持可转换水权与灌区节水可转换水量需具备同样的条件。

4. 用水户之间水权转换

在水量经过流域—省（区）—地（市）级—县级—终端用水户层级分配后，初始水权细化到终端用水户，终端用水户可以是农业用水户、城镇居民用水户以及工业企业用水户。可以鼓励各终端用水户对水权进行交易，达到节约用水、优化水资源配置的目的。

由于省（区）之间和用水户之间水权转换为短期临时性的水权转换，灵活性比较大，以下仅就灌区节水水权转换和水土保持水权转换中的关键问题进行分析。

四、水权转换的关键技术问题

（一）灌区节水水权转换中可转换水权的计算

1. 灌区节水潜力的概念及节水措施

水权转换是水权权属者（主要是农业部门）通过采取各种节水措施，将节余的水量有偿转让给水权的受让方（主要是工业部门）。《黄河水权转换管理实施办法（试行）》明确规定，水权转换是指黄河取水权的转换。根据黄河流域目前对流域水资源的管理办法，水权权属者所拥有的黄河取水权是按照黄河流域可

供水量分配方案分配给各用水户的取水许可权。由此可见，水权转换中的灌区节水量指的是采取节水措施后灌区取水量的减少量，即灌溉取水节水量。因此水权转换中的灌区节水潜力是指通过采取一系列的工程和非工程节水技术措施，灌区预期所需的灌溉水量与初始状态相比，可能减少的取水水量。

灌溉水从水源到形成作物产量一般要经过四个环节：①通过渠道或管道等输水工程将水从水源送到田间；②将田间水转化为土壤水；③经过作物的根系吸收将土壤水转化为作物水，以维持作物的正常生理活动；④通过作物复杂的生理过程，由作物水形成经济产量。在上述几个转化过程中都有可能产生水分损耗，出现灌溉水的浪费。因此，灌溉节水

就是要针对上述四个环节，通过采取适宜的技术、经济、政策等方面的措施，尽可能减少灌溉水转化过程中的水分损耗，提高单方水的效益。对于灌区来说，目前采取的节水措施分为输水系统工程措施、田间工程措施、高新技术、井渠结合、农业种植结构调整、节水灌溉管理技术等六个方面。

2. 水权转换的要求

水权转换，就是将水权作为一种商品在不同用水户间进行交易，但从目前黄河流域水权转换的情况看，水权是一种特殊的商品，在交易过程中要满足一些特殊的要求。

要求之一，水权转让的成本要便于测算。

要求之二，水权转换不是一个短期行为，水权转换的时间是一个较长持续的时段，这就要求灌区采取的节水措施在水权转换期能持续稳定产生转换所需的节水量。

要求之三，根据黄河流域目前对流域水资源的管理办法，按照水量调度管理办法，灌区节约水量要考虑偿还超用的省际耗水水权指标。

3. 节水措施的节水效果分析

不同的节水措施，其实施手段不同，产生的节水效果也不同。其中灌区输水系统工程措施是通过采取调整渠系布局，对渠道进行防渗衬砌、配套等节水工程处理，改善灌区输水系统的输水状况，减少渠道的渗、漏、跑现象，使输水过程中的损失量减少，水利用效率提高，从而产生一定的节水量。从已衬砌的渠道工程运行情况看，该措施实施后，在一定时期内节水效果还是比较稳定可靠的。

间工程节水主要是通过采取田间配套措施、田块调整、提高田间土地的平整度等措施，以减少田间水的流失量，提高田间水利用系数来实现的。田间水利用系数主要决定于田块的大小、田间土地的平整程度，而田块的大小、土地的平整程度随农民的耕作而经常变化，因而田间水利用系数不是一固定值，故田间的节水量也将是一个不稳定的量。

高新技术节水，由于投资比较高，除了在水资源极其紧缺地区，一般情况下受当地经济社会发展水平的限制难以大规模开展。

井渠结合是通过增加地下水开采量来获取节水量的，一定的节水量就必须有相应的地下水开采量作保证。但从目前灌区用水管理情况来看，当地地下水的开采还没有有效的计量和管理手段，地下水的开采量完全由农民自己决定。在相对于黄河水水价标准，开采地下水的费用较高，且黄河水引用方便，水中含有丰富的养分，比地下水更适宜灌溉的现实情况下，农民肯定以黄河水作为首选灌溉水，这样地下水开采量就难以稳定，因开采地下水产生的节水量也就不可能是一个稳定的量。

种植结构调整，虽然不需要进行固定设备设施等投资就可以达到节水的目的，但根据目前我国农业政策，土地承包到户，农民种什么主要由市场来调控，政府只能起宏观调控的作用，种植结构很难完全按照规划预测的结果执行，因此种植结构调整产生的节水量也是不稳定的。

四、可转换水权与灌区节水潜力的关系

综合上述分析可知，灌区的节水潜力与可转换水权是不对等的。在灌区采取的各项节

水措施中，只有采取输水系统工程措施产生的节水量较稳定，且已有一套成熟的投资估算方法，便于进行转换费用的测算。其他各项措施节水效果均具有不稳定性，投资也不易估算。因此，在目前水权转换时，暂以通过输水系统工程措施产生的节水量作为水权转换的对象，而其他方面的节水量先考虑返还区域的超用水量，待以后条件逐步成熟，也可考虑将田间工程和高新技术节水纳入转换的范畴。

（二）水土保持水权转换中可转换水量测算

1. 水土保持工程措施蓄水量测算

水土保持工程措施蓄水量的测算是确定水土保持工程可转换水量的基础，水土保持工程措施蓄水量的测算主要有水文法、成因分析法以及基础效益计算方法 3 种。

（1）水文法

大致分为两种类型：一种是类比法；另一种是水文模型法。根据对降雨径流基本规律分析，建立计算水土保持蓄水量的降雨产流模型。水文模型主要分为两类：一类是经验性的水文统计模型；一类是水文概念性物理模型。

类比法的计算原理为邻近流域由于所处的地理环境比较接近，因此流域的降雨径流变化具有一定的相似性，以水土流失治理程度不高的流域为参证站，分析治理较好的邻近流域的径流变化情势，得出蓄水量。类比法的精度取决于类比流域实施工程措施前各个时期径流过程的相似程度。一般来说，流域越近，相似程度越高。

水文模型法蓄水量计算是在水文站实测降雨径流资料的基础上，根据相关理论，建立水土保持措施治理前流域降雨径流关系模型，然后将治理后降雨条件代入还原计算相当于治理前的产流量，再与治理后实测的径流比较，得到水土保持措施蓄水量。水文法的优点是简单易用，对同一流域使用效果较好，计算结果反映的是水土保持综合蓄水量。

（2）成因分析法

又称为“水保法”。根据水土保持试验站试验资料，对治理流域按各项水土保持措施分项计算蓄水量。水土保持单项措施一般包括生物措施和工程措施，生物措施包括植树造林、人工种草治理坡地和沟谷；工程措施主要包括农田的坡改梯、修筑淤地坝和蓄水蓄沙塘堰以及实施水土保持耕作法等，同一地区的不同措施或不同地区的同一措施其蓄水作用是不同的。在用水土保持分析法计算蓄水量时，应注意选择同类地区的试验资料。

（3）基础作用计算法

水文法和成因分析法两种方法在指导我国水土保持规划与效益评价中发挥了重要的作用，但也存在不足。两者均属于总量评价，不能区分各项具体的水土保持工程措施的蓄水拦沙作用。

水土保持基础作用计算可对具体的蓄水拦沙量进行分析计算。水土保持的基础作用即蓄水作用和拦沙作用。按基础作用计算蓄水拦沙量，可分为按就地入渗、就近拦蓄和减轻沟蚀三种情况计算。

就地入渗的水土保持措施，包括造林、种草和各种形式的梯田（梯地），其作用包括：增加土壤入渗，减少地表径流，减轻土壤侵蚀，解决“面蚀”问题。计算方法按两个步骤：第一步先求得减少径流与侵蚀的模数；第二步再计算减少径流与减少侵蚀的总量。

就近拦蓄措施，包括水窖、蓄水池、截水沟、沉沙池、沟头防护、谷坊、塘坝、淤地坝、小水库和引洪漫地，其作用包括拦蓄暴雨的地表径流及其携带的泥沙，在减轻水土流失的同时，还可供当地生产、生活中利用。计算中应全面研究各项措施的具体作用。对不同特点的措施，分别采取不同的计算方法，主要有典型推算法和具体量算法两种。

减轻沟蚀效益包括四个方面，按下式计算：

$$\sum \Delta G = \Delta G_1 + \Delta G_2 + \Delta G_3 + \Delta G_4$$

式中，ΔG_1 为沟头防护工程制止沟头前进的保土量（m^3）；ΔG_2 为谷坊、淤地坝等制止沟头下切的保土量（m^3）；ΔG_3 为稳定沟坡制止沟岸扩张的保土量（m^3）；ΔG_4 为塬面、坡面水不下沟（或少下沟）以后减轻沟蚀的保土量（m^3）。

2. 水土保持水权转换

根据水土保持水权转换的总体思路，水土保持减少入黄沙量是测算水土保持水权转换可转换水量的基础。但是，黄河水沙关系复杂，如何建立水土保持减少入黄沙量和黄河下游输沙用水量之间的关系，是水土保持水权转换可转换水量测算的又一个关键的技术问题。鉴于黄河复杂的水沙关系，测算水土保持水权转换可转换水量同样是一个复杂的问题，为此，必须考虑设定一定的边界条件，以简化测算水土保持水权转换的可转换水量。边界条件的确定需要考虑以下因素：一是1987年国务院批准的黄河可供水量分配方案所依据的水沙条件；二是在黄河干支流无工程控制调控条件下，黄河干流主要河段的冲淤特性。

黄河初始水权形成的水沙条件。1987年国务院批准的黄河可供水量分配方案，是全国大江大河中第一个水量分配方案，多年来在黄河水资源配置、水资源管理调度中发挥了重要的作用，并得到不断丰富和发展，逐渐形成了黄河的初始水权分配体系，在流域管理中的权威性逐渐确立。因此，水土保持水权转换的可转换水量测算，必须考虑黄河初始水权分配方案的边界条件。

黄河干流主要河段的冲淤状况。黄河干流冲积性河段主要集中在宁夏—内蒙古河段、龙门—潼关河段和黄河下游河段等三段。在黄河干流无工程调控情况下，宁夏—内蒙古河段和龙门至潼关河段大体上维持冲淤平衡状态，黄河下游是强烈淤积河段。在黄河干流龙羊峡、刘家峡、三门峡水库生效以后，宁夏—内蒙古河段由于来水过程的改变渐渐演变成为强烈淤积河段，龙门至潼关河段由于三门峡水库运行导致潼关至三门峡水库也转变成淤积性河段。鉴于此，考虑黄河可供水量分配方案制定时依据的水沙系列和来水来沙条件，制定黄河干流主要河段冲淤的边界条件如下：

龙门到潼关河段，俗称小北干流，历史上小北干流河段一直处于淤积抬升状态，但滩槽基本同步抬升，且速度缓慢。因此，为了便于计算，也可不考虑其冲淤变化情况。

潼关—三门峡河段，该河段也为峡谷河段，历史上冲淤变化比较小，在三门峡现在运用方式下，也基本保持冲淤平衡。因此，也可假定该河段处于冲淤平衡状态。

三门峡—白鹤河段也为岩基河床，千百年来河床形态变化不大，一直处于冲淤平衡状态。

综合以上分析，汛期进入黄河干流的与进入黄河下游的泥沙量基本相等，即泥沙输移

比接近于

（三）水权转换的期限确定

1. 灌区节水水权转换的期限

灌区节水水权转换的期限应在综合考虑我国现行法律、法规的有关规定，节水主体工程使用年限和受让方主体工程更新改造的年限，以及水市场和水资源配置的变化，兼顾供求双方利益的基础上来确定。

首先，从政策因素来考虑。《城市房地产管理法》规定明确了国有土地有限期使用的原则。土地使用权的出让年限一般不超过 50 ~ 70 年。同理，对国有水资源也应实行有限期使用的原则，一般亦不应超过这一最高期限的限制。水资源有限使用原则是水资源有偿使用原则的自然延伸。如果水资源使用无限期，水资源使用效益和费用就是一个未知数，水资源使用权就难以流动，水资源交易市场就难以形成。只有加入时间参数，明确水资源使用期限，才能科学计算水资源使用权转让的效益和费用，从而促进水资源使用权的流动。

根据《黄河取水许可实施细则》《取水许可和水资源费征收管理条例》，取水许可证的有效期限一般为 5 年，最长不超过 10 年。按照取水许可年限，水权交易合同只能订 10 年，换取水许可证时再续订。但对电厂来说，订 10 年合同与电厂的使用年限差距较大，操作起来比较困难。因此按照取水许可年限制定水权转换期限显然是不合适的。

综合考虑我国现行相关的政策法律法规的要求，节水工程设施的使用年限、工业项目主要设备更新改造，兼顾供求双方的利益，确定水权转换期限原则上不超过 25 年。

水权转换期满，受让方需继续取水的，应重新办理水权转换手续；受让方不再取水的，水权返还出让方，取水许可审批机关重新调整出让方取水许可水量水权转换期内，受让方不得擅自改变所取得水量的用途。

另外，水权转换实施后，即使受让方工业用水户取水许可证有效期限取上限 1 年。取水许可证的有效期也短于水权转换 25 年的期限。取水许可证有效期满后，需要重新更换取水许可证，有些工业用水户担心取水许可证不能保证一定被更换。为了避免出现上述矛盾，在受让方取水工程核验的基础上，取水许可审批机关在对工业用水户颁发取水许可证时，应给出相应的承诺或采取其他有效措施。

2. 水土保持水权转换的期限

同灌区节水水权转换，水土保持水权转换的期限要与国家、黄河治理开发的总体要求以及区域经济社会发展相适应，综合考虑水土保持措施的运行年限和受让方主体工程使用年限。因此，水土保持水权转换的期限应在综合考虑我国现行法律、法规的有关规定，水土保持措施工程使用年限和受让方主体工程更新改造的年限，兼顾供求双方利益的基础上来确定。

水土保持水权转换主要是通过对黄土高原多沙或粗泥沙集中来源区实施水土保持工程措施治理，减少进入黄河的泥沙量，进而置换部分黄河下游输沙用水量转换给工业企业，因此，水土保持水权转换期限应当兼顾工业企业主要设备的更新年限和水土保持工程措施主体工程的使用年限。

综合以上各种影响因素，确定黄河水权转换期限不超过25年。但是需要指出的是，水土保持工程措施的主体工程的设计淤积年限和设计标准，必须根据项目区的实际情况，结合水土保持水权转换的特殊要求，在坝系的总体布局和淤地坝的总体布置时，在现有规程规范要求的基础上适当改进，以确保水土保持工程在水权转换期限内可持续地发挥拦沙效益。

（四）水权转换费用的构成及水权转换价格计算

《水利部关于水权转让的若干意见》规定：水权转让费的确定应考虑相关工程的建设、更新改造和运行维护，提高供水保障率的成本补偿，生态环境和第三方利益的补偿，转让年限，供水工程水价以及相关费用等多种因素，其最低限额不低于对占用的等量水源和相关工程设施进行等效替代的费用。其中，工程的运行维护费，是指新增工程的岁修及日常维护费用；工程的更新改造费用，是指当节水工程的设计使用期限短于水权转换期限时所必须增加的费用。根据该规定，并结合灌区节水水权转换和水土保持水权转换的特点，以下探讨两种形式水权转换的费用构成。

1. 灌区节水水权转换费用构成

（1）节水工程建设费

节水工程建设费，是指渠系的防渗衬砌工程，配套建筑物，末级渠系节水工程，量水设施、设备等的更新改造所需支出的费用。主要包括：渠道砌护费、配套建筑物费、渠道边坡整修费、道路整修费、渠道绿化费、临时工程费、其他费用、基本预备费、监测费、试验研究费等。

（2）节水工程运行维护费

节水工程的运行维护费是指工程设施在正常运行中所需支出的经常性费用。通常包括：①工程动力费，如燃料费、电费等；②工程维修费，如定期的大修费，易损设备的更新费及例行的年修、养护费等；③工程管理费，如管理机构的职工工资、行政管理费及日常的观测和科研试验费等；④其他经常性支出费用。

实施水权转换节水改造工程后，引水量、排水量、引水水质的监测显得更为重要，需配备必要的监测设备和人员，进行相关的测试和相应的试验研究工作：因此在工程运行费用中应考虑监测费用。

为了便于初步估算年运行维护费，常用总投资的百分率计算，如节水工程的年运行费用一般约为总投资的2%～3%。在黄河流域水权转换费用计算中，各地应根据运行费的实际发生情况进行取值。

（3）农业风险补偿费

农业风险补偿费是水权转换中对第三方权益的保护和收益减少的补偿费。根据黄河水量统一调度丰增枯减的原则，遇枯水年灌区用水相应减少，但灌区转换到工业的用水保证率必须达到95%以上，为了保证工业的正常生产用水，可能造成灌区部分农田得不到有效灌溉，使农作物减产造成损失，需给予农民一定的经济补偿。

经济补偿费用的测算，先求得多年平均工业企业多占用农业的水量，然后计算由于农业灌水量的减少引起农业灌溉效益的减少值，农业灌溉效益的减少值即为工业企业每年的风险补偿费用，再乘以水权转换年限得出风险补偿费。

根据工业企业多占用农业用水的水量以及灌区实施节水后的灌溉定额，计算灌区农田因此而减少的灌溉面积，以当地灌与不灌每亩收入的差值为每亩年补偿金额，计算灌区年补偿费，再根据水权转换期限计算转换期内农业风险补偿费。

(4) 经济和生态补偿费

水权转换的实施，加大了灌区节水改造的力度，灌区灌溉过程中的渗漏量大大减少，使灌区对地下水的补给水量减少，会造成地下水位下降。地下水位降低过多，就有可能会对植被、湖泊、湿地等生态环境带来不利的影响。为了保护灌区绿洲生态，需增加对生态的补偿。

生态补偿是指由造成水生态破坏或由此对其他利益主体造成损害的责任主体承担修复责任或补偿责任，生态补偿包括污染环境的补偿和生态功能的补偿，即通过对损害水资源环境的行为进行收费或对保护水资源环境的行为进行补偿，以提高该行为的成本或收益，达到保护生态的目的。生态补偿的做法一方面有利于受让方获得和有计划地使用发展中必需的水资源，另一方面也使出让方在得到经济补偿的同时合理使用和分配本地资源。

补偿只是一种相对的公平，补偿标准也难以完全按实际发生的经济损失进行补偿。生态补偿的计算，可根据生态破坏损失评估，建立生态补偿标准。

生态补偿系数主要与灌区节水改造后地下水位下降幅度有关。随着灌区节水改造的实施，灌区内部尤其是沿渠道两侧的植被将受到不同程度的影响，灌区内的水域、坑塘的水面面积将会大大减少，由此对灌区生态环境造成一定影响。灌区生态受影响的程度与地下水位关系密切，建立地下水位与灌区植被关系，通过监测地下水位估算生态的受损程度，根据生态的受损程度与不进行节水改造的生态状况比较，确定生态补偿系数，进而计算水权转换的生态补偿费。

(5) 其他费用

水权转换是一个庞大的系统工程，涉及或影响到许多方面的利益。有些在水权转换实施的初期，可能还表现不出来，但是随着水权转换过程的延续会逐渐显现，有些问题则已经出现。

由于进行水权转换，将通过灌区节水改造节余下来的农业用水以水权转换的方式转移到工业用水，减少了灌区的引水量和供水量，灌区管理部门的水费收入就会减少。对黄河流域灌区管理部门而言，水费是其正常运转和自身发展的主要经费来源，水费的减少对灌区的生存和发展带来困难，在水权转换中应对管理部门进行相应的补偿。

2. 水土保持水权转换费用构成

(1) 水土保持工程建设费

水土保持工程建设费包括工程措施、非工程措施的建设费用，工程措施包括工程措施和生物措施，工程措施主要有大中小型淤地坝、塘坝、各栅坝、坡改梯等，生物措施主要有植树造林、种草等；非工程措施包括水土保持监测、水文观测等。水土保持工程建设费用应按照有关规程规范的要求，逐项开展典型设计和投资估算。

（2）水土保持工程运行维护费

水土保持工程的运行维护费通常包括：①工程动力费，如燃料费、电费等；②工程维修费，如定期的大修费，易损设备的更新费及例行的年修、养护费等；③工程管理费，如管理机构的职工工资、行政管理费及日常的观测和科研试验费等；④其他经常性支出费用。实施水土保持水权转换工程后的蓄水拦沙效果监测，是实施水土保持水权转换成败的关键，必须配备必要的监测设备和人员，进行相关的测试和相应的试验研究工作。因此在工程运行费用中应考虑监测费用。

（3）水土保持工程更新改造费

水土保持工程的更新改造费用是指当水土保持工程的设计使用期限短于水权转换期限时所必须增加的工程更新改造费用。

（4）水土保持工程必要经济补偿

水土保持工程作为公益性的生态修复工程，总体上，对于改善黄土高原的生态环境具有积极的作用，可以提高黄土高原地区的植被覆盖度，减少流域的洪水危害，增加可耕地面积，为当地农民的生产、生活和生态环境带来积极的影响，将会产生显著的经济效益、社会效益和生态效益。局部会影响周边的其他利益方，有必要考虑一定的经济补偿给以解决。目前，可以预见的对其他权益人的影响，可能会对淤地坝下游一定范围内的地下水水位造成影响；大中小型淤地坝的设计洪水标准一般较低，设计洪水标准最大的骨干坝设计洪水标准为50年一遇，校核洪水标准为500年一遇，一旦发生超标准洪水会对下游的基础设施和居民财产造成危害。

关于水土保持水权转换工程的必要补偿，由于存在很大的随机性和风险性，应加强水土保持工程风险评估研究，结合风险评估研究建立水土保持工程经济补偿的计算方法和标准。

第二节　黄河流域水市场的建立

一、黄河流域水市场建设条件分析

目前黄河流域仅在宁夏、内蒙古两自治区开展了水权转换，还没有向全流域范围内扩大，还构不成水市场的规模，但是已经具备了构建黄河水市场的条件。

第一，黄河流域水资源的短缺使得水市场的建立成为可能。

第二，黄河流域的跨地区性使得建立流域水市场成为必要。黄河流经9个省（区），流域内的经济发展情况各不相同，利用水权市场使得水资源流向效益高的地区和行业是必要的。另外，黄河的跨地区性容易引起不同地区的水事纠纷，行政协调难度大、效率低，建立水权市场后可以利用市场机制协调水资源的分配，减少地区纠纷。

第三，黄河流域目前水权交易的范围还很有限，难以解决流域经济社会发展和水资源紧缺的矛盾。目前黄河流域水权转换主要是农业向工业实施水权转换，水权转换的范围还存在不平衡性，应当探讨包括农业向工业水权转换、水土保持水权转换、用户间的水权转换等多种水权转换形式，缓解流域经济社会发展对水资源的迫切需求。

第四，黄河流域现有水资源的规范管理可以减少流域水市场的管理和监督成本，由于黄河流域水利设施健全，引黄灌区供水、取水有规范的监督管理，流域实行统一管理后，大大减少了水市场的运作成本，降低交易费用。

第五，黄河流域初始水权分配体系已经基本建成，形成了流域—省（区）—地（市）的水权分配体系，有的地区已经将初始水权分配到了县级和用水户，为黄河水市场的建立提供了最基本的前提。

第六，内蒙古、宁夏水权转换试点的实践过程中，积累了大量宝贵的经验，为黄河水市场的建立奠定了良好的基础。

二、黄河流域分级水市场的建立

（一）建立的前提

水市场建立的软件条件：①建立比较完善的水权制度和明晰的初始水权分配体系；②水资源短缺、用水竞争激烈。在水资源比较丰富，用水矛盾不突出的地方，一般不会对水权交易产生迫切需求；③具有合法的供需主体；④具有合法的交易场所、交易渠道和供需双方可接受的交易成本；⑤具备合理的价格形成机制和配套的市场规则。

水市场建立的硬件条件：①具备基本的配水及供水工程体系；②建立较为完善的水资源和水环境监测、调控、计量系统；③建立水市场信息管理系统。

（二）建立原则

1. 总量控制原则

黄河水权转换总的原则是不新增引黄用水指标，对各省（区）引黄规模控制的依据是国务院批准的《黄河可供水量分配方案》，故黄河水权转换必须在国务院批准的黄河可供水量分配指标内进行。随着黄河流域初始水权在省（区）、市（县）的进一步细化，各级水市场逐步具备了完善的总量控制指标。

2. 政府监管与市场调节相结合

水市场是一个“准市场”，在进行水权交易时，行政机制要在水市场建设方面和市场监管方面发挥重要作用：但也必须明确，进入水权流转阶段，应以市场机制为主。这是由于水市场的主要目的就是充分发挥市场机制配置资源的高效作用，由市场主体自由地选择和决定其市场行为。行政调控的作用主要是规范市场，而不是干涉交易行为。

3. 公开、公平、公正原则

公开，就是在披露水权转让信息、实施水权转让操作等程序时应该做到公开进行，以求水市场的透明化。公平，是指水权转让各方在进行水权转让时，应当照顾各方的利益，水权转让双方的权利、义务应该对等，兼顾供水者和用水者、上游和下游、河流两岸用水者、当代人和后代人以及其他用途用水者的利益。公正，就是水权市场中所达到的目标要公正。

（三）市场的构架

水市场为用水户提供水权交易的平台，通过水市场作用，水资源从低效益的用户转向高效益的用户，从而提高水资源的利用效率。水权供需双方通过水市场来达成交易。根据黄河水资源特点、经济社会发展要求以及用水地组成等，结合黄河水权分配的构成体系，黄河水权转换的范围逐渐扩大，完善的黄河水权转换和水市场构建，应为三级市场。

1. 第一级水市场

第一级水市场为流域级水市场，是流域内的一级水权交易市场，主要包括两类水权交易：一类是省（区）之间水权转换；另一类是有条件的省（区）和流域机构之间的水权转换省（区）之间水权转换包括三种形式：①黄河取水权指标有富裕和指标不足省（区）之间的水权转换；②旱涝分布不均年份的省（区）之间的水权转换；③超黄河用水指标和指标有富裕省（区）之间的水权转换。

第一级水市场可以由国务院和流域水行政主管部门负责组建，流域水行政主管部门和省（区）级水行政主管部门作为一级水市场的主体，省（区）级水行政主管部门作为省（区）级水权的权属代表，流域水行政主管部门作为维持河流自然功能水权权属代表。按照总量控制原则，实现流域内水资源的优化配置。

2. 第二级水市场

第二级水市场为省（区）级水市场，省（区）级水市场从行政区域上可以涵盖跨地市级行政区域和同一行政区域内部的水权交易；从行业上可以涵盖灌区和灌区之间、灌区和工业用水之间、灌区和城市供水之间、工业用水和工业用水之间等多行业的水权交易，实现本区域内部水资源的高效配置。

第二级水市场可以授权由省（区）级水行政主管部门负责组建，干流各取水口水权权属者和重要入黄支流的水权权属者参加。各方在省（区）级耗水水权指标的控制下，实施省（区）内部的取水水权的多用途水权转换，提高水资源利用的效率和效益。

3. 第二级水市场

三级水市场建立的基本前提是初始水权要分配到用水户。目前黄河流域的初始水权基本分到了地（市）级，地（市）级水行政主管部门应按照初始水权分配的原则，将分配到的水权指标细化到县（区）。县（区）级水行政主管部门根据分配的水资源量、人口和经济社会发展及用水定额制定各行业用水总量控制指标，并遵循水资源初始分配的原则，将总量指标逐级分配到各乡（镇）、水管处（所）、城市供水企业及其他直接从河流取用水资源的单位。对于非最终用水户的上述单位，基于服务对象的合理用水量进行汇总，申请取水许可证，取得取水权。获得取水权的上述单位，再将总量指标逐级分配到最终用水户，并向用水户核发水权证书，明晰各用水户的权利和义务。因此在初始水权细化到各个具体用水户的前提下，终端用水户可以是农业用水户、城镇居民用水户以及工业企业用水户等具有合法初始水权的用户

第三级水市场为用户级水市场，在初始水权分配到各用水户的基础上，由各用水户组建的用水者协会具体负责，终端用水户参与组成。黄河三级水市场今后主要进行的是农业

用水户之间的水权转换，可以借鉴张掖的水权转换模式进行探索。

三、水市场组织体系构成

水市场组织体系，是指水市场的组织机构、组织形式、管理机构及其相互关系，包括水市场主体、交易中介组织和市场管理者。

（一）水市场主体

水市场主体，是指在水市场上独立从事交换活动以实现其经济利益的市场参与者，具体指拥有水权、参与水权交易活动的水权出让方和受让方。不同级别的水市场有不同的水市场主体，在同一水市场级别内不同的水权交易类型也有不同的水市场主体。

黄河流域一级水市场中的跨省（区）水权转换，水权出让方为有剩余黄河取水指标的省（区）水行政主管部门，水权受让方为没有或超用黄河取水指标的省（区）水行政主管部门。有条件的省（区）和流域水行政主管部门水权转换中，水权出让方为流域水行政主管部门，即黄河水利委员会，受让方为省（区）水行政主管部门。二级水市场中的市场主体为各取水水权的权属者，主要为农业用水对工业用水的水权转换，水权出让方为灌区水管单位，受让方为工业企业。三级水市场中的市场主体为参与水权交易的终端用水户，对主要进行的农业用水户之间的水权转换，水市场主体为各具体的农业用水户。

（二）市场交易中介

水权交易可以在水市场出让方和受让方之间直接进行，也可以通过市场交易中介进行。目前我国的水权交易都是以直接交易的方式进行。随着市场的逐步完善及水权交易活动的增多，必然会出现一个固定的水权交易场所，使水权能够集中、公开、高效、规范地进行交易。市场交易中介是水权交易实现的一个组织载体，对于保证水权交易规范、有序地进行起着重要的作用。

在我国，水市场还是一个“准市场”，对交易费用承受能力弱，交易量比较少，水权交易尚需政府的推动。因此，由政府出资设立市场交易中介可能更适合我国目前的国情。在水市场各种机制逐渐成熟后，政府可以通过产权转让等形式逐步退出。

1. 水银行

从两个方面理解水银行的含义：①从“银行”上理解：一是从银行是资金汇集和储备之处所的意义上，指水权交易指标的汇集、储备之处所；二是银行是资金汇兑和借贷之中介的意义，指水的交易机制。参加交易的主体除了供需双方，还需有一个中介机构，这个机构就是水银行，它把水权交易指标从供给者手中集中起来，再出售给需求者。②从“水”上理解水银行，是指“水”是水银行的“资金”，不管水银行是指水权交易指标的储备，还是指水的租赁买卖的中介，都以“水”为运作和经营对象。

水银行业务分为两块，即自营业务和代理业务。如果水银行是由政府部门开办，大多数情况下，水银行还具有管理职能。

水银行的自营业务是以盈利为目的的水权买进卖出，即在低价时买进、高价时卖出水权以赚取水权差价而赢利的行为。不过，由于水权交易涉及范围广，影响深远，所以这项业务会受到严格限制或被禁止。水银行代理业务按代理对象分为代理政府买卖水权和代理用水户买卖水权两种。代理政府买卖水权的目的有两个，一是如同一般用水户业务一样，为了公共利益用水需求而进行的水权交易，此时，政府是水银行的客户，在参加水银行交易时，应与其他客户处于同等的地位，共同遵守水银行交易规则，订立双方可接受的交易合同；二是接受政府委托买卖水权借以调节水权市场，平衡水权供需和稳定水权价格，此时，政府把调节水权市场的职责委托给水银行。从国外水银行的运作经验看，水管部门也可以把部分管理职能委托给水银行。

水银行作为水权交易的中介机构，其主要职责包括：审核水权交易主体的资格和交易条件；依法组织水权交易，为水权交易提供服务，维护交易双方的合法权益；收集、整理、发布水权交易的各种信息；根据水权登记情况，将潜在的买方和卖方配对；保障交易的真实性、规范性和合法性、监督交易双方签订正式合约、办理付款交割手续；调解水权交易纠纷等。

2. 用水者协会

用水者协会是用水户自愿组成的、民主选举产生的管水用水的组织，属于民间社会团体性质。用水者协会是水银行的一个雏形，目前是第三级水市场的主要管理机构，而没有执行其作为水市场交易中介的职责。黄河流域的用水者协会也应具有法人资格，实行自我管理，独立核算，经济自立，是一个非营利性经济组织。其主要职责是代表各用水户的意愿制定引黄灌溉的用水计划和灌溉制度，负责与有关供水公司签订合同和协议；负责本协会内水权分配方案的初始界定；水权分配完成后，负责制定各用水户进行水权交易的规则，提供有关水资源的信息，组织用水户之间水权转让的谈判和交易，并监督交易的执行。

（三）市场管理者

在水市场发展过程中，之所以需要加强水市场管理，首先是因为水资源配置过程中引入了市场机制，而市场机制本身又不可避免地会存在滞后性、盲目性、短期性等缺陷。为了保证国家水资源所有权的有效行使，加强对水权交易的监管是非常必要的。

在水市场中管理者主要为政府，包括水利部、流域水行政主管部门、省（区）水行政主管部门、灌区管理部门等。用水者协会作为最基层用水户的代表，也参与到市场管理中。不同级别的水权市场管理者管理不同层次的水权市场，各个层次的市场管理者在水权市场建设和运作中的作用是为了保障各个层次水权转让的有序进行，它独立于买卖双方，高于买卖双方。水权市场管理者的地位是相对来说的，在一个层次的水权市场中是管理者，在另一个层次的水权市场中就可能是以市场主体身份的参与者。

水权市场的监管至少应包括如下 3 个方面：水权交易主体的监管、交易数量的监管、交易价格的监管。

第三节　黄河流域分级水市场运行机制

一、黄河流域分级水市场水权转换程序

（一）第一级水市场水权转换程序

黄河一级水市场主要包括两类水权转换，一类是省（区）之间水权转换，另一类是有条件的在省（区）和流域机构之间的水权转换。省（区）之间水权转换目前可以在以下三种情况下，发挥市场的调节功能在水资源配置中的作用，三种情况分别为：①年度黄河取水权指标有富裕和指标不足省（区）之间的水权转换；②旱涝分布不均年份的省（区）之间的水权转换；③超黄河用水指标和指标有富裕省（区）之间的水权转换。上述三种情况的区别主要表现在：第①种情况需要根据省（区）的社会经济发展对水资源需求形势分析，在年度水量统一调度前提出转换要求；第②种情况需要根据本省（区）年度实际出现干旱情况，提出具体的需水要求和水权转换要求，其转换期限仅限于应急抗旱期间，属年内临时的水权转换；第③种情况是在年度水量调度结束后，依据年度水量调度的监测数据，按照测算的省（区）实际耗水量指标，由市场要求超用水者必须对超用水予以付费的一种水权转换行为。

1. 省（区）间水权转换程序

（1）水权转换主体的确定

确定水权转换的出让方与受让方。

（2）水权转换要约的发出

水权转换主体向水市场发出要求水权转换的约定，并提交约定文件。不同水权转换形式有不同的约定文件。年度黄河取水权指标有富裕和指标不足省（区）之间的水权转换的约定文件为，本年度本省（区）经济社会发展对水资源的需求形势分析报告和水权转换的技术方案；旱涝分布不均年份的省（区）之间的水权转换的约定文件为，本年度本省（区）干旱情况分析报告和经济社会发展对水资源的需求形势分析报告和应急抗旱水权转换的技术方案；超黄河用水指标和指标有富裕省（区）之间的水权转换的约定文件为，本年度本省（区）实际耗水量分析报告，和超用黄河用水指标水权转换的技术方案。

（3）水权转换的受理

水市场对水权转换方案按照国家有关政策法规要求，从水资源情况、技术方案的可行性等方面进行论证评估，并提出是否受理的文件。

（4）水权转换双方协商

在一级水市场同意受理的情况下，需要通过一级水市场的协调，水权转换双方针对水权转换水量、水权转换期限、水权转换价格以及水权转换双方的责任、权利和义务等进行协商谈判，就此达成一致意见。

（5）水权转换的文件

根据水市场受理文件及水权转换双方达成的一致意见，在水市场的组织下和一级水市场管理者的监督下，水权转换双方签订水权转换协议，明确水权转换双方的责任、权利和义务。对一级水市场省（区）间的水权转换，在协议签订时，受让方必须出具有省（区）级人民政府关于水权转换费用的承诺文件，出让方必须出具省（区）级人民政府关于同意出让部分水权的文件。

（6）水权转换的实施

根据水权转换协议的约定，在一级水市场管理者的监督下，水权转换双方实施水权转换。

2. 流域机构和省（区）之间水权转换程序

针对流域机构和省（区）之间可能存在的水权转换形式主要为水土保持水权转换，设定以下水权转换程序：

（1）水权转换的主体

水土保持水权转换的总体思路是企业投资水土流失区水土保持工程建设，实现减少入黄泥沙量，从而置换出部分黄河输沙用水量出让给工业企业。水土保持水权转换的出让方为流域机构，受让方为工业企业。

（2）水权转换要约的发出

水权转换受让方向一级水市场发出要求进行水权转换的约定，约定文件为：水土保持水权转换工程可行性研究报告和建设项目水资源论证报告书。水土保持水权转换工程可行性研究报告的主要内容应包括：拟进行水土保持水权转换的小流域拦沙量分析、可减少入黄泥沙量分析、水土保持措施减水量分析、水权转换水量分析、水权转换期限、价格及转换水权的实施方案等内容。建设项目水资源论证报告书按照水利部、原国家计划委员会（简称原国家计委）《建设项目水资源论证管理办法》编制。

（3）水权转换受理

水市场对符合水土保持水权转换条件的项目按照国家有关政策法规要求，从黄河水资源状况、技术方案的可行性等方面进行论证评估，并提出是否受理的文件其中建设项目水资源论证报告书的论证评估按水利部、原国家计委《建设项目水资源论证管理办法》和水利部《建设项目水资源论证报告书审查工作管理规定（试行）》执行。评估结束后，提出是否受理的文件，根据一级水市场监管权限，受理的项目报国家水行政主管部门和流域水行政主管部门备案。

（4）水权转换的文件

根据水市场受理文件，在水市场的组织下和国务院水行政主管部门的监督下，水权转换双方签订水权转换协议，明确水权转换双方的责任、权利和义务。

（5）取水许可的申请

经水市场受理的项目，受让水权的项目业主单位向具有取水权管理权限的流域水行政主管部门提出取水许可申请，流域水行政主管部门对取水许可申请进行审批。

（6）水权转换实施

根据一级水市场受理意见和已审批的取水许可申请，受让水权的项目业主单位向具有管理权限的发展计划主管部门报请项目核准或审批。核准后的项目，根据水权转换协议的约定，在一级水市场管理者的监督下，水市场组织水权转换双方实施水权转换。

(7) 水土保持工程的验收和核验

根据水权转换实施方案，组织开展水土保持工程建设，在一级水市场管理者的监督下，由水市场组织对水土保持工程建设进行整体验收，验收通过的由国务院水行政主管部门、流域水行政主管部门、省（区）水行政主管部门和水市场共同组织对水土保持工程的核验。与工程验收不同，水土保持工程的核验主要集中在水土保持水权转换工程实施效果的评估方面。

(8) 颁发或更换取水许可证

在受让方取水工程核验的基础上，由流域机构对受让方颁发取水许可证。

（二）第二级水市场水权转换程序

第二级水市场水权转换主要集中在农业向工业水权转换，总体思路是企业投资灌区节水改造工程，节约出水量出让给工业企业。灌区节水水权转换的出让方为灌区水管单位，受让方为工业企业。根据黄河取水许可审批权限由流域水行政主管部门发放取水许可证；所在省（区）无余留水量指标的，水权转换的实施由水市场组织、流域水行政主管部门监督；其他水权转换由水市场组织、省级人民政府水行政主管部门监督。

针对上述水权转换特点，设定以下水权转换程序。

1. 水权转换的主体

灌区水管单位具备水权转换出让方的基本条件，应为水权转换的出让方；工业企业具备水权转换受让方的基本条件，应为水权转换的受让方。

2. 水权转换要约的发出

出让方和受让方共同向二级水市场发出要求进行水权转换的约定，约定文件为省（区）水权转换总体规划报告和农业向工业水权转换可行性研究报告、建设项目水资源论证报告书、取水许可证复印件、水权转换双方签订的意向性水权转换协议、拥有初始水权的地方人民政府出具的水权转换承诺意见及其他与水权转换有关的文件或资料。

3. 水权转换的受理

二级水市场对出让方和受让方共同提出的水权转换技术文件按照国家有关政策法规要求，从技术方案的合理性、可行性等方面进行论证评估。其中建设项目水资源论证报告书的论证评估按水利部、国家计委《建设项目水资源论证管理办法》和水利部《建设项目水资源论证报告书审查工作管理规定（试行）》执行。评估结束后，提出是否受理的文件，根据二级水市场监管权限，受理的项目报流域机构或省（区）水行政主管部门备案。

4. 水权转换的文件

根据水市场受理文件，在水市场的组织下和流域水行政主管部门或省（区）级水行政主管部门的监督下，水权转换双方签订水权转换协议，明确水权转换双方的责任、权利和义务。

5. 取水许可的申请

受让水权的项目业主单位向具有管理权限的流域水行政主管部门会或省（区）水行政主管部门提出取水许可申请，按照取水许可审批权限，流域水行政主管部门会或省（区）水行政主管部门对取水许可申请进行审批。

6. 水权转换实施

根据二级水市场受理意见和已审批的取水许可申请，受让水权的项目业主单位向具有管理权限的发展计划主管部门报请项目核准或审批。根据水权转换协议的约定，在流域水行政主管部门或省（区）水行政主管部门的监督下，水市场组织水权转换双方制定水权转换实施方案，组织开展节水工程建设。

7. 节水工程的验收和核验

在流域水行政主管部门和省（区）水行政主管部门的监管下，由水市场组织对节水工程建设进行整体验收，验收通过的，由流域水行政主管部门、省（区）水行政主管部门和水市场共同组织节水工程的核验。与工程验收不同，节水工程的核验主要集中在节水效果的评估方面。

8. 颁发或更换取水许可证

在受让方取水工程核验的基础上，由原取水许可审批单位对出让方的许可水量进行调整，由具有取水许可审批权限的部门对受让方颁发取水许可证。

（三）第三级水市场水权转换的程序

三级水市场为非正规水市场，非正规水市场通常是自发形成的，政府没有过多的干预，只适合于在某一小范围内进行，交易规模较小。鉴于此，三级水市场农业用水户之间水权交易在一定程度上可简化交易程序。

（1）水权转换的主体以灌溉期水权指标有富裕的农业用水户具备水权转换基本条件，出让方应为水权指标有富裕的农业用水户。灌溉期水权指标不足的农业用水户具备水权受让方基本条件，受让方应为水权指标不足的农业用水户。

（2）进行水权交易登记。水权转换受让方到水市场进行水权转换登记，登记内容为灌溉期水权转换的水量要求、水权转换的价格等内容。

（3）发出公告。水市场向农业用水户发出公告，寻求潜在的水权转换出让方。

（4）水权转换双方协商。通过三级水市场的协调，水权转换受让方和潜在的出让方进行协商，主要协商内容有：水权转换水量、水权转化价格以及水权转换双方的责任、权利和义务。

（5）水权转换的文件。水权转换双方达成一致意见后，在三级水市场管理者农民用水户协会的监督下，水权转换双方签订水权转换协议。

（6）水权转换实施。根据水权转换协议的约定，在三级水市场的监督下，水权转换双方实施水权转换。

二、水权转换技术文件的编制要求

第一级水市场中，省（区）之间三种形式水权转换为短期临时性的水权转换，不需编制技术文件；流域机构和省（区）之间水土保持水权转换，需要提交的技术文件主要为水土保持水权转换可行性研究报告。第二级水市场中，水权转换形式主要为农业向工业的灌区节水水权转换，因此需要提交的技术文件为省（区）水权转换总体规划和灌区节水水权转换可行性研究报告。三级水市场交易量小，且一般为临时性的水权交易，因此不需编制技术文件。

（一）第一级水市场水土保持水权转换可行性研究报告编制要求

根据水土保持水权转换的特点，水土保持水权转换可行性研究报告编制时应包括如下内容。

（1）水权转换的必要性和可行性。

（2）受让方用水需求（含用水量、用水定额、水质要求和用水过程）及合理性分析。

（3）出让方现状拦沙量、入黄泥沙量、拦沙潜力、可减少入黄沙量和可减少进入黄河下游泥沙量。

（4）提出水土保持规划，分析蓄水量和可转换水量。

（5）转换期限及转换费用；转换期限综合考虑我国现行法律、法规有关规定，水土保持工程使用年限和受让方主体工程更新改造年限，兼顾供求双方利益的基础上确定；转换价格考虑水权转换成本、税金和合理收益，由转换双方协商确定，

（6）水权转换对第三方、周边及下游水环境的影响与补偿措施。

（7）用水管理、用水监测和水土保持监测。

（8）水土保持工程的建设与运行管理门

（9）有关协议及承诺文件。

（二）第二级水市场省（区）水权转换总体规划报告编制要求

省（自治区、直辖市）水权转换总体规划应包括以下内容。

（1）本省（自治区、直辖市）引黄用水现状及用水合理性分析。

（2）规划期主要行业用水定额。

（3）本省（自治区、直辖市）引黄用水节水潜力及可转换的水量分析，可转换的水量应控制在本省（自治区、直辖市）引黄用水节水潜力范围之内。

（4）遵循黄河可供水量分配方案，现状引黄耗水量超过国务院分配指标的，应提出通过节水措施达到国务院分配指标的年限和逐年节水目标。

（5）经批准的初始水权分配方案。

（6）提出可转换水量的地区分布、受让水权建设项目的总体布局及分阶段实施安排意见。

（7）明确近期水权转换的受让方和出让方及相应的转换水量。

（8）水权转换的组织实施与监督管理。

（三）第二级水市场灌区节水水权转换可行性研究报告编制要求

灌区节水水权转换可行性研究报告应包括以下内容。

（1）水权转换的必要性和可行性。

（2）受让方用水需求（含用水量、用水定额、水质要求和用水过程）及合理性分析。

（3）出让方现状用水量、用水定额、用水合理性及节水潜力分析。

（4）出让方提出灌区节水工程规划，分析节水量及可转换水量。

（5）转换期限及转换费用。

（6）水权转换对第三方及周边水环境的影响与补偿措施。

（7）用水管理与用水监测。

（8）节水改造工程的建设与运行管理。

（9）有关协议及承诺文件。

三、水市场法律法规体系

法律法规体系建设主要是针对一、二级正规水市场而言的。水市场法律法规体系框架应当包括两大部分：水市场基础性法律法规，其内容主要包括与水资源分配有关的法律法规和与水权授予有关的法律法规；水市场核心法律法规，其内容主要包括与水市场建设有关的法律法规、水市场主体有关的法律法规、与水市场交易有关的法律法规、与水市场管理有关的法律法规。

水市场主体由交易主体和监管主体构成，交易主体就是水权转换主体。水市场法律法规体系的建设应当充分利用已有的法律法规并在此基础上建立。我国现行有关法律法规《水法》《物权法》《取水许可和水资源费征收管理条例》《水量分配暂行办法》《取水许可管理办法》可以满足水市场基础性法律法规的建设要求。

四、水市场管理制度体系

黄河流域水市场管理制度框架主要包括两个层次：首先是作为水市场管理主体的水市场管理机构，其内容又包括 5 个方面：性质、权限划分、职责、履行职责时可采取的措施、履行职责时需遵循的程序；其次是水市场管理机构对水市场主要环节的管理，包括水权转换管理、水权转换价格管理、水权转换外部防范性管理、水市场危机管理等。

第四节　黄河流域水权转换监测体系建设

一、水权转换监测体系建设的必要性和意义

水权转换监测是实践水权理论和建立水权制度不可缺少和不可逾越的基础性工作。水权作为实现水的功能和效益的一种权利，它是以水量这种物质载体而得以实现的，流域分水方案的落实、用水管理、水资源有偿使用、水权水市场的形成等都需要掌握大量的基础

数据。因此，水权转换监测是实施水权转换的重要基础保障。

水权转换监测体系在水权转换中发挥的重要作用主要有以下几方面：①落实黄河干流水资源总量控制原则的需要，总量控制必须要有系统的监测体系为其提供监测数据；②水权转换的监测体系建设是计量和监测水权流转的重要手段。水权转换的前提是具备明晰的初始水权，初始水权分配和流转，主要是通过对控制断面、取水口、分水口的水量监测来实现的；③在水权转换的过程中，必须依靠监测体系获得的监测基础数据，对水量、水质提出客观公正的监督和评判，保证交易的公平性；④实施水权转换后，对其他用水户是否造成影响，也需要根据监测体系提供的基础数据，做出科学、公正的判断。因此，建立完善的水权转换监测体系，是保障和推进水权转换顺利运作的必要条件，必须与水权转换工程同步建设、同步发挥效益。

二、水权转换监测体系建设内容

水权转换监测体系大体上来说，应包括水权的计量监测和水权转换实施效果监测两项基本内容，由于黄河流域分级水市场水权转换特点各异，应结合各级水市场水权转换的特点，增加相应的监测内容。

（一）水权的计量监测

一级水市场水权转换涉及流域机构、省（区）等不同层面，客体有维持河流基本功能水权和省（区）水权，因此，水权的计量监测主要内容为：对控制性水文测站的监测，满足省（区）级水权和维持黄河自然功能水权的需要。

二级水市场水权转换的主体涉及灌区和工业企业，水权的计量监测主要内容为：灌区和工业企业水权的监测。对灌区的渠首引水口进行监测；对工业用水引水口进行监测，满足工业水权管理的需要。

三级水市场水权转换主要是斗渠以下渠系内农民用水户之间的水权转换，农毛渠农民水权的确定指标是灌溉面积，应定期或不定期地对农户的灌溉面积进行核定。

（二）实施效果监测

由于一级水市场中省（区）之间水权转换大都是应急短期临时的转换，对其实施效果可以不进行监测。而流域机构和省（区）之间进行的水土保持水权转换，转换期限较长，在转换期限内水土保持措施的拦沙效益如何，减少入黄水沙量多少等都需要监测来实现。水土保持拦沙效益监测的主要内容包括：径流、水沙变化、拦沙坝的拦沙量、区域土壤侵蚀动态变化、典型地块林草覆盖度监测等，其中水沙变化主要是监测治理流域径流及泥沙的时空变化等，为评价项目区拦沙坝拦沙效益提供依据。水土保持措施蓄水拦沙监测内容主要包括：入黄口控制站点的入黄水沙量。

在第二级水市场中，通过对项目实施区渠系输水效率、田间灌水量、地下水动态、用水管理等内容观测与分析，摸清项目区节水效果与水资源利用效率，分析节水工程实施后，项目区供水量减少对农民利益和区域生态环境的影响，为黄河水权转换节水工程的继续实施提供基础研究支持。

第三级水市场是不正规的水市场，因此现阶段不需要对三级水市场水权转换实施效果进行监测。

（三）水权转换工程安全运行的监测

主要在一级水市场中实施监测。省（区）之间水权转换可以依托原有的取水工程，流域机构和省（区）之间水权转换涉及新建水土保持工程，主要的工程是建设大中小型淤地坝等。在水权转换期间，这些工程有无坝体滑坡现象，超设计标准洪水时，是否出现垮坝的情况，对整体坝系的影响如何等都需要通过监测来实现。因此，水权转换工程安全运行监测的主要内容包括：坝体及其泄水建筑物安全监测和坝系安全运行监测两部分。坝体及其泄水建筑物安全监测重点是拦沙坝坝体及其泄水建筑物在运用期间有无坝体滑坡、冲刷、渗流、沉陷、裂缝等问题。坝系安全运行监测内容包括病、险坝数量，毁坏坝情况。

三、水权转换监测站网布设

（一）水权的计量监测站网布设

1. 第一级水市场水权的计量监测站网布设

《黄河水量调度条例》第十八条对省际水文断面给出了明确说明：青海省、甘肃省、宁夏回族自治区、内蒙古自治区、河南省、山东省人民政府，分别负责并确保循化、下河沿、石嘴山、头道拐、高村、利津水文断面的下泄流量符合规定的控制指标；陕西省和山西省人民政府共同负责并确保潼关水文断面的下泄流量符合规定的控制指标。并在十九条规定，省际断面下泄流量以国家设立的水文站监测数据为依据。因此对于省际断面以黄河干流现有的水文基本站网布局为基础。

2. 第二级水市场水权的计量监测站网布设

（1）地市级水权的计量监测站网布设

二级水市场农业和工业之间的水权转换从地域上来说，涵盖了省（区）跨地市的水权转换。因此，在地市际应设置断面进行水权的计量监测。

（2）干流主要取水口监测站网布设

流域内干流主要取水口全部设站监测，对已布设监测站的取水口，分析冲淤变化等影响因素，进行测流断面布设校核；对于未布设监测断面的取水口，参照《水文站网规划技术导则》及其他相关规范，根据实地条件进行测流断面的布设。

（3）供水系统监测站网布设

对于灌区的渠首引水口以及分干、支、斗渠的分水口门，设置多种形式的水量计量设施，实现计量到斗；对于县（区）、乡等行政区划交界处设置水权计量设施进行监测，以满足区域间总量控制的要求；对于灌区沉沙池入出口处布设测站，主要测定进出沉沙池的水量与沙量；对于工业用水引水口设置量水监测设施，满足工业水权管理的需要。

（4）地下水监测站网布设

二级水市场水权转换节水措施既减少了灌区引水量，对于地表水与地下水转化频繁的引黄灌区，相应也会减少地下水的补给量。因此有必要开展地下水位监测，及时掌握地下水位变化对生态环境的影响，适时调整地下水的开发程度和补救措施，防止地下漏斗、地面沉降等问题，以免对水权转换区域生态环境造成不利影响。

应对现有监测井网进行调查的基础上，对地下水位监测井网的布局进行优化，尤其对水权转换的重点区域加大布井密度。

（5）排污口监测站网布设

在二级水市场水权转换中作为水权受让方的工业项目一般均要求实现零排放，但一旦在事故状态或遇突出事件时，会对黄河水资源保护带来严重的影响。

参照《水环境监测规范》《地表水和污水监测技术规范》的有关规定，根据排污口的分布，对所有入河排污口均布设采样点进行监测。进行排污口监测时，应同步测定排污总量和主要污染物质的排放量。污染物质监测的种类应该根据工业废水、生活污水、医院污水、城市污水处理厂出厂污水和城市公共下水道污水等不同的污水类型确定。同时，各地区可根据本地区污染源的特征和水环境保护功能的划分，酌情增加某些选测项目。也可根据某些水权转换项目关于水质的特殊要求，增加某些污染源监测项目。

3. 第三级水市场水权的计量监测站网布设

（1）斗口水权计量监测

三级水市场水权转换的组建者和管理者——农民用水者协会向灌区管理局购水和供水的计量断面为斗渠口闸门，故在斗渠口闸，应进行实时测量，主要目的是及时、准确的计量用水者协会供水量，以便保障水权证登记以及水费征收。监测设备和监测站点的设计和布置，应尽量做到一闸门一测点，即每一个闸门要有一个监测点（站）进行监测。由于斗渠闸门的过流量较小，且直接关系到用水者协会的水费，因此，斗渠闸门上的计量监测设备应更加精确和完善。

（2）农户水权的计量监测

在农毛渠灌溉的区域，由于根据灌溉面积来确定农户的水权，因此，应定期或不定期的核定农户的灌溉面积。

（二）实施效果监测站网布设

1. 第一级水市场水权转换实施效果监测站网布设

为了全方位对流域机构和省（区）之间水土保持水权转换项目的实施效果进行监测评价，真实、准确地反映项目的执行情况和效益发挥情况，需布设各种类型的监测站点。监测站点的主要种类有：典型骨干工程监测点、典型中型拦沙坝工程监测点、典型水型拦沙坝工程监测点、治理流域的入黄把口站及骨干工程布设的小流域卡口站、小气候观测站、林草措施监测点。上述监测站点必须进行详细的选址，并依照行业要求，进行专业的勘测设计。

2. 第二级水市场水权转换实施效果监测站网布设

（1）渠道输水损失监测

第二级水市场水权转换主要形式为灌区节水水权转换，布局上应采用干、支、斗、毛、农渠和田间工程相结合的成片布局模式。采用动水法测验渠道输水损失，采用静水法进行测定校对。

（2）田间灌水量监测

根据项目区作物种植状况与田块面积，选择具有代表性的农田进行测定，采用无喉道量水堰测定田间灌水量。测定内容为：进水口流量、田块面积。

（3）机井运行管理监测

选择项目区典型机井进行监测，对机井运行管理方式、井渠结合灌溉方式、机井抽水量、机井水灌溉水价等进行监测与调查。

（4）项目区用水管理效果监测

进行典型调查，内容包括农民用水者协会建立、渠道灌溉运行维护效果测评、灌水制度、各级渠系的量水与水费收缴、项目区管理、运行、维护成本等。

（5）生态环境监测布设

生态监测应结合地下水观测井的布局和生态环境保护的需要布设。监测点主要布设在地下水变化较大以及湖泊、水域等生态环境变化显著地区。生态环境监测的主要内容为结合地下水位、矿化度和 pH 的监测成果，了解作物的生长情况及植物覆盖度的变化情况等。

（三）水土保持水权转换工程安全运行的监测站网

坝体及其泄水建筑物安全监测主要采用巡视检查的方法，巡视检查可采用现场勘察测量、调查统计或现场摄影、录像等监测方法。对工程表面，可采取直接观测或辅以简单工具、仪器等对异常现象进行检查。对工程内部、水下部位或坝基，可采用挖深坑（或槽）、探井、钻孔取样或向孔内注水等实验、投放化学试剂、水下摄影的特殊方法进行检查。坝系安全运行监测应于每年汛后进行一次，发现重点险情、异常现象等应立即采取应急措施，并提交简要报告，上报主管部门。

参考文献

[1] 王永党，李传磊，付贵．水文水资源科技与管理研究［M］．汕头：汕头大学出版社，2018.

[2] 马建琴，郝秀平，刘蕾．北方灌区水资源节水高效智能管理关键技术研究［M］．郑州：黄河水利出版社，2018.

[3] 孔兰，陈晓宏，蒋任飞．气候变化导致的海平面上升对珠江口水资源的影响［M］．郑州：黄河水利出版社，2018.

[4] 白乐，李恩宽，董国涛．煤炭开采对河川径流的影响研究 以秃尾河锦界煤矿为例［M］．郑州：黄河水利出版社，2018.

[5] 陈友媛，吴丹，迟守慧．滨海河口污染水体生态修复技术研究［M］．青岛：中国海洋大学出版社，2018.

[6] 杨建强，张继民，宋文鹏．黄河口生态环境与综合承载力评估研究［M］．北京：海洋出版社，2014.

[7] 王巧玲．水权结构与可持续发展 以黄河为例透视中国的水资源治理模式［M］．上海：世界图书上海出版公司，2014.

[8] 柴青春．濮阳黄河［M］．郑州：黄河水利出版社，2014.

[9] 梅洁．大江北去［M］．北京：北京十月文艺出版社，2014.

[10] 江恩惠．小浪底水库拦沙后期下游河道响应态势预测及对策［M］．郑州：黄河水利出版社，2014.

[11] 薛松贵，张会言，张新海．黄河流域水资源利用与保护［M］．郑州：黄河水利出版社，2013.

[12] 李佩成，李启垒．干旱半干旱地区水文生态与水安全研究文集 4［M］．西安：陕西科学技术出版社，2016.

[13] 俞建军，张仁贡．现代水资源管理的规范化和信息化建设［M］．杭州：浙江大学出版社，2013.

[14] 廖秉华．不同环境梯度下生物多样性的动态研究实验指导书 上：黄河流域河南段低山丘陵区［M］．郑州：河南大学出版社，2013.

[15] 刘猛，王振龙，秦天玲．淮北平原涝渍水文效应与田间调蓄技术［M］．合肥：中国科学技术大学出版社，2016.

[16] 彭少明，张新海，王煜．泛流域水资源系统优化 以南水北调西线工程为例［M］．郑州：黄河水利出版社，2013.

[17] 程建伟，刘猛，段柏林．黄河水沙分析及防洪工程实践［M］．郑州：黄河水利出版社，2016.

[18] 姚纬明，朱宏亮，曹翀．河海大学年鉴 2015 [M]．南京：河海大学出版社，2016.
[19] 潘奎生，丁长春．水资源保护与管理 [M]．长春：吉林科学技术出版社，2019.
[20] 万红，张武．水资源规划与利用 [M]．成都：电子科技大学出版社，2018.
[21] 陈才明，王玉铜，陈隆吉．温州市水文水资源 [M]．北京：中国水利水电出版社，2015.
[22] 齐跃明，宁立波，刘丽红．水资源规划与管理 [M]．徐州：中国矿业大学出版社，2017.
[23] 张强，孙鹏，王野乔．鄱阳湖流域气候变化及水文响应研究 [M]．北京：水利电力出版社，2015.
[24] 杨侃．水资源规划与管理 [M]．南京：河海大学出版社，2017.
[25] 程海云，欧应钧．现代水文质量管理体系构建与实践 [M]．武汉：长江出版社，2015.
[26] 胡四一，王浩．中国水资源 [M]．郑州：黄河水利出版社，2016.
[27] 汪跃军．淮河流域水资源系统模拟与调度 [M]．南京：东南大学出版社，2019.
[28] 刘景才，赵晓光，李璇．水资源开发与水利工程建设 [M]．长春：吉林科学技术出版社，2019.
[29] 杨波．水环境水资源保护及水污染治理技术研究 [M]．北京：中国大地出版社，2019.
[30] 左其亭，王树谦，马龙．水资源利用与管理 第 2 版 [M]．郑州：黄河水利出版社，2016.